“十三五”江苏省高等学校重点教材(编号：2018-1-056)
普通高等教育“十三五”规划教材

化工工程设计概论

（第三版）

主　编　杨基和　刘英杰　黎　珊
副主编　薛　冰

中国石化出版社

内容提要

本书为《化工工程设计概论（第二版）》的修订版，系统介绍了化工工程设计的内容、程序、方法、步骤及相关工艺、绘图和设计技巧，内容包括化工工程设计基本程序与内容、化工厂厂址选择与总图设计、工艺流程设计、管道布置设计、技术经济、安全与环保等。本书在第二版的基础上，修订了部分内容，增加了大学生化工设计竞赛与实例等内容。

本书适用于作为高等院校从重化工到轻化工专业设计学习时的教材，也可供研究院所、企业工程技术人员参考。

图书在版编目（CIP）数据

化工工程设计概论 / 杨基和，刘英杰，黎珊主编．—3 版．—北京：中国石化出版社，2019．12
ISBN 978-7-5114-5537-6

Ⅰ．①化… Ⅱ．①杨… ②刘… ③黎… Ⅲ．①化工工程-设计-概论 Ⅳ．①TQ02

中国版本图书馆 CIP 数据核字（2019）第 249468 号

中国石化出版社出版发行

地址：北京市东城区安定门外大街 58 号
邮编：100011　电话：(010)57512500
发行部电话：(010)57512575
http://www.sinopec-press.com
E-mail:press@sinopec.com
北京科信印刷有限公司印刷
全国各地新华书店经销

*

787×1092 毫米 16 开本 23.25 印张 589 千字
2019 年 12 月第 3 版　2019 年 12 月第 1 次印刷
定价：58.00 元

前言

Preface

本书第一版自2005年出版以来，作为高校化工类专业的教学用书以及石化企业、工程技术人员的指导用书，受到了教师及企业人员的欢迎。第二版(2012年出版)在“卓越工程师培养计划”的指导下增加了现代化工设计手段如CAD绘图、Aspen流程模拟、3D仿真以及能量集成等的介绍。

随着经济的高速发展，化工设计领域不断与国际接轨，同时，设计规范、标准不断修订，根据使用教材的教师、学生等反馈的意见，同时为了进一步强化学生的工程能力和创新能力，在江苏省重点教材计划的支持下，作者对本书进行了第三版的修编。

第三版仍然保留了第二版的主要框架：化工设计工程设计基本程序、厂址选择和总图设计、工艺流程设计、化工三算、管道布置设计、车间布置设计、经济分析与评价、安全与环保。在此基础上修订的主要内容如下：

1. 根据国家和行业有关法规、规范、标准的变化，更新了工艺流程设计、管道流程设计、经济分析、安全环保、设计说明书、可行性研究报告等内容。

2. 在总图设计、流程设计、管道布置设计、车间布置设计章节后面增加了图纸案例，提高了教材的实用性。

3. 化工三算中增加了使用Aspen Plus软件进行能量衡算的案例，在设备选型中增加了反应精馏、萃取精馏、共沸精馏、热泵精馏以及分隔壁精馏塔的介绍。

4. 重新编写了经济分析与评价章节，同时根据经济发展导致的变化更新替换了原书其他章节中与经济有关的数据或内容。

5. 针对化工设计安全和环保方面规范的不断严格，本书修订时增加了安全评价中危险与可操作性分析(HAZOP)的内容和HAZOPkit软件的介绍，更新了环境保护章节中环境评价报告等有关内容。

6. 结合近年来历届化工大学生设计大赛参赛过程中积累的经验，新增第九章大学生化工设计竞赛介绍及实例。

本书由常州大学刘英杰负责化工设计基本程序、化工工艺流程设计、管道布置设计、技术经济、安全与环保等内容的修订和编写；黎珊负责厂址选择与总图设计、化工三算、车间布置设计，以及大学生化工设计大赛相关内容的修订和编写；薛冰负责素材的搜集整理和审阅工作；全书由杨基和教授统稿。

由于编者水平有限，错误之处敬请批评指正。

目　录

Contents

绪　论

一、化工设计的目的和意义

化工设计是将科研成果、新技术付诸生产实践的过程，是化工企业得以建立的必经之路。

随着化学工业的迅速发展，研究、设计、施工和生产水平也相应迅速提高。正确的设计思想和相应的设计技术不仅体现在新建化工项目过程中，而且对已经投产的装置(如何发现并解决生产中存在的问题、改进工艺、提高生产效率、促进科研成果转化、搞好施工建设)也是十分必要的。具体表现在以下几个方面：

1. 生产方面

对现有生产装置不断采用新技术、新工艺进行挖潜改造，淘汰落后陈旧工艺设备，逐步达到优质高产，低耗高效。如：炼油加工的催化裂化过程反应-再生装置，由最初的等高并列改造为高低并列，然后再实现同轴式操作，使装置占地面积越来越少、安全操作因素越来越高、轻油收率越来越高；原油常减压蒸馏装置换热流程不断进行优化改造(包括采用窄点设计法)使能耗越来越低；乙烯裂解炉炉管技术不断进步，逐步实现了高温、短停留时间、低烃分压的工艺要求等。

2. 科研方面

化工装置得以建成的基础是科研工作。课题确定后，从实验室小试到中试的工程研究过程中首先要进行基础设计和概念设计，然后才能进行工业放大，其步骤见图 1。

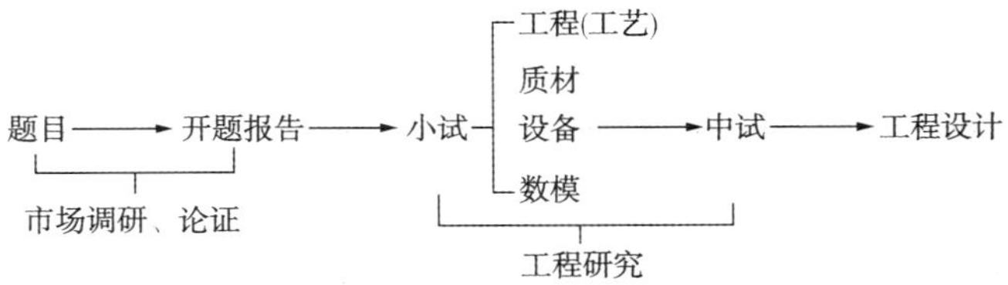

图 1　化工装置设计步骤

3. 施工建设

从图纸到装置建成过程中，设计部门派出工程设计人员作为施工代表与施工单位联系，主要职责是解释图纸、解决施工中出现的问题，如材料代用、因地制宜改造等。

二、化工设计专业范围及特点

1. 专业范围

化工工程项目从设计到施工投产涉及许多专业领域，包括厂址选择、总图、工艺、非工艺设计、技术经济等，具体见表 1。

表 1　化工工程项目领域

专业名称	字代号	字符代码	备注
环境保护	10	EP	“三废”治理
技术经济	20	TE	指标有：总投资、成本、投资回收率等
概预算	21	BE	初步设计和施工图阶段对工程的造价等
总图运输	30	GL	厂区布置、产品、人员流动、管线综合
工艺	40	PT	生产方法、流程组织、工艺三算等
系统	41	PS	输入、处理、输出三要求
管道	42	PP	管道布置、保温等
模型	43	MS	施工图阶段由工艺出
自控	50	IC	操作条件 T、P、L、F 等
土建	60	CE	厂房、设备基础
建筑结构安装	62	SS	建筑物、构筑物
采暖通风	70	HV	冬季集中采暖，排除有害气体、粉尘、余热
给排水	82	WS	工业上、下水，生活用水，污水，地下水
电力	90	EE	全厂高低压供电系统：避雷、照明、防静电
电讯	91	CN	电话系统(生产调度)
热工	100	TE	锅炉动力、蒸汽
机修	110	MR	全厂正常维修，装置检修
电算	120	CA	电子计算机，集散系统
设备	130	ME	制作安装，压力容器制作许可证
起重运输	131	HC	吊车等
工业炉	133	IF	加热炉、裂解炉、工艺炉等

2. 化工设计的特点

(1) 各专业集体设计，其中工艺起组织汇总、龙头作用，最早开工，最迟完成，必须对各专业进行技术交底，提工艺要求、条件。

(2) 以图纸、说明书和表格作为最终设计成果，作为各专业交流、施工建设的依据。

(3) 不断创新，及时采用新技术、新信息。

三、化工设计类型及校审制度

1. 设计种类

我国化工设计分为四种：

(1) 通用设计　即定型设计，为全国或某一地区推广使用的编制。目的是加快设计进度，节省设计费用。如大型合成氨装置、原油常减压蒸馏装置、催化裂化装置、乙烯裂解装置等均有定型设计图纸。

（2）因地制宜设计　对通用设计作因地制宜的改进或补充。

（3）工程设计　在没有通用设计的情况下，新编设计，一般精细化工产品的设计属此类。

（4）扩建设计　即技改设计。对工艺过程的某一部分或几部分进行改造或扩大，如扬子公司乙烯裂解部分从30万吨/年到45万吨/年，再到84万吨/年。

2. 工程设计资格分级标准

根据中华人民共和国建设部《工程设计资质标准》，工程设计资质包括综合资质、行业资质、专业资质和专项资质。

（1）工程设计综合资质是指涵盖21个行业的设计资质。工程设计综合资质只设甲级，可承担各行业建设工程项目主体工程及其配套工程的设计，其范围和规模不受限制。

（2）工程设计行业资质是指涵盖某个行业资质标准中的全部设计类型的设计资质。工程设计行业资质设甲、乙、丙三个级别。其中甲级可承担本行业建设工程项目主体工程及其配套工程的设计，其范围和规模不受限制；乙级可承担本行业中、小型建设项目的主体工程及其配套工程的工程设计任务；丙级可承担相应行业设计类型小型建设项目的工程设计任务。

（3）工程设计专业资质是指某个行业资质标准中的某一个专业的设计资质。工程设计专业资质设甲、乙、丙三个级别。甲级可承担行业相应设计类型建设工程项目主体工程及其配套工程的设计，其范围和规模不受限制；乙级可承担行业相应设计类型中、小型建设工程项目的主体工程及其配套工程的工程设计任务；丙级可承担相应行业设计类型小型建设项目的工程设计任务。

（4）工程设计专项资质是指为适应和满足行业发展的需求，对已形成产业的专项技术独立进行设计以及设计、施工一体化而设立的资质。工程设计专项资质根据需要设置等级，承担规定的专项工程设计或设计任务。

化工、石化行业工程设计专业基本配备见表2。

表2　化工、石化行业工程设计专业配备

<table>
<tr><th>序号</th><th>本行业工程设计类型</th><th>主导工艺名称</th><th>主要配备专业</th></tr>
<tr><td>1</td><td>石油炼制工程设计</td><td>石油炼制工艺</td><td rowspan="6">工艺系统、工艺配管（工艺、设备专业）</td></tr>
<tr><td>2</td><td>石油产品深加工工程设计</td><td>油品加工工艺</td></tr>
<tr><td>3</td><td>石油及化工产品储运工程设计</td><td>储运工艺</td></tr>
<tr><td>4</td><td>无机化工工程设计</td><td>无机化工工艺</td></tr>
<tr><td>5</td><td>有机化工工程设计</td><td>有机化工工艺、合成制药工艺</td></tr>
<tr><td>6</td><td>合成材料及加工工程设计</td><td>合成材料及加工工艺</td></tr>
<tr><td>7</td><td>橡胶加工工程设计</td><td>橡胶加工工艺</td><td>工艺、机械</td></tr>
<tr><td>8</td><td>化工矿山工程设计</td><td>化工矿山</td><td>开矿、选矿</td></tr>
<tr><td>9</td><td>生化、生物工程设计</td><td>生物化工工艺、生物制药工艺</td><td>生物化学（含半合成、精制、干燥、包装）生物制药（含发酵、提炼）</td></tr>
<tr><td colspan="2">土建及公用专业</td><td colspan="2">建筑、结构、设备、自控、总图运输、给排水、电气、热力、通信、暖通空调、环境保护、技术经济、概预算</td></tr>
</table>

化工、石化行业建设项目设计规模划分见表3。

表3 化工、石化行业建设项目设计规模

序号	项目名称	单位	大型	中型	小型	备注
1	石油炼制工程					
	常减压蒸馏	万吨/年	≥500	250		
	气体分离	万吨/年	>20	10~20	<10	
2	石油产品深加工工程					
	催化反应加工	亿元	>2	0.5~2	<0.5	投资
	加氢反应及制氢	亿元	>1	0.3~1	<0.3	投资或压力
		MPa	>8	4~8	<4	
	渣油加氢	亿元	>1	0.3~1	<0.3	投资
	炼厂气加工	亿元	>2	0.1~2	<0.1	投资
3	油气储运工程					
	输油	万吨/年	≥600	300~600	<300	能力或长度
		km	≥120	30~120	<30	
	输气	10^8m^3/年	≥2.5	<2.5		能力或长度
		km	≥120	30~120	<30	
	油库					
	原油、成品油	10^4m^3	≥8	3~8	<3	总容积
		10^4m^3	≥2	1~2	<1	单罐容积
	天然气	10^4m^3	≥1.5	<1.5		总容积
		10^4m^3	≥0.5	<0.5		单罐容积
	常温液化石油气	m^3	≥2000	<2000		总容积
		m^3	≥400	<400		单罐容积
	低温液化石油气	10^4m^3	≥2	<2		总容积
		10^4m^3	≥1	<1		单罐容积
4	无机化工					
	合成氨	万吨/年	>18	8~18	<8	
	尿素	万吨/年	>30	13~30	<13	
	硫酸	万吨/年	>16	8~16	<8	
	磷酸	万吨/年	>12	3~12	<3	
	烧碱	万吨/年	>5	3~5	<3	
	纯碱	万吨/年	>30	8~30	<8	
	磷肥(普钙、钙镁、磷肥)	万吨/年	>50	20~50	<20	
	复肥	万吨/年	>20	10~20	<10	
	无机盐	万元	>10000	5000~10000	<5000	投资
	有机化工、石油化工(原料及单体)					

续表

序号	项目名称	单位	大型	中型	小型	备注
5	乙烯	万吨/年	≥30	14~30	<14	
	二甲苯(PX)	万吨/年	≥15	5~15	<5	
	丁二烯	万吨/年	≥5	<5		
	乙二醇	万吨/年	≥10	<10		
	精对苯二甲酸(PTA)	万吨/年	≥25	15~25	<15	
	醋酸乙烯	万吨/年	≥8	<8		
	甲醇	万吨/年	≥10	5~10	<5	
	氯乙烯	万吨/年	≥8	<8		
	苯乙烯	万吨/年	≥10	<10		
	醋酸	万吨/年	≥10	<10		
	环氧乙烷	万吨/年	≥4	<4		
	苯酐	万吨/年	≥8	<8		
	苯酚丙酮	亿元	≥6	<6		
	丙烯酯	万吨/年	≥5	<5		
6	精细化工	万元	≥5000	3000~5000	<5000	投资
7	其他石油化工项目	亿元	≥3	1~3	<1	投资

3. 校审制度

我国化工设计校审分为四级，即设计、校对、审核、批准。一般来说，设计和校对人员属同一水平，为工程师级；审核人员水平较高，应为高级工程师级，一般是企业的总工程师。其中设计约占60%的份量，审核约占30%份量。

第一章　化工设计基本程序与内容

化工设计包括项目前期科研开发设计和工程放大设计两部分。

第一节　化工工程设计的开发工作

从20世纪50年代以来，开发工作一般仅注重实验室小试到中试之间的过程研究，以技术可行为目标，而经济因素考虑较少。而当前的开发工作以市场为目标，除保证技术先进可行外，特别注重工程项目的经济评价，使经济效益最大化。在小试到中试过程中，必须进行概念设计和基础设计，强调工程研究。

一、开发工作程序

开发工作程序见图1-1。

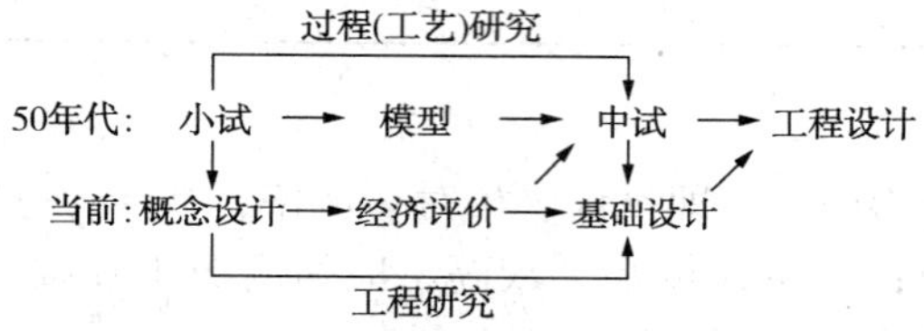

图1-1　开发工作程序示意图

二、开发工作内容

1. 小试工作

过程研究的第一环节是小试工艺试验研究。本环节的任务是：

(1) 从认识研究对象的特殊性着手，把握其本质和规律，构思反应器形式，考虑可能遇到的工程问题。

(2) 以转化率、选择性、催化剂寿命等简单、易于表征的指标来确定工艺条件框架；有些小试的最优工艺条件在设备放大时有明显改变(例如使用流化床的工艺过程)，也有的变化不大，例如丙烯二聚生产2-甲基-1-戊烯长达2000m的管式反应器。

(3) 提出设备设计与放大依据。通常是反应动力学，有时以传质速率为依据(例如丁烯氧化生产丁二烯的外扩散控制段)，有时以流体流动规律为依据。总之，研究对象的特殊性决定了设计与放大的特殊性。如果设计与放大依据涉及文献中不能提供的传递规律，则应与大型冷模试验环节联合，共同完成。

由此看来，小试阶段的任务，主要是在科学方法论指导下由实验完成。剩余部分，要在化学工程理论与工程经验指导下通过理论思索加以完成。

2. 概念设计

概念设计为工程研究的一个环节，它是在应用研究进行到一定阶段后，按未来的工业生产装置规模所进行的假象设计。它的工作内容主要是根据研究提供的概念和数据，确定流程和工艺条件以及主要设备的形式和材料、三废处理措施等，最终得出基建投资和生产成本等主要技术经济指标。

目的是用小试结果对工程做预设计，促进小试的深化。

内容包括：

（1）前言；

（2）原料、产品、催化剂规格、名称；

（3）流程设计；

（4）能耗；

（5）设备表；

（6）生产控制，仪表；

（7）消耗定额；

（8）安全、三废治理；

（9）投资、成本结算；

（10）定员；

（11）对工艺流程放大技术的讨论及工业化存在的问题。如：催化剂的寿命问题，在实验室 2~3h 就能完成一个反应，催化剂的寿命似乎能达到要求，但要考虑与工厂长周期生产维修相吻合，满足生产需要。

若概念设计在中试以后进行，其内容主要还是确定流程和工艺条件，但其目的则是对中试结果进行进一步的技术经济评价，确定该项目工业化的可能性和需补充的内容。若结论是肯定的，概念设计所确定的流程和工业条件可作为下一阶段设计工作的基础。

因此概念设计是设计与研究的早期结合，一般工程经验与研究对象的特性相结合的一种好方式，通过概念设计，可以及早暴露研究工作的问题与不足之处，从而能及时解决问题，缩短开发周期。

3. 中试工作

当某些开发工作不能采用数学模型法放大，或者其中有若干研究课题在小试中进行，一定要通过相当规模的装置才能取得数据或(和)经验才需要进行中试。

中试装置的主要任务是：

（1）验证基础研究得到的规律；

（2）考察从小试到中试的放大效应；

（3）研究一些由于各种因素没有条件在实验室进行研究的课题；

（4）进行新设备、新材料、新仪器、新控制方案的实验。

中试装置的设计应注意下列各点：

（1）中试装置的规模要能满足各项实验任务的要求，同时不因规模过小而引起设备、仪表或管子附件选型方面的困难应尽量小；

（2）中试装置的地点应力求选在有同类生产装置的老厂内，以节省中试的原料和辅助材料费用；

（3）要求避免全流程试验，根据试验内容建设必要的相应设施；

（4）中试装置的流程和设备结构在形式上不一定要与工业装置完全相同，但必须在实质上反映工业装置的特性和规律，能得到基础设计所需的全部数据，使得工业装置投产时不会出现没有预料到的问题。

中试装置设计的内容基本上和工程设计相同，但由于规模小，若施工安装力量较强，可以不出管道、仪表、管架等安装图纸。

4. 基础设计

基础设计是一个完整的技术软件，是整个技术开发阶段的研究成果。它的质量优劣，体现了研究开发工作的水平。在一般情况下，应在研究内容全部完成通过鉴定前进行。

目的是以中试结果为依据，对反应中的关键部分做详细说明。

内容包括：

（1）详细的三算；

（2）主要设备的条件；

（3）对仪表、电、土建的要求；

（4）经济分析；

（5）对工程设计的要求；

（6）操作规程；

（7）消耗定额；

（8）有关的技术资料、物性数据等；

（9）安全技术与劳动保护说明。

基础设计的内容应包括将建设的生产装置的一切技术要点，合格的工程技术人员应能根据基础设计完成一个能顺利投产，达到一定产量和质量指标的生产装置。

第二节　实验室设计优化的方法

单因素实验优选，在单因素实验中，只考虑对指标影响最大的因素，其余因素不变。进行步骤为：

（1）确定评定结果好坏的方法和影响指标的主要因素。用数学语言抽象地说，就是建立以 x 为影响因素的指标函数 $F(x)$；

（2）估计包含最优点的实验范围，即 x 的取值范围为 $0<x<b$ 或 $0<x\leqslant b$；

（3）进行实验；

（4）实验结果分析；

（5）研究下一轮实验，再分析结果。如此循环，直至得到满意的结果；

（6）如果发现 3~5 个点对指标的改变并不大，可认为在实验范围内该因素不是主要影响因素，不必继续对该因素进行研究。

1. 平分法

使用平分法的基本要求是：在实验范围内，不仅指标函数 $F(x)$ 应是单调（单调升或降）的，而且每做一次实验，就能决定下一次实验的方向。平分法对实验点的安排原则是：总在实验范围的中心处安排实验。如果第一次实验点安排在实验范围的重点 $x_1=(a+b)/2$ 处。若第二次实验应在取 x 更小值处进行，就将原中点 x_1 以右实验范围舍去，将新的实验点安排在新的实验范围的中点 $x_2=(x_1+a)/2$ 处。如果第三次实验应取 x 更大值处进行，就将 x_2 以左实验范围舍去。如此类推，可以很快找到最佳点。在所有优选法中，平分法达到目的是最快的。但是大多数化学反应无法满足其使用要求，故常需采用其他的方法。

2. 黄金分割法

大多数化学反应的指标函数 $F(x)$ 为单值函数，对于这种情况，采取黄金分割法可尽快逼近目标。黄金分割法又称 0.618 法，即在线段的比例中项值处安排实验点。设线段 ab 长为 1，其比例中项 x 值可由定义式 $1:x=x:(1-x)$ 确定。解方程 $x^2+x-1=0$ 求得

$$x=0.618$$

使用 0.618 法具体做法是：在 $x_1=a+0.618(b-a)$ 两处安排实验。比较实验结果，如果第一轮实验说明 x_1 处优于 x_2 处，就将 a 至 x_2 实验范围舍去，将新的实验安排在新的实验范围 $(x_2,\ b)$ 的 0.618 处，即 $x_3=x_2+0.618(b-x_2)$。如果第一轮实验结果是 x_2 处优于 x_1 处，就将 x_1 到 b 实验范围舍去，将新的实验点安排在 (a 到 x_1) 的 0.382 处，其结果再与 x_2 处直接比较。如此类推，直至得到满意的结果。

3. 正交实验设计法

一般化学反应或化工过程的影响因素是很多且复杂的，只考虑对指标影响最大的因素，往往远不能满足要求。正交设计法基于数理统计原理来科学地安排实验，并按一定规律分析处理实验结果，从而能较快找到最佳条件，且具有可判断诸多因素中何种因素是主要因素，以及判断因素之间的交互影响情况等优点。正交实验设计采用正交表安排实验，可用最少的实验次数最大限度地获得有关各因素对指标值的影响（主效应）及各种因素之间由于相互作用而引起指标的变化（交互效应）的许多信息。在正交实验中，各因素水平的安排因其正交表的搭配均衡性质具有均衡分散性的特征，因而，正交实验属于最优实验设计，通过正交实验确定的最佳条件，即使不是全面实验中的最佳条件，也往往是相当好的条件，由正交实验确定的最坏的条件，即使不是全面实验中的最坏条件，也往往是相当坏的条件。

以 A、B、C 三因素三水平的实验为例说明正交实验设计法的简便和高效性。如果按单因素轮换法安排实验，每次只改变欲研究因素的水平，使其他因素水平固定，逐个的研究各因素的影响，要进行 27 次实验才能完成。显然，以单因素轮换法安排实验，实际考察的因素水平仅局限于欲考察水平范围的局部区域，不能全面反映因素的整体情况，不仅难以考察因素水平之间的交互效应，而且当固定因素在不同初始水平时，得到的最优条件可能是不一致的。因此，用单因素轮换法进行全面考察，可以找到最佳的实验条件，但其工作量一般较大，且随因素及水平数的增加而迅速增加。而用正交实验设计法安排实验，可以选用 $L_9(3^4)$ 正交表，仅安排 9 次实验，就能获得基本上反映全面实验情况的有关信息。

用正交表安排实验的一般操作步骤，大致如下：确定指标或目标函数，选因素，选水平，绘制因素水平表；根据因素水平表，选择合适正交表，并正确安排实验方案；按实验方案进行实验获得实验指标，并对结果进行分析，或直观分析，或方差分析等等，确定最优条件。若最优条件不在正交表中或属于因素范围边界时，应补充实验加以证实。在因素水平较多时，可以做趋势图，分析是否还有更好的条件，如有，也应补充实验进行分析检验。下面举例说明其实施具体步骤，并讨论有关问题。

【例 1-1】 有一化学反应，需考察 4 个实验条件（因素）的影响：反应物 1（因素 A）和反应物 2（B）的投入量，反应温度 C、反应时间 D，并设各条件均为 2 个水平。请以正交实验设计安排实验并进行结果分析。

解：(1)构造因素水平表。指标或目标函数取化学反应中生成物的产率，且产率越高指标越优，根据初步化学实验，选定了因素和水平，由此构造的因素水平表如表 1-1。

表 1-1　因素水平表

项　目	A	B	C/℃	D/h
水平 1	0.2	12	35	2.5
水平 2	0.7	22	65	4.5

(2) 选择正交表，设计试验方案并试验。选择 $L_8(2^7)$ 正交表。将考察的 4 个因素按表头设计分别列在正交表的第 1、2、4、7 列上，第 3、5、6 列留作进一步考察因素间的交互效应，实验方案与所得试验结果即指标(产率)见表 1-2。

表 1-2　$L_8(2^7)$ 正交试验方案及结果

因素	A	B	$A\times B$	C	$A\times C$	$B\times C$	D	结果
列号	1	2	3	4	5	6	7	产率
1	1	1	1	1	1	1	1	56.5
2	1	1	1	2	2	2	2	78.9
3	1	2	2	1	1	2	2	57.2
4	1	2	2	2	2	1	1	61.8
5	2	1	2	1	2	1	2	88.9
6	2	1	2	2	1	2	1	93.5
7	2	2	1	1	2	2	1	69.9
8	2	2	1	2	1	1	2	92.3
T_1	254.4	317.8	297.6	272.5	299.5	299.5	281.7	—
T_2	344.6	281.2	301.4	326.5	299.5	299.5	317.3	—
极差	90.2	−36.6	3.8	54.0	0	0	35.6	—

(3) 对试验结果进行直观分析，确定最佳条件。先计算各个因素水平对指标的贡献。将各因素某个水平对应的产率相加即得该水平的效果(或对指标的贡献)，记为 T_i，比如因素或条件 A 的 $T_1=254.4$，即是因素 A 的水平 1 的四个结果和，即 $56.5+78.9+57.2+61.8=254.4$；又如 B 的第 2 个水平效果 T_2的计算为 $57.2+61.8+69.9+92.3=281.2$，等等。因为正交表的搭配均衡性，计算的 T_i就代表了第 i 水平的效果，因而通过比较各个 T_i的大小就可确定该因素的最佳水平。本例中最佳条件水平为 $A_2B_1C_2D_2$，对照表 1-2，可知这个条件对应的各因素水平不在方案之中，因此必须补做该最优条件下的实验以检查指标是否确实最优。经补做实验后，得产物产率为 95.4%，确实是最高的产率。如果补做实验后的结果并不是最优，此时首先应该检查各次实验是否有误，体系是否稳定等等，因为正交实验结果分析的基础是每次实验都应当准确无误，否则会产生误差。因而，对于正交实验一般应做多次平行实验以保证结果分析的准确性和便于进行统计分析。

① 趋势分析。在因素水平较多的情况下，可以做趋势图判断所选条件之外有无更好的条件。所谓趋势分析就是依据趋势图(因素水平为横坐标，该因素水平对指标的贡献为纵坐标所作的二维图)的走向决定在实验域外是否可能存在更好的条件。

② 交互效应分析。正交表可以从有关实验(试验)设计册中查到。那些正交表的表头中清楚地标明了各因素列号的先后顺序以及因素交互效应的列号，使用时一目了然。表 1-2

中3、5、6列提供了有关A、B、C、D四个因素间的交互效应的信息。比如第三列是A与B的交互效应列，第5列是A与C的交互效应列，而第6列是B和C的交互效应列。由T_1和T_2的结果分析可知，A与B之间存在一定的交互效应(极差为3.8)，而B与C及A与C不存在交互效应(极差为0)。A与B的交互效应可看成新因素($A \times B$)的4个水平，即(1，1)，(1，2)，(2，1)，(2，2)，按前述方法算得各水平对指标的贡献为135.4，119.0，182.4，162.2。因而因素A与B的最好搭配应是A_2B_1。原分析为$A_2B_1C_2D_2$是最佳条件，这证明原分析结果是正确的。如果这种搭配在方案中不存在，应再安排试验进行检验。

由上可知，用正交实验设计安排试验，虽只做了8次试验，却获得了关于4个因素及其部分交互效应的丰富信息。正确的试验设计能以最优的方式从较少的试验中最大限度地获得需要的相关信息。

【例1-2】 硝化部分的条件优化。

在邻二甲苯硝化的探索试验中发现，混酸的脱水值、酸和油的体积比、反应温度和反应时间等因素对产品的收率和异构体的分布均有较大的影响。因此，我们设计了一个四因素三水平的正交试验方案，原始条件见表1-3。

表1-3 原始条件

因素水平	反应温度/℃	混酸的脱水值 *D. V. S.*	酸-油比(相比)ϕ	反应时间/h
1	-5	2.65	0.85	2
2	5	2.85	1.05	3
3	15	3.05	1.25	4

表1-3中混酸的脱水值是硝化反应终了时，废酸中硫酸和水的计算质量之比，通常用符号*D. V. S.*表示。即：*D. V. S.* =废酸中硫酸的质量/废酸中水的质量

当已知混酸组成和硝酸比时，脱水值的计算公式如下：

$$D.V.S. = S/[(100-S-N)+2N/7\phi]$$

式中 S——硫酸在混酸中质量百分数,%；

N——硝酸在混酸中的质量百分数,%；

ϕ——硝酸和邻二甲苯的摩尔比。

当$\phi=1$时，上式可简化为

$$D.V.S. = S/(100-S-5N/7)$$

脱水值的大小表示混酸硝化能力的强弱。*D. V. S.*值愈高，硝化能力愈强。每次实验均以60g纯的邻二甲苯为基准，邻二甲苯和硝酸的摩尔比确定为1∶1.05，按照不同的*D. V. S.*和不同的酸-油比(也称相比，是混酸的体积和邻二甲苯的体积之比)运用上述公式计算并套用$L_9(3^4)$正交实验表得出的结果见表1-4。

表1-4 计算结果

列号 / 试验号	温度T	脱水值 *D. V. S.*	相比ϕ	时间t/h	HNO_3含量/%(质量)	H_2SO_4含量/%(质量)	H_2O含量/%(质量)
1	-5	2.65	1.25	3	27.4	58.1	14.5
2	5	2.65	0.85	2	39.6	51.6	8.8
3	15	2.65	1.05	4	32.4	53.4	14.2

续表

试验号＼列号	温度 T	脱水值 $D.V.S.$	相比 ϕ	时间 t/h	HNO_3 含量/%(质量)	H_2SO_4 含量/%(质量)	H_2O 含量/%(质量)
4	−5	2.85	1.05	2	32.2	56.7	11.1
5	5	2.85	1.25	4	27.2	59.4	13.4
6	15	2.85	0.85	3	39.4	52.8	7.8
7	−5	3.05	0.85	4	39.1	53.9	7.0
8	5	3.05	1.05	3	32.0	57.8	10.2
9	15	3.05	1.25	2	27.0	60.5	12.5

9 次试验得到的产品经气相色谱分析并校正后获得的数据见表 1−5。

表 1−5　产品数据

实验号＼列号	A	B	C	D	产量	2，3−二甲基硝基苯所占的比例			
1	1	1	3	2	46.93	61.3			
2	2	1	1	1	46.20	52.7			
3	3	1	2	3	46.15	51.0			
4	1	2	2	1	47.95	58.7			
5	2	2	3	3	57.55	56.8			
6	3	2	1	2	39.91	49.4			
7	1	3	1	3	55.45	57.9			
8	2	3	2	2	55.06	55.1			
9	3	3	3	1	57.09	54.6			
	A	B	C	D	—	A	B	C	D
k_1	150.33	139.28	141.56	151.24	—	177.9	165	160	156
k_2	258.81	145.41	149.16	142.29	—	164.6	165	164.8	168.6
k_3	143.15	167.60	161.57	159.15	—	155	167.6	172.7	165.7
k_1	50.11	46.43	47.19	50.41	—	59.3	55	53.3	55.3
k_2	52.94	48.47	49.72	47.43	—	54.8	55	54.9	56.2
k_3	47.72	55.87	53.86	53.05	—	51.7	55.9	57.6	55.2
R	5.22	9.44	6.67	5.62	—	7.6	0.9	4.3	1.0

由以上结果可以看出，对产量来讲，影响因素的主次关系为：$B>C>D$，说明脱水值和相比对产率的影响较大，反应时间和反应温度对产率影响较小。较优化的组合应为 $A_2B_3C_3D_3$。而对于选择性来讲，是反应温度和相比影响较大，脱水值和反应时间影响较小。

较优化的组合应为 $A_1B_3C_3D_2$。

我们按照新组合 $A_2B_3C_3D_3$ 进行了实验，得到了高达 73.5g 的产品，产率达到 86%，产品中 2，3−二甲基苯所占的比例也达到了 58.8%，说明优选出的条件是较好的。

4. STATISTICA 软件在正交实验设计及数据处理上的应用

STATISTICA 软件可以进行各种正交实验的设计与分析，并对实验结果进行分析，从较少的实验数据中，获得较多的信息。STATISTICA 中的 Industrial Statistica & Six Sigma 中 Experimental Design 模块的主要功能模块如下：

2 * * (K-p) standard designs (Box, Hunter & Hunter).	两水平析因标准设计
2-level screening (Plackett-Burman) designs.	两水平筛选因素设计
2 * * (K-p) max unconfounded or min aberration designs.	两水平最大混区或最小偏差设计
3 * * (K-p) and Box-Behnken designs.	三水平和 Box-Behnken 设计
Mixed 2 and 3 level designs.	混合二水平和三水平设计
Central composite, non-factorial, surface designs.	中心复合、非析因和响应面设计
Latin squares, Greco-Latin squares.	拉丁方、Greco-拉丁方
Taguchi robust design experiments (orthogonal arrays).	田口稳健实验设计(正交数组)
Mixture designs and triangular surfaces.	混合设计和三角面
Designs for constrained surfaces and mixtures.	约束面和混合物设计
D- and A- (T-) optimal algorithmic designs.	D-和 A- (T-)优化算法设计

【例 1-3】 印染过程着色剂生产的情况，由于过程的化学机理不是完全清楚，须进行影响因素的试验研究。研究的响应是产品的色泽(HUE)和亮度(BRIGHTNESS)，考虑过程的主要影响因素为聚硫化物(POLYSULF)、回流(REFLUX)、摩尔数(MOLES)、时间(TIME)、溶剂(SOLVENT)和温度(TEMPERATURE)等六个。

试验采用两水平的全分析设计，共有 $2^6=64$ 次试验。

(1) 采用 STATISTICA 8.0 中 Industrial Statistica & Six Sigma 中的 Experimental Design(DOE)模块进行统计分析

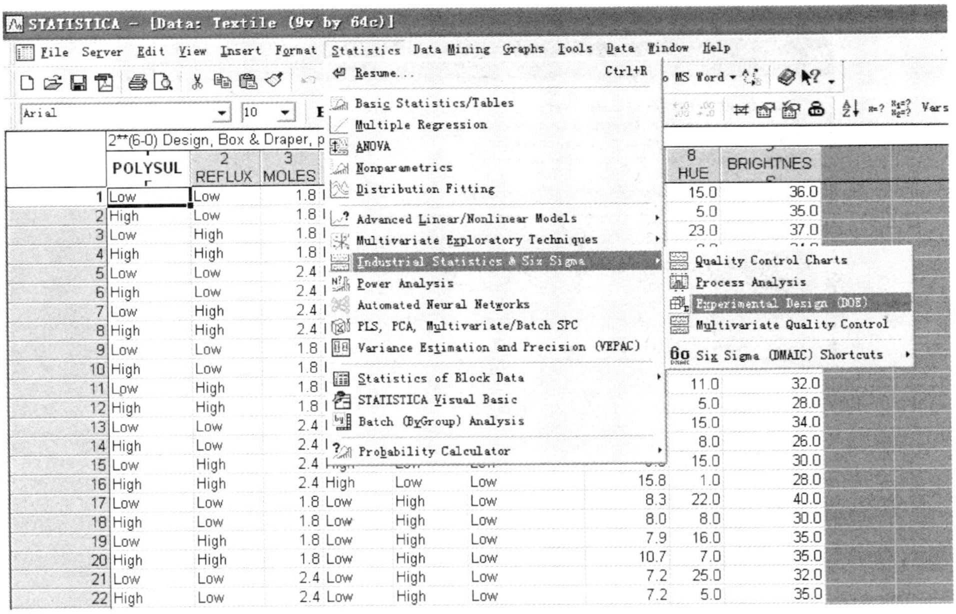

（2）分析方法选择

两水平析因标准设计，如下：

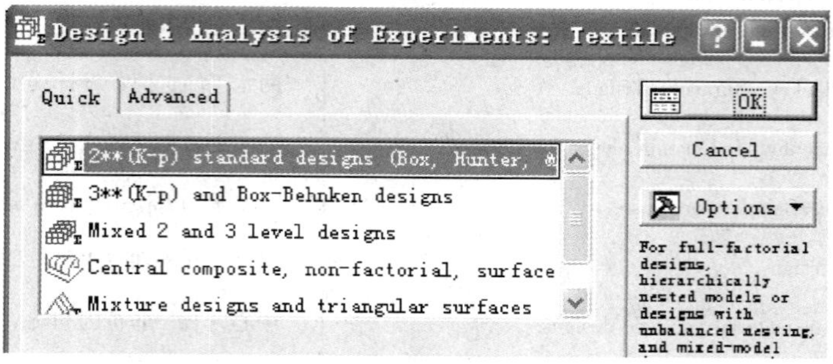

（3）参数选择

在 Analyze design 中，选 HUE、BRIGHTNESS 为应变量，选 POLYSULF、REFLUX、MOLES、TIME、SOLVENT、TEMPERATURE 为自变量。

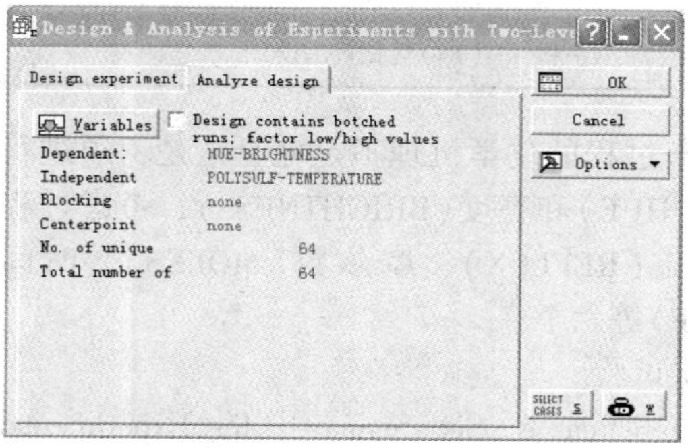

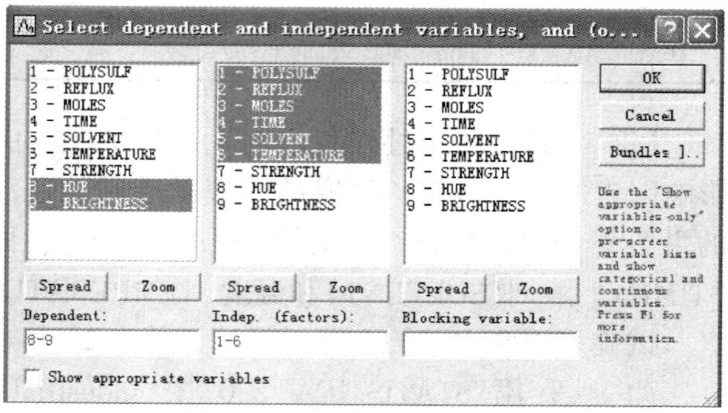

（4）进入数据统计分析与结果界面

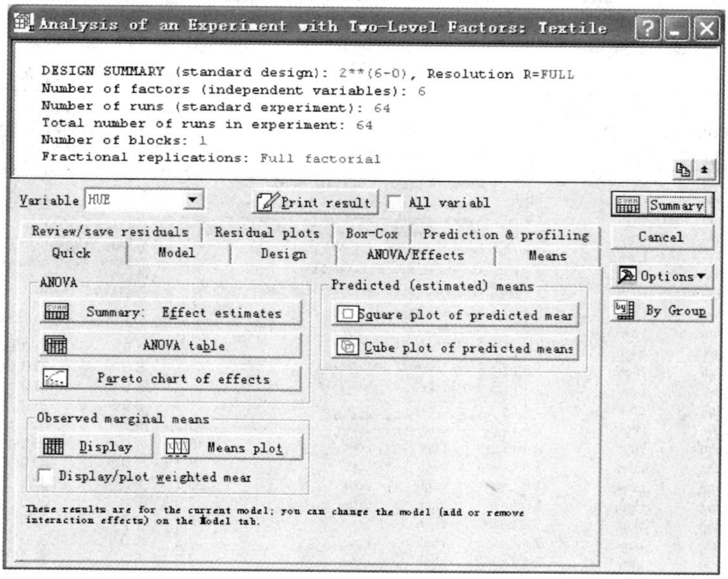

(5) 考察六个因素对色泽 HUE 的影响

Factor	Effect	Std.Err.	t(42)	p	-95.% Cnf.Limt	+95.% Cnf.Limt	Coeff.	Std.Err. Coeff.	-95.% Cnf.Limt	+95.% Cnf.Limt
	Effect Estimates;Var.:HUE;R-sqr=.77042;Adj:.65563(Textile) 2**(6-0)design;MS Residual=32.9442 DV:HUE									
Mean/Interc.	16.9531	0.717463	23.62927	0.000000	15.5052	18.40102	16.95312	0.717463	15.50523	18.40102
(1)POLYSULF	-11.2812	1.434926	-7.86190	0.000000	-14.1770	-8.38545	-5.64062	0.717463	-7.08852	-4.19273
(2)REFLUX	-2.7187	1.434926	-1.89470	0.065031	-5.6145	0.17705	-1.35937	0.717463	-2.80727	0.08852
(3)MOLES	-1.9063	1.434926	-1.32847	0.191198	-4.8020	0.98955	-0.95313	0.717463	-2.40102	0.49477
(4)TIME	-0.3437	1.434926	-0.23956	0.811837	-3.2395	2.55205	-0.17187	0.717463	-1.61977	1.27602
(5)SOLVENT	1.3438	1.434926	0.93646	0.354390	-1.5520	4.23955	0.67188	0.717463	-0.77602	2.11977
(6)TEMPERATURE	10.8438	1.434926	7.55701	0.000000	7.9480	13.73955	5.42188	0.717463	3.97398	6.86977
1 by 2	0.7188	1.434926	0.50090	0.619059	-2.1770	3.61455	0.35938	0.717463	-1.08852	1.80727
1 by 3	2.6563	1.434926	1.85114	0.071190	-0.2395	5.55205	1.32813	0.717463	-0.11977	2.77602
1 by 4	-1.7813	1.434926	-1.24135	0.221364	-4.6770	1.11455	-0.89063	0.717463	-2.33852	0.55727
1 by 5	-0.9688	1.434926	-0.67512	0.503298	-3.8645	1.92705	-0.48438	0.717463	-1.93227	0.96352
1 by 6	0.7813	1.434926	0.54445	0.589009	-2.1145	3.67705	0.39063	0.717463	-1.05727	1.83852
2 by 3	-1.9062	1.434926	-1.32847	0.191198	-4.8020	0.98955	-0.95312	0.717463	-2.40102	0.49477
2 by 4	0.1563	1.434926	0.10889	0.913808	-2.7395	3.05205	0.07813	0.717463	-1.36977	1.52602
2 by 5	-1.9063	1.434926	-1.32847	0.191198	-4.8020	0.98955	-0.95313	0.717463	-2.40102	0.49477
2 by 6	-1.1563	1.434926	-0.80579	0.424902	-4.0520	1.73955	-0.57813	0.717463	-2.02602	0.86977
3 by 4	-0.7812	1.434926	-0.54445	0.589009	-3.6770	2.11455	-0.39062	0.717463	-1.83852	1.05727
3 by 5	0.7812	1.434926	0.54445	0.589009	-2.1145	3.67705	0.39062	0.717463	-1.05727	1.83852
3 by 6	-1.8438	1.434926	-1.28491	0.205865	-4.7395	1.05205	-0.92188	0.717463	-2.36977	0.52602
4 by 5	1.0938	1.434926	0.76223	0.450180	-1.8020	3.98955	0.54688	0.717463	-0.90102	1.99477
4 by 6	2.3438	1.434926	1.63336	0.109869	-0.5520	5.23955	1.17188	0.717463	-0.27602	2.61977
5 by 6	0.4063	1.434926	0.28312	0.778479	-2.4895	3.30205	0.20313	0.717463	-1.24477	1.65102

Factor	SS	df	MS	F	p
	ANOVA:Var.:HUE:R-sqr=.7J042;Adj:.65563(Textile) 2**(6-0)design:MS Residual=32.9442 DV:HUE				
(1)POLYSULF	2036.266	1	2036.266	61.80954	0.000000
(2)REFLUX	118.266	1	118.266	3.58988	0.065031
(3)MOLES	58.141	1	58.141	1.76482	0.191198
(4)TIME	1.891	1	1.891	0.05739	0.811837
(5)SOLVENT	28.891	1	28.891	0.87696	0.354390
(6)TEMPERATURE	1881.391	1	1881.391	57.10841	0.000000
1 by 2	8.266	1	8.266	0.25090	0.619059
1 by 3	112.891	1	112.891	3.42672	0.071190
1 by 4	50.766	1	50.766	1.54096	0.221364
1 by 5	15.016	1	15.016	0.45579	0.503298
1 by 6	9.766	1	9.766	0.29643	0.589009
2 by 3	58.141	1	58.141	1.76482	0.191198
2 by 4	0.391	1	0.391	0.01186	0.913808
2 by 5	58.141	1	58.141	1.76482	0.191198
2 by 6	21.391	1	21.391	0.64930	0.424902
3 by 4	9.766	1	9.766	0.29643	0.589009
3 by 5	9.766	1	9.766	0.29643	0.589009
3 by 6	54.391	1	54.391	1.65099	0.205865
4 by 5	19.141	1	19.141	0.58100	0.450180
4 by 6	87.891	1	87.891	2.66786	0.109869
5 by 6	2.641	1	2.641	0.08015	0.778479
Error	1383.656	42	32.944		
Total SS	6026.859	63			

① 通过 ANONA 分析结果，可得出如下结论：

POLYSULF 和 TEMPERATURE 的 p 水平值<0. 05，说明这两个因素统计重要；没有统计重要的两个因素交互作用。

② 正态概率图中 POLYSULF 和 TEMPERATURE 明显偏离零点，也说明了这两个因素是影响 HUE 的主要因素。

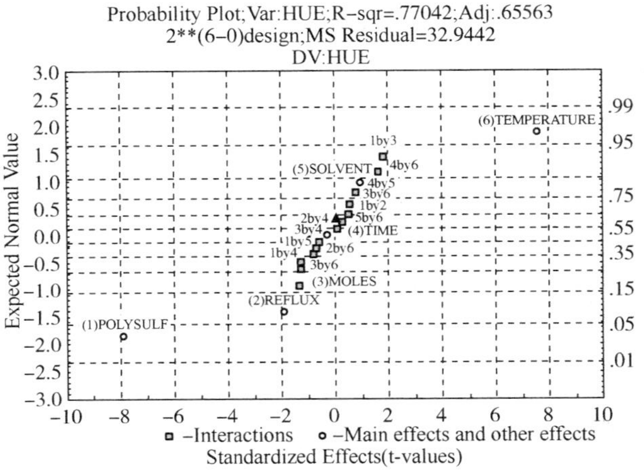

③ 回归参数情况如下：

Factor	Regr. Coefficients;Var.: HUE;R-sqr=.77042:Adj:.65563(Textile) 2**(6-0)design;MS Residual=32.9442 DV:HUE					
	Regressn Coeff.	Std.Err.	t(42)	p	-95.% Cnf.Limt	+95.% Cnf.Limt
Mean/Interc.	-181.609	470.1649	-0.38627	0.701249	-1130.44	767.2218
(1)POLYSULF	-46.187	45.1945	-1.02197	0.312645	-137.39	45.0186
(2)REFLUX	2.042	2.1584	0.94618	0.349471	-2.31	6.3979
(3)MOLES	65.625	79.7500	0.82288	0.415222	-95.32	226.5670
(4)TIME	-3.281	4.0303	-0.81415	0.420154	-11.41	4.8522
(5)SOLVENT	1.945	4.0107	0.48503	0.630178	-6.15	10.0393
(6)TEMPERATURE	1.794	3.3221	0.53995	0.592086	-4.91	8.4980

$$y_{HUE} = -181.61 - 46.19x_1 + 2.04x_2 + 65.63x_3 - 3.28x_4 + 1.94x_5 + 1.79x_6$$

(6) 考察六个因素对亮度 BRIGHTNESS 的影响

Factor	Effect Estimates;Var.:BRIGHTNESS: R-sqr=.58627;Adj:.37941(Textile) 2**(6-0)design;MS Residual=31.03869 DV:BRIGHTNESS									
	Effect	Std.Err.	t(42)	p	-95.% Cnf.Limt	+95.% Cnf.Limt	Coeff.	Std.Err. Coeff.	-95.% Cnf.Limt	+95.% Cnf.Limt
Mean/Interc.	28.28125	0.696405	40.61036	0.000000	26.8758	29.68665	28.28125	0.696405	26.87585	29.68665
(1)POLYSULF	0.37500	1.392809	0.26924	0.789063	-2.4358	3.18580	0.18750	0.696405	-1.21790	1.59290
(2)REFLUX	1.50000	1.392809	1.07696	0.287645	-1.3108	4.31080	0.75000	0.696405	-0.65540	2.15540
(3)MOLES	-0.93750	1.392809	-0.67310	0.504571	-3.7483	1.87330	-0.46875	0.696405	-1.87415	0.93665
(4)TIME	-3.00000	1.392809	-2.15392	0.037032	-5.8108	-0.18920	-1.50000	0.696405	-2.90540	-0.09460
(5)SOLVENT	-1.43750	1.392809	-1.03209	0.307938	-4.2483	1.37330	-0.71875	0.696405	-2.12415	0.68665
(6)TEMPERATURE	-8.87500	1.392809	-6.37201	0.000000	-11.6858	-6.06420	-4.43750	0.696405	-5.84290	-3.03210
1 by 2	0.93750	1.392809	0.67310	0.504571	-1.8733	3.74830	0.46875	0.696405	-0.93665	1.87415
1 by 3	0.75000	1.392809	0.53848	0.593088	-2.0608	3.56080	0.37500	0.696405	-1.03040	1.78040
1 by 4	1.06250	1.392809	0.76285	0.449818	-1.7483	3.87330	0.53125	0.696405	-0.87415	1.93665
1 by 5	2.12500	1.392809	1.52569	0.134582	-0.6858	4.93580	1.06250	0.696405	-0.34290	2.46790
1 by 6	0.93750	1.392809	0.67310	0.504571	-1.8733	3.74830	0.46875	0.696405	-0.93665	1.87415
2 by 3	0.25000	1.392809	0.17949	0.858414	-2.5608	3.06080	0.12500	0.696405	-1.28040	1.53040
2 by 4	0.81250	1.392809	0.58335	0.562775	-1.9983	3.62330	0.40625	0.696405	-0.99915	1.81165
2 by 5	1.25000	1.392809	0.89747	0.374586	-1.5608	4.06080	0.62500	0.696405	-0.78040	2.03040
2 by 6	1.06250	1.392809	0.76285	0.449818	-1.7483	3.87330	0.53125	0.696405	-0.87415	1.93665
3 by 4	0.37500	1.392809	0.26924	0.789063	-2.4358	3.18580	0.18750	0.696405	-1.21790	1.59290
3 by 5	2.43750	1.392809	1.75006	0.087411	-0.3733	5.24830	1.21875	0.696405	-0.18665	2.62415
3 by 6	0.12500	1.392809	0.08975	0.928915	-2.6858	2.93580	0.06250	0.696405	-1.34290	1.46790
4 by 5	1.12500	1.392809	0.80772	0.423803	-1.6858	3.93580	0.56250	0.696405	-0.84290	1.96790
4 by 6	-0.31250	1.392809	-0.22437	0.823560	-3.1233	2.49830	-0.15625	0.696405	-1.56165	1.24915
5 by 6	-1.87500	1.392809	-1.34620	0.185459	-4.6858	0.93580	-0.93750	0.696405	-2.34290	0.46790

Factor	ANOVA:Var.:BRIGHTNESS:R-sqr=.58627;Adj:.37941(Textile) 2**(6-0)design; MS Residual=31.03869 DV: BRIGHTNESS				
	SS	df	MS	F	p
(1)POLYSULF	2.250	1	2.250	0.07249	0.789063
(2)REFLUX	36.000	1	36.000	1.15984	0.287645
(3)MOLES	14.063	1	14.063	0.45306	0.504571
(4)TIME	144.000	1	144.000	4.63937	0.037032
(5)SOLVENT	33.062	1	33.062	1.06520	0.307938
(6)TEMPERATURE	1260.250	1	1260.250	40.60255	0.000000
1 by 2	14.063	1	14.063	0.45306	0.504571
1 by 3	9.000	1	9.000	0.28996	0.593088
1 by 4	18.063	1	18.063	0.58193	0.449818
1 by 5	72.250	1	72.250	2.32774	0.134582
1 by 6	14.063	1	14.063	0.45306	0.504571
2 by 3	1.000	1	1.000	0.03222	0.858414
2 by 4	10.562	1	10.562	0.34030	0.562775
2 by 5	25.000	1	25.000	0.80545	0.374586
2 by 6	18.062	1	18.062	0.58193	0.449818
3 by 4	2.250	1	2.250	0.07249	0.789063
3 by 5	95.062	1	95.062	3.06271	0.087411
3 by 6	0.250	1	0.250	0.00805	0.928915
4 by 5	20.250	1	20.250	0.65241	0.423803
4 by 6	1.563	1	1.563	0.05034	0.823560
5 by 6	56.250	1	56.250	1.81225	0.185459
Error	1303.625	42	31.039		
Total SS	3150.937	63			

① 通过 ANONA 分析结果，可得出如下结论：

TIME 和 TEMPERATURE 的 p 水平值 <0.05，说明这两个因素统计重要；没有统计重要的两个因素交互作用。

② 正态概率图 TIME 和 TEMPERATURE 明显偏离零点，也说明了这两个因素是影响

BRIHTNESS 的主要因素。

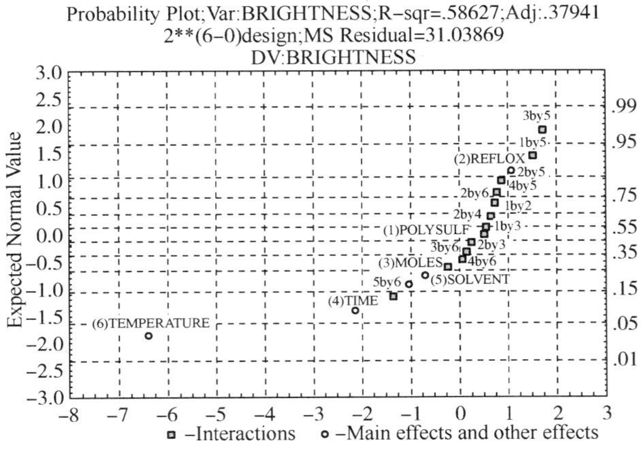

③ 回归系数情况如下：

Factor	Regressn Coeff.	Std. Err.	t (42)	p	-95.% Cnf. Limt	+95.% Cnf. Limt
Mean/Interc.	785.6563	456.3651	1.72155	0.092510	-135.326	1706.638
(1)POLYSULF	-61.3750	43.8680	-1.39908	0.169130	-149.904	27.154
(2)REFLUX	-2.5281	2.0950	-1.20674	0.234287	-6.756	1.700
(3)MOLES	-57.1875	77.4092	-0.73877	0.464156	-213.406	99.031
(4)TIME	-2.6146	3.9120	-0.66835	0.507568	-10.509	5.280
(5)SOLVENT	-2.0729	3.8930	-0.53247	0.597206	-9.929	5.784
(6)TEMPERATURE	-2.6125	3.2246	-0.81018	0.422403	-9.120	3.895

Regr.Coefficients;Var.:BRIGHTNESS:R-sqr=.58627; Adj:.37941(Textile)
2**(6-0) design;MS Residual=31.03869
DV:BRIGHTNESS

$$y_{brightness}=785.66-61.38x_1-2.53x_2-57.19x_3-2.62x_4-2.07x_5-2.61x_6$$

【例 1-4】 甲醇氧化羰基合成碳酸二甲酯(DMC)的过程，为考察反应温度、压力、时间和催化剂的质量浓度四个因素对甲醇转化率和 DMC 选择性两个指标的关系，采用两因素标准中心复合设计，分两区组进行混区设计，在中心点进行重复试验，试验结果见表 1-6。

表 1-6　中心响应曲面的设计与结果

编　号	区　组	温度/K	催化剂/(10^{-2}g · mL^{-1})	S(DMC)/%
1	1	343.00	10.00	67.10
2	1	343.00	30.00	77.98
3	1	403.00	10.00	70.10
4	1	403.00	30.00	40.23
5	1	373.00	20.00	96.10
6	1	373.00	20.00	96.05
7	2	330.57	20.00	51.23
8	2	415.43	20.00	22.35
9	2	373.00	5.86	86.35
10	2	373.00	34.14	89.32
11	2	373.00	20.00	93.55
12	2	373.00	20.00	93.85

注：压力 2.8 MPa，时间 4~6 h。

（1）采用中心复合、非析因和响应面设计，分析得到目的产物 DMC 的选择性与温度、催化剂质量浓度的二次关联表达式。

① 统计模型　$y=94.87-9.92x_1-28.62x_1^2-1.85x_2-3.14x_2^2-10.19x_1x_2$

Effect Estimates:Var.:MDC选择性:R-sqr=.98779:Adj:.97314(Spreadsheet1 in Workbook 1)
2 factors, 2 Blocks, 12 Runs;MS Pure Error=.023125
DV:MDC选择性

Factor	Effect	Std.Err. Pure Err	t(2)	p	-95.% Cnf.Limt	+95.% Cnf.Limt	Coeff.	Std.Err. Coeff.	-95.% Cnf.Limt	+95.% Cnf.Limt
Mean/Interc.	94.8668	0.076029	1247.767	0.000001	94.5397	95.1939	94.8668	0.076029	94.5397	95.1939
block(1)	-1.8052	0.087798	-20.561	0.002357	-2.1829	-1.4274	-0.9026	0.043899	-1.0915	-0.7137
(1)温度(L)	-19.8397	0.107465	-184.615	0.000029	-20.3021	-19.3773	-9.9198	0.053733	-10.1510	-9.6887
温度(Q)	-57.2442	0.119888	-477.480	0.000004	-57.7600	-56.7283	-28.6221	0.059944	-28.8800	-28.3642
(2)催化剂质量浓度(L)	-3.6982	0.107537	-34.390	0.000844	-4.1609	-3.2355	-1.8491	0.053769	-2.0804	-1.6177
催化剂质量浓度(Q)	-6.2840	0.120269	-52.249	0.000366	-6.8014	-5.7665	-3.1420	0.060134	-3.4007	-2.8832
1L by 2L	-20.3750	0.152069	-133.985	0.000056	-21.0293	-19.7207	-10.1875	0.076035	-10.5147	-9.8603

② 观测值回归模型　$y=-4468.62+24.07x_1-0.03x_1^2+13.74x_2-0.03x_2^2-0.03x_1x_2$

其中，y 代表 DMC 的选择性，x_1 代表温度（单位，K），x_2 代表催化剂质量浓度（10^{-2}g/mL）。

Regr. Coefficients;Var. :MDC选择性; R-sqr=.98779;Adj:.973
2 factors,2 Blocks,12 Runs;MS Residual=15.97475
DV:DMC选择性

Factor	Regressn Coeff.	Std.Err.	t(5)	p	-95.% Cnf.Limt	+95.% Cnf.Limt
Mean/Interc.	-4468.62	248.8551	-17.9567	0.000010	-5108.32	-3828.92
block(1)	-0.90	1.1538	-0.7823	0.469461	-3.87	2.06
(1)温度(L)	24.07	1.3124	18.3426	0.000009	20.70	27.45
温度(Q)	-0.03	0.0018	-18.1668	0.000009	-0.04	-0.03
(2)催化剂质量浓度(L)	13.74	2.5678	5.3503	0.003063	7.14	20.34
催化剂质量浓度(Q)	-0.03	0.0158	-1.9879	0.103521	-0.07	0.01
1L by 2L	-0.03	0.0067	-5.0978	0.003777	-0.05	-0.02

（2）考察观测值与预测值之间的差异（见图 1-2），呈随机公布状态，说明模型可信。

（3）得到响应曲面图（图 1-3），可知产物 DMC 的选择性会随温度和催化剂质量浓度的变化出现一最大值，由此得到的最佳工艺条件。

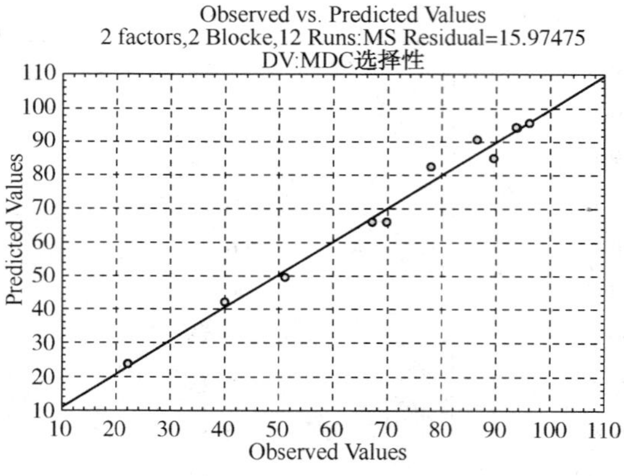

图 1-2　DMC 选择性的观测值与预测值的比较

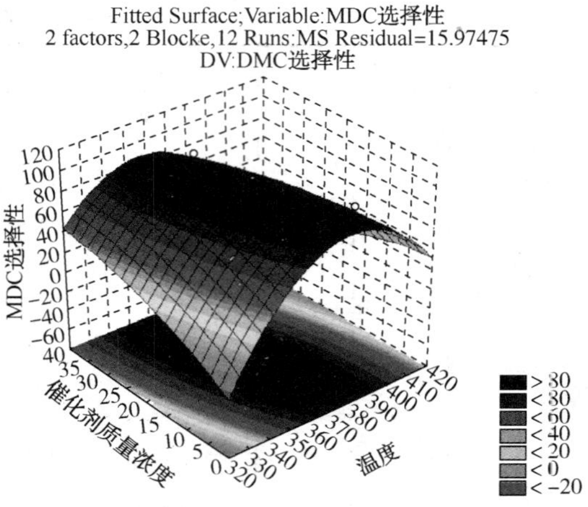

图 1-3　DMC 选择性的响应曲面和等值线图

第三节　化工工程设计程序及主要内容

在完成实验室小试及中试工作，达到工业放大设计要求后，按如下程序和内容进行。

一、基本程序

编制项目建议书
↓
可行性调研（编制可行性报告）
↓→（总体设计）
设计任务书
↓
基础工程设计
↓
详细工程设计
↓
配合施工（派施工代表）
↓
试车考核
竣工验证（建设单位出竣工图）
↓
工程总结

二、主要内容

对设计特大型化工企业，在下达设计任务书之前，必须先做一个框架设计，即总体设计，以便国家有关部门正确决策。设计目的主要是解决“五总”，即总工艺流程、总平面、总定员、总投资、总进度；“两平衡”，即物料、能量平衡；“四个协调”，即工艺与公用工程参数的协调，各项目设计深度、采用标准规范的协调，三废治理方面的协调，生活设施的协调。

（一）项目建议书

化工设计的前提是立项，由建设单位编制“项目建议书”上报国家或者省主管部门，然后根据上级部门的项目建议书批文展开下步工作。项目建议书编制内容如下：

（1）项目提出的目的、必要性、依据；
（2）生产方法、市场需求初步预测，改造规模；
（3）资源情况，建设条件，项目引进国别，厂商的初步分析；
（4）环境保护；
（5）工厂组织，劳动定员；
（6）投资估算；
（7）经济效益估算；
（8）实施规划设想。

（二）可行性研究报告

可行性报告编制的依据是上级对项目建议书的批文，只有立项得到批准后，才有必要进行可行性调研。可行性报告编制力求准确合理。报告一经批准，其规模、标准、工艺路线、产品方案不得任意更改，其投资估算应为工程造价的最高限额，不得任意突破。因为工艺人员和非工艺人员所编内容和要求不一致，而最终汇总成册出自工艺人员之手，因此将可行性报告分为“工艺人员应编制的内容”和“工艺人员应汇总的内容”两部分。

1. 工艺人员应编制的内容

（1）总论部分

① 项目编制的依据。项目建议书审批的批文及其他有关批文、协议书，作为附件附后，应注明单位名称、文件名、文号、日期等。

② 项目背景，投资意义。

③ 项目研究的内容及结果。

（2）需求预测

① 产品用途。

② 产品在国内外市场的需求现状及预测变化趋势。

③ 产品价格分析。

④ 销售规模。

（3）原材料来源、生产规模及产品方案

① 说明原料供应的可靠性。各种批文、合同、协议书等。

② 原料、产品、中间品的品种、数量、规格、质量指标，如 ISO、GB、HG、SH 等。

③ 生产规模。说明数量的组成、规模、年操作时数或日数，分期建设规模。

④ 产品方案的对比和选择。

⑤ 辅助材料。燃料供应的需求量、规格、供应来源及使用。

（4）工艺技术方案

这一步骤是设计质量的关键，要求做到技术先进，经济合理。

工艺技术方案比较的具体方法：

① 全面收集拟定产品在国内外各种生产方法的资料。

② 结合本地区情况进行技术、经济、安全等方面的对比、筛选。

③ 对最终确定的方案应注明选择的理由，对采用新工艺的技术需要说明其先进性和可靠性，如选用国内科研开发的新技术，应有正式的技术鉴定书，对引进技术需说明引进理由、来源、方式、内容及范围等。

④ 对选定的工艺方案必须满足如下要求：

a. 符合产品性能规格。

b. 必须具备工业化生产的条件，关键性技术难关必须突破，如收率、选择性、催化剂活性、寿命、产物的分离等。

c. 满足装置连续化、大型化、自动化操作的要求。对大规模生产，一般采用连续化、大型化，相应节省建设投资，装置布置紧凑，占地少，能量回收利用率高。采用计算机控制。

d. 必要的“三废”治理措施。尽量选择无害工艺或闭路工艺，如有害三废排放，则建立处理装置或变废为宝。

e. 有工艺流程说明，包括：

· 全厂总工艺，分装置工艺流程；

· 自控水平；

· 主要设备选择，改进设备应有清单（仪表、备品、备件、材料）；

· 消耗指标：原、辅材料，水、电、气、风。

f. 有环境保护相关资料：

· 说明该项目的主要污染源；

· 治理方法；

· 环保主管部门的“建设项目环境影响评价报告”即审批文件；

· 体现国家“环境保护法”的精神及环保“三同时”精神，防治污染及其他公害的设施与主体工程，同时设计，同时施工，同时投入使用。

2. 工艺人员应汇总的内容

（1）由勘探部门提供的建厂地区条件和厂址选择

① 厂址自然地理概况，包括地理位置、地形、地貌、地质、水文等资料。

② 社会经济状况；地区、城市的现状及发展规划；属经济特区的，应结合项目说明可享受的优惠政策。

③ 外部交通运输及该地区的水、电、汽等的供应能力(铁路、公路、水运)。

④ 厂址选择。选择意见，选厂报告、批文。

（2）总图运输、储运、工建

① 厂区总面积，区域划分、布置。

② 原料、成品、中间品、辅助材料的储量、储存方式，储罐容量，装卸、清洗方式。

（3）企业组织及定员

① 企业组成、管理体系、经营方式。

② 定员表。

（4）项目实施规划

决策期：可行性报告(1/2 时间)。

投资期：设计、施工。

试产期：投料试运。

(5)投资估算、资金筹措

固定资产($a+b+c$)：

a. 工程费用(工艺、设备、土建)= 装置费+辅助生产项目费用+公用工程费用+服务性项目费用+福利+厂外工程费用+“三废”治理费。

b. 管理费=工程费×(10~15)%=开工费+设计费+专利费+技术指导费等。

c. 预备费用(未可预见费，设备、材料差价)=(工程费+管理费)×(5~8)%。

d. 开工费。

原材料费=产品日产量×投料试车天数×原料消耗定额×单价×0.637

动力费=产品日产量×联动试车天数×公用工程消耗定额×单价×0.49

产品回收费=产品日产量×联动试车天数×(二级品)价格×0.204

润滑油及点火燃料费=开工费×0.2%

触媒及化工原料一次充填费：按过程设计数据计

检修费＝设备费×1.5%

技术指导费＝试车天数×(工人＋专家工资)

大中型企业试车天数——联动试车 10～20d，投料试车 50～80d，检修 30d。

e. 流动资金＝固定资产×(12～20)%＝储备(原料、备用原件)＋生产资金(催化剂、半成品)＋成品资金 ＝ $(a+b+c+d)\times(12\sim20)\%$。

f. 总投资＝$a+b+c+d+e$＋建设期借款利息＝固＋流＋息＝固定资产＋流动资金＋建设期借款利息。

资金筹措：说明资金的来源，计息方式。

g. 生产成本估算。包括原辅材料费、燃料及动力费、生产工人工资及附加费、基本折旧费、大修理基金、车间经费、企业管理费加工费。

h. 经济评价按是否考虑时间因素分静态、动态分析。

主要指标投资回收期即工程项目的投资支出与项目投产后每年的收益进行比较。

投资回收期＝总投资/(年净利润＋年折旧费)

上述总投资、成本、经济评价均构成技术经济的内容。

i. 财务分析。

j. 综合评价。包括工程技术、财务国民经济综合分析；社会效益评价；结论。

【例 1-5】“利用扬子乙烯工程抽余碳四油深度加工甲乙酮”可行性研究报告项目的提出。

依据：4 个附件。

背景：利用扬子乙烯每年提供给江苏省的 13 万吨抽余碳四油作原料。

内容：用甲基叔丁基醚法精制原料，正丁烯部分采用直接水合，仲丁醇脱氢法深度加工生产甲乙酮(MEK)。

规模：MEK 5 万吨/年，MTBE 5.5 万吨/年。

主要物质结构：

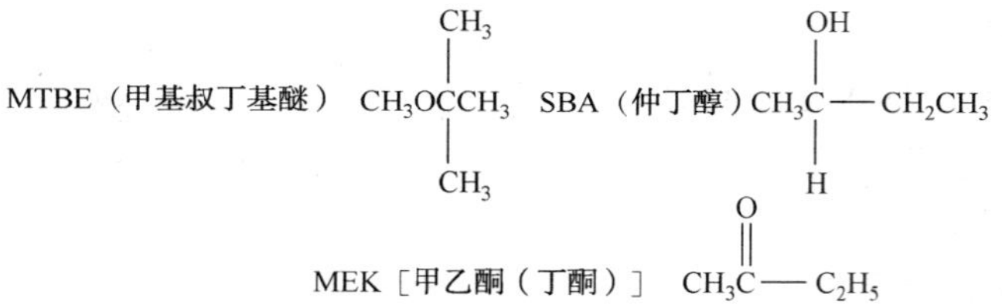

产品用途及市场预测(需要)：

(1) MEK、MTBE 用途。

(2) 国内外生产情况。

(3) 预测。

(4) 工艺技术方案。

MEK 传统的生产路线：正丁烯→SBA→MEK

① 原料路线

因原料中异丁烯存在会增加副反应，使选择性降低，必须除去。

两种路线可供选择：

传统经典工艺 H_2SO_4 吸收：

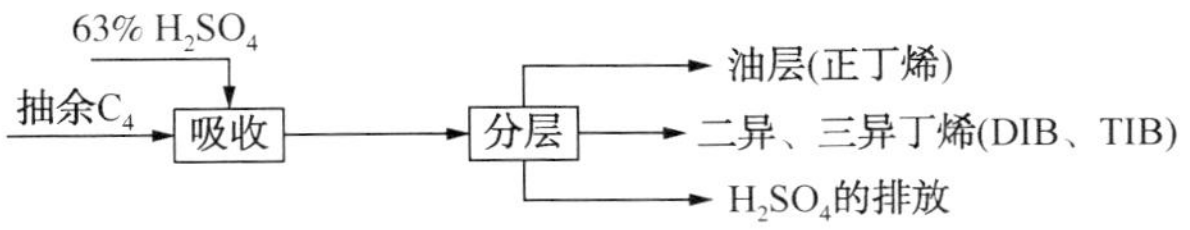

MTBE 法：

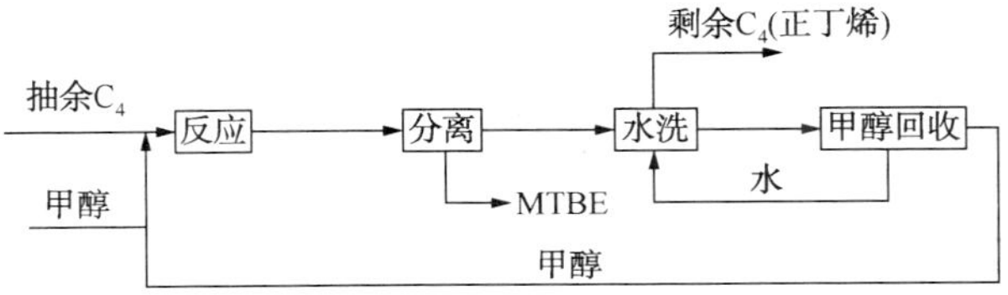

选择：前者为传统工艺，流程简单，技术成熟适合小装置生产。

后者为吉化、齐鲁公司分别开发的，流程较为复杂。

根据本地区具体情况分析：

MTBE 产品自我配套，甲醇就地取材，本地生产。

没有 H_2SO_4 对设备的严重腐蚀，含酸污水的处理。

后者可得到正丁烯纯度达 99%以上，适应任何一种生产 SBA 的工艺。

② 生产 MEK 工艺路线

由 $nC_4^{=} \rightarrow$ MEK

直接法：正丁烯直接氧化

a. 直接氧化法：

$$C_4H_8+2CuCl_2+H_2O \xrightarrow{PbCl_2} CH_3\overset{\overset{\displaystyle O}{\|}}{C}C_2H_5+2HCl+2CuCl \qquad CuCl \xrightarrow[HCl]{} CuCl_2$$

从理论上讲，此工艺路线最短，且 $nC_4^{=}$ 几乎 100%转化，催化剂回收和 HCl 的腐蚀使工艺过程加电且防腐要求相当严格。需要大量的钛材料。

b. 间接法： $nC_4^{=} \rightleftharpoons SBA \underset{}{\overset{-H_2}{\rightleftharpoons}} MEK$

关键技术：

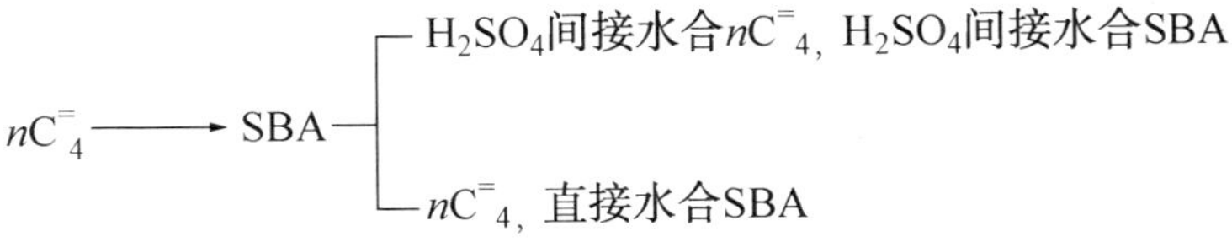

H_2SO_4的间接水合：

$$H_2O+H_2SO_4 \rightleftharpoons H_3O^++HSO_4^-$$

$$CH_3CH_2CH{=}CH_2+H_3O^++HSO_4^- \rightleftharpoons CH_3CH_2CH(OH)CH_3+H_2SO_4$$

H_2SO_4为中间体，浓度一般在 70%~80%，T：150℃，p：7atm。

使用该技术的有美国艾克森公司、阿科公司、日本丸善、中国台湾等。

最大问题是设备腐蚀和稀硫酸的提浓从38%到70%~80%。

$nC_4^=$ 直接水合：

$$HSO_3^- + CH_3CH_2CH = CH_2 + H_2O \rightleftharpoons HSO_3^- + CH_3CH_2CO(OH)CH_3$$

Ⓟ—SO_3H阳离子由树脂催化剂提供，回避了H_2SO_4参加过程。该生产方法有德国的DEA（德士古）公司化工厂及日本出光炼油厂等。

水合工艺的比较和选择：

与间接法相比，直接法具有流程短，腐蚀轻，公用工程消耗低，反应选择性高及无废酸溶液的优点。但对原料正丁烯的浓度要求高，单程转化率低，同一公司两种工艺操作数据如表1-7。

表1-7　两种方法工艺数据对比表

项目	间接法	直接法
原料正丁烯/%	30~80	80以上
总转化率/%	90	40~70
单程转化率/%	90	5~10
选择比/%	95	96~99
公用工程消耗(生产1t MEK)/t		
H_2O	10~13	6.7
冷却H_2O	675	378
工艺水	14.6	0.26

国内用间接法技术攻关稀硫酸提浓，反复进行实验终未取得成功。浓度大，温度低，对设备的腐蚀较缓和，但增加了硫酸提浓回收的难度。故最终选择了直接法。

（1）“三废”：估计废水量2000t/h，引入工厂污水系统处理。

（2）引进范围：SBA水合和SBA精制技术。主要设备SBA反应器及高压柱塞泵，阳离子树脂催化剂。

（3）经济效益：全年创利48784万元。总投资12966万元。

最终，投资回收期约1.84年(详细的可行性报告编制见附录1)。

3. 设计任务书

确认项目的可行性，由建设工程的主管单位下达指示性文件。是设计工作的根本依据，指出有关设计的原则、要求、指示。

4. 初步设计

项目决策后，根据设计任务书要求所做的具体实施方案。

（1）程序

准备工作(阶段)：确定项目负责人(工艺、专业、设、校、审、批)；工艺人员开展工作(工艺、各专业、设、校、审、批)。

编写开工报告：工艺向各专业报告前阶段工作，提条件、要求(进度、深度)。

签协作表(各专业)。

全面展开工作。

会签、归档。

（2）初步设计要求

编制施工图的依据。

确定土地征用范围。

设备、材料订货。

控制投资额总投资量不超过概算。

生产准备。

（3）成品

设计说明书（总说明：项目负责人编，对各专业介绍、浓缩的依据，规模，产品方案，工艺流程叙述，体现技术的先进性过程控制，安全环保，工艺重点写）。

附表：表格、设备一览表、材料表、单位工程概算表（工艺），材料费一般占设备总费用的 25%～30%。

材料表包括：

① *DN*<100 的阀门数量，*DN*>100 不锈钢阀准确数量及管道、保温、安装、油漆等数量。

② 工艺流程图（原则流程图）。

③ 图纸：带控制点的工艺流程图，公用工程、辅助工程流程图，车间布置图（平、竖面），设备布置图和主要设备图等。

④ 材料概算表。

5. 概算

一般分为三级：

工厂总概算→（综合）单项工程概算→单位工程概算

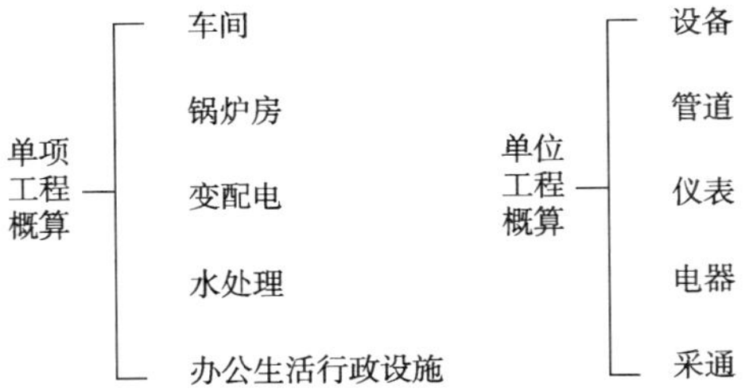

单位工程概算（以工艺专业为例）如下：

（1）依据

设备一览表。非定型设备以质量为单位，定型设备以台为单位。

材料表。阀门、管件、管道（以质量为单位），保温、绝热材料以 m^3 为单位。

概算定额。

其他收费标准。

市场调查价。

（2）编制方法

分设备和安装两部分。

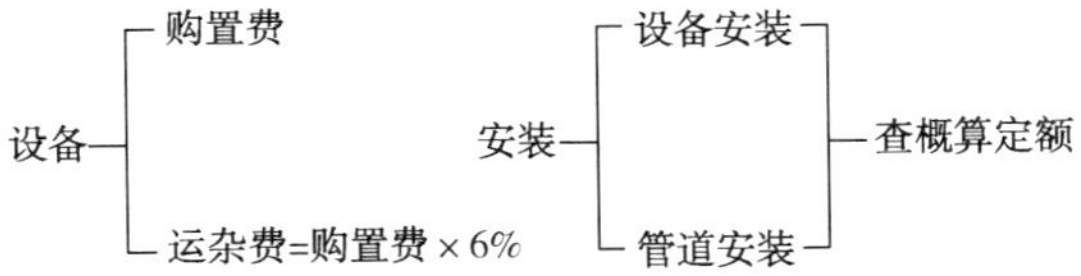

总概算编制说明包括工程概况、生产周期、资金来源、编制原则及方法，安全环保资金单列。

6. 详细工程设计

本设计包括说明书、图纸及表格(管道布置图、设备管口方位、支架图、保温、综合材料表)三部分。其中说明书包含以下内容：

(1) 对初步设计修改说明。

(2) 对施工设计的说明(大型设备基础必须到货后施工，特殊管线、设备安装说明。

(3) 介绍设计规范、标准、施工验收规定，如：

《炼油装置工艺管线安装设计施工图册》；

《石油化工有毒、可燃介质钢制管道工程施工及验收规范》；

《压力容器安全技术监察规程》；

《石油化工企业设计防火标准(2018 年版)》；

《建筑设计防火规范(2018 年版)》。

(4) 对设备、管道、阀门安装要求，先后顺序，试压要求，静电接地。

(5) 设备、管道吹扫要求。

(6) 防腐刷色要求。

(7) 绝热要求。

(8) 试车说明。

第二章　化工厂厂址选择与总图设计

化工工艺设计人员除参加化工工艺设计外，还需要参与厂址选择和总图设计工作。为了选择好化工厂的厂址，首先必须了解化工企业的特点、影响化学工业建厂的主要因素、厂址选择的原则、工作程序及厂址方案的比较要点。

第一节　化学工业的主要特点

化学工业虽然包括制造最基本产品的酸碱工业、生产新的合成材料的有机合成工业、为农业服务的化学肥料和农药工业、为人民生活制造消费品的化学轻工业等许多部门。但是，现代化学工业的生产都有许多共同的特点，这些特点可以概括为下列几方面。

(1) 流程长、设备多、使用特殊钢材、自动化程度高，产品、动力输送由管道运输。

化学工业所采用的设备大都是机构复杂、材料性能高的密闭式机械，车间或界区之间的半成品与动力运输，都以各种管道进行输送。其主要机械设备有：作为化学反应场所的反应设备，调节温度用的加热器或冷却器(各种传热设备等)，使反应物能更好接触和使容器内物质组成均匀所有的填充物和搅拌机等，以及蒸馏、吸收、结晶、过滤、干燥等分离精制设备。将这些单元操作设备与机器组合起来就是化工装置。

现代的化工装置一般都具有生产能力大、单系列生产，有完备的热回收系统，采用新设备、新结构、新材料，有较高的自动化水平，生产连续化，联合企业内各装置之间的关系很密切等特点，因而生产比较稳定，经济效益显著。

(2) 知识密集、技术进展最快，技术的变化使新工艺、新产品不断出现。

技术是化学工业的支柱。化工技术基本上是把化学反应与操作方式有机结合的技术控制过程。这种技术，随时间的转移不断地在发生变化，正是这种技术上的变化导致化学工业不断地出现新产品、新工艺。这种新产品、新工艺能够淘汰现有的产品和现有的生产工艺，创造出崭新的工业。例如生产苯酚的最重要的工艺过程在最近三十年内就改变了三次。这种不断生产一连串新产品和新工艺的能力使整个化学工业处于不断的变化之中。

(3) 广泛采用催化、高压、高温、深冷等工艺。

化学工业在这方面所取得的科学成就，对于加速化学工业的现代化具有重大的作用。

化工生产中所采用催化剂的用途主要使人们能够有意识地操纵化学反应向一定方向进行，加快或者延缓它的进程，以达到简化工序改进流程的目的。正确的选择催化剂是促进新的化工生产部门建立和强化现有的化学工艺工程的重要环节。

化学工业广泛采用高压技术，许多化工厂一般都使用10~100MPa，甚至100MPa以上的压力。某些化工产品如合成氨和合成甲醇的生产、一氧化碳的制造、尿素和蚁酸的合成、乙烯的聚合等都只有在高压下才能实现。

化工生产中所需的温度范围大多数都在400~600℃，有的要求更高温度。例如石脑油裂解制乙烯是在800~1000℃，甲烷裂解制乙炔是在1000~1200℃，甚至1400~1600℃进行的。

温度的增加，可以加快反应速度，提高成品的生产率。

化工生产中，除使用高温外，还使用低温。低温是采用冷却、冷冻或深冷的方法得到的。例如合成氨冷法净化流程中，甲醇洗的温度为 $-20\sim-40$℃，液氮洗的温度为 -190℃。现代制氢工业就是以深冷法为基础而建立起来的。

（4）原料多样化，产品多样化，生产方式多样化。

化学工业中需要的原料来源很广。例如各种地下矿物、动植物、空气和水，以及工业废气废渣废液等都可以作为原料。化学反应的应用可以将多种多样原料制造出各式各样用途的工业材料和产品，并为深入而合理地利用各种原料动力资源提供可能性。

化学工业的生产过程是复杂和多样的。在同一类的企业或同一种化工产品中可以有许多不同的品种和不同的生产方法；而每一种品种和生产方法，由于采用原料不同，又可分出许多不同的品种和不同的生产方法。例如无机化工产品基本上包括无机酸、碱、盐、化学肥料及无机精细化工等数百种主要产品，而其中合成氨的生产由于原料(气、液、固体原料)不同，生产方法各异；而同一种原料，生产方法不同，如使用催化剂、温度和压力不同，它们的技术经济指标也不一样。

在现代生产技术条件下，对原料进行加工，除获得需要的化工产品外，还可以得到大量的用于进一步加工的化工原料。因此，深入开展原料的综合化学加工，对于扩大工业的原料，增加原料的品种，有着非常重要的国民经济意义。

（5）耗能大户。

能源是化学工业的燃料和动力，也是它的原料(大约70%用作燃料和动力，约30%用作原料)。现代的化学工业是燃料和电力的最大消费者之一。据报道，美国化工中每个工人平均电力消耗为整个加工工业的8倍。在许多发达的工业国家，化学工业对燃料、电力消费的增长速度一般都超过了其他工业。而在能源消费的绝对数量方面，化学工业也一般居于之首。

（6）易燃、易爆、易中毒、易腐蚀、易产生环境污染。

易燃介质：指与空气混合的爆炸下限<10%或爆炸上限和下限之差>20%的气体。如：甲胺、乙烷、乙烯、氯甲烷、环氧乙烷、环氧丙烷、丁烷、三甲胺、丁二烯、丁烯、丙烷、丙烯、甲烷等。

剧毒介质：指进入人体量<50g 即引起肌体严重损伤或致死的介质。如：氟、氢氟酸、氢氰酸、光气、氟化氢、碳酰氟等。

有毒介质：指进入人体量≥50g 即会引起正常功能损伤的介质。如：SO_2、NH_3、CO、CH_2═CHCl、CH_3OH、氧化乙烯、二硫化碳、乙炔、硫化氢。

化学工业的工艺过程中含有 CO、H_2、CH_4等各种易燃易爆气体，各种酸、碱等易腐蚀液体，硫和硫的化合物及各种具有毒性的有机物质等。生产中必须确保安全，严防事故发生。

化学工业是一个排放污染环境物质种类繁多，数量庞大的部门。例如，一个大型的石油化工联合企业所排放的废弃物可多至几十种至上百种；一个年产 50 万吨的纯碱厂，每天排放的废液中所含的固体物质就接近 300t；一个日产 650t 酸的硫酸厂，每天要排放出 1300～3000t 废水，废水排入江河湖海，废渣任意堆放，造成环境污染。化学工业废弃物多种多样，以及由此而造成的危害，使得化学工业成为对环境严重污染的三大部门(即冶金、化工、轻工)之一。

第二节 厂址的选择及优化设计

正确选择厂址是保障化工生产安全的重要前提。化工厂的建设应根据城市规划和工业区的要求，按经批准的设计计划任务书指定的地理位置选择厂址。选择厂址应综合分析与权衡厂址的地形条件以及有关的自然和经济条件，进行多方案的技术经济、安全可行的比较，合理选择，做到安全可靠。

一、厂址选择的安全要求

厂址的安全可靠要涉及工程地质条件的优劣，厂区范围能否适应平面布置和安全距离的要求、自然灾害的威胁程度及抗衡的可能性、能否避免由于邻近企业发生事故时而引起次生灾害、能否便于治理“三废”以及同外部的联系与协作等因素。其基本安全要求如下：

（1）有良好的工程地质条件。厂址不应设置在有滑坡、断层、泥石流、严重流沙、淤泥溶洞、地下水位高以及地基土承受力低于 $1kgf/cm^2$(98.067kPa)的地域。

（2）在沿江河、海岸布置时，应位于临江河、城镇和重要桥梁、港区、船厂、水源地等重要建筑物的下游。

（3）避开爆破危险区、采矿崩落区及有洪水威胁的地域。在位于坝址下游方向时，不应设在当水坝发生意外事故时，有受水冲毁危险的地段。

（4）有良好的卫生气象条件。避开窝风积雪的地段及饮用水源区，并考虑季节风向、台风强度、雷击及地震的影响和危害。

（5）邻近企业的关系，要趋利避害。既要利用已有的设施进行最大程度的协作，又要避开可能招致的危害。厂址布置应在火源的下风侧，毒性及可燃物质的上风侧。

（6）要便于合理配置供水、排水、供电、运输系统及其他公用设施。

二、影响厂址选择的主要因素

化学工业是一个包括许多专业部门组成的综合体，其中每一专业部门都有自己的工艺特点和经济性。同时，化学工业的原料、燃料、动力、用水的单位消耗量和供应条件，以及劳动力的需要程度等等，又都彼此互不相同。因此，在化学工业选择厂址时，需要考虑各种因素的影响，并要弄清哪些因素在什么条件下是决定企业建厂的首要因素。一般认为原料因素、动力因素和消费因素对所有化学工业部门都具有普遍的意义，是决定化工厂空间分布的最重要条件。技术因素只是当考虑建设新的工业部门或采用新的生产方法和品种时才具有决定性的作用，而对化工厂建设的空间位置与间距无直接影响。劳动力因素对化工厂建设的影响，以在缺乏劳动力地区最为显著(特别是建立耗用劳动量大的化工厂)，但在劳动力正常供应情况下，尤其在我国其影响不占主要地位。根据化学工业对自然和技术经济因素的依赖程度，我们可以将所有化学工业部门分为倾向于原料产地、倾向于燃料和动力来源及倾向于消费地区三大类。详见表 2-1。

表 2-1 化学工业厂址倾向分类表

倾向于原料产地部门	倾向于燃料和动力部门	倾向于消费地的部门
合成氨工业	石灰氮	硫酸工业
硝酸铵工业	电热法制烧碱	普通过磷酸钙
重过磷酸钙	电热法制磷	钙磷镁磷肥
钢渣磷肥	电石工业	电木制品
纯碱工业	酚-甲醛	用聚氯乙烯制成的产品
酒精工业	醋酸纤维素	油漆涂料
酚	用己内酰胺制成的卡普隆纤维	汽车轮胎
醋酸	用醋酸乙烯制成的醋酸纤维	甲醛
丙烯腈	电石法制合成橡胶	
聚氯乙烯树脂		
氨基塑料		
合成橡胶工业		
染料工业		

(一)原料对化工厂建厂的影响

化学工业的原料是多种多样的，所有的原料资源根据其在化学工业中的应用，可分为两大类：初级原料(如矿物、动植物、水、空气等直接取自自然界的原料)；各种副产工业原料(工业加工中的副产物)与中间体(基本化学工业制造的可供进一步加工的原料)。近代科学技术成就使各种各样的物质都可以当作化工原料使用，原料品种不断扩大。

现阶段化学工业发展中，在各种初级原料中，动植物原料采用的比重急剧减少，而矿物原料(首先是可燃矿)采用的比重迅速增加。如目前各主要化工部门大多是进行矿物原料的加工，或者以进行矿物原料加工出来的工业副产物为基础。如无机化学工业中用食盐和石灰石生产纯碱，用电解食盐生产烧碱和氯气，用石灰石和焦炭生产电石；有机化学工业中用石油、天然气、煤炭及其加工副产物生产塑料、合成橡胶和合成纤维。现代化学工业中约80%以上的原料来自石油和天然气；有机化学产品中95%左右以石油和天然气做原料，煤化工产品不足10%，植物原料仅在极少数有机产品中采用。

化学工业建厂中，原料因素之所以重要，是因为许多化学工业部门所使用的原料及材料费用占有很大的比重，在许多情况下，原料费用常占生产费用的60%~80%，见表2-2。因此在化学工业建厂中选择最经济的原料，或使用新建厂要靠近廉价原料的产地，对于降低化工产品的成本有着决定性的意义。

表 2-2 主要化学工业部门原料费用在产品成本结构中的比重

化学工业部门	原料费用占成本/%	化学工业部门	原料费用占成本/%
氮肥工业	25~78	塑料工业	55~85
硫酸工业	60~75	化学纤维工业	50~80
制碱工业	35~70	轮胎工业	86~88
合成橡胶工业	60~78	染料工业	62~63

化学工业建厂中原料因素的重要意义，还在于许多化工生产需要消耗大量的原料(见表2-3)。例如，要获得1t苯酚，需要消耗1.2t纯苯、1.8t硫酸和1.4t烧碱。由于单位化工产

品的原料消耗量很大，有些原料不便于远距离运输，因此附近有无这些原料的分布，是选择厂址的重要因素。

表 2-3　部分化工产品每吨成品的原料消耗量

产品名称	生产每 t 成品的原料消耗量/t	产品名称	生产每 t 成品的原料消耗量/t
烧碱(隔膜法液碱)	1.74	乙二醇(纯氧化法)	1.70
纯碱(氨碱法)	2.80	苯胺	3.20
合成氨(白煤作原料)	2.85	聚氯乙烯(悬浮法)	2.80
重过磷酸钙(湿法)	2.50	涤纶树脂	3.50
黄磷	13.20	己内酰胺	7.73
滴滴涕原粉	2.50	丙烯氰	4.00
聚丙烯	2.00	氯丁橡胶	6.82
苯酚(磺化法)	4.00	(电石乙炔法)尼龙 66 盐	5.40

原料因素对化工企业建厂影响的程度，除取决于单位产品的原料消耗定额大小外，还取决于原料和成品运输经济的比较，以及综合利用原料的经济效果。例如利用硫铁矿为原料生产硫酸，原料和成品的重量几乎相等，但原料运输费用低于成品。如果仅仅为了减轻原料的运输负担和降低产品成本中原料费用，把硫酸厂建在硫铁矿产地，那么就要提高社会劳动总消耗，增加在运输上具有特殊要求的硫酸运输量，增大运输工具的投资，总的结果是不好的。所以，像硫酸这样的化工企业一般不建在原料产地，而建在消费地。

此外，在分析原料因素对化工建厂的影响时，还必须考虑到由于使用不同性质的原料所产生的不同要求。例如合成氨工业的原料来源，主要有固体原料、液体原料和气体原料三大类。当合成氨企业使用固体与液体原料时，由于这些原料便于运输，企业就不一定要靠近原料产地；但如果改用气体原料时，则企业必须接近这些气体的地区或天然气管道附近。

总之，化学工业建厂中，要从以下两方面考虑原料因素：

1. *原料来源的数量和质量*

首先要调查所选原料来源是否有保证，数量和质量能否满足需要。如果选用的原料是矿物，则要了解其工业储量、质量规格、采掘计划以及国家的分配方案；如果选用的原料系其他工业部门的产品，则还必须了解其生产发展远景能否保证本企业将来的需要。

化学工业对各种原料质量要求，是随着不同产品和不同工艺方法而不同。同是利用一种原料，由于加工的产品不同，采用的工艺方法不同，其对原料的品位、组成的要求也不同，详见表 2-4、表 2-5。

表 2-4　合成氨工业对煤炭质量的要求

质量指标	无烟煤	褐煤
粒度	(25~75)mm	<10mm
水分	<6%	<10%
灰熔点	>1250℃	>1200℃
挥发物	<9%	—
灰分	<22%	<25%
含硫量	<1.5%	<2%
机械强度①	>60%	—
热稳定性	>60%	>60%

注：①指落下试验法(>25mm)数值。

表 2-5　化学工业对几种主要化学矿物原料质量的要求

名称	主要用途	品位要求
磷灰石及磷块岩	磷肥、磷酸等	CaO>55.38%，P_2O_5>25%
黄铁矿及自然硫	指硫酸钠、硫酸等	接触法硫酸含硫>18%，塔式法硫酸含硫>30%
化工用石灰石	制纯碱、电石等	碱用石灰石含 $CaCO_3$ 88%以上，电石用石灰石含 $CaCO_3$>53%、MgO<1.2%、R_2O_3<1%、P<0.06%、S<0.1%

2. 交通运输条件

近代的大型化工企业，消耗大量的原料，要使用各种不同的运输工具。一个年加工原料油 7000kt，生产各种油品和其他化工产品 5000kt 的大型石油化工联合企业，每年总原材料运输大约 7000kt 之多。如果没有足够的交通工具，就不可能负担如此大量的运输任务。因此，原料的运输是否方便，运输能力有无保证，也是选择原料的重要因素之一。

如果拟选原料不能满足这些要求，在生产中则尽可能不采用该种原料。但是，当有几种原料都符合上述条件时，则应当以最大的经济效果为选择的标准。

总之，在化学工业建厂中，正确选择原料的种类，是一个关系着企业的经济效果和国家自然资源利用的问题，而深入分析影响原料选择的各种基本因素，并考虑到其经济效果和国家资源利用的技术政策以及地区具体条件应该是做好此项目工作的科学依据。

（二）能源供应对化工厂建厂的影响

化学工业是大量消耗能源的部门，其能源消耗约占整个工业能源消耗的 20%，在各工业部门中仅次于冶金工业而居第二位。在世界化学工业能源消费中，有机化工占 57%，无机化工占 43%。乙烯、合成氨、硫酸、氯碱是四大耗能产品，耗电量占整个化工的 78%，其中约四成为乙烯等石油化工产品。由于化学工业消耗能源量大，因而能源因素在化学工业建厂中有着重要作用。

能源在化学工业生产中主要用途是发热和提供动力。在化工生产中需要应用的能源主要有热能和电能，机械能和化学能使用较小。

热能应用于化学生产中，因为温度的高低决定着化学反应过程速度快慢和化学工艺过程热力学条件的变化。在化工企业中，大量热能耗用于获得蒸汽，也有少量热能用于取得热水。蒸汽在化工企业中主要用于加热，如蒸馏用的热源，保持反应温度的热源、加温、暖气等；其次用于气泵、蒸汽压缩机、蒸汽喷射器等动力设备的能量来源；再次是直接用于生产。如合成氨生产中使用蒸汽生产水煤气和半水煤气等。

电能在化工生产中的应用可分为两类：一类是动力用电，约占化学工业总用电量的 77%；一类是电化学工业用电，占化学工业总用电量的 23%。动力用电主要用于运输、粉碎、搅拌、压缩机等电动机用的动力。如流体输送的机泵、固体输送带等的电动机，聚合釜的搅拌机、固体的粉碎机、混合机、离心机、高压反应用的压缩机等的电动机，均都需要使用大量的电能。电化学工业用电主要用于电解和电热。例如生产氯碱时，含盐电解用到电力，用电热器加温反应装置也需要电力。由于化工生产具有连续性强、操作稳定、用电量大、用电设备特殊、系统性强等特点，故对供电的可靠性要求很高。

化工生产中能源消耗是随着所采用的原料种类不同而变化的。例如用原油加压气化或炼厂干气制取 1t 合成氨需耗电 1000kW·h、蒸汽 0.26t；用焦炭制 1t 合成氨需耗电2036kW·h、蒸汽 5t；用焦炉气制 1t 合成氨需耗电 2494kW·h、蒸汽 0.4t；用天然气制 1t 合成氨只耗电

7kW·h。而生产同一产品，由于采用的生产方法不同，能源消耗也有很大的差别，详见表 2-6。

表 2-6　主要耗电热化工产品的能源消耗定额(按每 t 产品计)

产品名称	生产方法	耗电量/kW·h	耗蒸汽/t
烧碱	隔膜法	2400	5
合成氨	重油制氨法	1300	2.8
合成氨	煤焦油	1800	2.5~3.0
合成氨	轻油蒸汽转化法	3.33	1.6
乙烯	煤柴油管式炉裂解	143	3.0
甲醇	焦煤法	1800	2.6
乙醇	乙烯水合法	65	2.35
辛醇	羰基合成法	150	5.1
异丙醇	丙烯直接水合法	110	3.5
乙二醇	环氧乙烷水合法	20	4.65
乙醛	乙烯直接氧化法	100	1.60
苯酚	异丙苯法	294	7.83
醋酸	甲醇羰基合成	360	4.2
苯酐	邻二甲苯固定床氧化	1000	—
环氧丙烷	氯醇法	200	9.1
高密度聚乙烯	浆液法	245	2.45
低密度聚乙烯	管式法	1442	1.24
聚氯乙烯	乙烯法	800	4.00
聚氯乙烯	乙炔法	5500	2.9
聚丙烯	溶剂法	200	2.7
尼龙 66 盐	环乙烷氧化法	1200	19
己内酰胺	拉面法制羟胺	1550	10.1
丙烯氰	熔化床催化法	607	3.6
聚乙烯醇	乙炔法	1440	31.6
聚乙烯醇	乙烯法	830	23.3
顺丁橡胶	溶液聚合法	520	7.3
丁苯橡胶	低温乳液聚合法	305	8
异戊橡胶	溶液聚合法	800~900	11~13
乙丙橡胶	溶液聚合法	2010	14
丁基橡胶	溶液聚合法	400	16
氯丁橡胶	乙炔法	1500	13

能源与化学工业建厂的关系是随着技术进步而不断发展和变化的。在现有技术条件下，能源对化学工业建厂的影响程度是根据各种化学生产消耗能源的多少而不同的。消耗能源大的化工生产，对于能源依赖性大，反之依赖性较小。

能源消耗大的化工企业的建立，必须考虑如下几点：

1. 必须要有强大的能源基地

消耗能源大的化学工业产品消耗能源参见表2-7。例如建设一套年产600kt乙烯联合装置及其配套工程组成的大型石油化工联合企业，需要配备42×10^4kW的大型热电站，才能满足要求，在能源消耗比重高的化工企业中，用于能源基地的基本建设投资也比较高，详见表2-8。

表2-7 主要消耗能源大的工业的单位产品平均耗电热定额

大耗电产品			
产品名称	耗电量/kW·h	产品名称	耗电量/kW·h
磷(电热法)	1500~20000	苯酚、丙酮(异丙烯苯)	17
醋酸纤维	20000	乙二醇(环氧乙烷水合法)	4. 65
合成橡胶(由电石制取)	15000	醋酸(酒精法)	20. 4
合成氨(电解水法)	15000	聚乙烯醇	23~32
乙炔(甲烷电裂化法)	10000	丁醇(电石制取)	12. 2
醋酸(由电石制取)	5500	尼龙66	19
磷酸(电磷制取)	5000	对二甲苯	5. 5
烧碱(电解法)	2400	己内酰胺	10
电石	3000	环氧丙烷	9
石灰氮肥	2900	合成乙醇	3
合成甲醇	1200	丁二烯(丁烯氧化脱氢)	25
		合成橡胶	3~16

表2-8 几种消耗能源大的化工生产用于能源基地的基建投资所占比重

产品名称	用于能源基地的基建投资所占/%	产品名称	用于能源基地的基建投资所占/%
电石	53	硫酸	18
醋酸纤维素	40	磷肥	13
合成橡胶(用酒精制取)	20		

2. 廉价的能量是决定消耗能源大的工业发展的重要依据

在大耗电化工产品的总成本费中，电费所占比重一般达20%~40%，个别达80%。电费的变动将直接影响到产品成本。

3. 主要考虑当地能源分配的盈亏情况

如果当地能源所生产的全部能源分配给本地区的国民经济部门使用而毫无剩余，该地区虽有廉价的能源，也不适宜建设耗能源大的化学工业。否则影响其他国民经济部门的动力需要，如果从外地区输入昂贵的能源来供应，这在经济上是不合理的。

4. 必须建立在强大水电站和廉价燃料基地

消耗能源大的化工企业，其生产规模在很大程度上受电源和燃料来源的限制。例如建设以煤炭路线制取卡普隆丝的生产，1t成品平均消耗134MJ热能和17000kW·h电力。按燃料当量计算为9. 5t标准燃料。这就决定了卡普隆纤维工厂的配置趋向于有廉价燃料来源和水力发电的地区。

一切化工生产部门，根据工艺过程用电用热的特征，大致可归属为下列三类：

（1）在生产过程中电能消耗特别大，而热能消耗量较小的工业，一般称为大耗电工业。如电石、氯碱、黄磷、炼油、石油化工、合成橡胶及煤气化等。

（2）在低温生产过程中大量消耗热能（蒸汽或热水）的工业。如某些塑料（聚苯乙烯、聚丙烯）、某些化学纤维（聚乙烯、醇、尼龙66）、某些合成橡胶（丁基橡胶、乙丙橡胶）、木材水解、氰纶和以粮食为原料的酒精制造工业等。

（3）在高温生产过程中大量消耗热量（燃料、煤气）的工业，如裂解石油制乙烯、陶瓷、玻璃生产等。

上述三类化学工业建厂，能源对它们的影响形式与程度不一样。前一类的建厂，主要是根据电能因素来决定；后两类的建厂，电能因素有一定的影响，但热能因素起主要作用。

大耗电化工企业建厂倾向于廉价电能基地的经济基础，主要由于大耗电化工企业生产用电量大，产品和原料的运输量小，相等距离的输电费一般较原料运输费高所决定的。根据我国化工部对制磷工业初步计算的经济比较表明，在原料产地与电能基地相距200~500km范围内，年产磷30kt规模的工厂，如果设在原料产地，基本经营管理费比在电能基地设厂高21%~35%，见表2-9。

表2-9　输电费、运输费与原料产地和电能基地距离的关系

原料地与电能基地距离/km	厂址在原料地的年输电费/万元	厂址在电能基地的年矿石运费/万元
200	93.6	69.4
300	121.5	101.0
500	198.0	164.4

在一般耗电少而耗热多的企业中，如合成氨厂、石油裂化厂、肥皂厂等，在它们的厂址选择时，必须考虑到要尽量靠近电热中心。

（三）水的供应对化工厂建厂的影响

水是工业生产发展最基本的条件，没有足够数量和合格质量的水供应，工业实际上就无法存在。近代工业的产生和发展是同地球上水源的利用分不开的。未来工业的进步在很大程度上仍要依赖水的合理利用。

水有着独特的化学、溶解和电离的性能，各种性能创造了化学和化学工业的广阔领域。水的物理性能和化学性能供所有生命和生物过程使用；它的无可相比的热特性影响着气象和气候，以及人类的工业活动。水在各种工业生产中，在蒸汽的生产与冷却方面都被广泛地使用着。水的工业用途在21世纪得到如此迅速的发展，以至许多工业为了保证充分的水源而不得不认真慎重地考虑厂址选择。具有一定规模的现代化炼油厂、石油化工厂、炼焦化工厂、合成氨厂、制碱厂和化学纤维厂中，水的消耗量极大。生产1t化工产品的耗水量参见表2-10。

表2-10　生产1t化工产品的耗水量

产品名称	耗水量/(t/t)	产品名称	耗水量/(t/t)	产品名称	耗水量/(t/t)
纯碱	200	乙醛	280	聚苯乙烯	490
烧碱	75~180	醋酸	213	聚乙烯醇	2143
硫酸	42~90	乙苯	84	丙烯氰	800~1000
磷肥	10~45	苯乙烯	670	醋酸纤维	1170~2430

续表

产品名称	耗水量/(t/t)	产品名称	耗水量/(t/t)	产品名称	耗水量/(t/t)
黄磷	447	丙二醇	580	尼龙纤维	180~520
电石	110	环氧丙烷	340	丙烯氰纤维	970
合成氨	300~600	丙氨醇	1250	聚酯纤维	720~1100
乙烯	450~600	氯丙烯	2172	合成橡胶	1250
苯酚	1160	聚丙烯	550		
丙酮	770	低压聚乙烯	530		

因此，为了保证工艺的连续、稳定、安全、高产，必须提供充沛而可靠的水源；如果水源不可靠、不落实就建厂，必然会导致投产以后减产、停产，甚至迁厂的后果，使国家财产大量浪费。例如山西太原地区有个小型化肥厂，在基建全部完成以后，发现水源不落实，不得不另选厂址重新建设，损失达100万元。

与其他自然资源相比，水是地球上数量大、取用方便、代价低廉的资源。在化工产品成本中水的费用占的比重不大，一般在1%~3%上下，最高的可达8%。

在化学工业中，由于各类企业用水特点和用水程度不同，不同的化工企业和不同的化工产品对水的依赖程度不同，根据各种化工产品耗水量的大小，可以把所有化工产品分为三大类，详见表2-11。

表2-11 化工产品按耗水量大小分类

小用水户(小于50 m^3/t)	中等用水户(50~50050 m^3/t)	大用水户(500~100050 m^3/t)
硫酸、磷矿开采	纯碱	化学纤维
油漆	聚苯乙烯	醋酸纤维素
重过磷酸钙	甲醇	和成橡胶
苯酚甲醛压型粉	汽车轮胎	己内酰胺
由硫黄制硫酸	聚乙烯	低密度醋酸
氯和烧碱(水银法)	高密度硝酸	对苯二甲酸
环氧树脂	尿素树脂	乙烯
合成洗涤剂	醋酸	丙烯氧化物
硫铵	乙苯	乙炔
普通过磷酸钙	炭黑	氯丙烯、聚丙烯
	黄磷	丙氨醇
	电石	丙二醇
	乙醛	苯酚、丙酮
	环氧丙烷	合成氨
		制药

还必须指出，水是不适宜远距离运输的。因此，耗水量大的化工企业建厂一定要就近水源，避免远距离送水。可以节省投资和电力，降低产品，保证供水的经济、可靠。

(四) 化学工业建厂与环境保护

化学工业对环境的污染是近代化学工业发展的产物。化学工业的污染物质一般都是在生产过程中产生的，但其产生的原因和进入环境的途径则是多种多样的。

1. 化学工业的主要污染源

(1) 废气

化学工业产生的废气，主要是化学反应不完全或副反应所产生的废气，以及能源燃烧时产生的废气。按其性质以及危害大致可分为七类：

① 二氧化硫 主要来自化工装置的加热炉、联苯锅炉和热电厂的含二氧化硫烟道气，以及硫酸装置的排空尾气；

② 氮氧化物 来自硝酸装置和己二酸装置的排空尾气；

③ 烃类废气 主要是乙烯、丙烯、芳烃、烷烃等，一般通过设备和管道泄漏进入大气；

④ 氟化物、四氯化硅废气 主要来自磷肥工业；

⑤ 氯及氯化氢废气 多来自氯碱厂和氯加工厂；

⑥ 刺激性废气 主要是有机物醇类(甲醇)、醛类(甲醛)、环氧乙烷及氨等；

⑦ 带有粉尘的空气废气 主要是排放空气尾气中含有微量的粉尘，如聚乙烯、聚丙烯和催化剂等。

化学工业对大气的污染主要来源于排烟，其中排放量最大的是蒸汽、发电锅炉、裂解炉、加热炉和造气炉等的排烟。其次是蒸发、干燥、焚烧、粉尘以及“跑、冒、滴、漏”而引起的大气污染。

(2) 废水

化学工业是废水排放量较大的部门之一，在化学工业排放的废水中，大致可分为冷却水、生产过程水及分离出的凝结水，其中以冷却水数量最大。如果冷却水是直接与反应物料接触时，那么排出废水中含有较多化学污染物，即使冷却水不与反应物直接接触，排出的废水也会造成污染。如泵的冷却水含有油污。过程用水及凝结水直接与反应物接触，是污染水的主要来源，但数量不是很大。另外，还有生产气体、液体的洗涤水，用于乳化、悬浮、聚合的分散介质的水，用于石脑油的热解、乙苯的脱氢等热介质用的蒸汽，锅炉用水和原料用水等生产过程中排出废水均是污染的。主要的水污染物质是金属及其化合物，如汞、铜、铬、砷；有机物质如氰化物、酚、油、醛、酯、醇等，以及酸、碱污染物。

(3) 废渣

化学工业生产的废渣，主要是固体原料生产后所产生的废渣，如各种化学废渣、石灰石渣、煤渣、酸渣、碱渣、油泥与浮悬渣、黄磷渣、氯化钙、磷石膏渣等，还有处理污水产生的污泥等。

2. 化学工业对环境污染的特点

(1)排放量大

例如我国一个以煤炭、石油为原料，年产2000kt化肥、基本化学产品、有机合成材料、染料中间体等化工原料为主的化工联合企业，排出的有害“三废”可达315种，其中废水129种，每小时5650m^3；废气74种，每小时148 m^3；废渣49种，每年280kt。一个以重油和煤焦炭为原料年产330kt合成氨的氮肥厂，每天可排出废气2844 m^3、废液56000 m^3、废渣170t。可见化学工业的“三废”排放量是相当可观的，尤其是废气和废水的排放量更大。这是由生产规模大、生产过程复杂、能量消耗大等原因所造成的。

（2）排放物毒性大

化学工业排放物中毒性较大的有：汞、砷、氰、酚、二氧化硫、氟化物、氮氧化物、氯、苯、醛、酯、醇、硝基物、乙烯、丙烯腈以及各种酸、碱、盐类等数十种。如氯碱厂排出汞和氯气；硫酸厂排放 SO_2；磷肥厂排放的氟化物；氮肥厂排放出的砷、酚等都是毒性较大的污染物。

（3）污染分布面广

化学工业是一种门类多、品种多和分布面广的部门，特别是中小型化工企业分布很普遍。这些化工企业一般建在供水比较充裕的大江、河、湖泊或其支流附近，“三废”处理不好，就会成为许多河流和大水系的污染源。例如，吉林化工区以下的松花江、南京大厂镇化工区附近的长江水域、高桥化工厂以下的黄浦江等都是受到比较严重的污染。

总之，在新的化工企业建设中，除了必须严格执行“环境保护法”外，在企业基建投资中，有关环境保护方面的投资也应根据不同情况占有一定的比例。使新建项目在环境保护方面做到有规划有措施，现有企业经过改造后也应达到保护环境的要求。

（五）厂址选择的优化

厂址选择的优化主要是在满足环境、安全要求前提下实现生产成本的最小化。

【例 2-1】 如图 2-1 所示，供油中心位置的确定。欲在铁路干线 *MN* 上建造一个供油中心，分别向 ABCDE 五家工业用户供同类油品。方式是埋设地下管线输送。设每千米输送费用为 e(包括管道费、施工费)，五家用户的用油量相等，问供油中心应选择在铁路线何处，才能使输油总费用最低？

这是一个实际的工程问题。解题步骤如下：

（1）分析问题和任务，确定变量、约束方程和目标函数等数模。由题意分析，目标已明确，要使总输油费用最低，必须使供油中心到各工业用户之间的总距离最短。设供油中心到各用户的距离分别为 d_1、d_2、d_3、d_4、d_5，则总距离为

$$\delta = \sum_{i=1}^{5} d_i \rightarrow \min \qquad i = 1,2,3,4,5$$

约束条件：供油中心设在铁路干线 *MN* 上，为此，以 *MN* 上比较平坦的部分作为 x 轴，建立直角坐标系，如图 2-2 所示，测量出 *MN* 的状态拟合曲线和各用户的坐标位置。这样就把原问题进行数学化处理。所谓约束条件，就是对自变量取值范围的约束。经测量拟合 *MN* 曲线为一条三次多项式曲线，其

状态方程即约束条件为

$$y = 2\times10^{-3}x^3 - 0.15x^2 + 3.75x - 31.25$$

这样确定了自变量 x，就相应有 y 与之对应。

假设供油中心的坐标位置为(x, y)，则有每一用户到中心距离

$$\delta_i = \sqrt{(x_i - x)^2 + (y_i - y)^2} \qquad (i = 1,2,3,4,5)$$

凡最优化设计，都有要达到的“最优”目标，把目标写成数学形式的表达式称为目标函数，则目标函数为

$$J_{\min} = \sum_{i=1}^{5} \sqrt{(x_i - x)^2 + (y_i - y)^2}$$

由于价格 c 为常数，最终实际费用只需 $J \cdot c$ 即可。

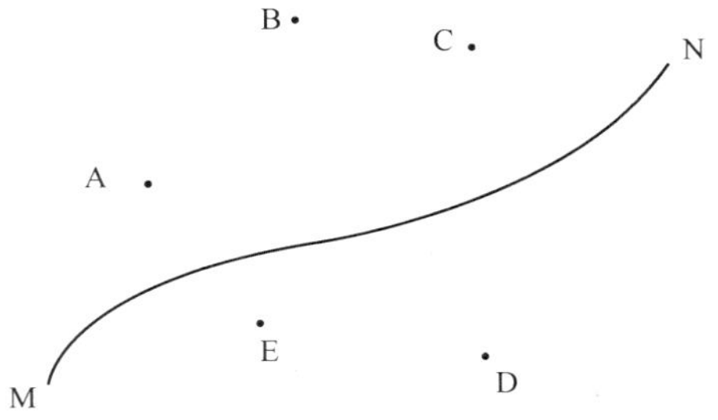

图 2-1　供油中心位置确定示意图

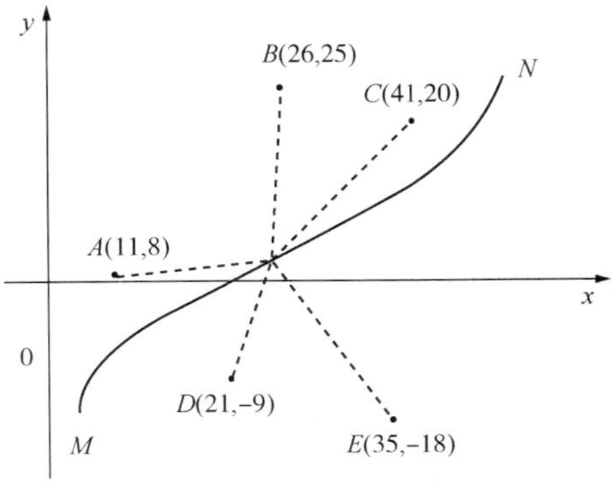

图 2-2　建立坐标系图

（2）根据目标函数的数学模型，选择最优化方法，确定计算精度。

由上述方程知，此设计已为单变量最优化问题。

重要的解题方法有：黄金分割法，二次多项式近似法，外推内插法，牛顿法。

由上述方程知，由于目标函数带根号，一般采用黄金分割法求解。黄金分割法是按照对称的、稳定的选点法将区间进行分割，每次得到的保留区间都恒定为该次计算区间总长的 0.618 倍，即区间缩短率始终为稳定的 0.618 倍，此法收敛速度快，见图 2-3。

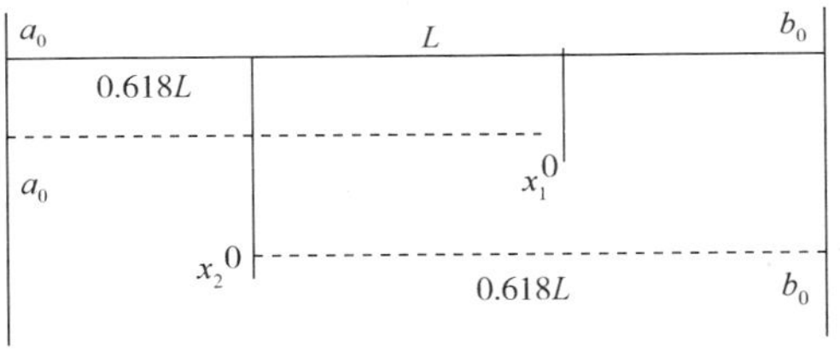

图 2-3　黄金分割法示意

设自变量变化区间线段为 L，a_0、b_0为原始左右端点，分割点 x_1^0 位于从左端点算起的线段 L 的 0.618 处。如果只有一个分割点 x_1^0，则无法进行函数值的比较和决定保留区间。故必须确定第二个分割点 x_2^0。x_2^0 位于从右端点算起的线段 L 的 0.618 处。这样就无论消去左边段还是右边段，都使保留下来的区间与原始区间的长度比为 0.618。

如果$f(x_1)^k \geq f(x_2)^k$，右大于左，则消右留左，新区间：右端点 $b_{k+1}=x_1^k$；左端点 $a_{k+1}=a_k$；

如果$f(x_1)^k < f(x_2)^k$，左大于右，则消左留右，新区间：右端点 $a_{k+1}=x_2^k$；左端点 $b_{k+1}=b_x$。

现假设$f(x_1)^k > f(x_2)^k$，$k=0$ 时的第一次选点计算：

右分割点：$x_1^0=a_0+0.618(b_0-a_0)$从而得到右点函数值$f(x_1)^0$；

左分割点：$x_2^0=b_0-0.618(b_0-a_0)$从而得到左点函数值$f(x_2)^0$。

$k \geq 1$ 各点的计算模式：

右分割点：$x_1^k=a_k+0.618(b_k-a_k)$从而得到右点函数值$f(x_1)^k$；

左分割点：$x_2^k=b_k-0.618(b_k-a_k)$从而得到右点函数值$f(x_2)^k$；

计算关键：新区间左分割点位、右分割点位的确定。

计算精确度：ε_1为函数值精度，ε_2为计算点精度。

$$\left|\frac{f(x_1)^k - f(x_2)^k}{f(x_1)^k}\right| \leqslant \varepsilon_1 \left|\frac{x_1{}^k - x_2{}^k}{x_1{}^k}\right| \leqslant \varepsilon_2$$

如计算精度满足要求则停止计算。否则重复以上计算，直到满足精度要求为止。

本题精度要求为：$\varepsilon_1=0.0001$，$\varepsilon_2=0.02$

（3）确定初始区间，列表计算[0，50]，即 $a_0=0$，$b_0=50$。

$k=0$　右点 $x_2^0=30.9$　左点 $x_2^0=19.1$

右点值 $y_1^0=0.410758$　左点值 $y_2^0=-0.410758$

由 x_1^0、x_2^0、y_1^0、y_2^0 代入目标函数，共进行七次计算结果：

供油中心位置 $x^*=24.26323$　　$y^*=0.0008$

最小距离 $J^*=f^*=97.16117112$km

第三节　总图设计的原则及内容

总图设计是厂址选定后进行的。总图设计内容是根据企业的生产性质、规模和生产工艺等要求提出来的，包括设置生产车间、辅助生产设施和生活设施等(亦即设置在厂区内的建筑物和构筑物)。设计时要结合建厂地区的具体条件(自然、气候、地形、地质、水文资料)，以及厂内外运输、公共设施、厂区协作等条件，按照原料进厂到产品出厂的整个过程，经济合理的布置厂区内的建、构筑物；搞好平面和竖向关系；组织好厂内外交通运输等。工作中必须遵照有关方针政策，充分利用厂址选择时提出的自然资源、运输、动力和水源等条件，结合地形、地质情况、厂区的卫生、防火的技术要求，以及与居住区联系方便等因素，在充分做好调查研究的基础上进行综合分析。必须进行总图设计方案的比较，做到工艺流程合理、总体布置紧凑、投资节省、用地节约、建成后能较快投产，发挥资源效果，节省经营管理费用。

一、总图设计依据

总图设计的主要依据是上级审查批准的建厂计划、设计任务书、厂址、工艺流程图及总平面布置草图。建厂计划任务下达后，经选厂确定厂址，由设计、勘测、厂方、铁路、航运、电力等有关单位，根据工艺设计人员提出的工艺布置方案，确定厂区和车间组成。

二、厂区划分和车间组成

按照设计程序，厂区的总平面布置，一般依据生产工艺流程、生产性质、生产管理、工序划分情况等，将全厂分成若干生产区，使之功能分区明确，运输管理方便，协调生产，互不干扰，然后在生产区内，依据生产使用要求布置建、构筑物等设施。一般小型化工厂，其厂内划分比较简单，往往以主体车间为中心，布置生产和生活设施。而大、中型化工厂，由于生产规模大，建、构筑物较多，安全、卫生等要求也高，则要根据生产工艺划分不同的生产区，每个生产区都有一定的生产和生活设施。各生产区根据生产要求，设若干车间。因此，搞好总平面布置，首先要了解工厂的生产工艺流程、生产区划分和车间组成。

一般工厂各部分组成包括下列项目。

（1）生产车间，包括由原料加工至成品包装等各主要生产车间。

（2）辅助车间，如机修、电修、仪表修理等车间。

（3）服务于生产的设施，包括：

① 仓库。原料、成品、燃料以及其他各种材料仓库或露天堆放场。

② 动力设施。锅炉房、变电站、空压站、氧气站、煤气站等。

③ 全厂性行政生活建筑。厂部办公楼、食堂以及生产服务的生活间等。

④ 运输设施。铁路、道路、水路以及机械化运输设施（如皮带运输等）。

⑤ 工程技术管网。上下水道、供电、压缩空气、热力等各种管线。

⑥ 绿化设施及建筑小品。绿化、围墙、大门、宣传布告栏等。

三、总图设计的内容和原则

1. 设计内容

一般包括下列五个方面：

（1）厂区平面布置，涉及厂区划分，建筑物和构筑物的平面布置及其间距确定等问题。

（2）厂内、外运输系统的合理布置以及人流和货流组织等问题。

（3）厂区竖向布置，涉及场地平整、厂区防洪、排水等问题。

（4）厂区工程管线综合，涉及地上、地下工程管线的综合敷设和埋置间距、深度等问题。

（5）厂区绿化、美化、涉及厂区面貌和环境卫生等问题。

2. 设计原则

（1）具体贯彻选择厂址时所考虑的党和国家方针政策，切实注意节约用地，少占或不占农田，少拆或不拆民房，减少投资，降低造价。

（2）符合工艺要求，使生产作业线通顺、连续和短捷，避免主要生产作业线交叉往返。

（3）考虑工厂的安全生产、卫生、厂内建、构筑物的间距必须满足防火、卫生、安全等要求，应将产生大量烟尘及有害气体的车间布置在厂区的下风向。

（4）因地制宜，结合厂址的地形、地质、水文、气象等条件进行总图布置。

（5）考虑工厂的发展，使近期建设与远期发展相结合。采用一次预留或放射性预留法，适当考虑留有扩建余地。

（6）满足厂内外交通运输要求避免人流和货运路线交叉。

（7）满足地上、地下工程管线敷设的要求。要保证工程管线最短、动力设施靠近供应中心。

第四节　总平面布置

总图设计按照总图设计原则，首先进行平面布置。既按照物料的流向考虑工艺车间或界区的布置，然后根据工艺车间或界区的要求考虑公用工程辅助车间和行政管理建筑物等的布置。也可以确定了厂外来的公路、铁路、供电、雨水和污水系统，工艺用水和生活用水等公用工程分布后，利用这些现场规定条件来考虑工艺装置的位置。厂内服务设施（锅炉房、机修车间、办公室等)仍然可以在这些工艺装置确定后，再确定它们的位置，然后考虑总的布置是否符合安全生产等原则。并与规定条件及标准要求进行核对，看是否合理。

总平面布置时，应仔细考虑确定工厂车间或界区及责任范围。工厂应当有围墙，出入口应有门岗。为了安全起见出入口的数目尽可能减少至最少，建筑现场应有单独的出入口的门岗及自己的围墙，这样施工材料的运输通道就避开了已有的正在生产的工厂。

工厂总平面布置是总图设计的重要部分。它与厂的规模，生产特点及管理方式，厂址所在的地形、自然条件，厂间协作，厂内外运输方式的选择等因素有关。这里就影响工厂总平面布置的几个主要分述如下：

一、满足生产使用要求

总平面布置的主要依据是生产工艺流程。因此，在总平面布置时，首先应该充分了解工厂的生产工艺流程，依据生产工艺流程的要求合理组织生产线，不仅有利于生产，而且对节约建厂投资、节约用地、创造良好的生产管理条件，以及对环境保护等都起着重要作用。根据生产工艺的特点，可划分为造气、脱硫、加压变换、加压炭化、精练、合成等工段。由于生产连续性要求，总平面布置时应将相互关系密切的工段靠近布置，以便联系，节约管道，并应注意厂区主导风向，以防污染。如将原料用煤的堆场靠近造气工段；燃料用煤放的堆场靠近锅炉房；变电室邻接负荷量大的压缩、精练车间，且在厂区上风向，以防止造气工段和煤场内的堆积于高压瓷瓶上，以及防止压缩车间逸出的氨气腐蚀变电室的铜件；成品库邻近炭化厂房，接近出入口，便于运输；气柜防爆远离火源，放在东面；行政服务设施、机修、车库等厂区出入口，位于上风向，使用方便。总平面布置如图 2-4 和图 2-5 所示。

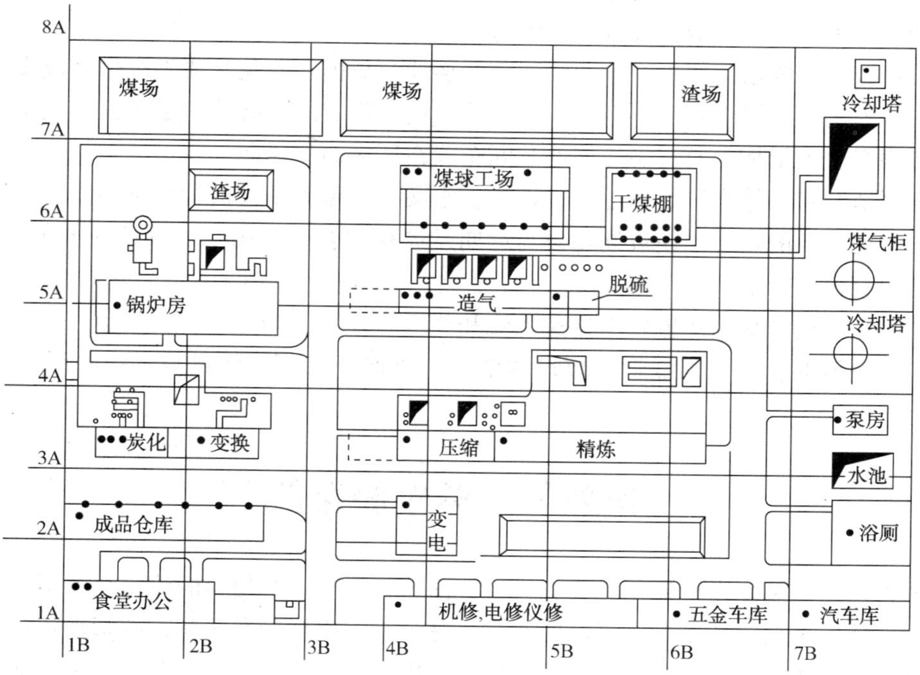

图 2-4　3000t 合成氨总平面

图 2-5　某工厂总平面布置图(3D)

从以上小型氮肥厂工艺流程的分析中，我们了解到要布置好工厂总平面图，必须了解该厂的生产工艺、性质和特点。了解由哪些建、构筑物组成及其相互关系，才能结合地形、地质、气象、卫生、防火、安全、施工以及运输方式等要求，对建、构筑物的位置、堆场管线、竖向等做出合理安排，以保证生产过程的连续性，并使其生产线通顺而短捷。以下几点原则在总平面布置时应予以考虑。

(1) 生产联系密切或生产性质类似的车间，要靠近或集中布置，使生产工艺流程通顺，避免交叉及往返运输。

(2) 一般在厂区中心布置主要生产区，而将辅助车间布置在它的附近，但山区建厂时，工艺的配置应与地形相结合。

(3) 有精密加工要求的车间，应布置在厂区的上风向，并远离有震动的工段或车间。

(4) 运输量大的车间，仓库、堆场，结合生产工艺要求，应布置在靠近主要干道和货运出入口。工人多的车间及生活设施应靠近主要人流方向布置，同时，尽量避免人、货流交叉。

(5) 有噪音发生的车间，应远离厂前区及生活区，以免影响工作和生活安静。

(6) 动力设施应接近负荷中心或负荷量大的车间布置。锅炉房或对环境有污染车间，宜布置在厂区的下风向。

但生产工艺流程，并不是工厂总平面布置的唯一依据，工艺流程也不是不可改变的，实践证明，设计过程中，土建设计和工艺设计的密切配合，不仅使总平面布置能满足生产工艺流程要求，而且有助于工艺流程的改进和革新。

二、建、构筑物的布置

生产工艺流程固然是工厂总平面布置的主要依据。但布置厂区建、构筑物时，注意节约用地，充分利用地形地质条件，考虑远近期相结合，合理划分厂区，满足安全、卫生要求。妥善布置生活设施，以及建筑群体组合的整齐美观等，都是影响工厂总平面布置的重要因素，现分述于下：

(一) 总体布置紧凑，建设用地节约，少占不占农田

在总图布置时一定要合理紧凑地布置建、构筑物，减少堆场、管线及道路的占地面积，在考虑工期和投资的情况下，应尽量利用丘陵、荒山和低产田。为贯彻节约用地的原则，在总图设计中一般常采用以下几种方法：

1. 合理缩小建、构筑物间距

厂区用地中，建筑间距，道路用地往往占很大比重。故在满足卫生、防火、安全等要求下，应合理地紧缩建、构筑物的间距；紧凑布置地上地下工程管线，在防护间距设置影响较小的建、构筑物和堆场；对中小型生产危害小的工厂，可将车间后退或设置凸出跨的方法来解决，避免设置弯道而增大建筑物间距。总平面布置时建筑物典型面积和典型间距参见表2-12和表2-13。

表2-12 建筑物典型面积和尺寸表

行政管理	$10m^2$	每一行政管理人员
修理车间	$20m^2$	每一修理车间职工
化验室	$20m^2$	每一化验室职工
食堂	$1m^2$ $3.5m^2$	每一餐位 每一餐位包括厨房和仓库
医疗中心	$0.1\sim0.15m^2$ 最小为$10m^2$	每一医务人员 取决于医疗的复杂程度
消防站	$500m^2$	每一现场，可以容纳一辆消防车，一辆救援车，一辆泡沫消防车，一辆发电机车和一辆警戒车
汽车库	$100m^2$	每辆车(包括维修)
主要马路	10m 7.5m	马路宽度 马路宽度
人行道	1.2m 2m	每分钟通过10人的宽度 每分钟通过10人的宽度(靠近办公室、食堂、公共汽车站)
马路回车半径	90°拐弯 T形链接 小路	半径11m 半径7.5m 半径4m
铁路最小弯曲半径	56m	
每一台冷却塔	$0.04m^2/kW\cdot h$ $0.08m^2/kW\cdot h$	机械通风 自然通风

表2-13 建筑物间典型的间距表

厂区	至邻近的装置、主要马路或边界	15m
锅炉和炉子	至邻近的装置、主要马路或边界	15m
排放烟囱，火炬	至邻近的装置、主要马路或边界	30m
煤气柜	至邻近的装置、主要马路或边界	30m
冷却塔	同上	30m
三废处理装置	同上	
装卸区	至工艺装置	
仓库	同上	30m
办公室和食堂	同上	30m
医疗中心	同上	30m
汽车库	同上	30m

续表

消防站	同上	30m
修理车间	同上	30m
主要马路	至工艺装置	12m
次要马路	同上	9m
人行道	至建筑红线不包括装卸台	1. 5m
铁路	同上	15m
铁路	中心至装卸台	2. 5m
马路	净空(通过吊车)	7m
铁路	同上	4. 6m
铺砌地区和人行道	同上	4m

2. 厂房集中布置或加以合并

由于生产、运输、防火、卫生及敷设管线等要求，压缩建筑间距是有限度的。实践证明，厂房集中布置或车间加以合并则是节约用地，节省劳动力，减少投资较有效的方法之一。

车间的合并必须了解其性质和要求，一般同类型的车间如机械、装配、工具、检修等冷加工车间利用考虑合并；金属材料、总仓库、工具库等可以加以合并；成品库尽可能和最后一个生产工序合并；为主要车间服务的辅助屋室可与主要生产车间合并。总之，只要技术经济合理，应尽可能将建、构筑物加以合并，厂房合并时应注意以下几点：

(1) 要满足生产要求，并考虑扩建和工艺改造的可能性；

(2) 要有消除生产上相互影响的有效措施；

(3) 地上、地下工程管线敷设合理；

(4) 不能严重影响通风、采光、安全、卫生等要求；

(5) 有采用同一种起重运输设备的可能性与合理性；

(6) 能适应工厂机构组织形式，有利于生产管理；

(7) 要因地制宜与地形条件相结合。

根据厂房合并程度的不同，一般有下列几种合并方式：

(1) 水平方向合并(将几个生产性质相近的车间并成联合车间)；

(2) 垂直方向合并(由单层改为多层)；

(3) 混合方向(单层、多层合并相结合)。

上述方式各有优缺点，应视生产性质和需要而定，合理安排，才收到良好效果。

3. 充分利用废弃场地

总平面布置时应尽量利用山地、荒地、低产地、少占农田；利用原有道路、田埂、河沟、拓宽筑路或做排水沟，节约用地；利用围垦滩地，不占农田；结合建厂，改土造田，增加耕地。

4. 扩大厂间协作，节约建设用地

如某地两个相邻接的工厂，因生产上都需要蒸汽，将其合建一个锅炉房。这样不仅节约用地，节省基建投资和燃料，减少生产管理人员，而且降低了生产成本。也有不少工厂利用废气、余热相互协作，少建或不建所需设施。

（二）合理划分厂区，满足使用要求，留有发展余地

根据生产特点及管理要求合理地划分厂区，各生产区自成一个系统，便于生产和管理。各区除了满足目前的使用要求外，还须留有适当的发展余地。

工厂的扩建，应贯彻从小到大逐步发展的原则。总平面布置时，应根据建设任务的要求，合理保留备用地，考虑今后发展的可能性。第一期建设应尽量集中，以减少占地面积，缩短生产线，节约建厂投资，后期用地也不宜早占，以利于农业生产。

（三）确保安全、卫生、注意主导风向，有利环境保护

化工厂建、构筑物根据生产工艺要求，在平面相对位置初步确定后，就要进一步确定建筑物的间距。决定建筑物间距的因素很多，除了防火、防爆、防振、防毒、防噪声、防尘、防射线等防护要求和通风、采光等卫生要求的因素外，还有地形、地质条件，交通运输、管线综合等要求的因素。

1. 防火要求

建筑物的防火间距是根据生产的火灾危害性、建筑物的耐火等级，建筑面积、建筑层数等因素确定的。一般建、构筑物的防火间距应符合防火的有关规定。

总平面布置对易燃材料的堆场、仓库及易发生火灾危险的车间，应布置在散发火花和明火火源的上风向，并保证有一定的防火距离。例如合成氨厂（图 2-6）的煤气柜，位于造气和脱硫两工段之间靠近布置管道最短［图 2-6（a）、图 2-6（b）］，但煤气柜储存的是易燃气体，须与其他建筑物有一定防火间距，故煤气柜脱开移至厂区东面。

山区布置易燃液体储存罐或仓库时，应结合地形布置在较隐蔽的低洼处，或有山丘相隔的地方，以防止与火源靠近而引起火灾爆炸。如某炼油厂储油罐就是布置在山凹处（图 2-7）。

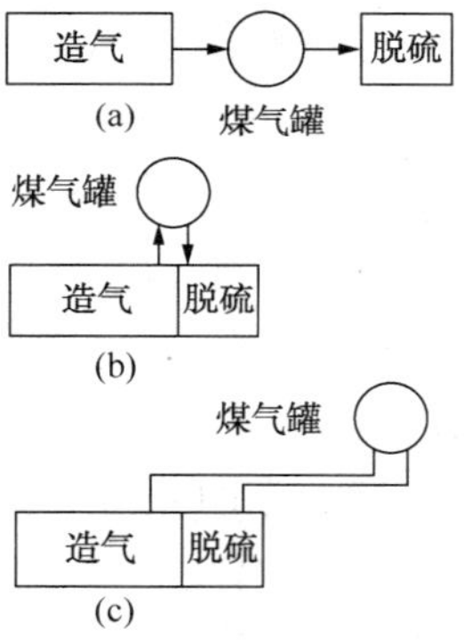

图 2-6　合成氨厂煤气柜位置图

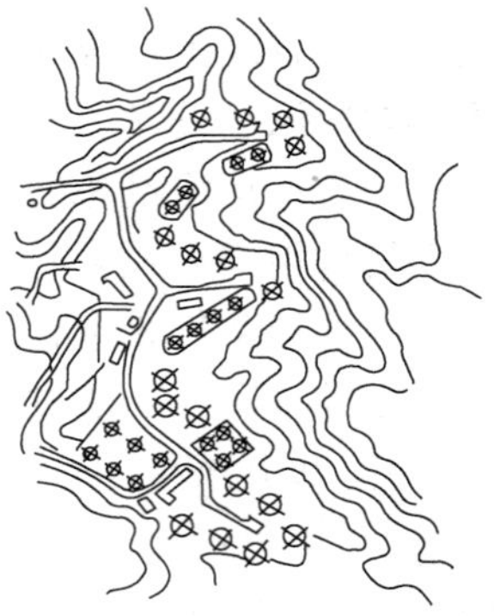

图 2-7　某炼油厂罐区布置示意图

当受地区窄小限制，图 2-6 合成氨厂煤气柜位置建筑物之间的防火间距要求不能满足时，可利用非燃料体的防火间隔墙来解决。另外，一般在厂区内都须设置消防通道，在万一发生火灾时，便于消防车和消防人员通行。一般大厂与山区厂，为确保安全，厂区内还设有消防站等设施（标准详见附录 3）。

2. 防爆要求

建、构筑物的防爆间距的确定，要同时考虑两建筑物的性质以防止相互影响而引起爆炸。如大型乙炔站（生产量在 $1000m^3/h$ 以上）与氧气站的最小间距应为 300m，而且要位于氧气站的上风向，以免乙炔吸入氧气而引起爆炸。它与明火车间的最小距离为 50m，以免火花吹至乙炔排气管范围内而引起爆炸。不过小型乙炔站(生产量为 $25m^3/h$ 以下)，可布置在车间内，但该车间必须不产生任何引起爆炸的气体，而且须用耐火墙隔开。一般来讲，易爆炸车间均应布置在容易散发火花的车间的上风向。对于储存易爆物的仓库，不仅要有一定的防护间距，而且要有可靠的防护设施。如布置炸药库时，应选择远离居民点和工厂的空旷地方，并用砖或土等材料作防护围堤(图 2-8)。

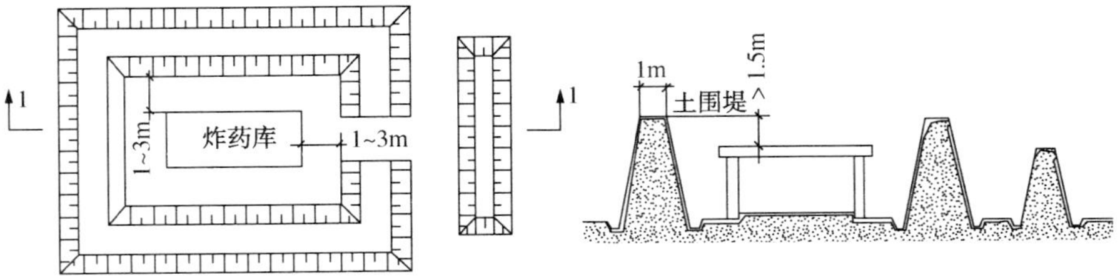

图 2-8　炸药库防护设施示意图

3. 卫生要求

总平面布置不仅要满足车间的通风，朝向日照、采光等卫生要求，而且要考虑厂区的雨水排除，绿化布置，“三废”处理的要求等，都应符合国家规定的卫生标准，防止污染环境，以保证居民健康。

随着我国工业建设的发展，“三废”的处理，已成为总图设计不可忽视的一个问题。

4. 主导风向

总平面布置时，应将卫生要求相似的车间靠近布置，将产生大量烟、粉尘、有害气体的车间和设备布置在厂区边沿地带，和生活区的下风向。因此，在总图布置前，就要掌握该地区的全年主导风向和夏季主导风向的资料。

风频率玫瑰图：一般出现在总图图纸上方，代表这一地区的风向频率。

绘制：根据某一地区多年统计的平均各个方向吹风次数的分数值，按一定比例绘制成。用 8 个或 16 个罗盘方位表示。图 2-9 是北京地区的风向频率玫瑰图，虚线代表夏季。

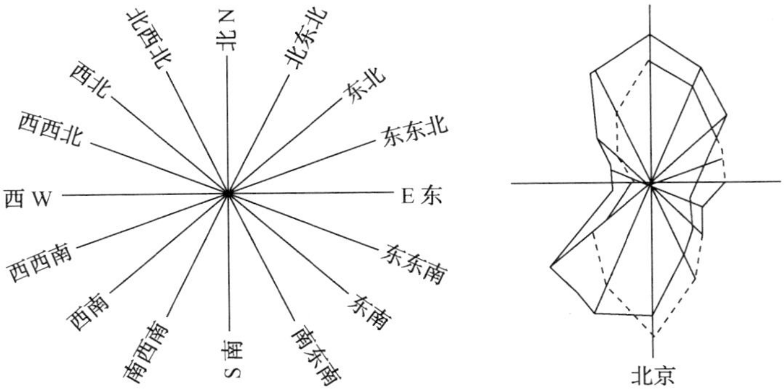

图 2-9　风频玫瑰图

步骤如下：

(1) 确定方位坐标；

(2) 根据多年统计平均值用一定比例绘制出各方向长度；

(3) 联系各点绘成封闭图。

由于一般在夏季均开窗生产，故常以夏季主导风来考虑车间的相互位置关系。全年主导风向比夏季主导风向的频率大得多，差别又十分明显时，则按全年主导风向来考虑。当全年风向和夏季主导风向相反，频率又接近时，总平面布置时可将有影响的厂房适当错开布置(图2-10)。同时注意建筑物的方位、体形与主导风向，日照的关系，以保证厂房有良好的天然采光和自然通风。炎热地区还要避免日晒，注意将热加工车间及有空整要求的车间朝北布置。

当建筑平面外形呈凹形或凸形时，为获得良好的自然通风，应尽可能使建筑物各翼间的长向与主导向成45°角，并使开口朝向主导风向(图2-11)，有利于车间的通风。

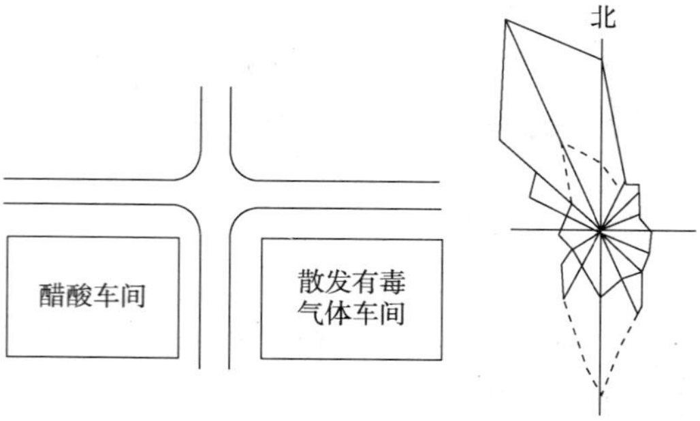

图2-10　厂房错开布置

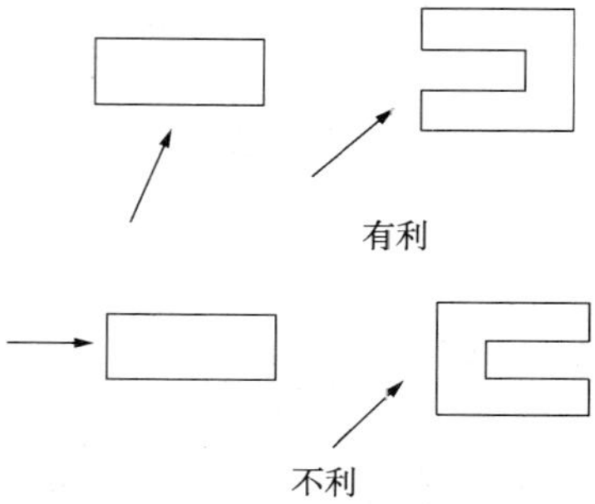

图2-11　风向与建筑物关系

当厂房间距过窄，前排房又大又高，则要防止前排与后排房屋形成涡区，而影响后排房屋的进风(图2-12)。

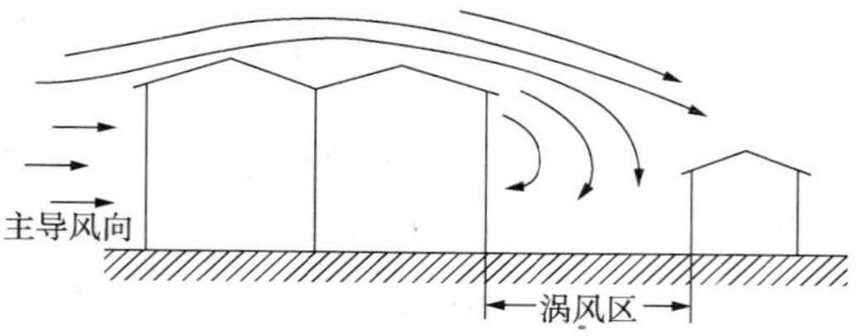

图2-12　前后排房屋之间形成涡风区

由于地形及温度的影响，山区的微小气候会产生局部的地方风(图2-13)。故在山区布置总平面时，还要注意山谷风向以及山阴面和山阳面的情况。当厂房散发的有害气体的密度大于空气时，该厂房宜布置在全厂的山坡低处，以免有害气体向四周扩散；当密度小于空气时，宜布置在全厂的高处。

对于化工厂所生产的废水、废渣、废气，要综合利用，妥善处理，注意将有污水、毒水排出的车间放在居住区和附近工厂的下游地区。并要结合具体情况，对“三废”采取适当的回收措施，这样不仅减少对周围环境的污染，又能提供很多的有用原料。相关标准详见附录3。

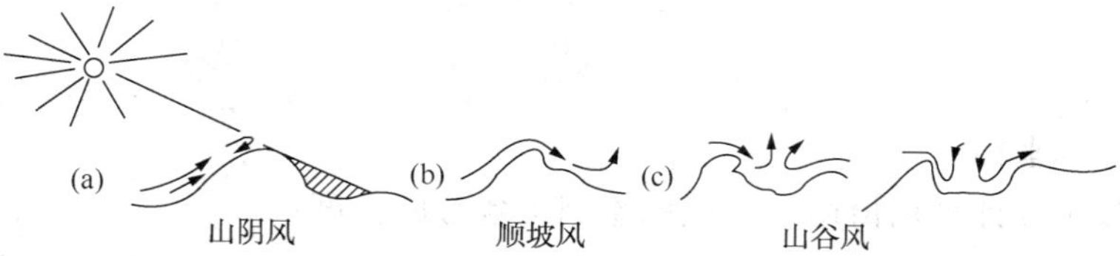

图2-13　山区的地方风

5. 防振要求

建、构筑物的防振间距是由生产性质、结构措施、振源情况等因素决定。有关防振间距参见表 2-14。总平面布置时，应注意将有防振要求的车间离开产生震源的地方。此外，防振间距的大小还与振源的振动强度、土壤性质、振源设施的基础多种因素有关，故总图布置时应尽可能地利用自然地形，以减少振动的影响。如利用厂内可能存在的河滨，把产生振源的车间隔开。当厂区地形有起伏时，一般应将产生振源的车间放在低处，利用土堆减少水平防振影响。当地形高差在 2m 以上时，即使将产生振源的车间在高处，也可减少水平振动间距，因振动由上传到下，经土壤已衰减，对要求防震车间的影响减弱了。在地震区，建、构筑物一部分放在河滨或低洼处，而另一部分放在高处。除了以上有关防护要求外，还有在工艺上有防核辐射、防噪声、防尘等要求。总平面布置时要防止这一类建、构筑物（如放射性实验室、空压站、烟囱等）对居住区及有防护要求的生产区的影响，应保证有一定的防护距离，因此总图设计人员，应会同有关部门，合理确定防护措施。

（四）结合地形地质，因地制宜，节约建设投资

总平面布置要同时考虑厂区的地形、地貌、工程地质、水文地质等条件，既要满足生产运输要求，安全可靠，又要力求土石方工程量最小，以达到工程技术上的经济合理。

山区丘陵地带建厂，要注意地形高差变化大，水源水质情况复杂等特点，总平面布置时应结合地形，依山就势的布置建、构筑物，避免大填大挖，防止滑坡和塌方。

充分利用地形，不仅能减少土石方工程量，而且能够紧缩用地。如某厂建在地形较复杂的山区（图 2-14），由于厂房内设计成不同标高，厂区道路又随地形而变化坡度，并调整车间大门位置来缓和道路的坡度，使建筑系数达到 35%，平均每公顷土石方工程量仅 8000m^3。

表 2-14　防振间距参考数值表　　m

振源		高度精密仪器仪表车间		中央实验室计量站电气试验站	工具车间（试验站）	铸工车间（造型工段）
		$A \geq 0.02\mu$	$A < 1\mu$			
锻锤（下落锤重）	0.45t	60	55～60	30～60	30～60	—
	1～2t	70～90	60～90	50～90	50～90	50～80
	≥3t	75～100	75～100	70～100	—	60～80
氮压缩机氧气机		20	20	20	20	20
		20	20	20	20	20
		20	20	20	20	20
车吊	1～5t	30～40	30～40	30～40	—	—
	20t	60	60	60	—	—
龙门吊		30～50	30～50	30～50	—	—
冲击性机床（刨、钻）		20～40	20～40	20～40	—	—
铁路		120	70	15～20	15～20	15～20
厂内主要公路		50	50	15～30	15～20	15～30
厂内次要公路		20～30	20～30	15～30	15～30	15～30
高压输电线电磁干扰		30～50	30～50	—	—	—

山区建厂要注意地形的坡度变化。坡度<3% 为平坡，3%～10% 为缓坡，10%～25% 为中坡，25%～50% 为急坡。一般建、构筑物应布置在平、缓坡上，并按其长轴地形等高线方向

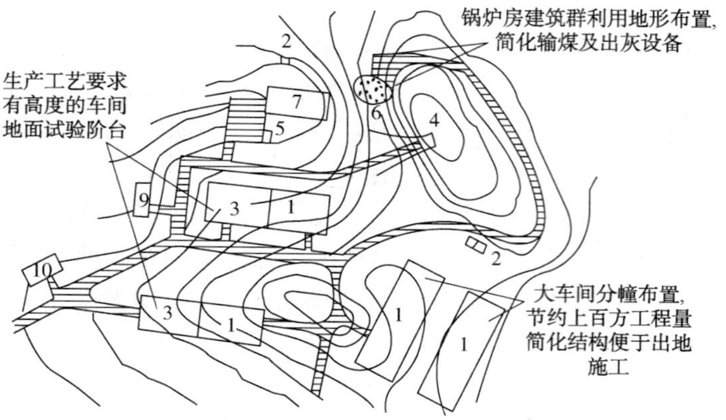

图 2-14　山区某厂总平面布置

1—厂房；2—水池；3—仓库；4—底下油库；5—煤斗；6—煤堆；
7—锅炉房；8—灰斗；9—汽车库；10—办公室

布置。在地形复杂地段，应结合地形特征，适当改变建、构筑物的地形。并合并或分几座布置。

地形高差较大时，应设计成不同宽度的台阶地，使建筑物设计成与台阶地相应的体形。并结合工艺流程的特点，充分利用地形条件，使工艺流程从高处到低处，随物体自垂下送，代替一部分运输工具，也可以利用地形高差，设置高位池塘、爬山烟囱、卸货坑等(图 2-15)，既节约土方工程量，又方便运输。

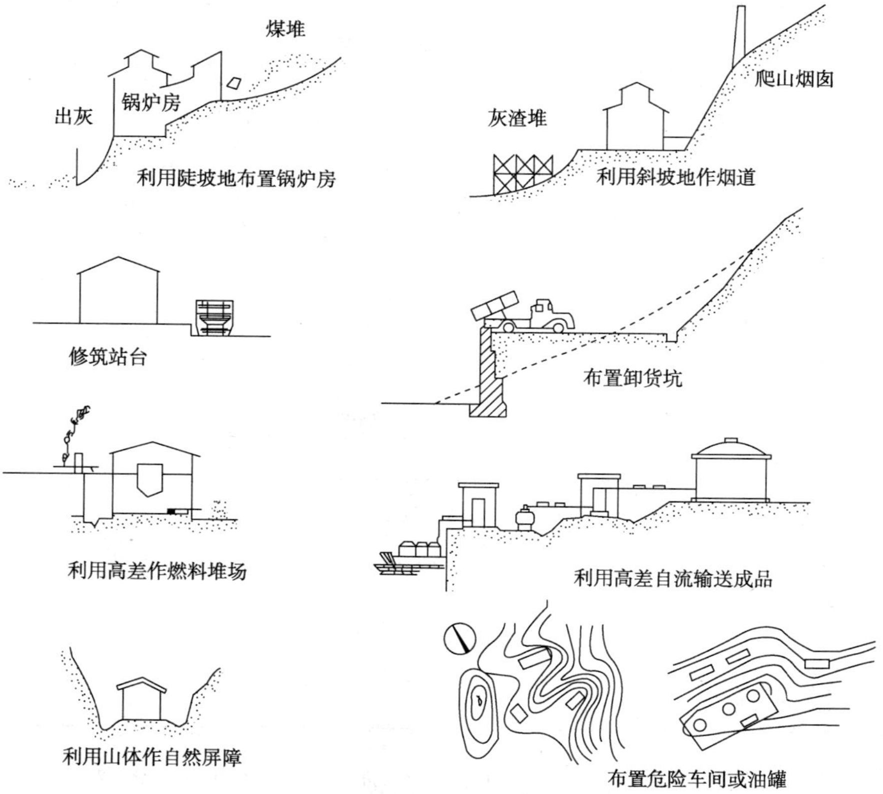

图 2-15　地形高差利用举例

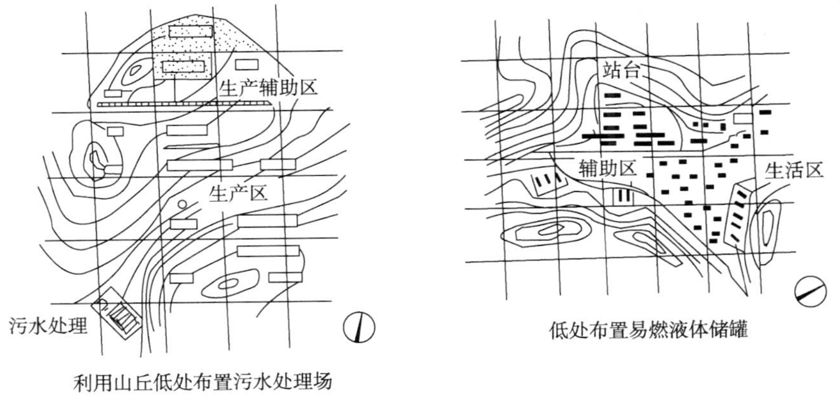

图 2-15　地形高差利用举例(续)

总平面布置还要考虑地质条件，特别是山区地质，变化复杂，一般山顶土层为残积层，较坚硬稳定，是一种良好的地基，而山角有时会碰到坡积层，容易滑动。布置建、构筑物时应注意避开岩溶、滑坡、断层等地质。负荷重大的建筑物不应布置在软弱或不稳定的地基上，以防塌方。对于湿陷性黄土地基，更应注意防水、排水。挖方时要注意山坡的稳定条件，挖方前要检查斜坡在挖方后是否稳定(图 2-16)。发现有可能滑动的山坡，应采取防护措施。据西南地区的经验，对坡脚不够完善的岩层，可在脚跟下设置护坡挡墙[图 2-17(a)]并使挡墙的上下部与岩层紧抵。如不宜用挡墙及条件许可时，可将山坡不稳定部分挖掉一些，以减轻斜坡的负担，形成人工阶地以防滑坡[图 2-17(b)]。

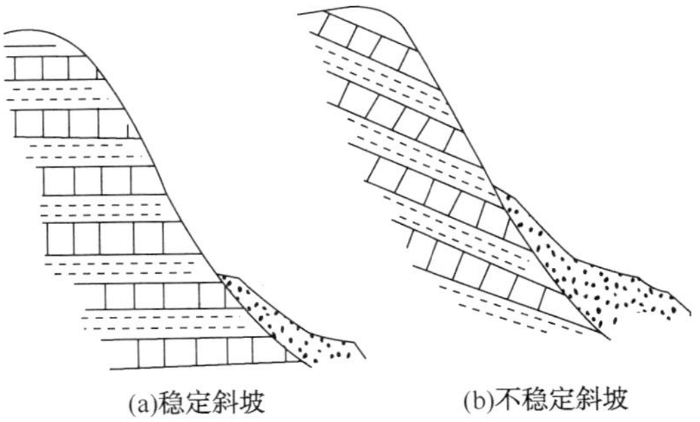

图 2-16　斜坡构造示意图

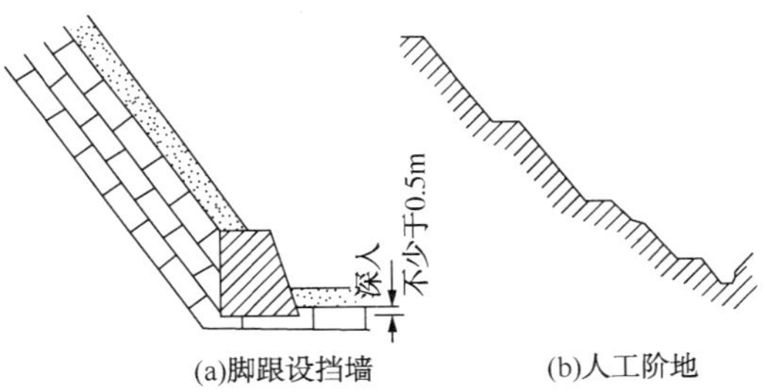

图 2-17　斜坡处理

(五) 妥善布置行政生活设施，方便生活、管理

行政生活建筑，一般包括行政办公楼、实验室、单身宿舍、食堂、保健站、哺乳室或托儿所、出入口、门卫室及自行车棚等等。由于工厂的性质和规模各不一样，设置内容和布置方法也不相同。对于大中型厂，由于规模大，工人较多，全厂设有单独生活区，其中包括办公室、食堂、实验室、值班人员宿舍等。而对于一般小型工厂，由于靠近城镇，行政、生活设施有的就设置在居住区附近。

厂区办公室是全厂的行政中心，根据工厂规模、保密要求以及对外联系等情况，来考虑单独建造还是与其他建筑合并；布置在厂区里面还是与生产区分开布置于厂区前面。

当行政生活建筑数量不多，面积不大，使用上又无明显的矛盾，应考虑合并建造，避免建筑分散、零乱、占地多、不经济。但是，当地形复杂，特别是山区建厂，为了节约用地，减少土石方工程量，则宜分散布置在山坡上。有的有一定保密要求的工厂，为了不让人随便进入生产区，行政办公室的厂前部分应与生产区分开布置。

全厂性实验室，根据使用要求，如防振、防尘，最好位于厂区较安静、清洁的地方，但又需靠近有联系的主要生产车间；只有在周围环境不适宜时，才把它隔开得远些。当实验室面积不大，可与行政办公楼合并，但应有单独的出入口。

厂内食堂位置，要考虑工人用餐方便，离车间要近，又要顺路使工人下班用餐后回宿舍，上班时先上食堂，后进车间，不走或少走回头路。食堂与车间的距离，应根据工厂的性质、生产规模及餐休时间等合理考虑。当餐休时间不超过半小时，其距离宜不超过 200m，若为 1 小时，宜不超过 600m，都须根据具体情况而定。规模大的工厂，工人较多，可按车间分若干个食堂。布置厨房时要注意防止煤、灰、垃圾影响厂区整洁。

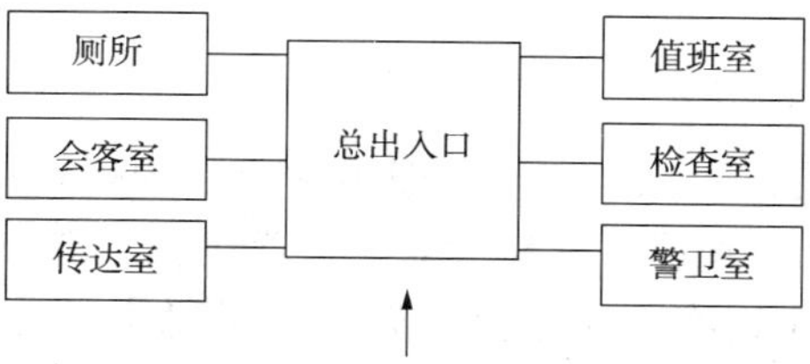

图 2-18　总出入口的组成

工人出入口，一般包括大门、传达室或值勤宿舍等（图 2-18），是全厂人流出入的主要通道，当工厂规模不大，同时也是货运出入口。出入口位置和数据，应根据生产工艺流程，周围人流和货运的组织情况，以及工厂对外联系的保密程度而定。

大型工厂可设总出入口及辅助出入口，人货流分开。中型厂一般设总出入口，另设货运车辆出入口。小型厂则设一个出入口，便于管理。常见的几种布置方法可参考见图 2-19。

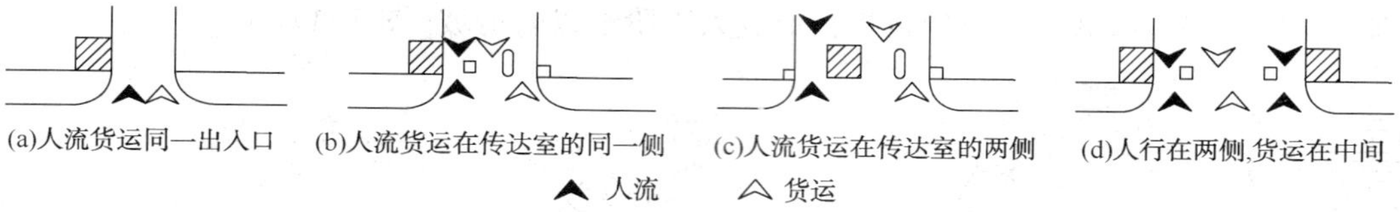

图 2-19　总出入口人流与货运的几种布置

非机动车车位的布置要考虑工人居住区分布情况，便于职工存放，既不妨碍交通，又不影响美观。机动车停车位的设置应按人员比例进行配置，至少每 3 名员工一个车位。

（六）建筑群体组合，注意厂房特点、布置整齐统一

工业建筑群体组合，除了满足生产工艺要求，合理划分厂区，布置道路运输系统，进行管道综合，竖向布置，环境保护等设计外，它的空间及造型处理，也是工厂总图设计内容之一。平面布置和考虑建筑群的空间组织时，必须在满足生产工艺要求下，使群体形成反映一定生产特征的有机群体，具有简洁、整齐、朴素、明朗、生气勃勃的形象。由于各类工业建筑各具有自身的特征，以及它们所处的地点、空间的不同，在设计中应有相应的反映。另外，由于厂址选择在市内干道上，市郊或城市工业区内等位置不同，则对空间造型要求亦将有所区别。再如因工厂所在地理区域位置的不同，在气候、材料、施工等条件影响下，以及在传统习惯上亦使空间组合形象有所差异。

在考虑建筑群体组合时，除了反映生产特征外，还应注意到，厂区轮廓的合理调整，使厂区建、构筑物的组织，具有整齐、简洁的轮廓线，并与设置在同一工业区内的相邻的厂房，在体形、色彩等处理上取得相互呼应和协调，使位于城市沿街的厂房，能丰富城市街景的面貌。一般有如下几种形式。

（1）以单层为主体的工厂。此种形式由于各单层厂房建筑高度比较接近，总平面布置采用区带式。并注意各区带内建筑线的整齐，一般可将几个小建筑物合并在一个区带内，使体量上和邻近区带和谐协调。

（2）以成片厂房为主体的工厂。布置这类工厂时，应将主体厂房，设于厂区的主要位置。将辅助建、构筑物围绕主厂房布置，有主有次，使得严谨的主厂房取得有变化的空间、活泼的厂区面貌。

（3）以多层厂房为主的工厂。建筑群体组合中，首先要抓建筑单体的造型处理，可通过入口及连接上下的交通枢纽的布置来丰富建筑形象，又如利用轻巧的防火梯，外露的构件、工艺管道、通风装置等部位的组合，都能使建筑外观形象生动、丰富。另外厂区围墙及大门的设计也能起到烘托主体建筑的效果。

（4）单、多层结合及构筑物较多的工厂。如化肥厂，由于生产连续性，工艺物料输送一般多通过管道进行，除主厂房及控制室外，一般生产设备以露天化、筒仓、管架、塔形构筑物较多，故建筑群体的布置，须根据这一特点。采用厂内街区布置的原则，按设备装置划分街区，使建、构筑物及管道支架的排列，尽可能整齐。像这类工厂，一般建筑物单、多层高低组合，建筑线不易取齐，有时借助管道支架的整齐排列、储罐、筒仓的恰当布置，调整建筑线及空间组合上的均衡感，从而达到高低错落，整齐有致的效果。

（5）厂前区的建筑组合中一般都为行政办公、生活、中心实验室等建筑物，它的空间造型的变化性较大，布置也较自由，但处理上应视工厂的重要性而异，可结合生产厂房的重要性和城市干道面貌的要求，统一考虑厂前形体组合，对丰富沿街立面和厂区轮廓线有很大作用。如东方红炼油厂的厂前区设计，由于厂区较大，设计了独立一区的厂前建筑。其建筑的组合考虑到国内外来宾参观学习的要求，设置了较大的厂前广场，并把办公室、中心实验室、仪表修理间、食堂组织在一起，因地制宜，紧靠山坡，面向厂区主干道，成为全厂生产指挥和生活管理的中心。这样布置既便于生活管理，又能使干道立面比较丰富。

三、运输方式与人流、货流

厂址选择时已初步确定了工厂的运输方式，厂外线路的连接及厂区主要道路的走向。总图布置时则要进一步结合厂区的划分，建筑物的布置情况以及地形、地质的特点，合理地组织交通运输。工厂的生产线路是否合理，主要表现在运输线路组织得是否合理。运输设计应根据工厂生产的实际情况的建筑特点，正确选择厂内运输方式和布置运输线路，尽量做到距离短、无交叉反复，这对提高劳动生产率和降低产品成本关系很大。这里仅就总平面布置中运输方式的选择和人流与货流的组织简单介绍，而有关工程技术方面请参考有关书籍，这里不再叙述。

（一）运输方式的选择

工厂的运输方式一般分为道路运输，铁路运输和其他运输方式。厂内运输方式应根据货运特征、货物运输量、生产要求、厂外运输方式及地形条件等因素，并结合装卸方式、运输设备的供应情况和技术性能条件，经技术经济比较而定。就工厂本身来说，应尽可能选择投资少、运费低、运输量大、运输速度和灵敏性较高的运输方式。

路线运输是工厂中普遍采用的方式。在平原地区，主要须考虑道路短捷、运输通顺。山区和丘陵地带还要考虑道路的纵坡要求。总平面布置应注意使空车上坡、重车下坡，或机动车上坡、手推车下坡。如碰到纵坡控制有困难时，可采用沿等高线回转来解决，也可配合其他机械化运输设施组织运输线路。

铁路运输一般适用于运输量不大的工厂，厂内铁路专用线应尽可能通到厂区边沿地带，便于原料进厂和成品出厂，但不应靠近职工住宅区和人流较多的地方。厂内铁路，一般宜采用窄轨铁路，因其转弯半径小，占地少，投资省。

组织道路，铁路平面运输时，要注意满足某些建、构筑物的特殊要求，如防火、防爆、防振、防噪声等，须保持一定的防护间距。

水路运输量大，费用低，而且近水建厂还有取水方便排水直接的好处，应充分利用。但水路运输一般限于厂外。有条件时，也可以引河岔进厂区，但要注意与其他运输方式配合。

此外，还有一些特殊运输方式，如架空索道、各种机械运输、管道运输等，均应根据具体条件而选用。

（二）合理地组织人流与货流

在合理组织货物运输的同时，也要考虑人行路线，便于工人上下班行走的安全。最合理的人流组织应是线路短捷并与货流交叉最少，这就要求与安排厂区出入口结合起来考虑。

当厂区运输以铁路、道路为主时，人流与货流的方向最好相反而相互平行布置，并将货物出入口分开，以消除彼此间的交叉。

对于一些大中型工厂，某些交叉口处，常出现人流与货流交叉的情况，此时，如果人流较少，铁路货运次数也少，其交叉口可以考虑在同一平面内，反之则应考虑立体交叉，它的形式有线路桥和人行隧道。

工厂的人流不仅往返于主要出入口，而且也在其他地方流动，这就要求结合厂内生产和行政建筑的布置一起考虑，以减少人流、货流的交叉。

正确地组织人流与货流线路对工厂的正常生产，对于提高劳动生产率，消灭安全事故，方便运输和工人通行都起着重要作用。总平面布置时要妥善处理，一般应将货运最大的仓库、车间靠近铁路、道路等货运出入口，以免与人流相交叉。

第五节　厂区竖向布置

厂区竖向布置就是确定建设场地高程(标高)关系。工厂总平面布置要充分利用自然地形，因地制宜地将场地上自然起伏的地形，加以适宜改造，使之满足各建、构筑物之间的生产运输要求，并合理的组织场地排水。在整平场地时，应充分注意厂内外标高的衔接，并力求减少土石方工程，缩短工期，节省投资。

一、竖向布置的基本任务

（1）选择厂区竖向布置方式，合理确定标高，力求减少土石方量并满足生产和交通运输要求；

（2）确定建筑物、构筑物、露天仓库的地坪标高，以及铁路、道路、排水、构筑物的标高并使厂内外能相互衔接；

（3）拟定厂区排水方式，保证地面雨水的顺利排除，不使场地积水和水淹；

（4）计算确定土石方工程和场地平整方案，选定弃土或取土的场地；

（5）合理确定厂区场地内由于挖、填方面必需建造的工程构筑物(护坡、挡土墙)及排水构筑物(散水坡、排水沟)。

二、竖向布置应考虑的问题

（一）布置方式的选择和标高的确定

厂区竖向布置方式一般有连续式和重点式两种。当地上建筑物、构筑物、道路、管线等布置比较密集，且要与厂内外标高相协调时，要进行整个场地的平整，这种方式称“连续式”，当场地上建筑物、构筑物比较分散，道路、管线比较简单时，就不需要平整整个场地，只需在建筑物、构筑物、道路基地等地段进行平整，其余保留原有地形，地场只作引导雨水排除的措施。这种方式称为“重点式平整”。

确定车间、道路标高，要妥善处理它们之间的连接关系，以适应交通运输和排水的要求。如机动区的道路，考虑到电瓶车的通行，道路纵坡不超过 4%（局部最大不超过 6%）。还要考虑道路与车间地面相连接的引道坡度，组织好地面雨水排除。

阶梯形竖向布置，是因地制宜，结合自然地形来考虑的，所以能减少土方量，但使车间的平面布置、运输线路及其他管线的布置受到一定限制。

自然地形比较平坦的厂区，往往把地形设计成一个方向或几个方向倾斜的整平面，使设计坡度和设计标高没有急剧的变化，称为平坡法竖向布置。平坡法竖向布置中须注意整平面的坡度不宜小于 5%。否则不利于场地雨水排除，但也不宜过大，一般不大于 6%，以免产生冲刷现象。

由于自然地形多种多样，采用何种竖向布置方式，应根据情况灵活应用。

（二）场地排水

场地排水可分为两方面问题：一为防、排问题，即防止厂外洪水冲淹厂区；二为厂区排水问题，即将厂内地面水顺利排出厂外。

（1）防、排洪问题在山区建厂时，对山洪应特别重视。山洪主要来自暴雨在山谷中汇成洪峰，流量大，而且因山谷坡陡，水量汹急、势猛，往往还夹杂着泥砂石等顺坡下泄。为了保护厂区洪水冲袭危险，一般在洪水袭来方面设置排洪沟，引导洪水排流厂区以外。

排洪沟一般都采用明沟，位置应选择在地质稳定和挖方的地段，并应利用自然泄水山沟加以改造，但要避免破坏农田灌溉系统。

在平原地带沿河建厂，要根据河流历年最高洪水位来确定场地标高，一般重要建筑物的地面要高出洪水位。但是河边土地往往低于最高洪水位，这就要填高或筑堤防洪。厂区位于城市范围以内者筑堤防洪由城市统一安排。

沿海边建厂，一般不占农田，而在稳定的滩地上围地，作为厂区场地，例如某炼油厂就是建在海边一老堤外的海滩上，以围堤的办法圈围了一块有 600 公顷（1 公顷 = 10000m^2）的建厂场地。由于积水含有盐碱，不能流入老堤内污染水，故采取泵房抽排堤外的方法。

（2）厂区场地排水，有明沟排水和暗管排水两种方式。一个工厂场地，采用明沟、暗管或混合系统排水要结合地形、地址、竖向布置方式等情况来考虑。

明沟一般适用于：

① 场地较小、地面坡度经平整后，沟低纵坡与地形坡度相接近，沟不太深时。

② 重点式竖向布置场地。

③ 土质较硬或岩石地区，不宜深埋管道的。

④ 土壤冲刷较大，管道易被泥沙堵塞，采用明沟容易疏通。

⑤ 路面高于厂房场地时，路边宜用明沟排水。

⑥ 厂区边缘与截水沟。

此外，明沟的优点是投资节省，施工较易。缺点是易淤塞积污，需要定期疏通，交通跨越时要加以盖板。

暗管一般适用于：

① 场地较大、平坦的厂区，当采用明沟排水会出现沟底过深时；

② 厂房采用内排水系统时；

③ 场地上采用路面雨水井排水时。

此外，暗管的优点是场地整洁，便于管理，缺点是造价较贵。

当靠山坡设置厂房时，一般须在坡顶做一道截水沟，以阻止坡顶上方面径流，不使其冲刷和腐蚀切坡冲入坡下的场地。并应注意坡顶与截水沟边之间要保持一定安全距离，一般3~5m，以防滑坡。

当截水沟或排洪沟在陡坡上往下伸时或两沟相接，沟底高低差较大时，为了减小水头的流速和冲击能量，一般将该段沟沟底做成单级或多级梯阶，使水流在很短距离内以瀑布形落下，该段沟称为“跌水”。跌水的梯级高度一般为 0.2~1.5m。“跌水”视沟底纵坡平陡而有多种做法，图 2-20 是其中的一种方式。

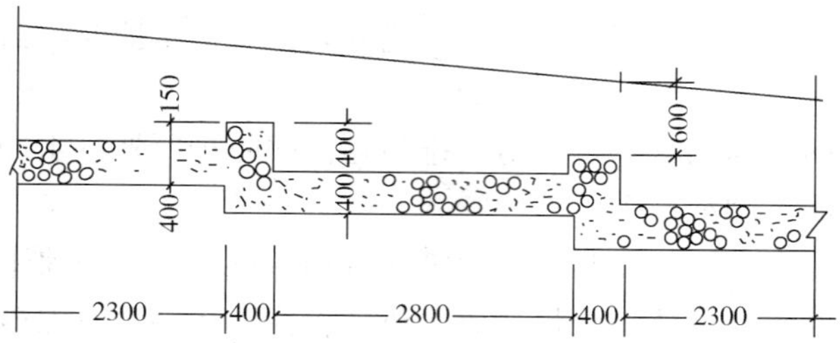

图 2-20　沟底纵坡多级跌水示意

三、竖向布置表示方法

竖向布置一般与总平面设计统一考虑，可不单独出图，而是在总平面布置图上附表表达出来。一般包括下列内容：

（1）加绘原有地形的等高线（一般用红线表示）。

（2）建筑物两角，道路交叉点中心、护坡、挡土墙等的定位。确定工厂总平面图上的位置，一般有以下几种情况：厂房方位与地形图的坐标网相一致，可直接用地形图方格网坐标来定位；如不一致时，而建筑物道路管线等设施均相互平行和垂直，则可另设一个施工坐标网来定位；厂房不平行时，则以厂房一角 x、y 坐标及其方位角来定位；如现场上已有道路房屋，则新建厂房可以与其相对距离来定位。

（3）表示禅房地面，室外场地整平标高，表示道路交叉口与变坡点的中心标高，铁路轨道标高，表示排水明沟底面的起点和转折处的标高，表示挡土墙和其他构筑物等的有关标高。

（4）表示排水方向，一般用箭头标示。

四、场地土方工程的计算

1. 一般要求

场地的平整工作，在满足生产运输要求的基础上应力求节约土方工程量以缩短工期，减少基建投资。在山区建厂时，除结合地形采用阶梯或场地布置减少土方外，还要考虑少挖石方，因挖石方需进行爆破作业，工期长、费用贵。

较大中型工厂的土方工程易在分期分区，挖、填平衡的基础上考虑全厂的总平衡。在考虑平衡时，应将基础、地坑、地沟等施工时挖出来的土方量和填方的松土系数估计在内。松土系数因土壤性质不同而有差异，如砂、卵石的系数为 1.5%~2.5%，黏土、砂质黏土的松土系数为 3%~5%，岩石类松土系数为 10%~15%。

此外，场地内需弃土方运程应力求合理和最短，不宜太远；运土方向，不宜上坡。场地如用机械平土(包括铲运机、挖土机、推土机等)。在采用阶梯式布置时，阶梯不易太窄，高差也不能太多。当厂区有多余土方弃土时，应考虑覆土造田，支援农业。

2. 土方估算

先定出各整平面平土的设计标高，然后初步估算土方工程量，看是不是接近最小挖填量。

在做方案比较时，为了快速估算出土方工程量，可采用方格网近似计算法，简介如下：

一般全厂厂区采用统一尺寸方格进行计算。方格尺寸视场地起伏情况可采用 10m×10m、20×20m、30×30m 或 40×40m。方格网的一边宜与厂区轴线相平行。

方格网法的计算步骤用一实例来说明：图 2-21 是采用 20m×20m 的方格网。在各个方格处右上方注设计标高；右下注原地面标高；左上注写施工高度，填方时前面加(+)号，挖方时前面加(-)号；左下注角点的编号。图中虚线位置表示挖填零点位置，用零点线计算公式求得各有关边线上的零点，连接成零点线。每个方格的土方量用相应公式算出。

方格网的填挖情况，不同图式和相应计算公式详见表 2-15。

方格网的实例计算，如图 2-21 中方格Ⅲ，是属于四点均为填方，无零点线，为表中"正方形"四点填方的情况[参见图 2-22(a)]，其填方量为：

$$+V=\frac{a^2}{4}(h_1+h_2+h_3+h_4)=\frac{20^2}{4}\times(0.29+0.25+0.16+0.26)=+96\text{m}^3$$

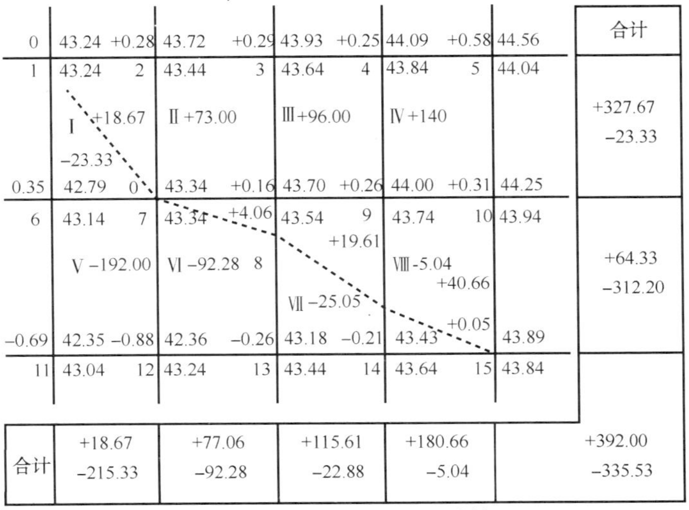

图 2-21　方格网土方量计算

表 2-15　方格网图式及计算公式

填挖计算	图式	计算公式	附注
零点线计算	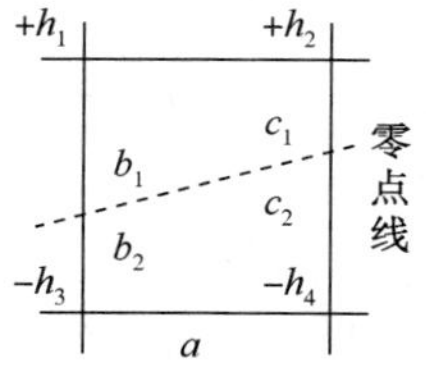	$b_1=a\times\frac{h_1}{h_1+h_3}$ $c_1=a\times\frac{h_2}{h_2+h_4}$ $b_2=a\times\frac{h_3}{h_1+h_3}$ $c_2=a\times\frac{h_4}{h_2+h_4}$	a 为方格边长，m；b、c 表示零点到一角的边长，m
正方形四点填方或挖方	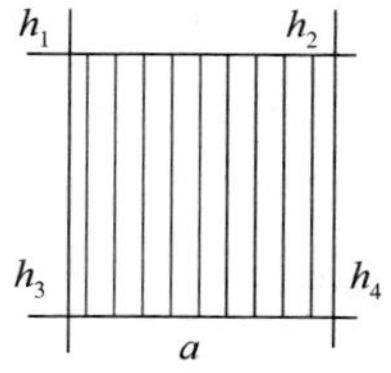	$v=\frac{a^2}{4}(h_1+h_2+h_3+h_4)$	v 表示填方或挖方的体积，m^3
梯形四点填方或挖方	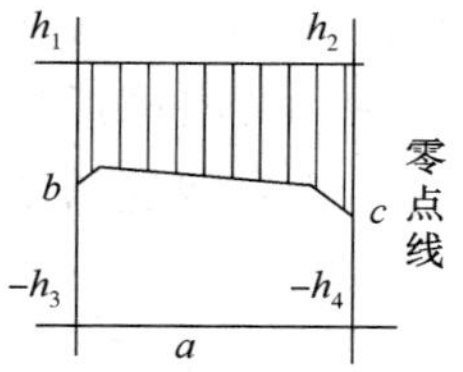	$v=\frac{b+c}{2}\times a\frac{\Sigma h}{2}=\frac{(b+c)\times a\Sigma h}{8}$	h_1、h_2、h_3、h_4 表示各点的施工高度（m），用绝对值代入
五角形三点填方或挖方	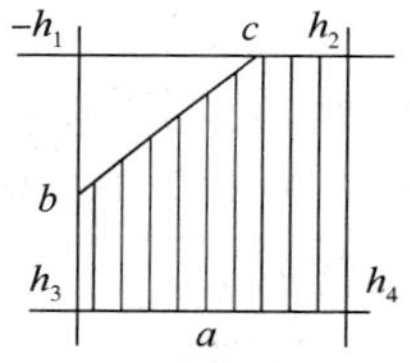	$v=\left[a^2-\frac{(a-b)(a-c)}{2}\right]\frac{\Sigma h}{5}$	Σh 表示填方或挖方施工高度总和，用绝对值代入
三角形一点填方或挖方	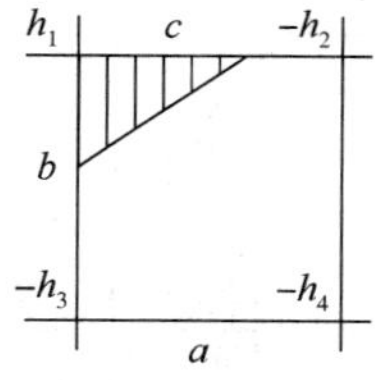	$v=\frac{1}{2}\times b\times c\frac{\Sigma h}{3}=\frac{bc\Sigma h}{6}$	—

方格Ⅶ是属于二点填方和二点挖方的情况［见图 2-22（b）］。应先用零点线公式，求出左右两边线上的零点到相应的上、下两角的边长，然后，求出填方量和挖方量。

填方量：$$+V=\frac{(b+c)a\sum h}{8}=\frac{(7.6+11.1)20\times(0.16+0.26)}{8}=+19.64m^3$$

挖方量：$$-V=\frac{(b+c)a\sum h}{8}=\frac{(12.4+8.9)\times 20\times(0.26+0.21)}{8}=-25.03m^3$$

方格Ⅷ［见图 2-22（c）］是一点挖方、三点填方的情况。先用零点线公式求底线的零点到左右两角的边长，左边线的零点到上、下两角点的边长已在方格Ⅶ时求得，现将填方与挖方量求解如下：

填方量： $+V=\left[a^2-\frac{(a-b)(a-c)}{2}\right]\frac{\sum h}{5}$

$$=\left[400-\frac{(20-38)(20-11.1)}{2}\right]\times\frac{(0.26+0.31+0.05)}{5}$$

$$=+40.66\text{m}^3$$

挖方量： $-V=\frac{bc\sum h}{6}=\frac{3.9\times16.2\times0.21}{6}=-5.04\text{m}^3$

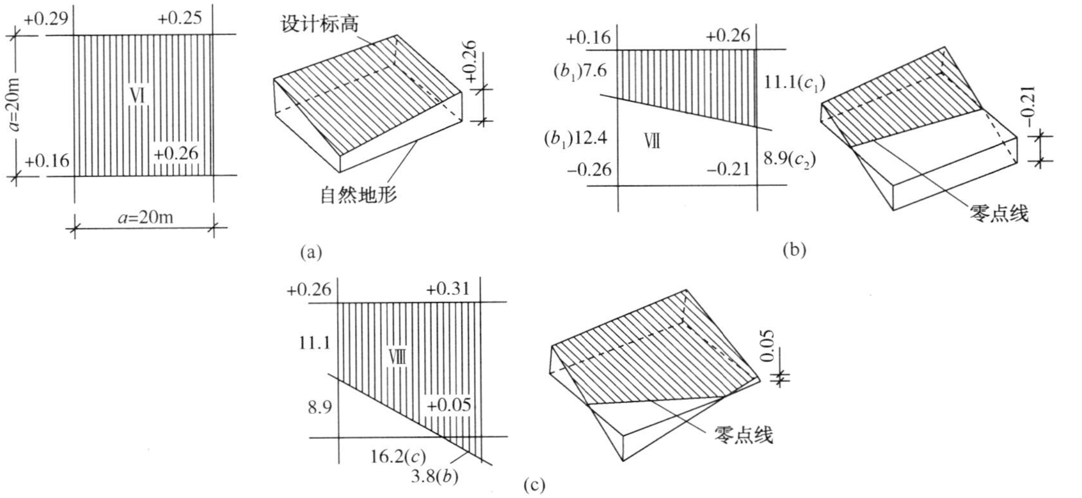

图 2-22　方格网计算实例

其他方格，也要按填挖情况，用相应的公式算出填挖方量。将所求得的填挖方数分别填入相应的方格内，按行列相加的方法算出总填方量（$+386.02\text{m}^3$）和总挖方量（-337.74m^3）。如图 2-21 所示。

为了简化计算程序和提高工作效率，各设计单位编有不同的土方量计算表，用查表的方法代替公式计算。例如辽宁工业建筑设计院编制的《土方量计算》一书，查表手续较为简便，列有 10m×10m、20m×20m、30m×30m、40m×40m 的四种不同方格网的计算表。

第六节　工程管线综合

一、管线综合的任务和布置原则

（一）任务

工厂生产和生活所需的各种工程技术管线是由各专业工种设计的，但是汇总综合是属于总图工作范围以内。该项工作也有的交给设计管线最多的工种负责汇总。管线综合要全面了解各种管线的特点和要求，也要了解哪些管线直接埋地下，哪些管线集中在综合管沟里，哪些管线架空。组织管线的要求，应尽量使管线间与建、构筑物之间在平面和竖向上相互协调紧凑，既要节约用地又要考虑施工、检修及安全生产的要求。在进行综合时要各专业工种协商，从局部服从全局需要出发，使各种管线的敷设对全局来说，能达到最大程度的经济、合理。

（二）布置原则

（1）管线宜直线敷设，并与道路、建筑物的轴线以及相邻管线平行。干管宜布置在靠近主要用户及支管较多的一边。

（2）尽量减少管线之间以及管线与铁路、道路的交叉，一般宜成直角交叉。

（3）布置管线应尽量避开填土较深和土质不良地段。遇到较高丘陵横隔两边平地时，铺管可采用顶管法以避免大量挖方。在沿山坡布置管线时，要注意边坡的稳定，防止被冲刷。

（4）管线敷设应避开露天堆放场及建、构筑物扩展用地。

（5）在改、扩建工程中，要注意新增加的管线不影响原有管线的使用。

（6）架空管路尽可能共架（或共杆）布置。架空管线跨越铁路、公路时，应离路面有足够的垂直间距，不影响交通、运输和人行。引入厂内的高压架空线路，应尽可能沿厂区边缘布置并尽量减少其长度。

（7）易燃、可燃液体及可燃气体管道不得穿越可燃材料的结构和可燃、易燃材料堆场。

（8）地下管道一般不宜重叠敷设。在改、扩建工程中，特殊困难情况下，可考虑布置短距离重叠管道，将检修多的、埋设浅的、管径小的敷设在上面。

（9）管线综合布置过程中发生矛盾时，一般按下列要求处理。

① 临时性的让永久性的；

② 管径小的让管径大的；

③ 可以弯曲的让不可弯曲的或难弯曲的；

④ 有压力的让自流的；

⑤ 施工工程量小的让工程量大的；

⑥ 新设计施工的让原有的。

二、管线的主要种类和用途

工厂所需要的工程技术管线，其种类和数量是由生产性质和规模来决定的。管线的重要种类及其用途简述于下：

（1）上、下水道。供给生产和生活用水、排除雨水和污水。

（2）电缆、电线。供给生产动力和照明用电。

（3）热力管道。供给生产和生活用的蒸汽和热水。

（4）压缩空气管道。供应生产动力及输送松散性物料等。

（5）煤气管道。供应生产与生活用的煤气燃料。

（6）氧气、乙炔、氮气管。供应切割、焊接或生产用的氧气、乙炔或氮气。

（7）弱电线。通信及广播电线。

（8）其他管线。如石油管、天然气管、酚水以及化工生产工艺管道等。

三、管线敷设方式

1. 管线直接埋地下

这种方式施工较简便，投资也省，是通常采用的一种。但是地埋管较多时占地较多，往往成为决定道路两边建筑物之间间距的决定因素。管线埋在地下，检修不方便。

地下管线一般布置道路与建筑之间空地下，检修较少的管线(如上、下水道)也可布置在道路下面，但应偏在一边，以便检修时仍能通车。

管线埋置深度与防冻及防压有关。我国北方冬季冻土层较厚，管线埋置要比南方深。为了不使管线受外部压力的影响，须通过计算决定埋入地方的深度。当管线局部受到重压时，应采取加固措施以防压坏。此外，埋置深度与地形坡度、地质情况、管线互让等也有关系。自流管道则要考虑流向的坡度。多种管线埋在地下，须合理的安排顺序，应将埋深要求接近的、性质相同的管线尽量布置在一起，并保证必要的水平间距以便管线的施工、维修和检修。一般地下管线按照埋设深度由浅到深，从建筑物向道路边缘布置，其次序大致为：

（1）弱电电缆。

（2）电力电缆。

（3）热力、压缩空气管。

（4）煤气、氧气、乙炔管道(或用支架架空)。

（5）上水道。

（6）雨水、下水道。

（7）工业污水下水道。

（8）照明、通信电杆。

地下管线的水平距离、主要根据管线的施工、检修要求，以及管线的干扰、腐蚀的影响及管径大小来决定。在考虑水平最小间距时，应以管道外壁之间的跨距为准。管线最小水平间距在建筑设计手册中有表可供参考，但具体尺寸须由各工程根据实际情况在征求管线安装工人意见后确定。

道路两旁树干一般距车行道边缘不小于 0. 75m。地下管线离树干的平行间距为：上下水管>1. 5m；煤气、暖气管≥3m。以避免维修管线时挖伤树木。

2. 管线设置在地下综合管沟里

这种方式须注意互相干扰的管线不得敷设在同一管沟内，如：

（1）热力管道与易燃液体管道或冷冻管道。

（2）易燃、可燃液体管道与强、弱电电缆。

（3）氧气管道与易燃、可燃液体管道或有毒液体管道。

（4）乙炔管道与氧气管道或电缆。

（5）煤气管道与电力电缆。

地下综合管沟按照沟内的跨空高度大小，分通行地沟、半通行地沟和不通行地沟等，如图 2-23 所示。

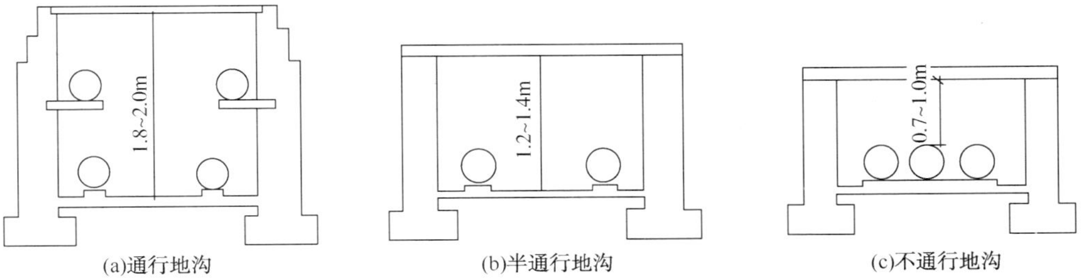

图 2-23　地下综合管沟

设置地下综合管沟可少占土地，便于检修，但要增加基建造价与延长敷设时间。有的采用先挖一道沟，放下管线(如电缆)，然后覆盖水泥板，上面即可填平，这种方法比放在管沟内省工、省料、完成任务快。地下管沟还应解决防水、排水、通信及安全等问题。

某厂曾将给水管综合为管沟与直埋地下两种敷设方式，如图 2-24 和图 2-25 所示，就占地宽度和基建投资作经济比较，见表 2-16。

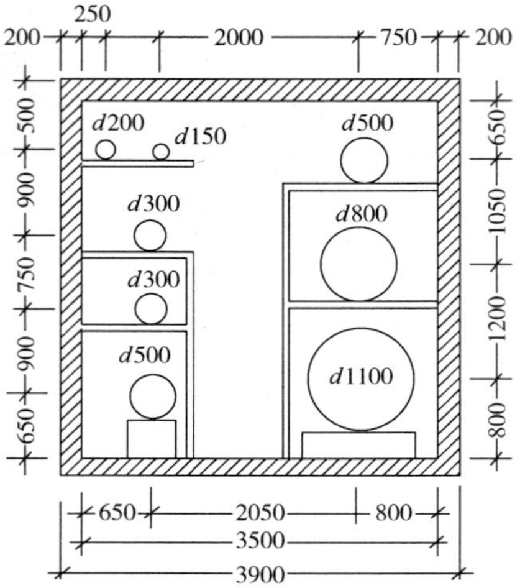

图 2-24　管沟内管道排列

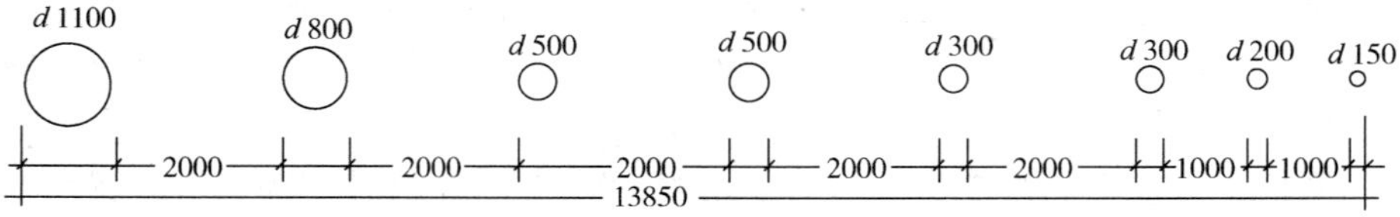

图 2-25　管道直埋敷设

表 2-16　两类管道敷设方式的经济比较

敷设方式	占地宽度/m	基建投资/万元
直埋敷设	4	1
综合管沟	1	1.4

3. 管线架空

架空管线是安放在管线支架(或杆)上的，例如某化肥厂将多种工艺管道放在同一多管支架上，如图 2-26 所示。较小的管线也可安放在墙壁支架上，如图 2-27 所示。

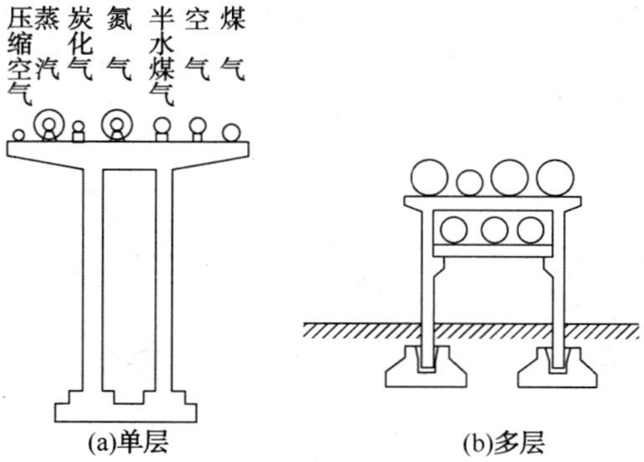

图 2-26　多管道支架

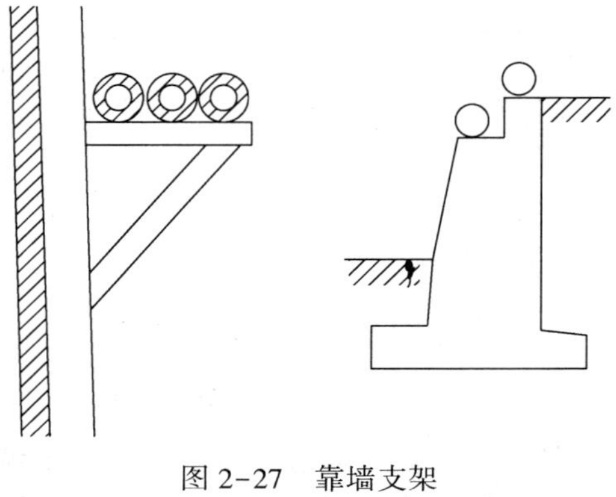

图 2-27　靠墙支架

炼油厂和焦油厂等蒸馏区内工艺管道较多，人流稀少且无货流，可将管道敷在地面或底支架上，如图 2-28 所示。它的好处是投资省、维修方便，但在管道跨越道路时，要做升高管架，如图 2-29 所示。如管道集中，无交通要求时，可采用多层布置，如图2-30 所示。

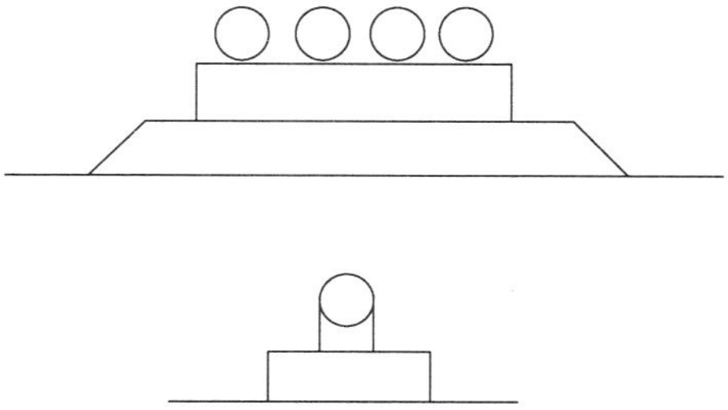

图 2-28　管道地面敷设

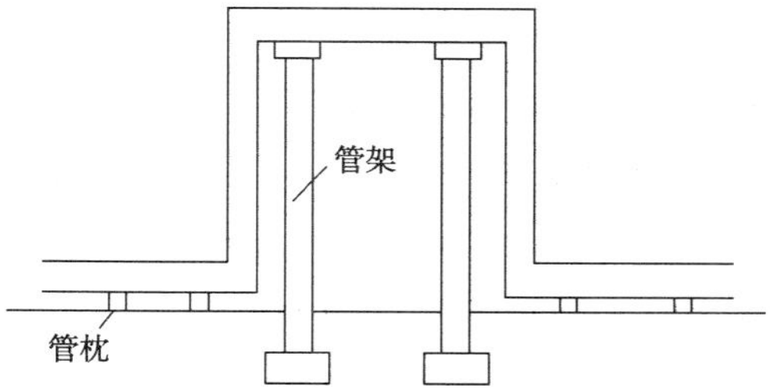

图 2-29　跨路升高管架

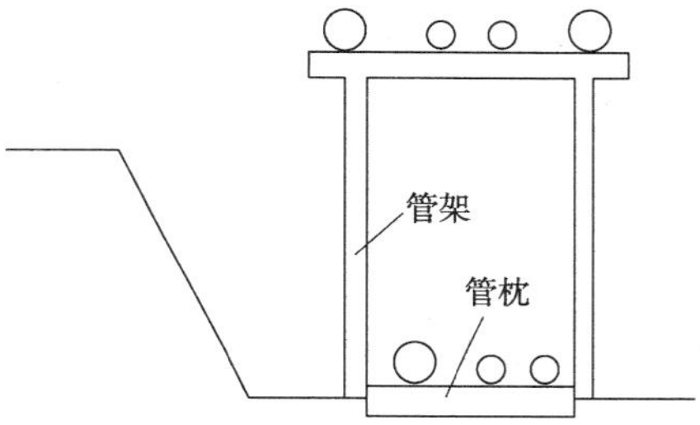

图 2-30　多层管架

四、管线综合程序

(一) 做总平面方案比较

要“胸中有数”，弄清有多少种管线，特别要了解主要管线走向，如蒸汽管架，工艺管架，高压输电线，大管径的多种上水管，埋设较深的雨水管和污水管。根据这些管线布置的可能性，考虑车间的位置和距离，在总体方案比较时，也可以把主要管线的长度比较包括进去。

(二) 初步设计

主要是初步确定各种管线在平面上的位置，也要考虑到预留管线的扩建位置，定出房屋间距。管线复杂的工厂最好做出管线平面综合图，甚至必要的横剖面图。综合图是经过和各专业密切配合，互提资料而完成的。

(1) 各专业(如给排水、电力、动力、取暖等)，根据拟定的总平面方案，提出各专业的室外管线总平面方案。

(2) 根据各专业室外管线总平面方案，作出管线综合剖面图，与有关专业协商，取得一致意见，然后加以修改定案，再分发给各专业，供各专业进行设计。

(3) 管线复杂的工程，要根据各专业再提出的各种室外管线总平面图，来确定管线综合平面图。初步设计的管线综合图，不一定作为初步设计文件出图，该图可供施工时参考。

（三）施工图

根据各专业的室外管线施工图资料进行平面综合。管线综合时，要注意管线交叉的标高，发现矛盾时，应通过有关专业依照布置原则的要求，相互协商解决。同时，也要注意与路面标高的关系，支管的综合布置等都不能忽略。

管线综合平面图一般采用 1∶500 的比例。当管线不多，比较简单时，可采用 1∶1000 的比例，剖面图则用 1∶200 或 1∶100。

（四）竣工图

管线施工过程中往往有所变更，实际施工的情况与管线综合图有出入，应在工程完工后，立即绘制竣工图，将管线实际敷设情况准确反映在图纸上，便于今后扩建和检修时应用。

另外绿化美化工厂也是总图设计中一个组成部分，应在总平面设计时统一考虑。绿化工厂是环境保护的重要措施。工厂绿化一般有生产区周围的绿化，厂前区的绿化以及生产区与职工生活区之间隔离地带的绿化。绿化、美化的布置应贯彻因地制宜、就地取材的原则。建厂时，特别在山区，应尽量利用和保护自然的绿化环境。

有关厂区的绿化布置方法、厂内小建筑设置等，请参考有关资料，这里不一一叙述。

第七节　总平面设计步骤及图纸内容

一、设计准备

总平面设计工作开始前，一般须准备下列条件：

（1）已批准的设计任务书或国家计划。

（2）厂址选择，一般可能有两种情况：一种是与有关部门一起确定厂址；另一种是在已定的厂址中进行设计，但通过总平面方案，发现厂址不合理，须改变厂址。

（3）收集有关建厂条件的基本资料，并对有关部门所提出的资料作必要的核实和补充收集。

（4）工艺设计已提供了有关资料，如工厂组成、工艺流程、运输量、运输工具、车间人数、车间特点、分期建设要求、与其他厂的协作关系以及三废处理等。

（5）对同类工厂作调查研究。

（6）地形测量图。比例：1/500，1/2000，1/5000，1/50000 等（地形图比例一般按工程规模、地势条件确定）。

（7）了解当时当地的施工条件。

（8）取得必要的地质钻探资料。

二、设计阶段

总平面设计一般按初步设计和施工图两个阶段进行设计。有些简单的小型项目，可根据具体情况，简化初步设计内容。

编制总平面设计文件时，必须充分体现党和国家的政治方针，符合安全、适用、技术先进、经济合理的要求。

还应该指出，在编制正式初步设计之前，应先从方案开始，这是做好总平面设计中一项重要工作，是总平面设计好不好的关键。所以，要多做不同方案的分析比较工作，广泛征求意见，才能定出比较好的方案。

（一）方案的制定

方案主要是考虑一些原则问题。譬如：厂区方位，建筑物的相对位置；厂内交通运输路线以及厂外连结关系；竖向布置上的考虑，给水、排水、供电等方面的落实。制定总平面方案，通常是根据工艺设计提供的资料，把厂区的主要建、构筑物的平面轮廓剪成纸片，在地形图上试排几种可行的方案，用草图纸描下，然后进行分析比较，并经过充分讨论和领导审查后，从中选出比较理想的方案。但是，工艺设计提供的资料，并不是完全不可变的，在排列总图过程中，如改变某些工艺设计，可使总平面更趋合理，应积极建议与负责工艺设计人员共同研究，调整工艺布置。

做方案的思考过程是：先全盘规划，后分区具体安排；先根据生产工艺流程布置主要车间，后布置次要辅助车间；安排建筑物、构筑物时，铁路、道路、排水、管线系统等有机的联系在一起，同时考虑；在安排近期建设的同时，须结合考虑远期发展的可能。当山区地形比较复杂时，可先结合地形布置，再调整朝向和建筑体形。先由平面到竖向布置同时进行，考虑问题虽有先有后，但也不是截然分开，而是相互交叉。方案经过几个反复调整、修改的过程，逐步趋于完善。

（二）初步设计

初步设计是方案的具体化，是在多方案比较的基础上提出的方案图纸，连同编制的文件，供正式审批用。批准后的初步设计是进行主要设备、材料订货，征用土地，估计工程量，场地施工准备和编制施工图的依据。

（三）施工图

根据审批后的初步设计编制施工图是为现场施工服务的，以便于施工和表达设计要求为目的。图纸要做到齐全、简明、清晰、交代清楚、没有差错，保证施工单位能看清看懂，有时为了满足施工单位建设进度要求，可事先共同研究施工需要图纸及其深度，可视缓急程度分期出图，如：

（1）为满足施工准备工作，可先提供全部完成的总平面布置图（图 2-31），供施工现场布置施工组织，永久性建筑道路与临时施工道路相结合，满足平整场地、运送建筑材料及设备时道路交通的要求。防止乱修道路、乱开土石方破坏地貌，避免土方的二次搬运。

（2）厂区面积大，可分区出图。工程有先有后，可分期出图。应该注意，施工图的定位、定线，往往与现场实际有出入，需要与现场定位、定线相结合。会同工艺、施工和有关专业到现场核对，如有不切合实际的情况，须在图纸上调整。

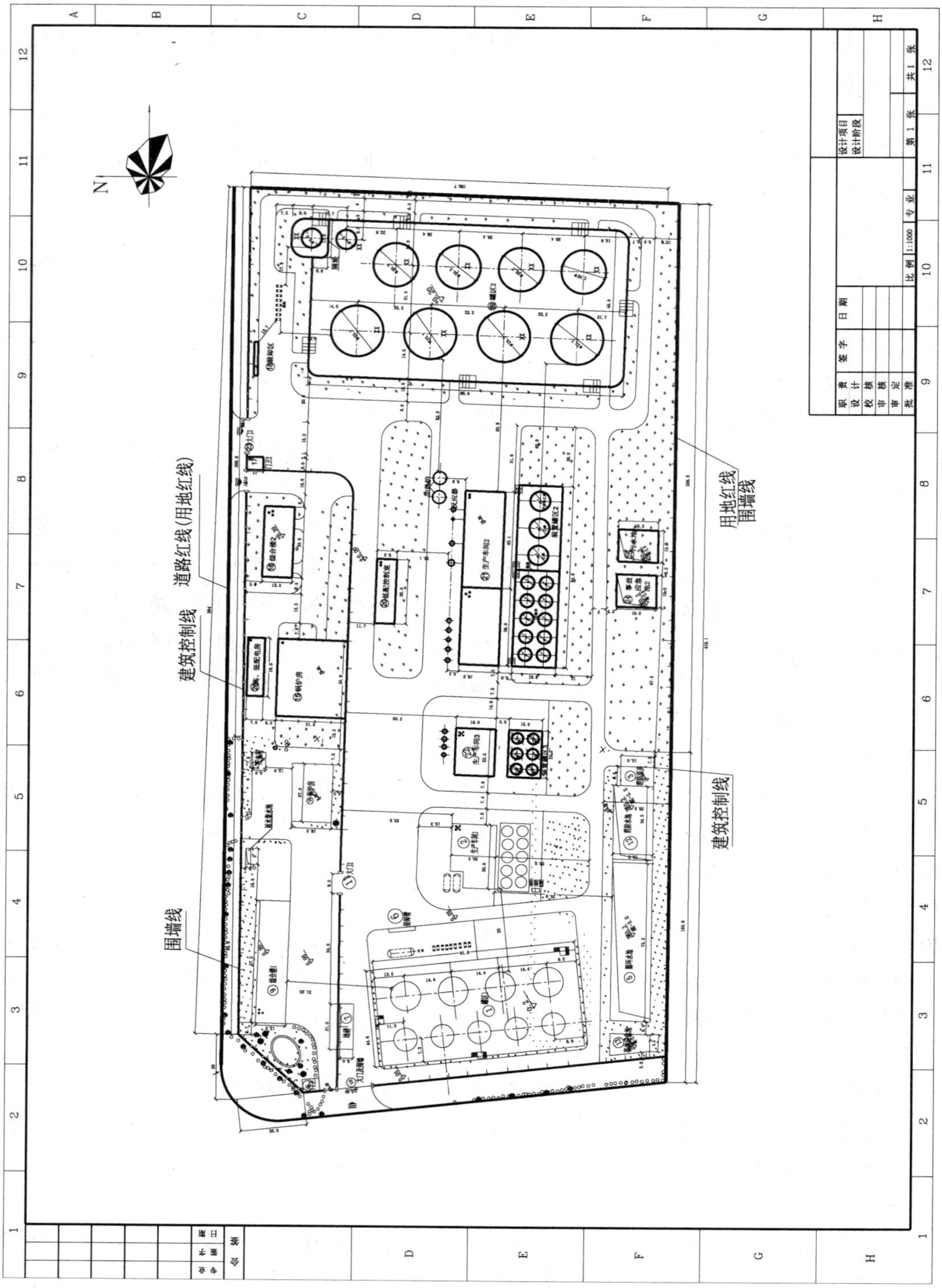

图2-31 某工厂总平面布置图

第三章　化工工艺流程设计

化工设计的核心内容是化工工艺设计。工艺设计决定了整个设计的概貌，是所有设计的基础。除了工艺设计以外，还有与之配套的非工艺设计(如总图运输、公用工程、土建、仪表及控制等)，这些非工艺设计以工艺设计为依据，再按各专业要求进行。

工艺设计一般包括以下内容：

(1) 工艺流程组织设计；

(2) 物料及能量衡算；

(3) 设备工艺计算和选型、对于标准设备如泵、压缩机等在物料及能量衡算的基础上选型。当没有标准设备可供选择时，由设计人员根据要求进行设计；

(4) 设备的平面和立面布置；

(5) 管路设计。

从化工过程分析可知，化学加工过程是将一种或几种化工原料，经过一系列物理的和化学的单元操作，最终获得产品。这一系列的单元操作必须在相应的单元设备里进行。用管道将这些单元设备连接起来，以便于物料从一个单元设备进到另一个单元设备。为了使物料便于控制，要在设备和管道的相应位置安装一些测量、显示和控制元件。这些设备、连接的管道和相应的控制元件一起就组成了化工工艺流程。以下用一个简单的例子来说明如何形成一个工艺流程。

氢氧化钠是用途广泛的化工产品，一般通过电解食盐水获得。配制盐水是生产的第一步。

如果在实验室配制，则如图 3-1(a)所示。烧杯中加入一定量的水，用天平称取一定量的粗盐，倒入烧杯，用玻璃棒搅拌，溶解，静置一段时间后，杂质下沉在杯底，然后将上层清液倒入另一个烧杯待用，杂质弃去。若将这个过程形成工业过程，则如图 3-1(b)所示。

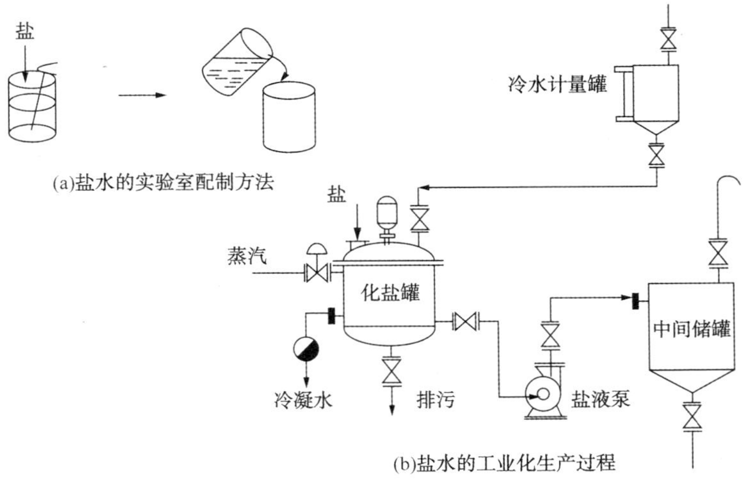

图 3-1　化盐工序流程图

第一节　工艺流程设计图的分类

工艺设计应根据不同的目的和不同的实际阶段进行，工艺设计的结果是提供各种不同类型的工艺流程图。按国内惯例，工艺流程图一般分为以下几类：工艺流程示意图、工艺物料平衡图、三维流程图和管道仪表流程图。

一、工艺流程示意图

工艺流程示意图也称方块流程图，通常是用来向决策机构、高级管理部门提供该工艺过程的快速说明，如可行性研究报告中所提供的就是流程示意图。工艺过程的总体概念用方块流程图按不同的部分表示，每个方块根据不同的详略要求，可以是整个工艺流程的一个部分（如图 3-2 所示），也可以是一个操作单元（如图 3-3 所示）。

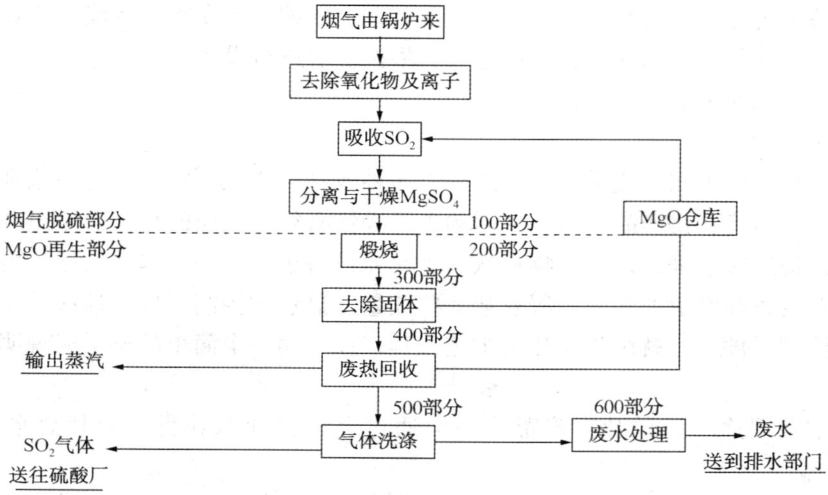

图 3-2　MgO 再生工厂的方块流程图

在图 3-2 中，用某一燃煤发电厂烟气脱硫后的氧化镁再生的工艺过程来说明。来自发电厂的烟气，含有大量的煤灰粉尘以及 SO_2 等。通过除尘器先将其中的煤灰粉尘除去，再通过化学方法将 SO_2 除去。二氧化硫和氧化镁溶液进行反应，生成亚硫酸镁，经浓缩和干燥后，再通过煅烧，释放出 SO_2，SO_2 气体送硫酸车间进一步制成硫酸。煅烧后的亚硫酸镁成为氧化镁，再循环使用。整个脱硫过程实际上包括了几个工艺过程，每一个工艺过程又可以用方块流程图加以说明，直至方块图将每一步操作都表示出来。图 3-3 就是图 3-2 中的 600 部分。

流程示意图一般用细实线矩形框表示，流程线只画出主要物流，用粗实线表示，流程方向用箭头画在流程线上，并加上其他必要注释等。

流程示意图中的方块，除了标注操作名称外，有时还要注上部分号码，这些号码可以与以后的工艺流程示意图上的相关物流编号相互参考。

编制流程示意图基本上没有什么严格而明确的规定，其格式可以由简单到复杂。但不管形式如何，该图的功能是说明某一已确定的工艺过程所包含的每一个主要工艺步骤。最简单也是最常用的格式是一系列的长方块，每一个方块加上标记或文字即代表了工艺过程中的一步或一段。

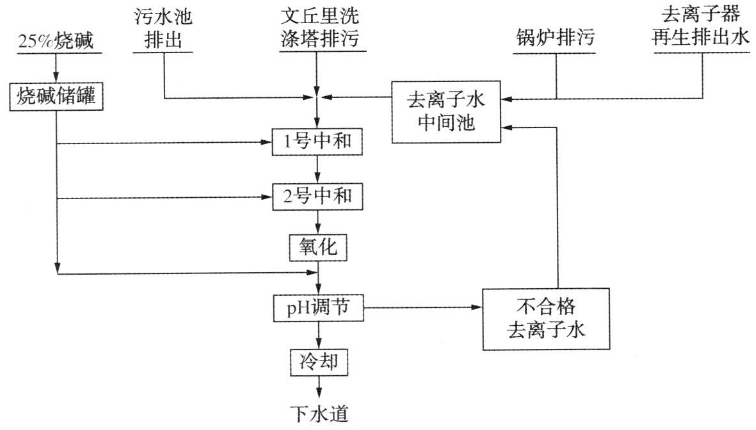

图 3-3　废水处理的方块流程图(图 3-2 中的 600 部分)

流程示意图从表面上看虽然比较简单，但是它却能扼要地将一个化学加工过程的轮廓表达出来。一个化工过程或化工产品的生产大致需要经历几个反应过程，需要哪些单元操作来处理原料和分离成品，是否有副产物，如何处理，有无循环结构等，这些在流程示意图中都要表达出来。

此外，一些流程模拟软件也提供了流程示意图的绘制功能窗口。在 Aspen Plus 中，调用模型库(Model Library)中的各种模型(如塔 Columns、反应器 Reactors、换热器 Exchangers 等)，将模型按照流程顺序进行排列组合，再添加流股及信息，就可以得到相应的工艺流程示意图，如图 3-4 所示。

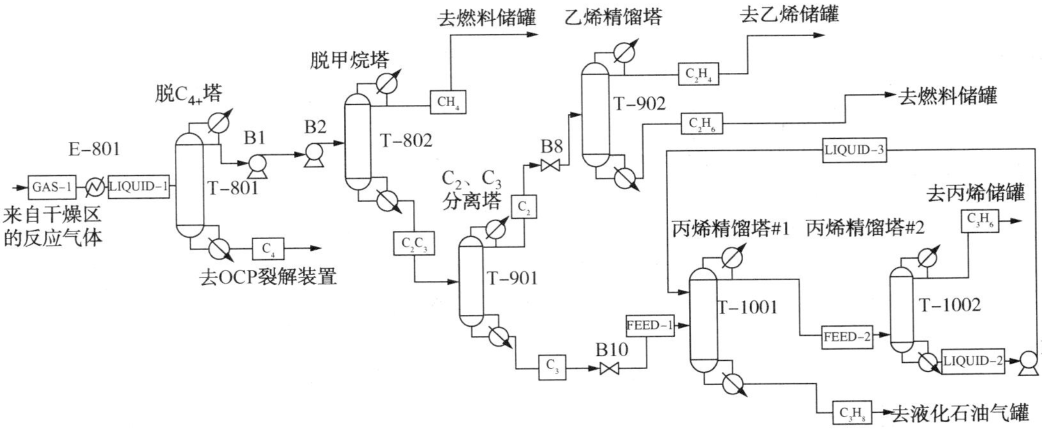

图 3-4　MTO 分离工段工艺流程示意图

二、工艺物料平衡图

工艺物料平衡图即工艺物料流程图简称 PFD(Process Flow Diagram)，它表达了一个生产工艺过程中的关键设备或主要设备，或一些关键节点的物料性质(如温度、压力)、流量和组成。通过物料平衡图，可以对整个生产工艺过程和与该工艺有关的基础资料有一个根本性的了解。

图中应表示该工艺中各单元操作的主要设备，设备之间用带有流向的箭头连接起来表示主要物流通过的工艺过程或进行循环的途径。在适当的节点，如设备的进出口、管路的分叉点或汇合点等处，要标出物流按质量、物质的量或容积为基础的流率。重要的物理参数，如温度、压力、相对密度和黏度等都要应在必要处标示出来，某工段物料流程图见图 3-5。

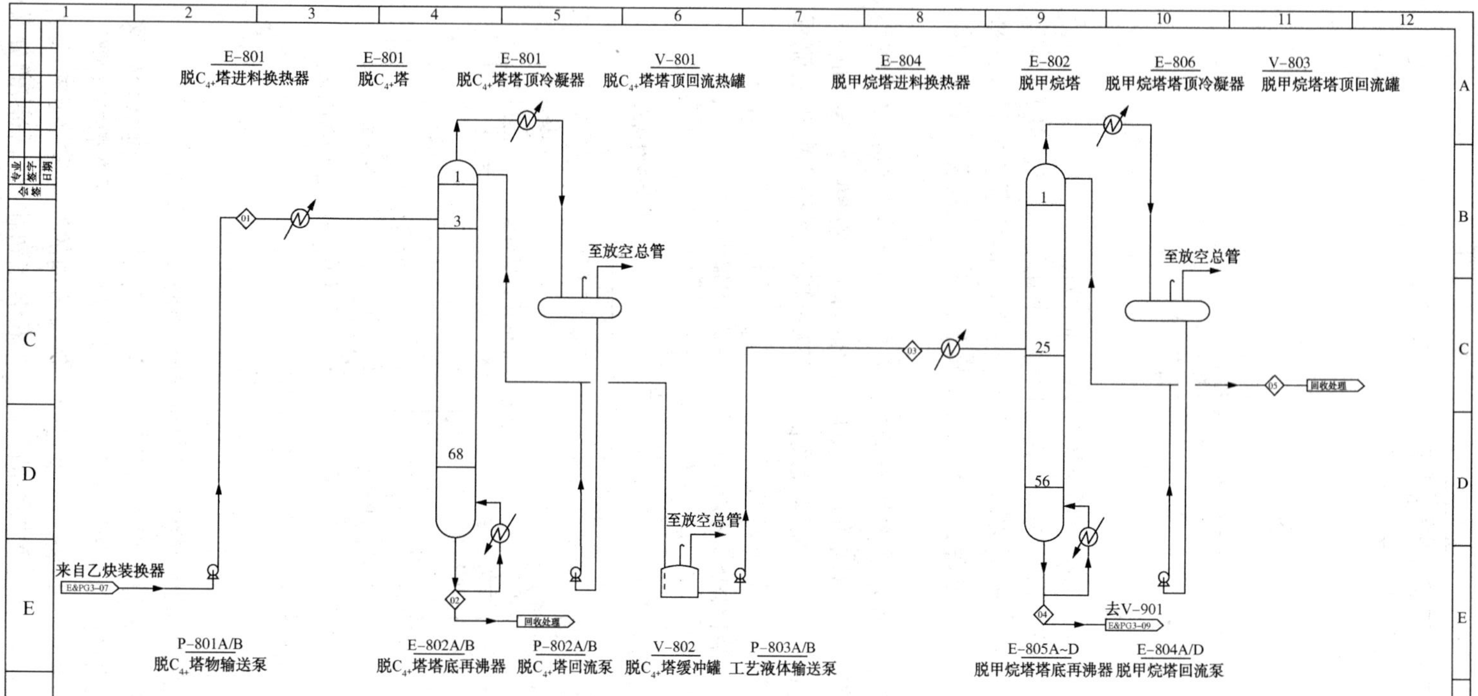

流股	1		2		3		4		5	
Temperature/℃	50		81.3		−55.0		−89.4		19.5	
Pressure/bar	9		9.1		8.9		35.0		35.0	
Vapor Erac	1		0.00		0.00		0.00		0.00	
Mass Flow/kg/h	156434.21	Mass Erac	20108.55	Mass Erac	136325.66	Mass Erac	3562.41	Mass Erac	132763.25	Mass Erac
H_2	370.65	10.40%	0	0.00%	370.65	0.25%	370.65	10.40%	0.00	0.00%
CO	74.60	2.09%	0.00	0.00%	74.60	0.05%	74.60	2.09%	0.00	0.00%
CO_2	0.00	0.00%	0.00	0.00%	0.00	0.00%	0.00	0.00%	0.00	0.00%
H_2O	0.00	0.00%	0.00	0.00%	0.00	0.00%	0.00	0.00%	0.00	0.00%
C_2H_2	0.00	0.00%	0.00	0.00%	0.00	0.00%	0.00	0.00%	0.00	0.00%
CH_4	2760.38	76.92%	0.00	0.00%	2760.38	2.03%	2739.66	76.90%	20.72	0.02%
C_2H_4	64394.37	60.04%	0.00	0.00%	64394.37	47.36%	377.35	11.82%	64017.02	48.22%
C_2H_6	1265.36	0.96%	0.00	0.00%	1265.36	0.93%	0.15	0.00%	1265.21	0.95%
C_3H_6	62505.25	47.15%	14.78	0.07%	62505.25	45.77%	0.00	0.00%	62505.25	47.08%
C_3H_8	4066.91	3.58%	103.69	0.52%	4066.91	2.99%	0.00	0.00%	4066.91	3.06%
C_4H_{10}	40.26	3.14%	625.65	3.11%	40.26	0.03%	0.00	0.00%	40.26	0.03%
C_4H_8−1	263.39	18.90%	3759.98	18.70%	263.39	0.19%	0.00	0.00%	263.39	0.20%
C_4H_8−2	469.06	49.21%	9823.85	48.85%	469.06	0.35%	0.00	0.00%	469.06	0.35%
C_5H_{10}−1	12.32	7.34%	1473.42	7.33%	12.32	0.01%	0.00	0.00%	12.32	0.01%
C_5H_{10}−2	22.22	7.31%	1467.18	7.30%	22.22	0.02%	0.00	0.00%	22.22	0.02%
CH_4O	0.00	0.00%	0.00	0.00%	0.00	0.00%	0.00	0.00%	0.00	0.00%
C_2H_6O	0.00	0.00%	0.00	0.00%	0.00	0.00%	0.00	0.00%	0.00	0.00%
C_4H_8−5	64.63	4.34%	862.97	4.29%	64.63	0.05%	0.00	0.00%	64.63	0.05%
C_5H1_2−2	12.59	3.63%	728.34	3.62%	12.59	0.01%	0.00	0.00%	12.59	0.01%
C_6H_6	2.24	3.68%	738.88	3.67%	2.24	0.00%	0.00	0.00%	2.24	0.00%
C_6H1_4−1	1.44	2.54%	509.80	2.54%	1.44	0.00%	0.00	0.00%	1.44	0.00%
CH^+	0.00	0.00%	0.00	0.00%	0.00	0.00%	0.00	0.00%	0.00	0.00%
OH^-	0.00	0.00%	0.00	0.00%	0.00	0.00%	0.00	0.00%	0.00	0.00%
HCO^{3-}	0.00	0.00%	0.00	0.00%	0.00	0.00%	0.00	0.00%	0.00	0.00%
CO^{3--}	0.00	0.00%	0.00	0.00%	0.00	0.00%	0.00	0.00%	0.00	0.00%
焦炭及其他高聚物	0.00	0.00%	0.00	0.00%	0.00	0.00%	0.00	0.00%	0.00	0.00%

图3-5　某工段物料平衡图

能量平衡应表示为在每一个换热设备附近注明换热负荷并在发生物态变化的地方表明汽化或熔融热。还必须在任何单元中发生化学反应的地方注明吸热或放热的反应热量。对重要的泵、压缩机或鼓风机应注明大概的轴功率，如图 3-5 所示。

所有的物料平衡资料应当按照作为该工艺基础的中间实验数据或文献研究结果来确定或计算，各种物理参数则从中间实验工作或工艺手册中获得，能量平衡数据则从物料平衡、有关物理参数及工艺数据中，经计算而来。

在编制物料平衡图之前，必须分析该工艺，并对所需要的、使反应物转化为产品的所有的主要设备加以仔细考虑。这些主要设备也就是各种单元操作(如反应、分馏、蒸发、吸收、换热、干燥、除湿等类似步骤)在其中进行的装置，通常化学变化或重要的物理变化就在其中进行。至于储罐、中间罐、搅拌器、过滤网等部件，一般在物料平衡图中可以省去。

三、三维流程图

三维流程图是将工厂的设备、管件按其建成时的情况用等轴角测图表示，如图 3-6 和图 3-7 所示。这种表达方式十分清晰，对于各个设备在空间所处的位置以及它们之间的相互关系都表达得一目了然，是对未来的操作人员和管理人员进行培训的有效工具。但是这种形式的图编制起来费用很高。需要在达到一定的阶段并对整个工程有了比较详尽的设计后才能进行。

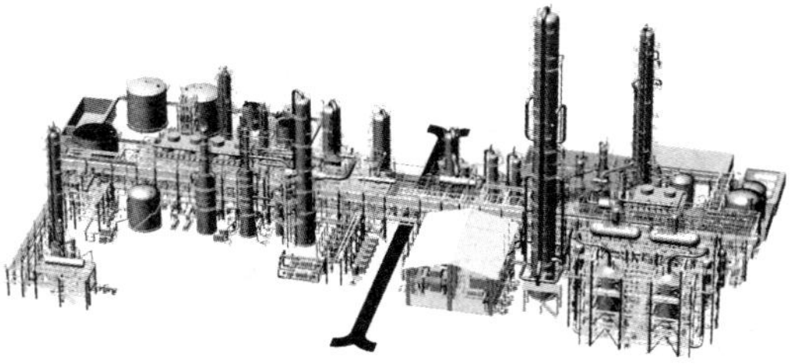

图 3-6　某工厂乙二醇生产工艺三维流程图

四、管道仪表流程图

管道仪表流程图简称 P&ID(Piping and Instrumentation Diagram)，有时又称带控制点生产工艺流程图。它是所有设计文件中最重要、最基础的文件。P&ID 应表示出全部工艺设备、物料管路、阀件、设备的辅助管路和控制仪表图例、符号等。除了正常生产操作所需的设备、管路、管件和控制系统外，还要考虑非稳定状况的操作和控制，例如开车、停车、出现意外时的检测、报警、控制以及仪表和联锁系统的切断处理等操作手段都要在 P&ID 上表示出来，以确保生产的安全、稳定。除此之外，公用工程管线也要在图上表示出来(如图 3-8～图 3-11 所示)。

管道仪表流程图又分为工艺管道仪表流程图(P&ID)和公用工程管道仪表流程图(U&ID)。其中公用工程管道仪表流程图又可分为公用工程(如锅炉、空气分离、压缩空气、循环水系统等)发生管道仪表流程图和公用工程分配管道仪表流程图。

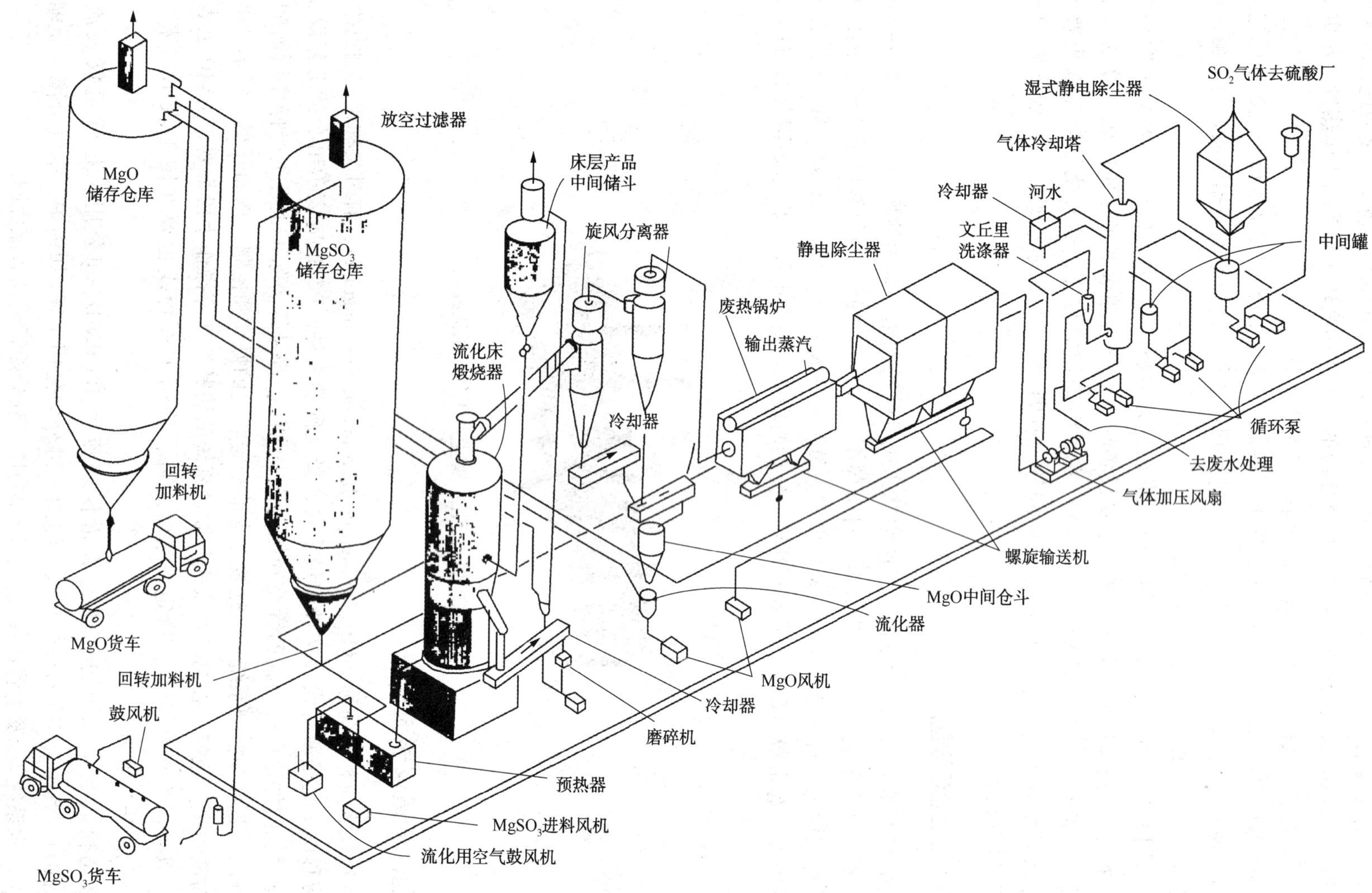

图3-7　MgO工段三维流程图

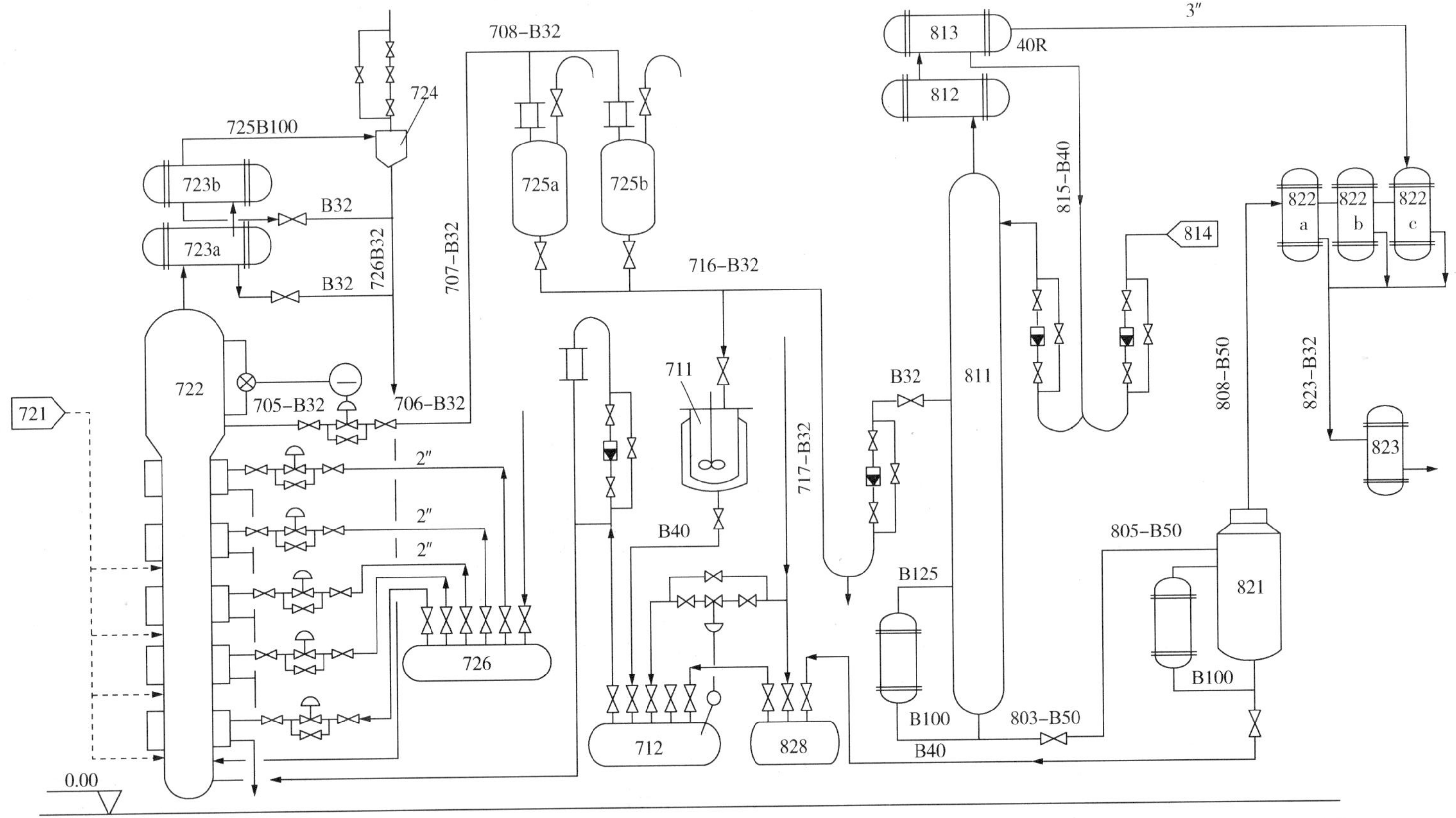

723	冷凝器	726	冷却水分配器	828	循环锰储罐	813	2#冷凝器	823	成品冷却器
722	氧化塔	725	粗醋酸储罐	712	锰液储罐	812	1#冷凝器	822	成品冷凝器
721	空气分配器	724	气液分离器	711	醋酸锰配制罐	811	醋酸浓缩塔	821	醋酸蒸发器

图3-8　乙醛氧化制乙酸管道仪表流程图（局部）

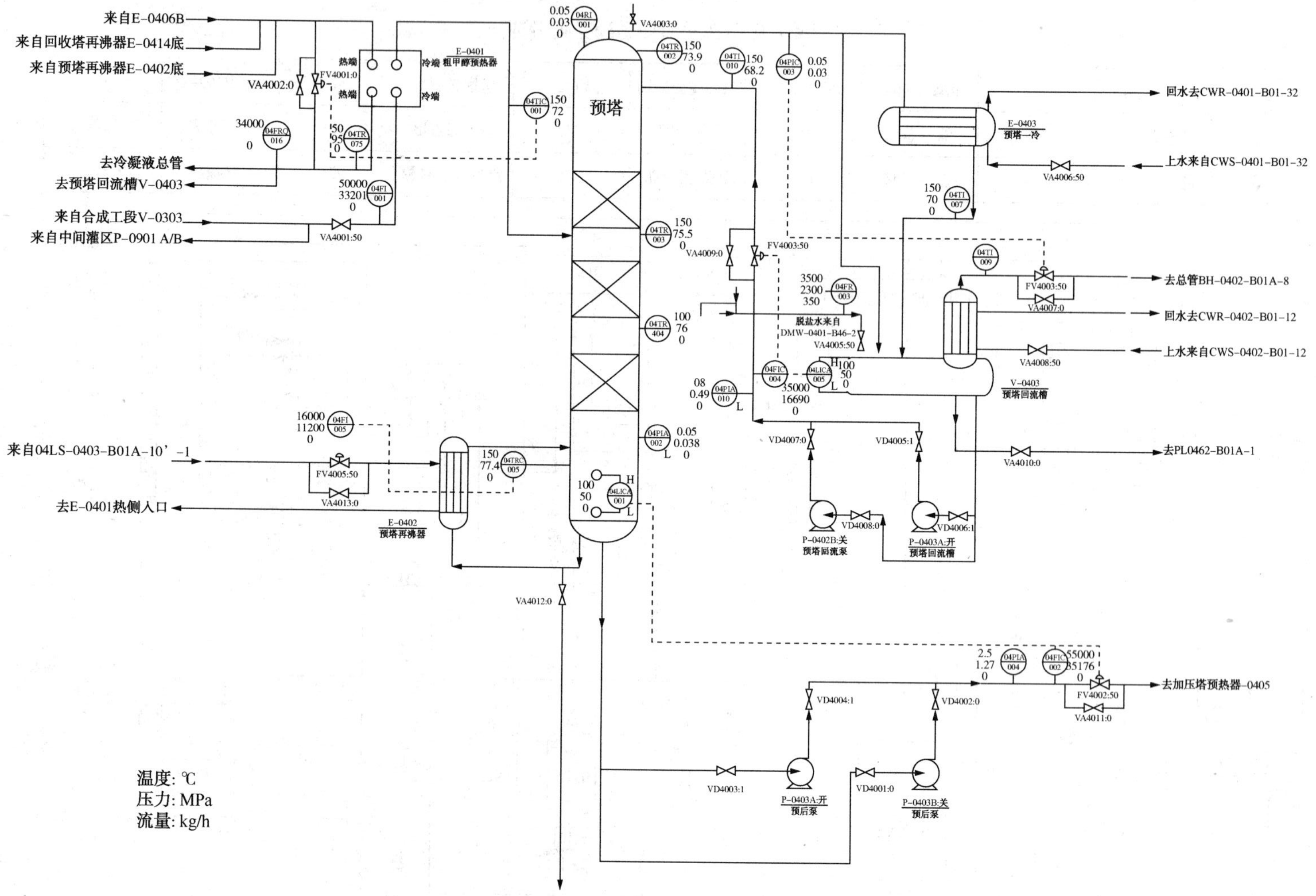

图3-9 某工厂甲醇精制工段预精馏塔管道仪表流程图

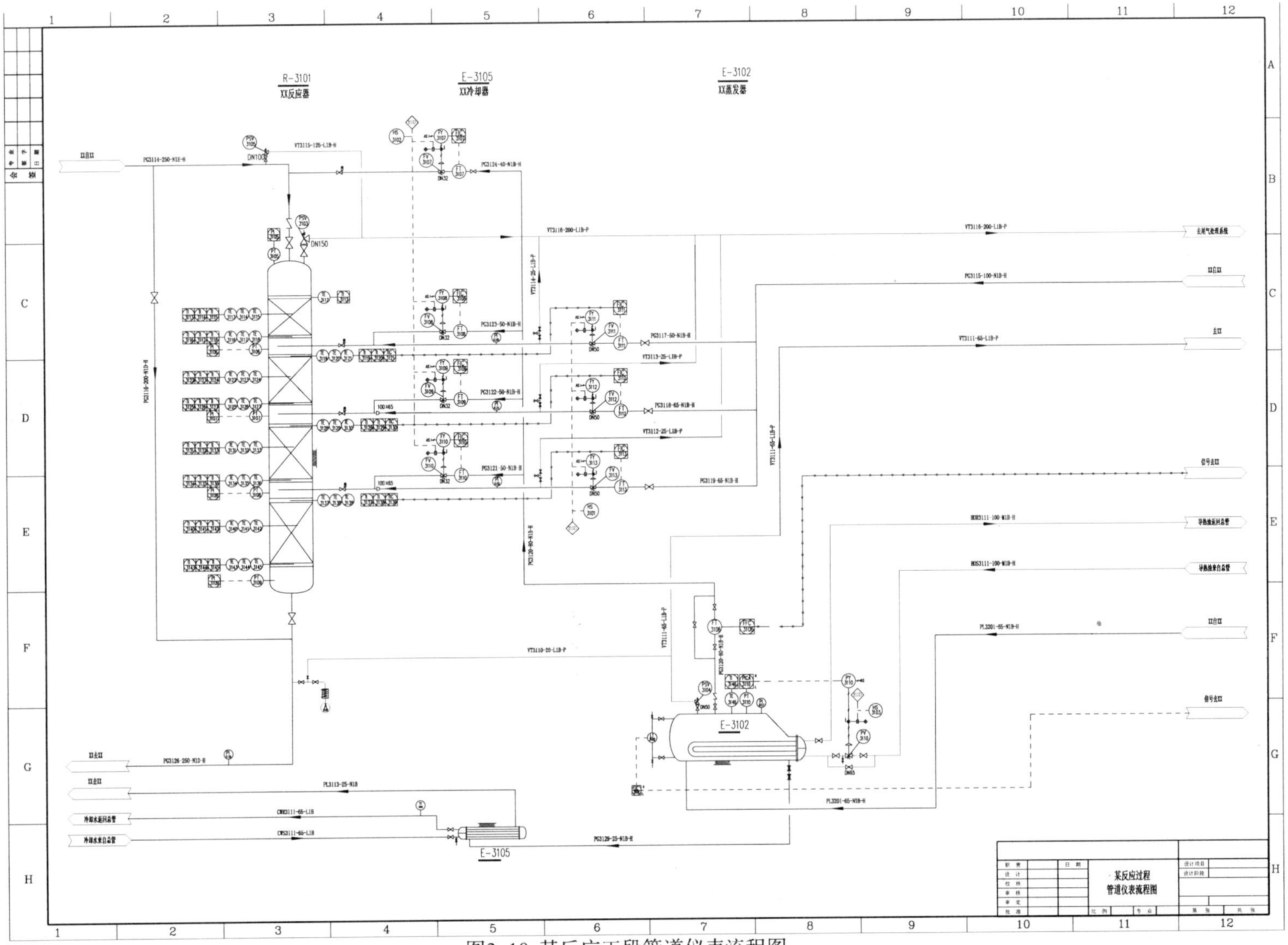

图3-10 某反应工段管道仪表流程图

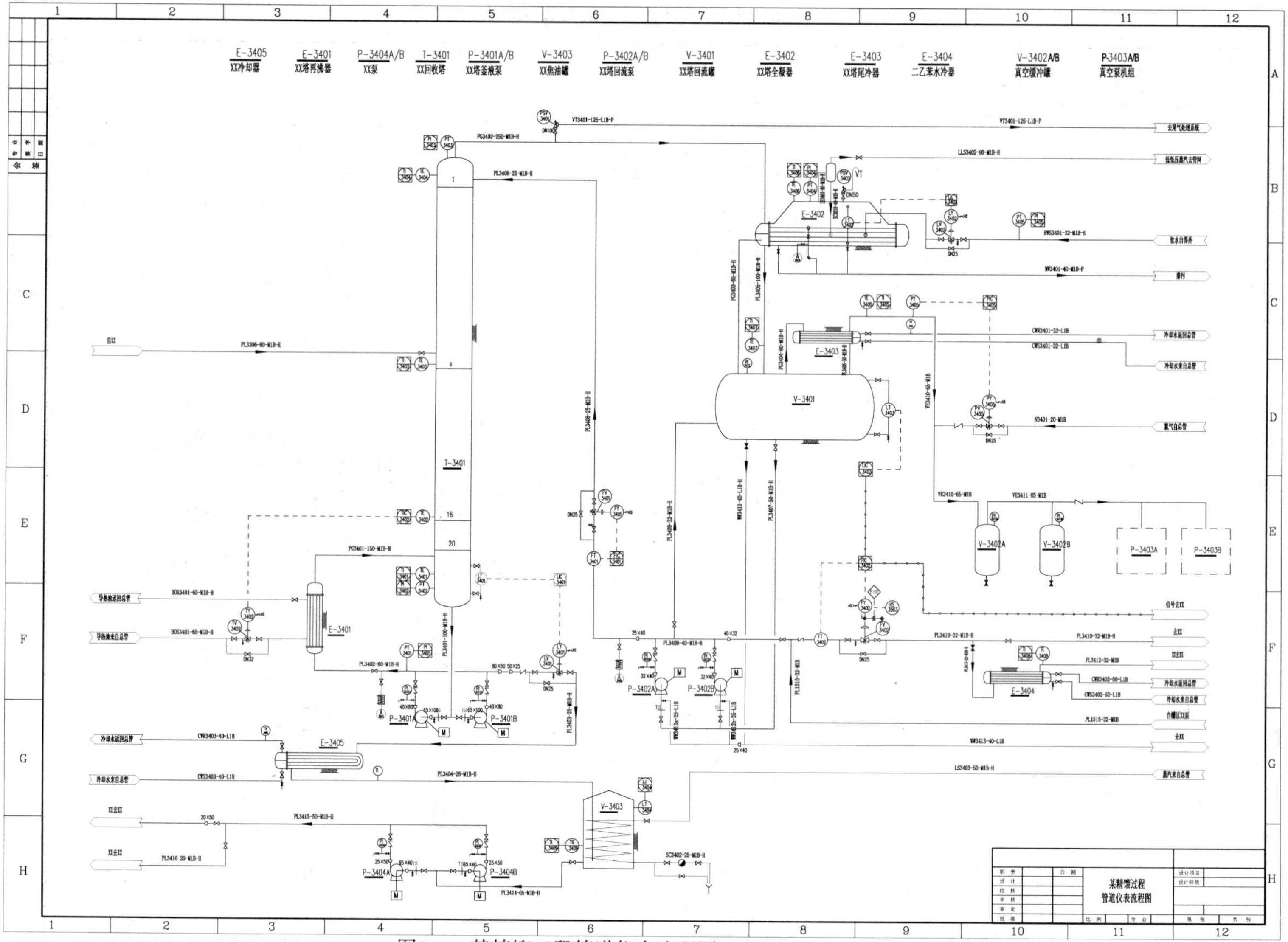

图3-11 某精馏工段管道仪表流程图

第二节　工艺流程设计主要流程及辅助流程

管道仪表流程图(P&ID)目前在国内没有统一的称谓，有的称为带控制点的生产工艺流程图，也有的称为工艺管道及仪表流程图，还有的称为工艺施工流程图。无论叫什么名称，P&ID 图设计是化工工艺设计中最重要的工作。P&ID 图是工厂设计、施工安装最基本的依据，对工厂管道设计中的一切要求，大到整个生产过程中所有的设备、管线(包括主要管线和辅助管线)，小到每一个阀门和法兰，都要在管道仪表流程图中表示清楚。

管道仪表流程图的设计基础是工艺物料平衡图。在此基础上，管道仪表流程图从不完善到完善，最终形成可以用于施工的基础图纸。

管道仪表流程图的设计，必须在充分研究工艺过程的基础上，待工艺流程完全确定后才能开始，否则容易造成大返工，从而导致人力和物力的浪费。

国内管道仪表流程图的设计过程因设计单位而异，但都大同小异，一般要经过初步条件版、内部审核版、用户批准版、设计版、施工版和竣工版等几个阶段，是从各个设计阶段将一个工艺流程从原则流程到实际操作流程的演进过程。

近年来，随着计算机辅助设计的发展，在管道仪表流程图的设计过程中，计算机的应用也日渐增多，并经历了三个发展阶段。第一阶段是利用计算机来完成管道仪表流程图的绘制。第二阶段是直接利用计算机进行管道仪表流程图的设计，这样既可提高设计质量，也可节省设计时间，同时还可以利用计算机校核图纸间的衔接。第三阶段是利用计算机辅助设计系统来绘图。它除了具有第二阶段的各项功能外，还可以在制图的同时，得到管道仪表流程图的设备一览表、管线表、仪表一览表、阀门一览表、管件一览表和特殊管路附件表等。由于这些表是计算机根据管道仪表流程图图面显示而统计得到的，不会存在人工制表时的差错，为减少设计工时、提高工程设计质量创造了良好的条件。

一、确定操作方式

1. 连续式

进出物料连续不断地流过装置。特点：适合大型化工艺过程，能耗低，处理能力大。操作稳定，易控制。

2. 间歇式

物料一次投入，操作结束时将产品取出，过程中系统不与外界交换物质。

适合：① 处理量小的贵重产品时，市场需求不稳定；

② 反应速度慢、物料停留时间长的生产；

③ 连续操作技术尚未成熟的生产。

【例 3-1】 海水提浓制新鲜水(图 3-12)。

间歇式设备简单，但要解决盐的运送问题。连续式设备复杂，操作稳定，产量大。

二、主要工艺管线设计

工艺管线设计原则：

(1) 安全第一、操作方便。

(2) 除满足正常生产要求外，还应适应开、停工和事故处理的需求。要设开口装料、循环，停工时压油、扫线、放空不合格产品的回炼、事故旁道线。

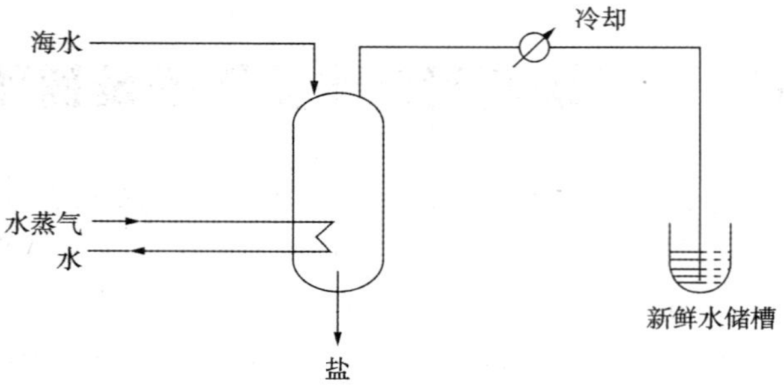

(a)间歇式

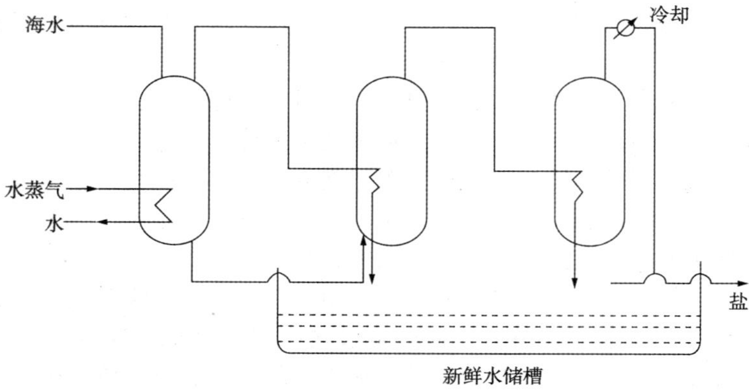

(b)连续式

图 3-12　海水提浓工艺

工艺管道设计的具体要求：

（1）油品进入工厂罐区地温度(从安全和减少油品损失角度考虑)。

（2）凡由于停水、停电该操作附近起火，可能使压力升高造成事故的地方一般应设安全阀(液化气罐、压缩机出口、反应器等)。

（3）当串料可能引起爆炸着火或重要产品质量的地方，为防止阀门内漏引起不良后果，可采取两种措施：①对间歇操作的管线设 8 字盲板。②对连续操作的管线按如图方式设双阀。不通料时关闭隔断阀，打开检查阀；需通料时，打开隔断阀，关闭检查阀。

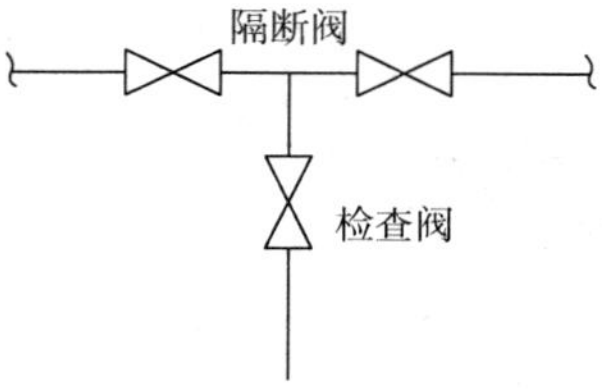

（4）不允许流体倒流的地方可装上止回阀，即单向阀。如催化主风管线，装置停工时不允许催化剂倒流入主风管线内。离心泵进出口压差较大时，液体倒流可能引起危险，在泵出口装止回阀，但仅防突然倒流，不防渗漏。

（5）对压力相差悬殊的系统，高压通向低压的管线应加节流阀或旁路小阀，以免开阀过快而造成不安全。

下面分别进行讨论。

在工艺流程的设计中，有些来自生产实践的细节必须加以考虑。

1. 容器

（1）接口

设备与管线、管线与管线之间的连接，可以采用管接头或法兰连接。管接头一般用于 $\phi38$ 以下的连接，而法兰可用于任何尺寸的连接。低压容器由于器壁较薄，使用小尺寸($\phi50$ 以下)的法兰连接得不很稳固，接点应使用大小头(变径)法兰。

容器的物料进口处不一定设切断阀，与容器相接的空气、蒸汽、水等公用工程管线，在靠近容器管口处应设切断阀，并在切断阀前设止回阀。输送熔融物、浆液和高黏度介质的管线要向收料容器倾斜。

（2）放空（图 3-13）

为处理事故和停工检修的需要，装置内油品短时间内应能完全放空（利用本身压力或泵）。其放空地点根据油品性质和温度决定。

① 热油经冷却后，送往适当的工厂油罐或排往紧急放空系统，催化油泵冷却器，尽量提供正常操作冷却器而不设专门的放空冷却器。

② 冷油和液化气直接送往相应的工厂油罐。不允许将液化气排入下水道，以免其沿着下水道流窜各处，引起事故。

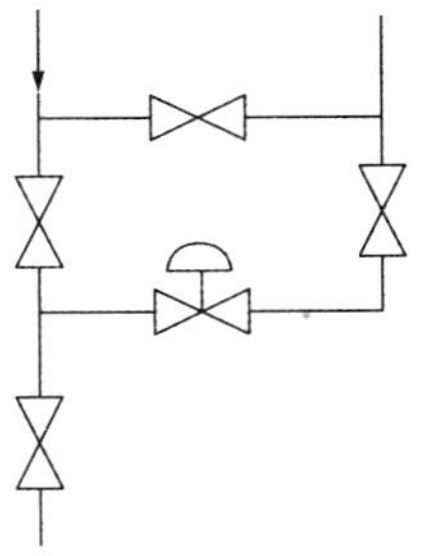

图 3-13　放空管道示意图

③ 气体直接排往管网或其他安全地点时，在调节阀的上流隔断阀与调节阀之间设 *DN*15～*DN*20 阀。放空线低点放空需离地面有一定高度减压，与排凝区别。一般设备放空口管径见表 3-1。

表 3-1　一般设备放空口管径

设备直径/m	<1	1～3	3～5	>5
液体放空口管径 *DN*/mm	25～40	50	80	100
气体放空口管径 *DN*/mm	20～25	40	50	80

密闭容器通常情况下都应有放空管线。含有空气、某些惰性气体及少量水蒸气的放空管线应在容器的顶部。有害但无毒性、非致命气体（如热的气体）的放空管线应延伸到室外，其终点应超过附近构造物的高度。而危险性气体或气相物，应进入火炬或另一个收集系统作进一步的处理。放空管的顶端要采用防雨弯头或防雨帽，如图 3-14 所示。放空管的直径一般要大于或等于进入该容器的最大液体管道。

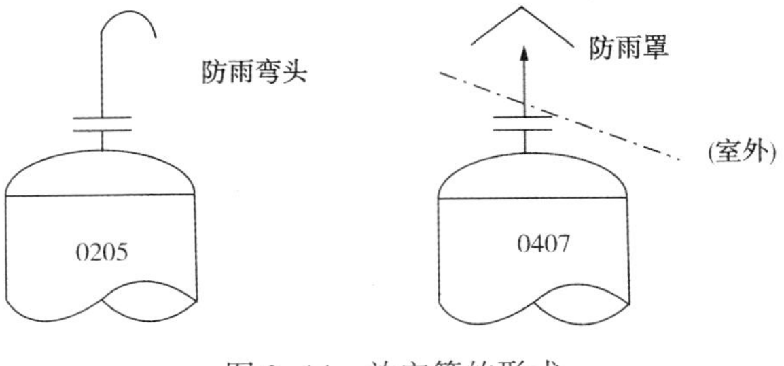

图 3-14　放空管的形式

（3）溢流管

处理液体的开口容器或低压容器需配置一个溢流接口。溢流（接口）管的最高位置必须低于容器顶部。对于封闭的、有盖的容器，或处于微负压的容器，其溢流管必须加装液相 U 形管式密封装置或机械密封装置，如图 3-15 所示。如采用密封腿方式密封，则必须注明密封高度。

（4）排放

大多数容器底部应设有放净阀，供容器放净使用。排放管道的去处应予注明，如图 3-16所示。

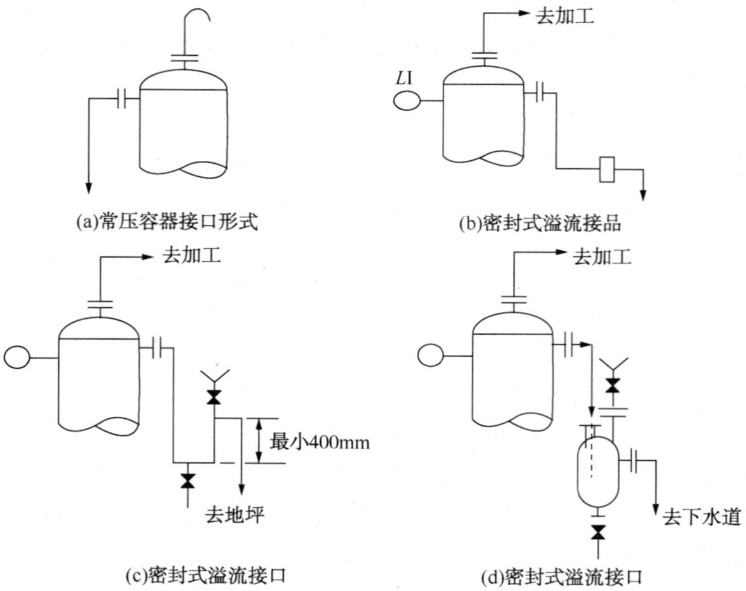

图 3-15　溢流管接口

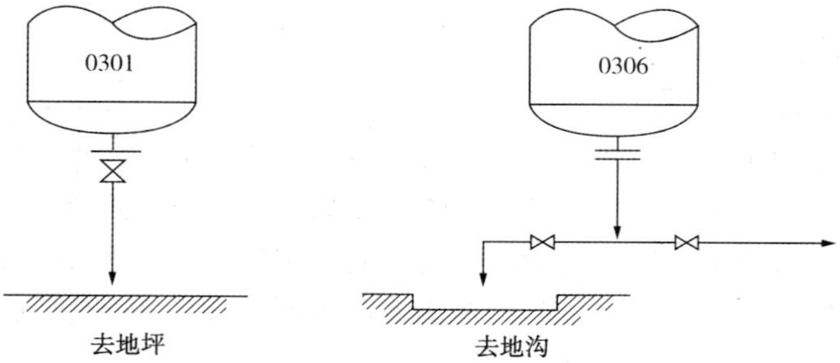

图 3-16　排放

(5) 取样接口(图 3-17)

目的：控制产品质量。取样接口可以放在容器上、容器底部的排料管道上或容器进料泵的输出管道上，也可以从容器顶部通过适当的机构采样。对于有分层倾向的料液，需在各个液层里设置取样接口。

① 取样口应设在操作方便，具有代表性的地方，对连续进出物料的塔和容器，当体积较大时，取样往往不能及时反映当时油品质量情况。取样口最好不装在这些设备上，而尽量装在压力管线上。

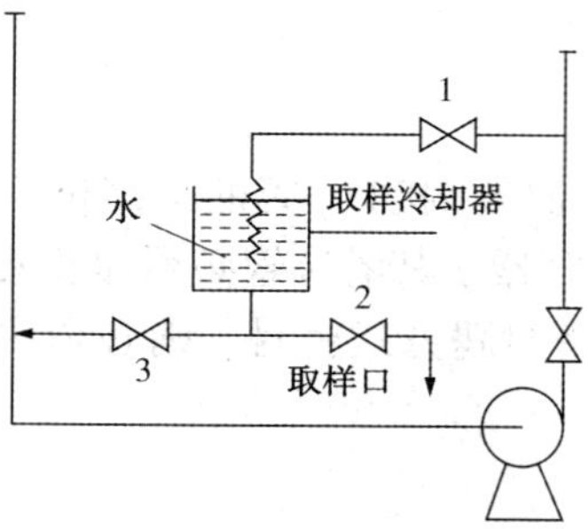

图 3-17　取样口的设计

② 热油或热气体的取样口一般应装一个小型取样冷却器，其进口和泵出口系统连通，出口与泵进口系统连通，可减少取样时油品排放量。取样时打开阀 1、阀 2；结束时关闭阀 1、阀 2，打开阀 3。

(6) 下降腿

容器设置下降腿主要是为了减少液体进入容器产生气泡，对可燃性液体能减少静电的产生，将反应原料加入搅拌容器里时能充分混合，在真空系统中保持一定的液封高度，防止空气进入。

作为液相的下降腿，经常需要有泪孔以防止虹吸作用，对于气-液两相的管道，泪孔应位于下降腿的颈部，如图 3-18 所示。

（7）折角进料管

可以采用折角进料管代替下降腿，以减少静电效应。折角进料管不需要泪孔，如图 3-19所示。

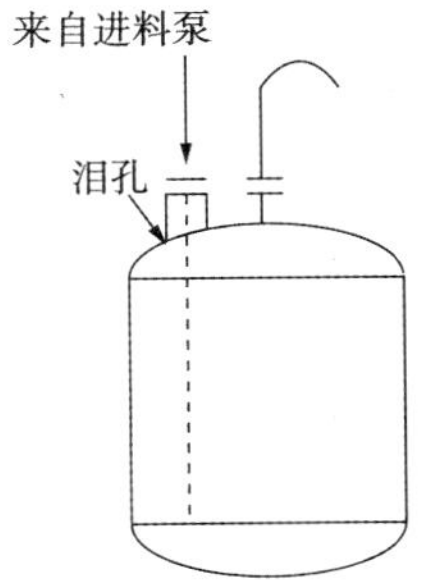

图 3-18　下降腿

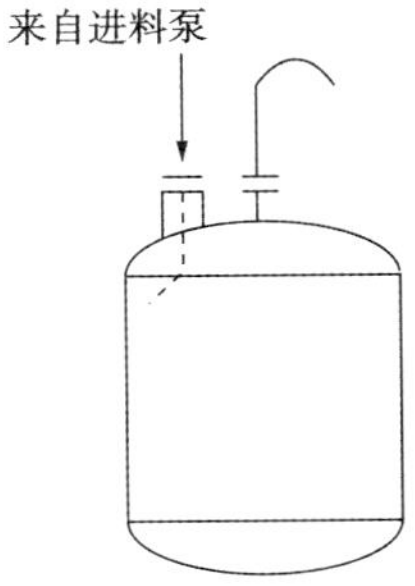

图 3-19　折角进料管

（8）回转给料器

回转给料器用于固体流，如粉状、颗粒状物料。回转给料器能连续、可控制、可调节地使固体物料流进或排出容器，而容器仍然与周围环境隔离。回转给料器的形式如图 3-20(a)所示，可以使用惰性气体吹扫排出容器里的空气和水蒸气。

（9）气封装置

气封装置是一个小型的容器，安装在料仓、反应器的顶部过下部，以便间断地送入或排出固体或液体。气封装置的上、下部安装适当的阀，有一个或两个经常关闭，使料仓或反应器与周围环境隔离。可以用惰性气体吹扫以便使料仓或反应器排出空气或水蒸气，防止容器中的气体逸出大气。气封装置见图 3-20(b)。

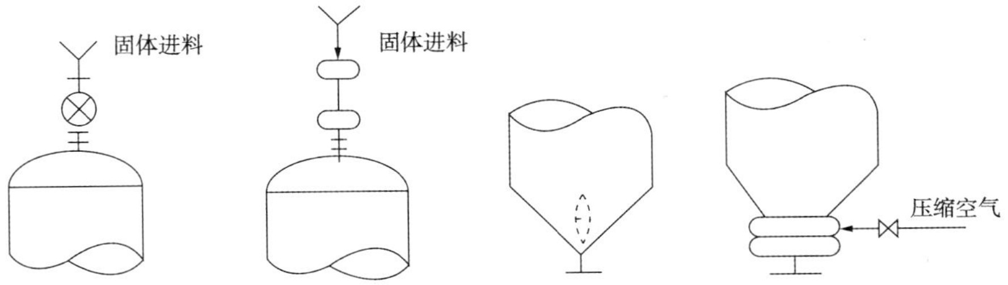

图 3-20　容器的固体处理

（10）活动底盘和其他固体流设施

盛装固体的容器应设在锥形底[见图 3-20(c)]，锥形角应大于固体的休止角。在容器的锥形底部安置一对小锥体，一上一下，一正一反，以利于固体的流出。因为可以使用压缩空气吹动或在锥形底的外壁安装一个或几个振动器来防止和破坏固体的“架桥”。对于流动困难的固体，还经常在锥底和排出阀之间安装一个活动底盘[见图 3-20(d)]。

(11) 传热装置

容器内的传热换热主要是对容器里的物料进行冷却、加热和保温等。容器用的传热装置有以下几种：

① 夹套。夹套是比较简单的一种容器换热设施。液相介质从容器底部进入，通过有挡板的环形空间，以曲折的路径从顶部离去；如果是会冷凝的介质，则从顶部进入而从底部离去。夹套中的液相介质可以用水或水蒸气，两者可以交替转换使用，但公用工程的管理上必须配置放空口与排放口，使两种介质不会彼此接触。

② 内部盘管。内部盘管一般置于带搅拌容器的内部以便改善热传递，既可以单独使用，也可以作为夹套的补充。内部盘管的直径要适当，以保证盘管与搅拌桨之间有足够的回流空间。

③ 容器的伴热装置。为了维持储罐所需温度或防止冻结，要给储罐伴热。伴热可以采用电热带缠绕在容器上的方式，对于直径较大的容器也可以用蒸汽管缠绕。为了防止产生局部过热，在缠绕电热带或蒸汽管之前先用极薄的金属板包裹容器。

2. 塔

塔是容器的一种，工艺设计中对容器的种种要求也适用于塔，但塔又有一些与一般容器不同的要求。

为了便于调节，塔上通常设有几个进料口。每个进料口应设有阀门，直接装在塔的管口上。立式再沸器的出口管管口与塔的返塔管管口直接连接；卧式热虹吸再沸器的管线应尽可能短而直。卧式再沸器常有两个出口，为使其流量相等，管线应对称布置。

塔顶馏出线一般不设阀门，直接接往塔顶冷凝器。为了避免塔被超压损坏，塔顶常设安全阀。安全阀常设在塔顶或塔顶馏出管线，如图 3-21(a)所示。塔顶和中段回流管线在塔的管口处不设切断阀。在重力回流式冷凝系统中设置液封管可以防止冷凝器出口管线中的气相倒流，如图 3-21(b)所示。

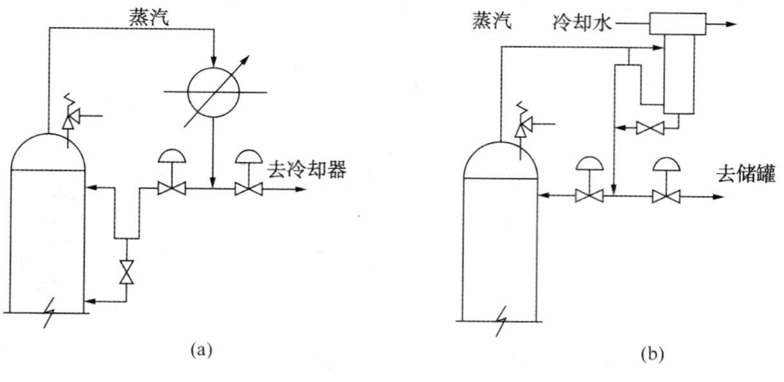

图 3-21　塔顶的液封

3. 换热器

(1) 类型和结构

在流程图上表示换热器应当尽可能地反映出其特殊的类型和结构。流程图中表示的换热器的所有开口位置应大体接近换热器投入运行时的方位，在工艺流程图通常给出介质的流向。一般情况下，冷流由下部进入，上部排出。使用蒸汽为热源加热时，蒸汽从上部引入，冷凝水由下部排出。

在换热器中，以下情况的流体走管程：容易结垢和有腐蚀性的介质，温度高或压力高的介质，制冷剂或低温冷媒。

换热器冷却水出口应设温度检测仪器，以利于控制冷却水的出口水温。被冷却或加热的工艺介质的出口也应设温度检测仪器，以便控制物料的加热(冷却)温度。

(2) 放空

被加热的液体在换热器中由于温度升高使得溶解在液体中的气体逸出，所以被加热的液体从低点进入而在高点离开。从双壳程换热器中除去气体，可以用外部的限流性放空，或用泪孔从立式U形管换热器的头盖中除去，如图3-22所示。如有需要，也可以将放空口安排在换热器的进口和出口管道上。

对换热器在阀门关闭后可能出现因热膨胀或液体蒸发而造成压力太高的地方，应设安全阀，其尺寸常为入口 *DN*20，出口 *DN*25。

如果有悬浮固体存在，则物流应从顶部进入向下流动，以防止固体的积聚。

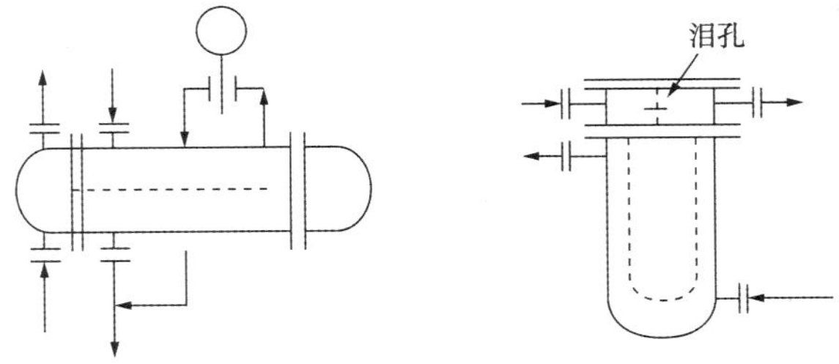

(a)双壳程换热器的放空　　(b)U形管换热器的内部放空

图3-22　积聚气体的改变

(3) 冲溅防护

在许多换热器中，为了保护管子和内部构件，防止进入壳体的高速流体的冲蚀磨损，在换热器的进口处设置了冲溅防护装置，如在进口处安装挡板、在进口处安装特别放大尺寸的进口接口等，如图3-23所示。

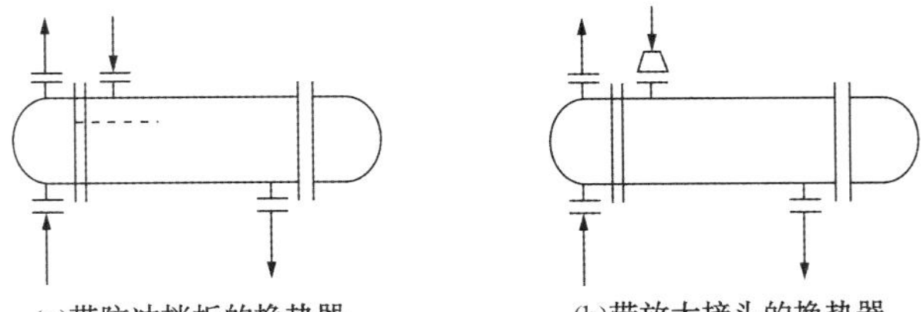

(a)带防冲挡板的换热器　　(b)带放大接头的换热器

图3-23　换热器冲溅防护的例子

4. 搅拌器和混合器

大多数的搅拌器由顶部进入，其轴垂直延伸而下或与竖直方向成一定角等。在某些情况下，其轴可以一直穿过低部头盖。搅拌器的型式(推进器式、透平式、桨式、锚式等)应在流程图上标明，如图3-24所示。有时搅拌器需要几组叶片也要在图中注明。

5. 泵类

(1) 泵的形式和驱动方式

化工厂较为常用的几种泵的形式如图3-25所示。因为大多数的泵由电动机驱动，因此在流程图中一般略去驱动机的符号，仅标出泵的功率。如使用于危险区域，一般应考虑采用防爆电机或气动马达。当排气可以利用时，采用蒸汽透平可以达到节能的目的。蒸汽透平还可以用于电力供应频繁波动的场所。柴油和汽油引擎用于关键部位作为蒸汽动力的替代，也是偏远地区的动力源。

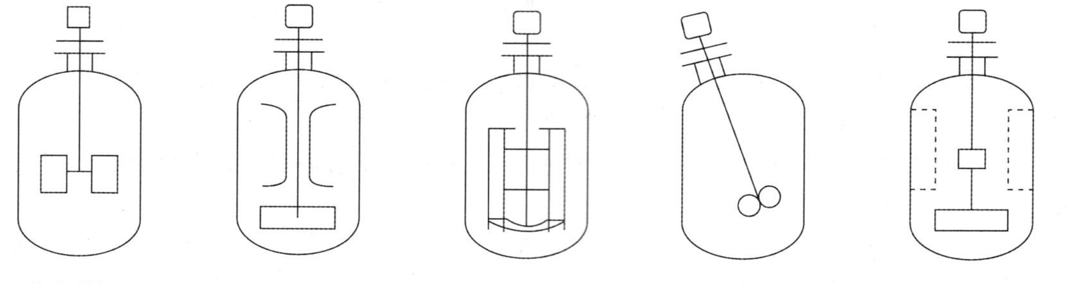

(a)浆林搅拌器　(b)透平式搅拌器带导流管　(c)锚式搅拌器　(d)推进器式搅拌器　(e)透平式搅拌器带挡板

图 3-24　典型的搅拌器形式

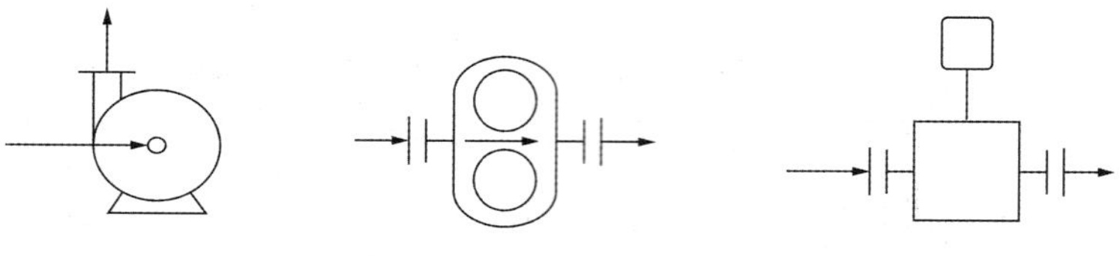

(a)离心泵　(b)齿轮泵　(c)往复泵

图 3-25　几种常用泵的型式

常用的泵一般分为动力式和容积式两类。动力式泵常用的有离心泵、轴流泵和旋涡泵等，各种活塞泵、柱塞泵、螺杆泵等都属于容积式泵。各种泵的驱动形式如图 3-26 所示。

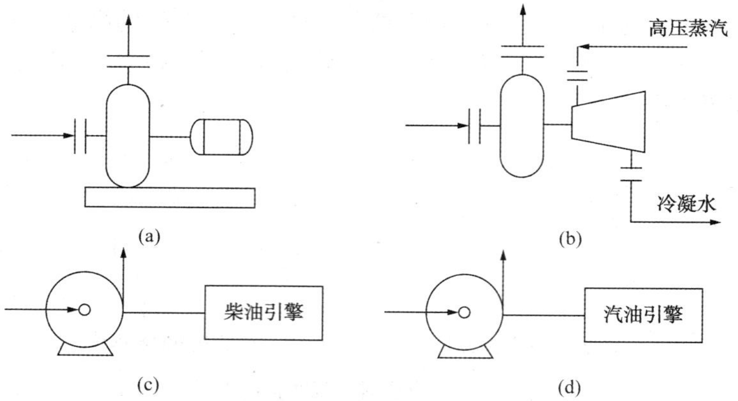

图 3-26　几种驱动形式

（2）泵的循环管路

① 离心泵。离心泵为最常见的动力泵之一，在泵的入口和出口均需设置切断阀。离心泵一般不能自吸，在启动前必须在泵和吸入管路内灌注液体，在吸入端要安装单向阀。为了防止离心泵未启动时物料的倒流，其出口阀应安装止回阀。

为防止杂物进入泵体损坏叶轮，应在泵入口处设置过滤器。过滤器的安装位置应在泵吸入口和入口切断阀之间。

止回阀上方应加装一个泄液阀，以便于止回阀拆卸前的泄压。为了节省安装空间，可以在止回阀和切断阀之间加装一泄液环，如图 3-27 所示。泵体和泵的切断塔前后的管线都设置放净阀，并将排出物送往合适的地点。在泵的出口处应安装压力表，以便观察压力。离心泵在安装时必须考虑允许吸上高度，避免发生气蚀。有时要在出口管路上安装循环管路，以维持通过泵的最小流量。小流量旁通管线上不装阀门，只装流孔板，如图 3-28 所示。输送常温下饱和蒸气压高于大气压的液体或处于闪蒸状态的液体时，为了防止蒸气进入泵体发生气蚀，应设平衡管线，平衡管线接往吸入罐的气相段，如图 3-29 所示。

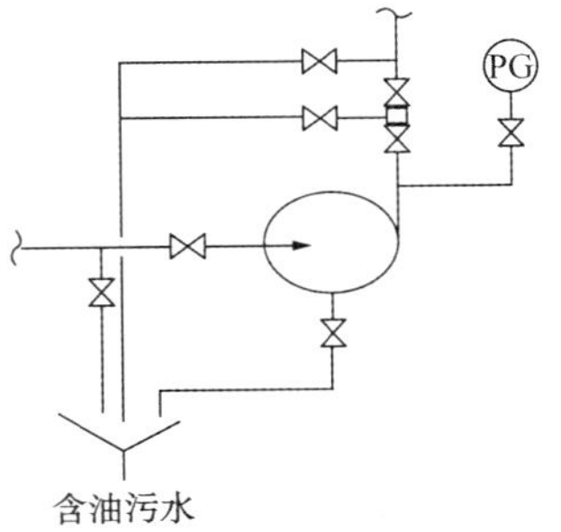

图 3-27　离心泵的典型配管

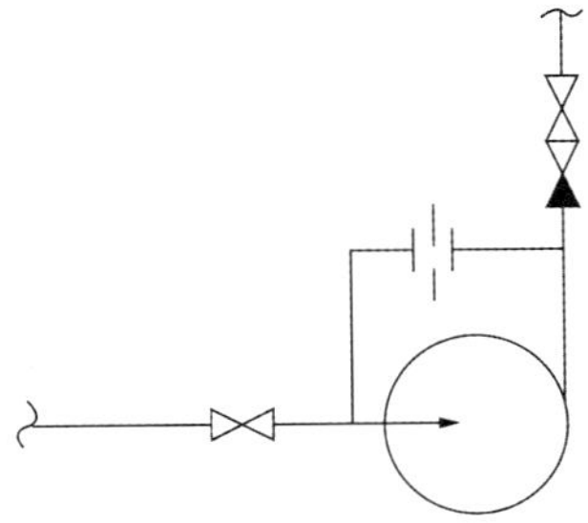
图 3-28　小流量旁管线

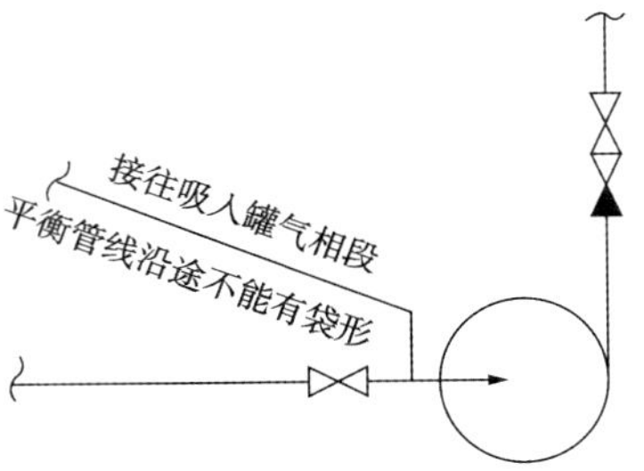

图 3-29　平衡管线

为了避免阀板因单向受压太大而使阀门不易打开，高扬程的备用泵应设旁通管线，如图 3-30 所示。

输送凝固点高于气温的介质的备用泵应设防凝管线。正常运行时，打开备用泵出口阀的旁通，使备用泵处于热态，泵体内的介质不会凝固；当泵拆下检修时，打开泵吸入口和排出口之间的旁通，使泵内的介质继续流动而不致凝固，如图 3-31 所示。防凝管线要伴热，以保证畅通。

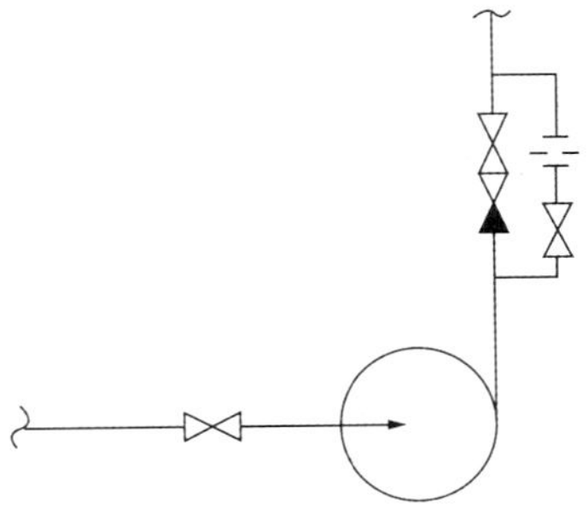
图 3-30　高扬程旁通管线

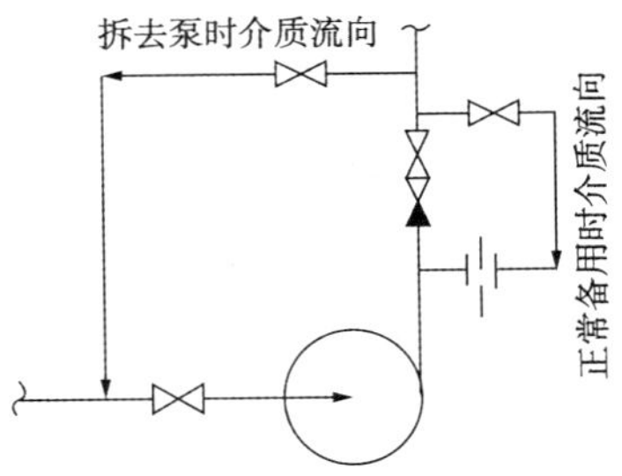

图 3-31　防凝管线

② 活塞泵和柱塞泵。这一类泵在出口管路不通的情况下运转时(如出口阀未开启或出口堵塞)，泵的压力和轴功率会增大到使泵缸破裂或使电动机烧坏，因此必须在出口处安装安全阀。

6. 压缩机

压缩机进出口管线上均应设置切断阀。抽吸空气的往复式空气压缩机，其入口不设切断阀。压缩机入口处和入口管线上的切断阀之间应设过滤器。

为防止凝液进入压缩机汽缸，必须在压缩机各段吸入口前设置吸入罐或凝液分离罐，除去凝液。凝液分离罐应尽量靠近吸入口。管线应向凝液分离罐倾斜，以免凝液进入压缩机汽缸。压缩机停机时不允许有凝液回流，当压缩机出口管内的气体达到饱和状态时，出口管上要设置凝液分离罐，同时安装一个止回阀。压缩机出口气体不是饱和状态时，由于排出气体中多带有润滑油，因此出口也应安装分离罐，以分离润滑油。

三、辅助系统的设计

1. 燃烧系统

（1）装置供燃烧油方式：一般工厂系统直接供，但要设返回线，见图 3-32。

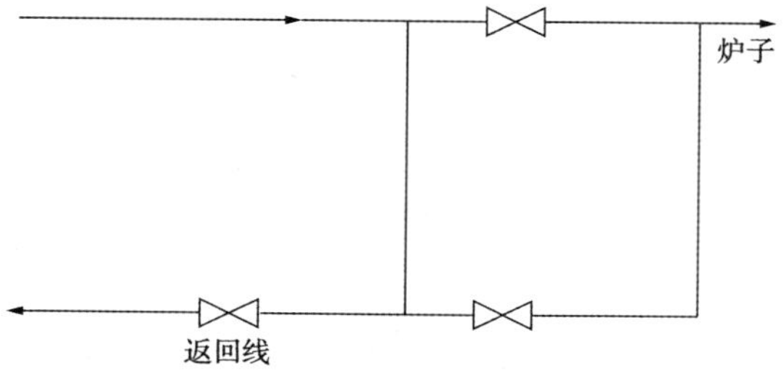

图 3-32　供油返回线

（2）使用燃烧油时应靠近加热炉火嘴的主要管道上，设置气液分凝罐（罐底设加热盘管）。保证进入火嘴的气体不带凝液。

2. 蒸汽及凝结水系统

为避免蒸汽带水和防冻，蒸汽主管末端及长距离管线的适当位置设带疏水器的放水口。疏水器图见图 3-33。

重要的用汽设备（抽空气、气轮机）及扫线、灭火、蒸汽应以主蒸汽管线上接出，不应接在支管上，以免其用汽量的变化影响其他用户的平稳操作，并在靠近主管的支管根部装隔断阀。见图 3-34。

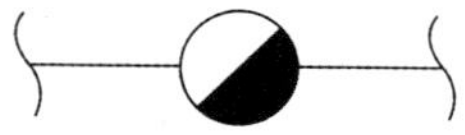

图 3-33 疏水器示意

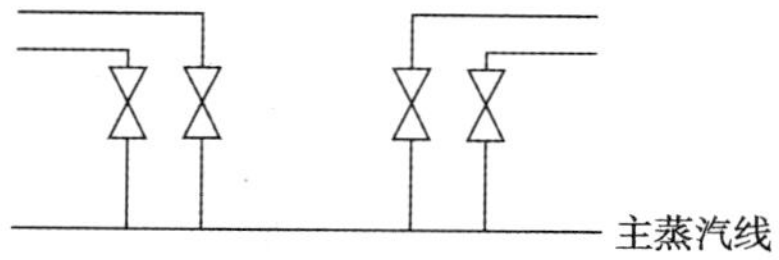

图 3-34　重要设备的接出

为保证安全，尽量不将高压蒸汽直接引入低压管网，必须使用时，应设减压线，并在低压管网上装安全线，以免低压系统超压。

蒸汽加热设备或蒸汽往复泵不凝结水应回收。排出时应装过滤器及疏水器。

3. 冷却水系统

设备、机泵冷却水尽量采用循环水，一般进口水温不大于 28℃，出口 32～35℃。一般采取闭路循环，节约新鲜水，减少活水处理费用，防止管道结垢、腐蚀。

回水方式：自压和泵打。

为节约用水，可采用二次用水方式。

4. 供风系统（新老炼厂均有全厂常压站）

仪表用风为脱尘脱水的净化压缩风。

四、典型设备的自控流程

设备的自控流程设计方案是根据工艺过程对控制和检测的要求、控制和检测对象的特性及其与其他工艺参数间的关系而确定的。

设计控制流程的思路：

(1) 确定控制目标；

(2) 明确影响控制目标的工艺参数，选择可控变量；

(3) 设计控制流程。

以下主要介绍常用的化工典型设备(泵、换热器、反应釜、蒸馏塔)的自控流程。

(一)泵

1. 离心泵

离心泵的流量调节一般是采用出口节流的方法，但也可以使用旁路调节方法，见图 3-35。旁路调节耗费能量，但调节阀的尺寸比直接节流的阀门小。

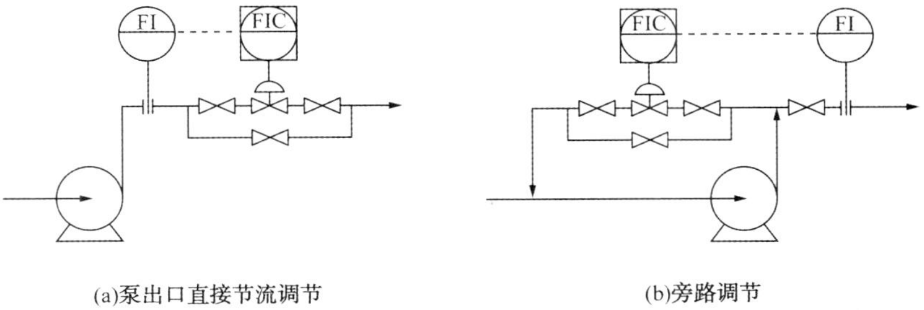

图 3-35　离心泵流量调节方案

在离心泵设有分支路时，即一台泵要分送几支并联管路时，可采用分支调节方案，见图 3-36。

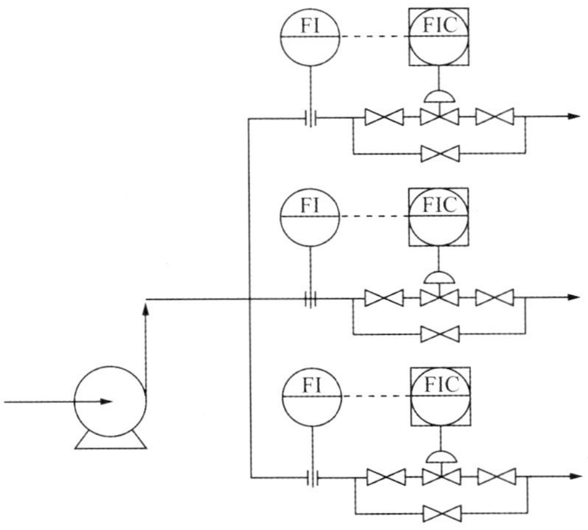

图 3-36　设有分支路的泵的调节方案

2. 容积式泵(往复泵、齿轮泵、螺杆泵和旋涡泵等)

当流量减小时，容积式泵的压力急剧上升，因此不能在容积式泵的出口管道上直接安装节流装置来调节流量，通常采用旁路调节或改变转速、改变冲程大小来调节流程。

3. 真空泵

真空泵可采用吸入支路调节和吸入管阻力调节的方案，见图 3-37。

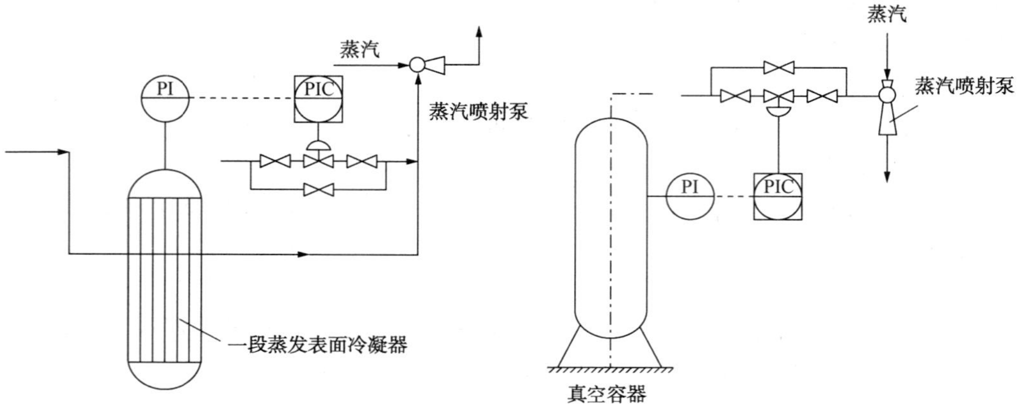

(a)真空管吸入支路调节　　(b)真空管吸入管阻力调节

图 3-37　真空泵流量调节

(二)换热器

换热器以温度为调节目标，常用的控制方案见图 3-38。

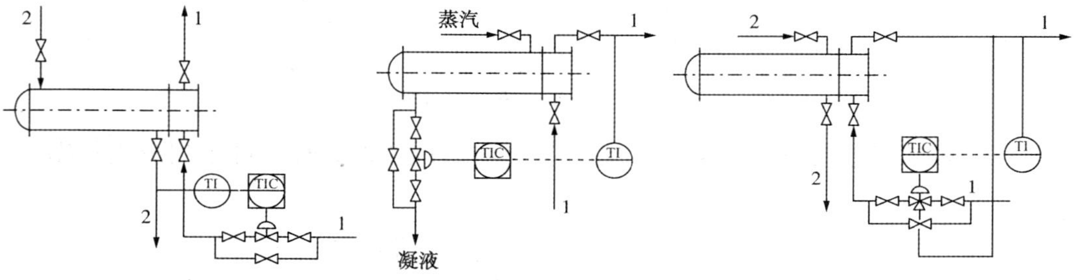

(a)　　(b)　　(c)

图 3-38　换热器温度调节方案

(1) 调节换热介质流量，见图 3-38(a)。用流体 1 的流量作调节参数来控制流体 2 的出口温度。这是一种应用最广泛的调节方案，有无相变均可使用。但流体 1 的流量必须是可以改变的。

(2) 调节传热面积，见图 3-38(b)。适用于蒸汽冷凝换热器，调节阀装在凝液管路上。

(3) 分流调节，见图 3-38(c)。在用工艺流体作载热体换热时，或者双侧流股流量均不允许改变时，可利用三通阀使其中一个流体走分路，使部分流体走旁路。

(三)精馏塔

精馏是化工厂应用极为广泛的传质过程，塔的被控变量多，控制方案也多。主要的控制目标有塔顶和塔釜的温度及压力、塔釜及回流罐的液位、回流比、流量等。

精馏塔的控制方法一般有压力、温度及液位控制方法。

1. 塔顶压力控制

塔顶压力是平衡操作的重要因素，一般可根据塔顶介质状态选择合适的调节方案。

(1) 塔顶气体不冷凝时，直接用塔顶线上的压力调节阀调节。气体吸收塔塔顶压力调节，见图 3-39。

（2）塔顶气体部分冷凝时，压力调节阀安装在回流罐出口不凝气线上，见图 3-40。

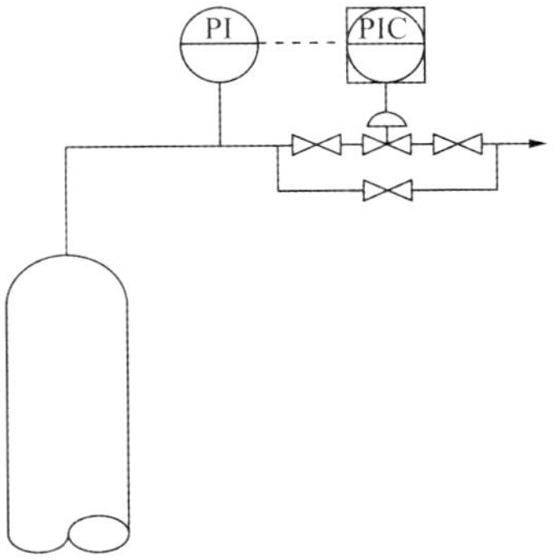

图 3-39　塔顶气体不冷凝调节方案

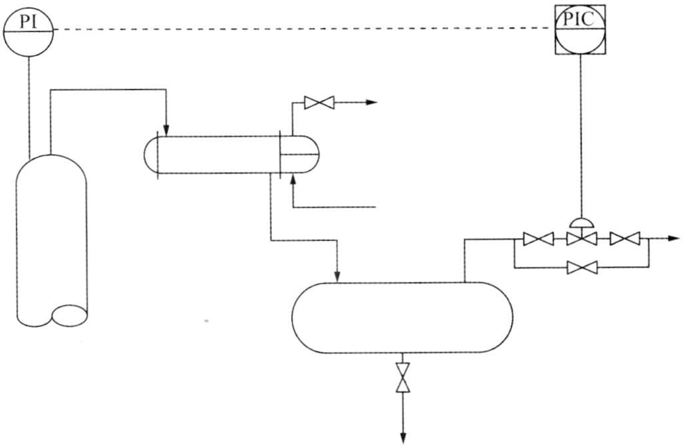

图 3-40　塔顶气体部分冷凝调节方案

（3）塔顶气体全冷凝时，采用热旁路调节方式，调节旁路管物料，见图 3-41。

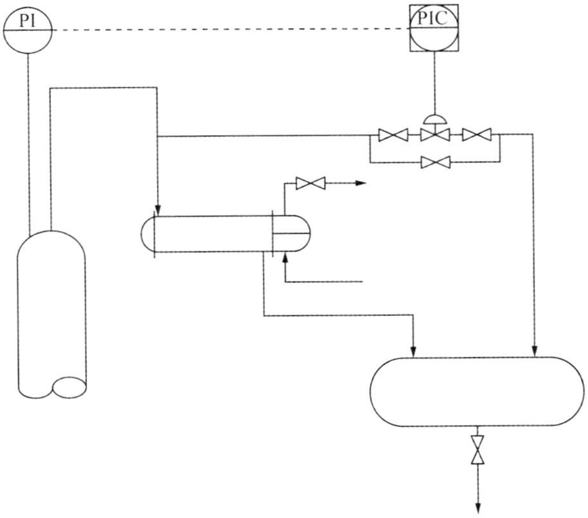

图 3-41　塔顶气体全冷凝调节方案

需要说明的是：塔温的调节也可以起到调节塔顶压力的作用。所以，通常实际操作中，需要调节塔顶压力时，既可调压，也可调温。

2. 温度调节

（1）塔顶温度控制

塔顶温度与回流液的温度与流量、塔顶压力有关。因而，最常用的方法是调节塔顶回流量，见图 3-42。

（2）再沸器温度控制

再沸器的温度调节阀一般装在热载体的管道上，见图 3-43。对于液体热载体，调节阀一般装在出口管道上；对于蒸汽，调节阀一般装在进口蒸汽管道上。

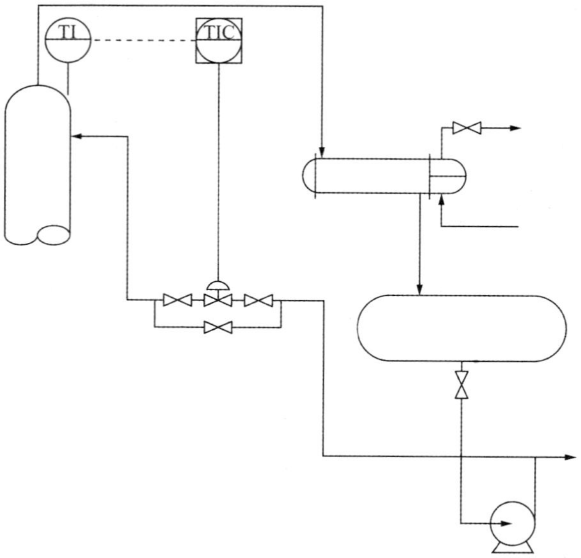

图 3-42　塔顶温度调节

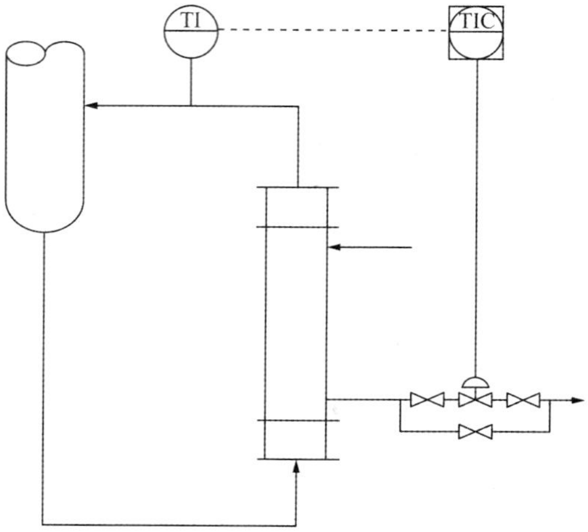

图 3-43　塔釜温度调节

3. 液位控制

在精馏塔操作中，塔底、塔侧抽出斗、回流罐、进料罐、产品罐等的液位均应设置控制系统。其中，塔底液位控制有单参数控制和均匀控制两种方案，分别见图 3-44 和图 3-45。

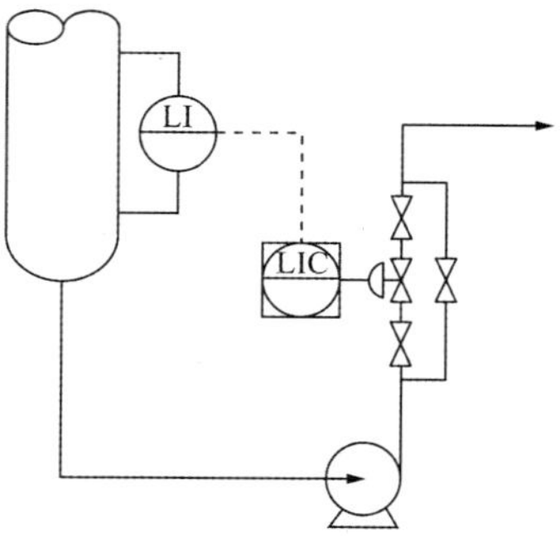

图 3-44　单参数液位控制

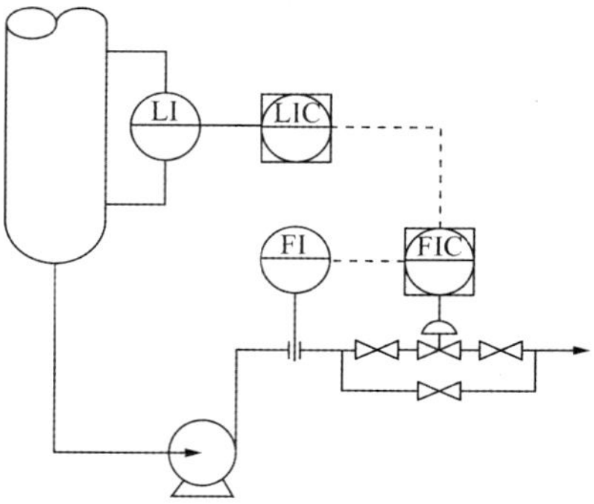

图 3-45　双参数均匀控制

第三节　换热流程优化设计

一、绪论

1. 换热网络优化设计——窄点技术(Pinch point，又称夹点技术)。

详细内容此处略，请参见相关书籍。

2. 窄点技术的来源及应用

窄点技术于 20 世纪 70 年代末由英国曼彻斯特大学林霍夫(Linhuoff. B)教授提出。在国外，窄点技术在 20 世纪 80 年代广泛用于复杂换热网络设计及优化，起到很好的节能、节约投资的效果。在国内，90 年代将这一技术用于原油常减压蒸馏换热系统及其他节能改造，同样得到很好的效果。窄点技术源于热力学第二定律，从“能”的“质”和“量”两方面考虑利用，具有科学性和准确性，可以圆满的表达具有设备约束、经济约束及网络关联约束在内的第二定律，是把第二定律直接变成实用的好方法。

3. 换热网络

指由众多换热器、辅助冷却器、辅助加热器组成的换热系统过程。

（1）换热器指系统内具有 N_h 股需要冷却的热流，N_c 股需加热的冷流之间进行热量交换的传热设备。如常减压装置，N_h 指各侧线馏分油及产品，N_c 指原油等。

（2）辅助加热器指利用公用工程中的热媒（如蒸气、热水、燃料等）对经过换热器后仍不能达到工艺要求的冷流进一步加热的设备。

（3）辅助冷却器指利用公用工程中的冷媒（如冷却水、液氨等）对经过换热器后仍不能达到工艺要求的热流进一步冷却的设备。

4. 窄点技术设计的目的

使各股物流达到规定的温度，而总费用最小[冷、热公用工程用量最小，又称最大能量回收（MER）网络]，换热器台数最少。另外，此法提供了物流是否需分流以及如何分流的基本原则。

5. 窄点设计法的主要特点

强调窄点的重大意义，其设计法是以窄点为起点，分为高温位和低温位两部分，分别进行换热器配匹设计，是一种完全有别于传统换热网络的设计方法。传统网络设计：有热量通过窄点导致冷、热公用工程双份损失，或违背 ΔT_{min} 的约束，有可能使某些设备换热的 ΔT_{min} 为零。

6. 利用窄点设计的已知条件

冷热物流（N_h、N_c）的股数、各股物流的热容流率 W（流量 F 与比热 c_p 的乘积）、每股物流的起始（T_i^S）和目标温度（T_i^T）。

二、基本概念

1. T–H 图（图 3-46 和图 3-47）

表示物流的焓值随温度变化的过程。恒热容为直线，若 c_p 不是常数则为曲线。一般讨论时 c_p 为常数。

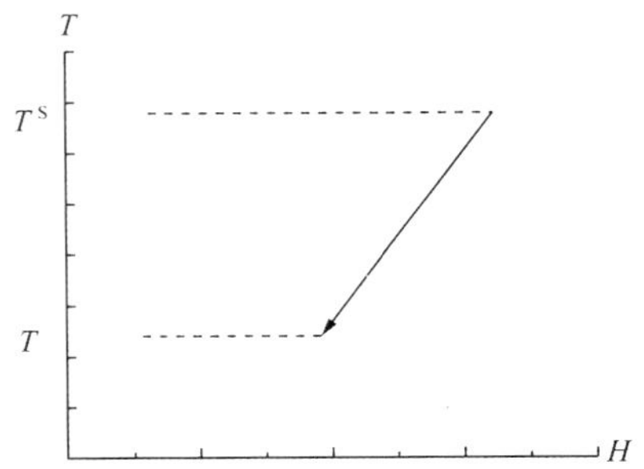

图 3-46　热流

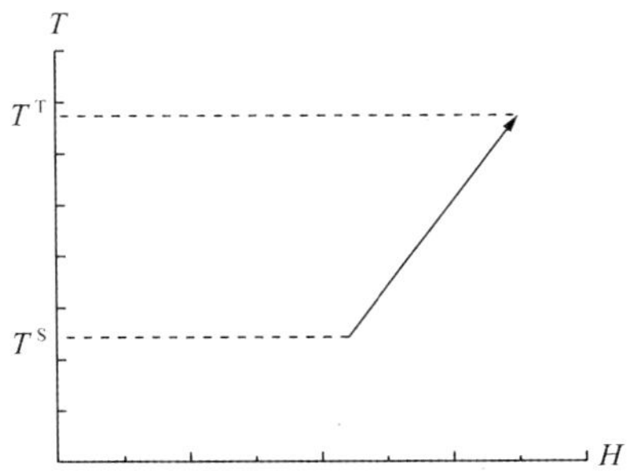

图 3-47　冷流

图中 T^S、T^T 为物流的起始和目标。直线在横坐标上的投影长度就是物流的焓变。热流是放热过程，随着温度下降，焓值减少；冷流是吸热过程，随着温度上升，焓值增加。

2. 窄点及公用工程用量(图解法)

冷、热物流换热极限是传热温差为零，但这样传热面积无限大，设备费用无限多。一般为避免设备费用过大，总是规定一个最小传热温差，用 ΔT_{min} 表示。对一定的 ΔT_{min} 而言，冷热物流之间的换热量有一极限值。当换热量达到最大值时，所需冷、热公用工程量最小。

(1)一股热流和一股冷流的换热情况(图 3-48、图 3-49)

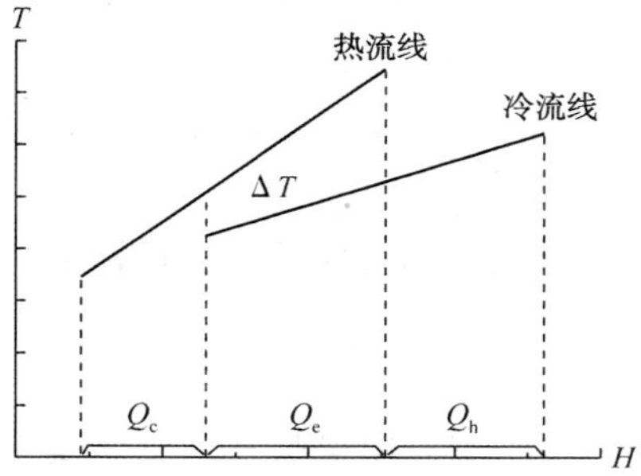

图 3-48　两股物流换热情况

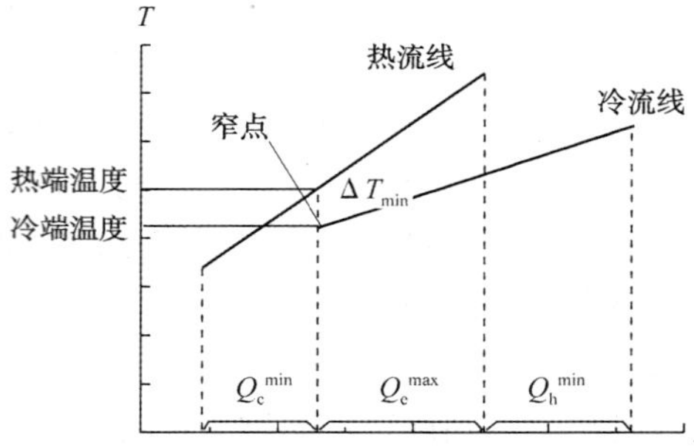

图 3-49　两股物流换热时，最小公用工程用量及窄点位置

图中，Q_c：冷公用工程用量；Q_h：热公用工程量；Q_e：热交换量。

当两条直线水平移动而靠近时，传热推动力减少，$Q_e\uparrow$，Q_c、$Q_h\downarrow$，换热面积 $A\uparrow$。当某处 ΔT 达到 ΔT_{min} 时，$Q_e\rightarrow max$，Q_c、$Q_h\rightarrow min$，则 Q_c^{min}、Q_h^{min} 就是最小冷、热公用工程用量，传热温度为 ΔT_{min} 处为窄点，其含义是该处的温度限制了进一步换热，热流量为零。在窄点处的热流温度为热端温度，冷流温度是冷端温度，见图 3-47。

(2) 对于有多股热流和冷流的情况

可以画出 $T-H$ 的组合曲线。将两股物流(同为热流或同为冷流)的直线首尾相连，当物流的温度区间有重叠时，在重叠部分画出两条平行线，连接四边形的两条对角线，即为两条物流的组合线。见图 3-50~图 3-52。

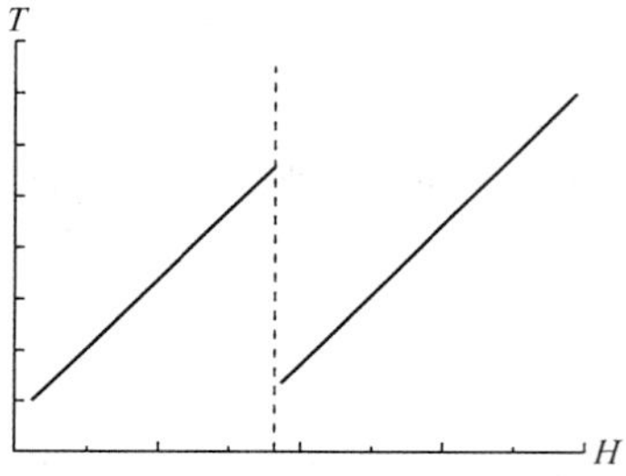

图 3-50　合成前

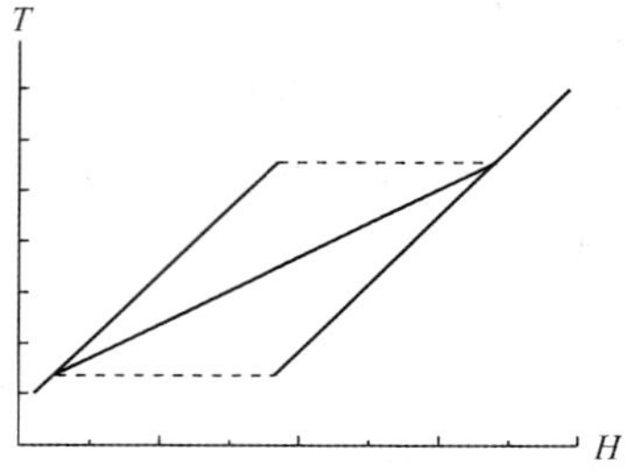

图 3-51　合成过程

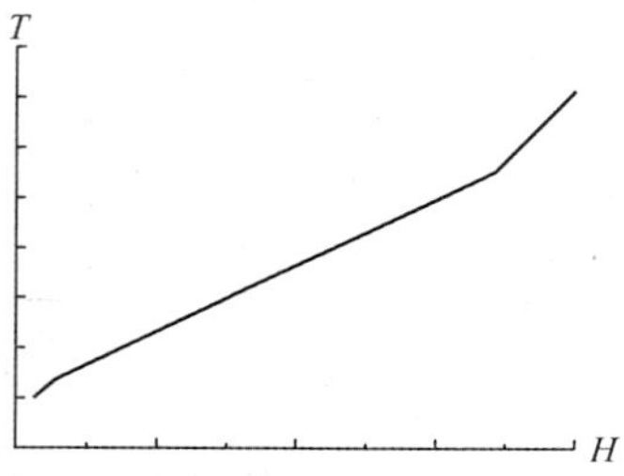

图 3-52　合成结果

热、冷组合线确定后，将两条组合线画在同一图上，使它们逐步相互靠近，直至某处的传热温差等于 ΔT_{min} 为止。这时窄点位置、冷热公用工程量就随之确定。见图 3-53。

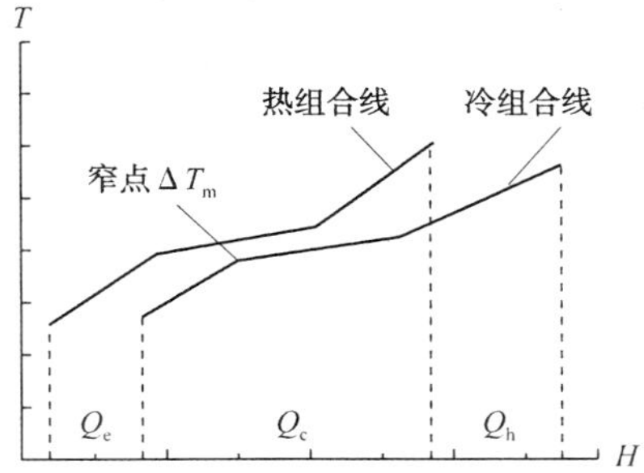

图 3-53　根据冷热组合线确定窄点和最小公用工程用量

为了使换热网络中每股物流都达到目标温度，由于热流放出的热量不太可能恰好等于冷流吸收的热量，即使热流放出的热量大于冷流所要吸收的热量，但由于 ΔT 的限制，常常使冷流所需的热量无法全部取自热流，仍需要热公用工程，反之亦然。

3. 栅格图

为物流之间的匹配服务，即哪一股热流和哪一股或几股冷流进行换热，为匹配合理，需进行各种可能的试差和方案比较，用栅格图比较方便。见表 3-2 和图 3-54。

表 3-2　栅格图所示网络的原始数据

物流号码与类型	热容流率 c_pF/kW	T^S/℃	T^T/℃	热负荷 $c_pF(T^S-T^T)$/kW
(1)冷流	3.0	60	180	-360
(2)热流	2.0	180	40	280
(3)冷流	2.6	30	105	-195
(4)热流	4.0	150	40	440

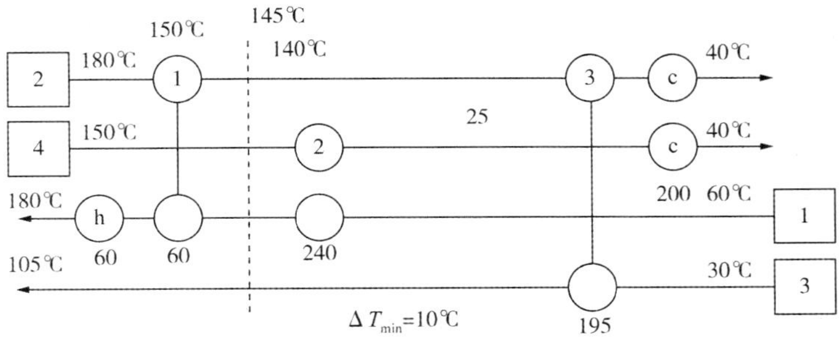

图 3-54　栅格图网络示意

栅格图结构说明：

(1) 每一水平线代表一股物流，上面是热物流，下面是冷物流，小方格边为起始 T^S，箭头边是 T^T；

(2) 小方格内数字为物流编号；

(3) h 为加热器，c 为冷却器；

(4) 两个由一条竖线连接的小圆圈表示一台换热器；

（5）圆圈所在物流为进行换热的两股冷热物流；

（6）圆圈内数字为换热器编号，圈外数字为热负荷，单位和 c_pF 相同；

（7）垂直的虚线为窄点位置，线旁为窄点温度 145℃。

三、复杂网络窄点和最小公用工程用量的求取

1. 问题表格法的主要原理

（1）子网络

将换热过程按温度段分成若干子问题，即子网络，以保证各温度段间冷热流完全换热；每个子网络的传热温度 $\geqslant \Delta T_{min}$，对各子网络进行热量衡算，算出每个子网络多余或亏损的热量，然后计算各子网络的累积热量。最后确定窄点位置及最小冷、热公用工程量。

表 3-3　问题表　$\Delta T_{min}=10$℃（选定）

子网络	物流与温度						热量赤字 D_K/kW	累积		热流量	
	热流		温度		冷流			输入	输出	输入	输出
	（2）	（4）	热	冷	（1）	（3）		I_K	O_K	I_K'	O_K'
				180	3						
$SN_{(1)}$	2		180	170	↑		+30	0	−30	+60	+30
$SN_{(2)}$		4	150	140			3+0	−30	−60	+30	0
$SN_{(3)}$			115	105		2.6	−105	−60	+45	0	+105
$SN_{(4)}$			70	60		↑	−18	+45	+63	+105	+123
$SN_{(5)}$	↓	↓	40	30			−102	+63	+165	+123	+225

（2）问题表格法的构成

问题表格法将网络合成问题中每个子网络表示为一格，表 3-3 为表 3-2 的问题表，子网络个数按解题方便定；每一条横线上、冷热流温度相差一个 ΔT_{min}；物流线的起点和终点所在横线为物流的起点和目标温度，带箭头的垂直线表示一股物流，热流由高往低，冷流相反；物流线端点数字表示热容流率。

（3）子网络计算

① 热量过剩或亏损值 D_k

$$D_k=(T_{k-1}-T_k)\times(\sum c_pF_c-\sum c_pF_h) \qquad (3-1)$$

正值表示该子网络欠缺热量，负值表示过剩热量，可供下面子网络使用。其中 T_{k-1} 表示子网络 k 的上界温度，T_k 表示 k 的下界温度，$\sum c_pF_c$ 表示流经该子网络所有冷流热容流率之和，$\sum c_pF_h$ 表示流经该子网络所有热流热容流率之和。

如：

$$SN_{(1)}\ D_1=(180-170)\times(3-0)=+30$$
$$SN_{(2)}\ D_2=(170-140)\times(3-2)=+30$$
$$SN_{(3)}\ D_3=(140-105)\times(3-2-4)=-105$$
$$SN_{(4)}\ D_4=(105-60)\times(3+2.6-2-4)=-18$$
$$SN_{(5)}\ D_5=(60-30)\times(2.6-2-4)=-102$$

② 累积 O_k、I_k 值，是各子网络热量平衡的结果。

输入 I_k——累计由上面的子网络流下来的热量；

输出 O_k——累计本子网络流向下面子网络的热量。

其中： $$I_1=0.0 \tag{3-2}$$

设计前的初步假设，因第一个子网络下不可有输入

$$O_k=I_k-D_k(k=1\sim N) \tag{3-3}$$

$$I_{k+1}=O_k \tag{3-4}$$

③ 热流量 $O_k{}'$、$I_k{}'$

在累积输出列中，每一个负数表示"从第一个子网络到本子网络所需热公用工程之累积"，负数绝对值最大处就是在一定 ΔT_{min} 条件下网络所需的最小热公用工程量 $O_h{}^{min}$，所以必须在 $SN_{(1)}$ 中输入足以使该处[$SN_{(2)}$，60kW]为零的热量，也就是该换热网络所需的额外热公用工程量。即：

令 $$I_1{}'=O_h{}^{min} \tag{3-5}$$

重复以下计算，得到"热流量"一列

$$O_k{}'=I_k{}'-D_k \tag{3-6}$$

$$I_{k+1}{}'=O_k{}' \tag{3-7}$$

最下面一个子网络的"输出"就是整个换热网络所需的最小冷公用工程，即系统中过剩的热量，冷流无法满足，需外界提供冷媒来平衡。

窄点位置：热流量输出列中，数值为零处，在该点的热交换为零。处于横线上的热、冷流温度即为窄点的热、冷端温度，窄点的温度等于热、冷端的平均温度。

2. 制定问题表的步骤

根据上述解题方法，可得出制定问题表的步骤：

(1) 确定子网络及各子网络的定界温度。定界温度分别是冷热流的 T^S 或 T^T，若以热流温度定界时，边界上冷流温度为定界温度加 ΔT_{min}；若以冷流温度定界时，边界上的热流温度为定界温度减 ΔT_{min}。

(2) 根据式(3-1)，确定每个子网络的欠缺、过剩热 D_k；

(3) 根据式(3-2)~式(3-4)，确定"累积"一列的数值 O_k、I_k；

(4) 根据式(3-5)~式(3-7)，确定"热流量"一列的数值 $O_k{}'$、$I_k{}'$；

(5) 根据"热流量"列中的第一个"输入"值确定最小热公用工程量；

根据"热流量"列中最后的"输出"值确定最小冷公用工程量；根据"热流量"列中"输出"为零的值确定窄点的位置。

四、窄点特性

窄点将物流分成两个区域，窄点以上为高温区(热流：放出高温位热；冷流：需要高温段)；窄点以下为低温区(热流的低温段，冷流的起始段)，高温段的热流和需要高温段的冷流换热，低温段的热流和低温处的冷流换热，体现了不同质的能有不同的利用价值。如果有热量从高温部热流流出，跨越窄点流向低温区，后果是既增加热公用工程，又增加冷公用工程。如图 3-55 所示。

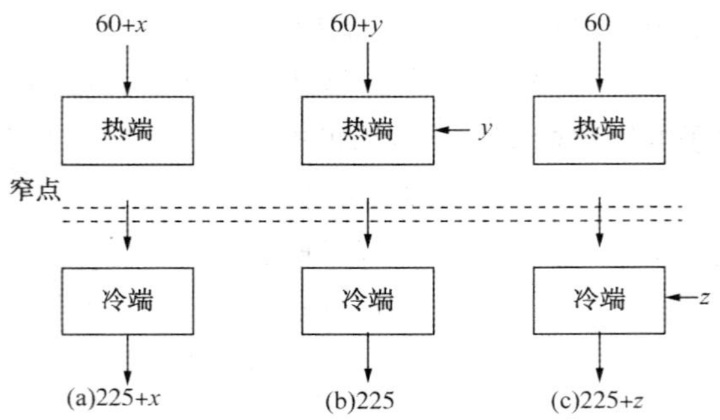

图 3-55　跨窄点热量流向图

如果热端有 x 单位热量跨越窄点，则冷、热公用工程均增加 x 单位的消耗；如在高于窄点处使用冷公用工程量 y，则多增加热公用工程量 y；如在低于窄点处使用热公用工程量 z，则多增加冷公用工程量 z。

由此得出窄点设计法的主要规则：

（1）不通过窄点传递热量，热流不跨越热端温度；

（2）窄点以上热端不使用冷公用工程；

（3）窄点以下冷端不使用热公用工程。

五、换热网络合成

一般分两步进行。首先合成一个公用工程用量最小且换热器个数尽可能少的初始网络，然后对初始网络进行调优。

（一）初始网络合成

窄点处物流匹配受限制最多，则从窄点处开始合成，向两端扩展。窄点处物流匹配应遵守的原则：

对于热端：

（1）$N_h \leqslant N_c$，可行性判据即冷流股数要多于热流；若上式不成立，则将窄点处冷流分流，直至上式成立为止；

（2）$(c_pF)_h \leqslant (c_pF)_c$，两股物流匹配的必要条件，即冷流的热容流率大于热流的热容流率，否则造成高温端温差小于 ΔT_{min}；

对于冷端：

（3）$N_h \geqslant N_c$，可行性判据；

（4）$(c_pF)_h \geqslant (c_pF)_c$，两股物流匹配的必要条件。如图 3-56 所示。

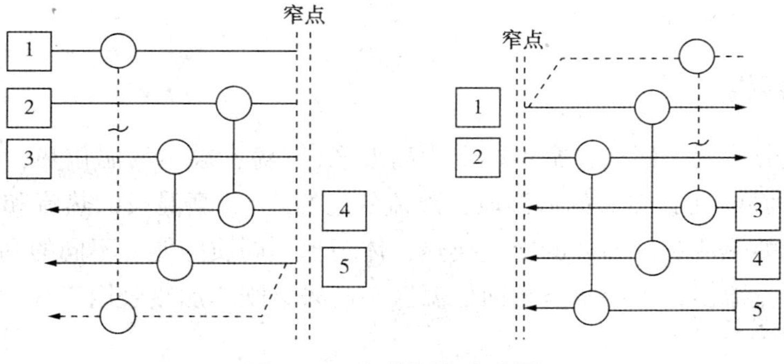

图 3-56　初始网络合成图

原物流 1 不能与其他冷流匹配，不可行，可将物流 5 引出分支后与之匹配(在热端，每个热流都应由冷流冷到窄点温度而不能用冷公用工程法则)。在冷端，每个冷流都应由热流加热到窄点温度，而不能用热公用工程法则。原物流 3 不能与其他热流匹配，可将物流 1 引出分支后与之匹配。

根据以上讨论，初始网络的热端和冷端的合成可按图 3-57 所示步骤进行，合成后的冷、热端合并在一起即构成整个网络的初始设计。

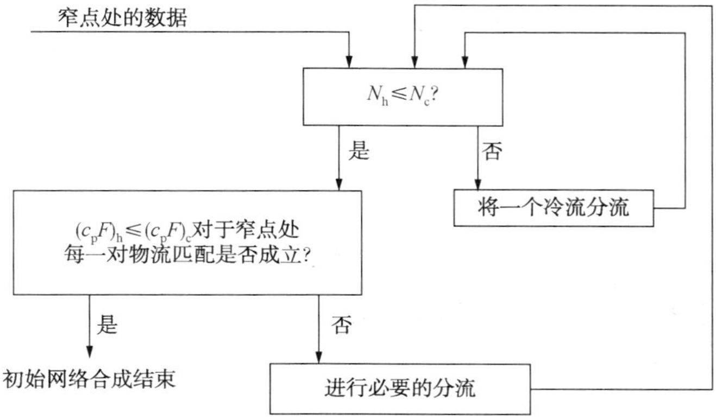

(a)热端初始网络的合成步骤

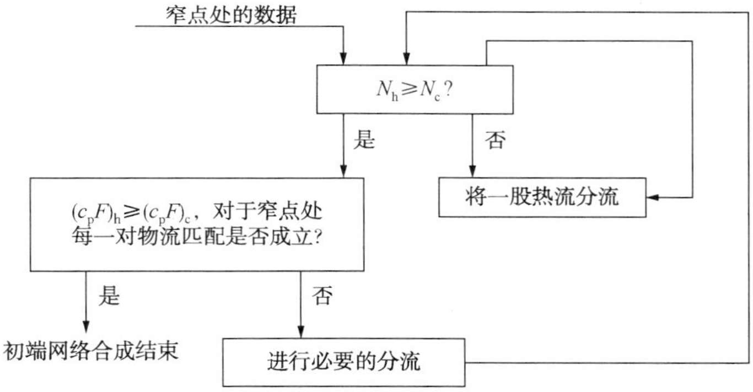

(b)冷端初始网络的合成步骤

图 3-57 初始网络的合成步骤

【例 3-2】 现有四股待换热物料，原始数据如下(表 3-4、表 3-5)，试合成它的初始换热网络。

表 3-4 原始数据设 $\Delta T_{min}=20℃$

物流号及类型	热容流率/(kW/℃)	T^S/℃	T^T/℃	Q	$\sum Q$
(1)热	2.0	150	60	180	420
(2)热	8.0	90	60	240	
(3)冷	2.5	20	125	262.5	489.5
(4)冷	3.0	25	100	225	
	—	—	—	—	69.5

解：第一步：用问题表格法确定网络窄点及最小公用工程用量

由问题表知：窄点温度为 80℃，窄点的热端为 90℃，冷端 70℃，最小热公用工程用量为 107.5kW，最小冷公用工程用量为 40kW。

表 3-5 问题表

子网络	物流与温度							累积		热流量	
	热流		温度		冷流			输入	输出	输入	输出
	(1)	(2)	热	冷	(3)	(4)					
			150								
$SN_{(1)}$			145	125			-10	0	10	107.5	117.5
$SN_{(2)}$			120	100			12.5	10	-2.5	117.5	105
$SN_{(3)}$			90	70			105	-2.5	-107.5	105	0
$SN_{(4)}$			60	40			-135	-107.5	27.5	0	135
$SN_{(5)}$				25			82.5	27.5	-55	135	52.5
$SN_{(6)}$				20			12.5	-55	-67.5	52.5	40

为直观起见，将物料情况及窄点画在栅格图上。

第二步：作栅格图(图 3-58)

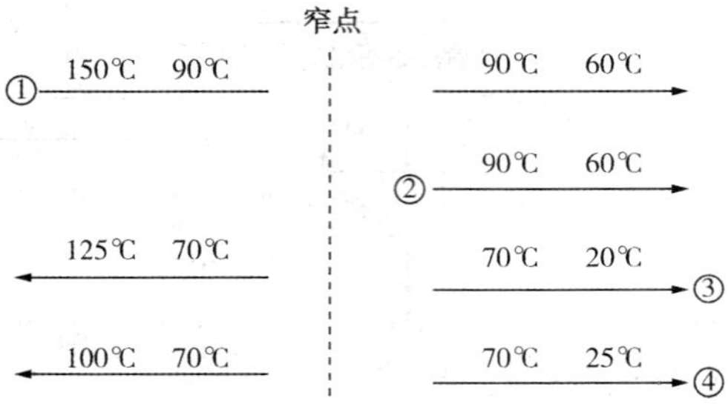

图 3-58 栅格图

第三步：热端合成

由栅格图知，在热端 $N_h<N_c$(1<2)，$(c_pF)_h<(c_pF)_c$(2<2.5 或 3)，因此有两种匹配的选择方案，即将热流(1)与冷流(3)或(4)换热，用如下的 c_p 图表示这样的选择：

【例 3-3】 如图 3-59 所示，(b)(c)两种方案换热器个数相同，都有效，都可作下一步调优用，两种方案见图 3-60。

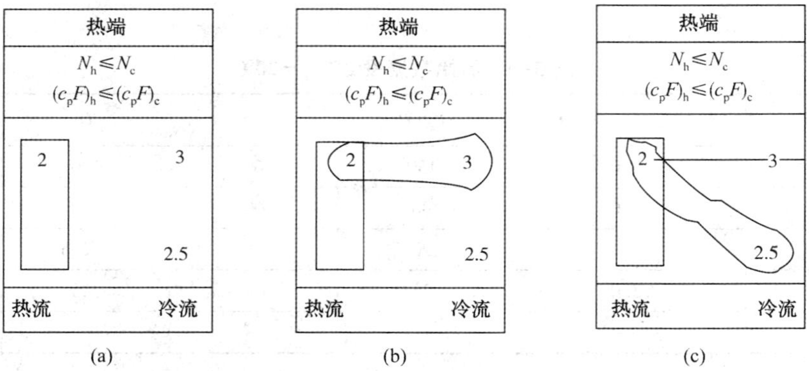

图 3-59 热端 c_p 图

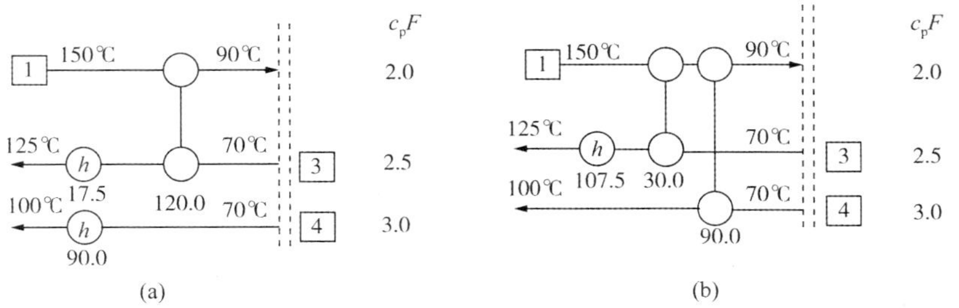

图 3-60　热端合成的两种方案

第一种(1)与(3)匹配；第二种(1)与(4)匹配仅需 90kW，再与(3)匹配取出 30kW。

第四步：冷端合成

由栅格图知：冷端 $N_h<N_c$ 满足(3)判据。但无论怎么匹配，不能满足每一换热器$(c_pF)_h \geqslant (c_pF)_c$的必要条件，见图 3-61。

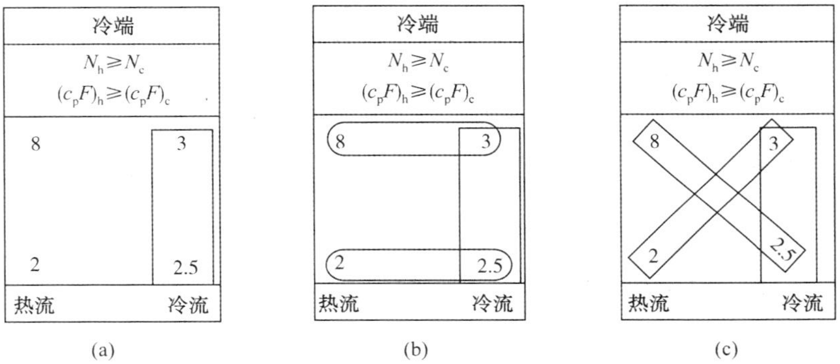

图 3-61　不同分流条件下的匹配方案

因此需要考虑分流，应分流的是热流(2)，其 c_pF 为 8，有两种方案(图 3-62)。

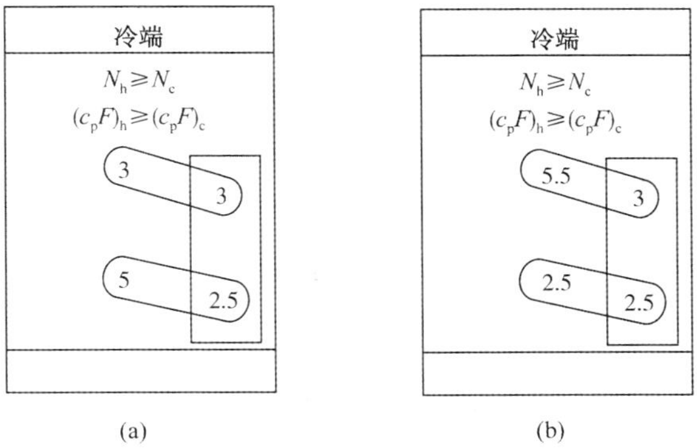

图 3-62　不同分流条件下的匹配方案

图 3-62(a)可得到两种冷端设计方案，见图 3-63。

第五步：初始网络的合成

任取一个冷端，一个热端方案进行组合。即得到一个初始网络，以上可得四个初始网络。现将热端的 A 与冷端合成的 A 进行组合，得如下初始网络，该网络是达到指定 ΔT_{min}下的最小公用工程用量及 7 台换热设备。

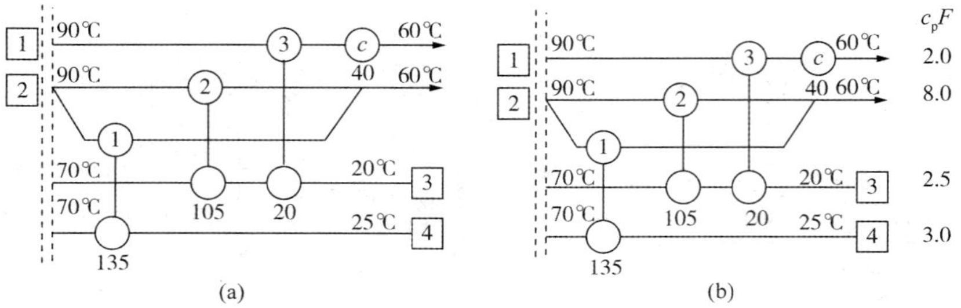

图 3-63　两种冷端合成方案

第六步：初始网络的调优

任务：减少换热器个数，通过合并换热器来实现减少换热器会使公用工程量增加，或使某些换热匹配违反 ΔT_{min} 规定，在减少换热器带来的好处与由此付出的代价之间权衡。

(二)初始网络调优

1. 利用热环来减少换热器(LOOP)

热环的形成：当网络中的换热器个数超过物流数减 1 时，网络中必然存在热环，且每超过一个，就多一个。图中虚线部分即分为一环。

热环的特点：在热环上的换热器的热负荷可以在环上相互转移，而对其他的换热器没有影响。利用这一特点，将环上某换热器的热负荷全部转移到环上其他换热器上而将其除去。图 3-64 中换热器 1 和 4 构成一个环，将 4 的热负荷全部移至 1，网络情况如图 3-65 所示，这里换热器 1 增加了 20kW，它的传热温差因此而减少。以至于 $T_2-T_1<\Delta T_{min}$(20℃)为 18℃，为恢复这个温差，用热负荷路径法。

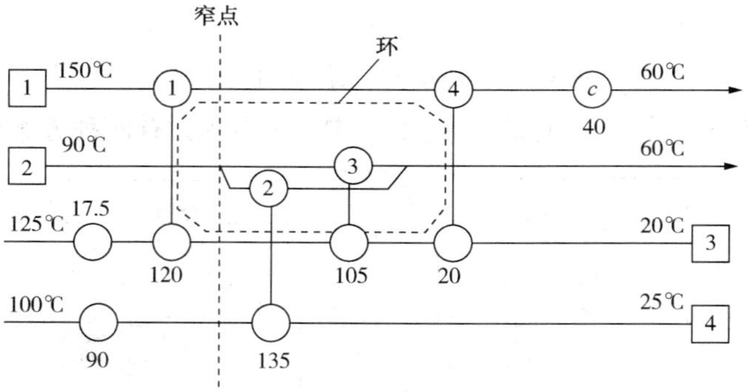

图 3-64　初始网络

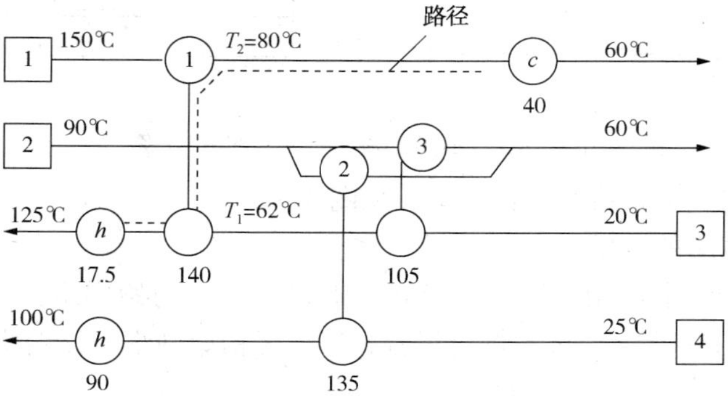

图 3-65　去 4 后的网络

2. 热负荷路径构成

由一个加热器，一个冷却器及在它们中间的一系列连续连接的换热器组成。

热负荷路径的特点：即路径上的热负荷也可以相互转移，通过计算，将换热器 1 中的最小传热温差恢复至 20℃，所需转移的热负荷 x 为 4kW，因此，冷、热公用工程量都增加 4kW，以此作为代价减少一台换热器是值得的。或换热器 1 的 ΔT_{min} 仍为 18℃，虽违反了 ΔT_{min} 的规定，但热力学上还可行，其结果是使换热器 1 的传热面积增大。到底哪种方案好，须经计算比较。

六、ΔT_{min} 的确定

如图 3-66 所示，在合成过程中，ΔT_{min} 一般作为一个常数，实际上，ΔT_{min} 是个有待优化的决策变量。由图 3-66 可知，公用工程费随 ΔT_{min} 的增加而直线增加，设备费先随 ΔT_{min} 上升而快速下降，当 ΔT_{min} 下降太多时，设备费用反而上升，这是由于设备费用是由操作费和投资费合成；当 ΔT_{min} 下降时，设备费上升，操作费下降，作为公用工程与设备费用的总费用，是一条上凹曲线，它存在总费用最小的 ΔT_{min}，为找到这一点，必须反复进行试差，每试一个 ΔT_{min} 点都必须合成一次换热网络。

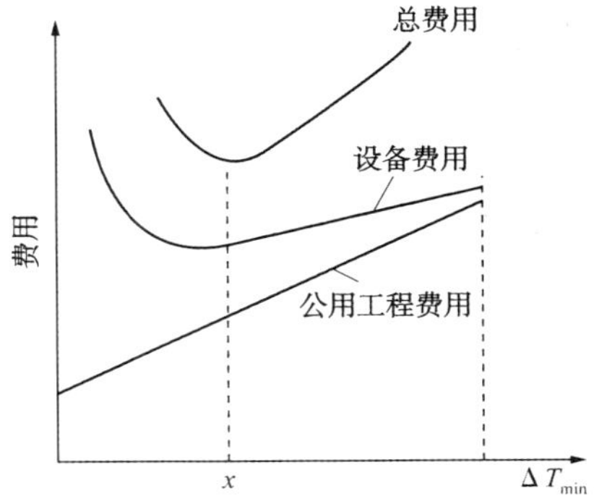

图 3-66　ΔT_{min} 的确定

七、能量分析器（Aspen Energy Analyzer）简介

能量分析器是一个基于过程综合与集成的夹点技术的计算软件。它应用工厂现场操作数据或者 Aspen Plus 模拟计算的数据为输入，来设计能耗最小、操作成本最低的化工厂和炼油厂过程流程。软件设有四种能量优化目标——最小公用工程量、换热单元数目目标、换热网络面积目标、经济目标。选择的目标不同，则热网的形式和结果不一致，见图 3-67。

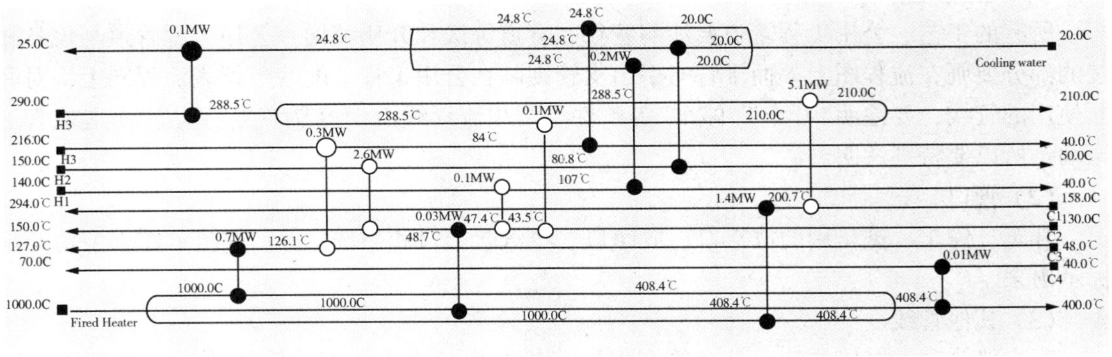

图 3-67　能量分析器换热网络集成图

第四节 管道仪表流程图的绘制

一、管道流程图的设计内容

一套工艺或公用工程管道仪表流程图要清楚地标示出设备、配管、仪表等方面的内容和数据。

1. 设备

（1）设备的名称和位号

在管道仪表流程图(以下简称流程图或 P&ID 图)中，每台设备，包括备用设备，都必须标示出来。若是改、扩建项目，已有的设备要用文字注明。

（2）设备规格和参数

流程图上应注明设备的主要规格和参数，如泵应该注明流量和扬程，容器应注明直径和长度(高度)，换热器要注明换热面积或换热量。

（3）接管和连接形式

管口尺寸、法兰面形式和法兰压力等级均应详细标注。若设备管口的尺寸、法兰面形式和压力等级与相接管线的尺寸、管路等级规格的法兰面形式和压力等级一致，则不需要标注；若不一致，则要特别加以说明。

（4）标高

对安装高度有要求的设备须标出设备要求的最低标高。塔或立式容器须标明自地面到塔或容器下切线的实际距离或标高；卧式容器应标明容器内底部标高或到地面的实际距离。

（5）驱动装置

泵、风机和压缩机的驱动装置要注明驱动机类型，有时还要标出驱动机功率。

（6）泄放条件

流程图上应标明容器、塔、换热器等设备和管线的放空、放净去向，如排放到大气、泄压系统等。若排往下水道，要分别注明排往生活污水、雨水还是含油污水系统。

2. 配管

（1）管线规格

所有的工艺、公用工程管道要注明管径、管道等级和介质流向。公用工程管道与设备相接的部分要画在流程图上。而干管与引出支管则画在公用工程分配管道仪表流程图上。对间断使用的管线，要注明“开车”“停车”等条件。两相流管线由于容易产生“塞流”而造成管道振动，所以要特别注明。

（2）管口

开车、停车、试车用的放空口、放净口、蒸汽吹扫口和冲洗口等，在流程图上要清楚地标示出来。

（3）其他管线

蒸汽伴热管、电伴热管、夹套管和保温管等要标示出来。埋地管线要标出始末点的位置。装置内管线与装置外管线连接时，要画“联络图”，并列表标出管线号、管径、介质名称和连接点等。管线坡度、对称布置和液封高度要求均须注明。

（4）管件

各种管路附件，如阀门、补偿器、软管、过滤器、盲板、疏水器、可拆卸短管和非标准的管件等都要在流程图上标出来。有时还要注明尺寸，标上编号。

正常运行时常闭的阀门或需要保证开启或关闭的阀门要注明“常闭”“铅封开”“铅封闭”“锁开”“锁闭”等字样。所有的阀门（仪表阀门除外）在流程图上都要标示出来，并用图例标示出阀门的形式。阀门尺寸与管线尺寸不一致时，要注明。阀门和压力等级与管线的压力等级不一致时，要标示清楚。特殊的阀门，如双阀、旁通阀在流程图上要标示清楚。

（5）取样点

取样点的位置要标示清楚，并注明接管尺寸。

3. 仪表与仪表配管

（1）调节阀

调节阀及其旁通阀要注明尺寸，并标明气开或气闭，是否可手动等。要注明仪表使用压力值。

（2）安全阀

安全阀要注明连接尺寸、阀孔面积和定压值。

（3）冲洗、吹扫

仪表的冲洗、吹扫要示出。

二、管道仪表流程图的图面布置

（1）图幅

管道仪表流程图一般用 1 号图纸绘制，并按长边加长。流程图简者可用 2 号图纸绘制。按生产工艺过程的顺序将各设备的简单图形从左至右绘制在图纸上。在图的下方画一条细实线作为 0.00 的标高。如有必要，还可以将各层楼面的高度分别标出。

（2）比例

图上的设备图形按其实际高低的相对位置大致按 1∶100 或 1∶200 的比例用细实线绘制。对于过大或过小的设备，要适当缩小或放大绘制比例，使得整幅图中的设备都表达清楚。因此标题栏中的“比例”一项，不予注明。

对于比较复杂的生产工艺流程，如果画在一张长长的图上会给查阅带来不便。一般可以将该工艺分成一系列工艺步骤，分别在多张图上表示。每张图上仅画出一个或几个这样的步骤。并在图号上标示出前后顺序。

一般工艺管线由图纸左右两侧方向出入，与其他图纸上的管线连接。放空或去泄压系统的管线，在图纸上方。

公用工程管线有两种表示方法。一种方法同工艺管线一样，从左右或低部出入图纸，或就近标出公用工程代号以及相邻图纸号。另一种是在相关设备附近注上公用工程代号，然后在公用工程分配图上详细标示出与该设备相接的管线尺寸、压力等级及阀门配置等。

所有出入图纸的管线，都要带箭头，并注出连接图纸号、管线号、介质名称和相连接设备的位号等相关内容。

三、管道仪表流程图的绘制

管道仪表流程图的图面主要由下列几个方面组成：①设备图形；②管线和管件；③标注；④仪表控制；⑤附注。

1. 设备图形

设备的简单图形必须能够显示出设备形状特征的主要轮廓，用细实线绘制。有时也画出具有工艺特征的内件示意结构，如塔板、填充物、加热管、冷却管和搅拌器等，这些一般可以用细虚线绘制。动力设备的驱动源，如水泵的电动机等一般不出现在流程图上。

两个或两个以上的相同系统(或设备)一般应全部画出。附录5列出了工艺流程图中使用的一些常用的化工设备的图例。

2. 管线和管件

管道仪表流程图中的工艺物料管线用粗实线绘制，用箭头表示管道中物料的流动方向。如遇管线与管线、管线与设备交叉，重叠时应将其中一线断开或曲折绕过，以使各设备之间管线表达清楚、排列整齐。辅助管线用中实线绘制，对保温、伴热等管道还要画出一小段(10mm)保温层。

公用工程管道仪表流程图的设备布置及其他要求与工艺管道仪表流程图相同。可以将几个公用工程(如蒸汽、压缩空气、工艺水、冷却水等)的分配系统画在同一张图上，并将类似介质放在一起，如水包括冷却水、饮用水、工艺用水等。

当管线改变管路等级时，应标明分界点位置及管路等级。管线和管件的图例见附录5。

当一个工艺流程图分成几张图表示时，将进入本张图纸的物流画在图纸的左边，以空箭头表示方向并在空箭头内注明来处，将流出本张流程图的物流上画出图纸的右边，用空箭头注明去处，并在相应高度位置进入下一张图，如图3-68所示。

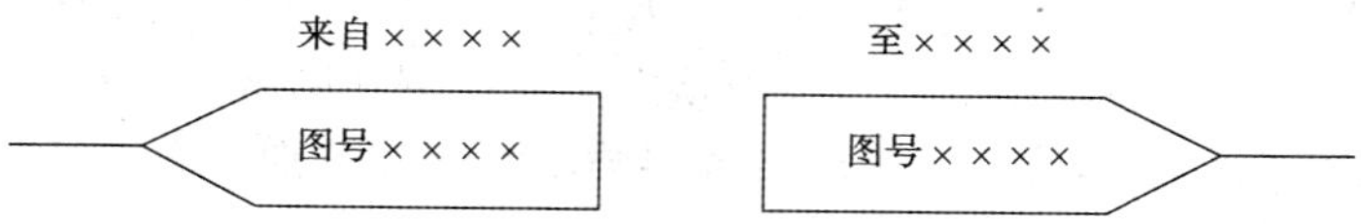

图3-68　进出流程的物流表示法

在工艺流程图中，管件都是以符号表示的，该符号不仅须表示什么地方需要有一个阀门，而且还应注明阀门类型。阀门尺寸一般为长4mm，宽2mm，或长6mm，宽3mm。常用的管线、管件和阀类符号列于附录5。工艺设计师要按照控制的需要从众多的阀门中选择合适的类型。

3. 标注

图中每台工艺设备都应编写设备位号，并在流程图中相应设备内或附近标注出来，且在流程图的上方或下方标注设备位号及名称。标注的设备名称要求排列整齐，并尽可能正对设备。设备位号由三部分组成：前两位数字(若流程简单也可用一位数字)为设备分类号，可代表某一工段或工序；后两位数字为设备序号，将本工段的设备按流程的顺序编写。相同设备可用尾号加以区别，尾号用英文字母表示。

在流程图上要对每条管道进行标注。横管标注在管道上方，直管标注在管道左边。管道标注由管道号、管径和管道等级三个部分组成。前两部分之间用一短横线隔开，管道等级与前两部分之间留出适当的空格，如图3-69所示。

① 管道号。管道号由物料代号、主项代号和管道分段顺序号组成。物料代号以物料的英文名称的首字母作为代号，表3-6列出了一些常用的物料代号。也有些部门规定用物料汉语拼

音的首字母表示。主项代号也就是工段或工序代号，用两位数字表示。管道分段顺序号按生产的流向顺序用两位数字 01，02…编号，一般一种物料在一个工程中的分段数很少超过 99。由主项代号和管道分段顺序号就构成了工艺中某一管段的唯一性。

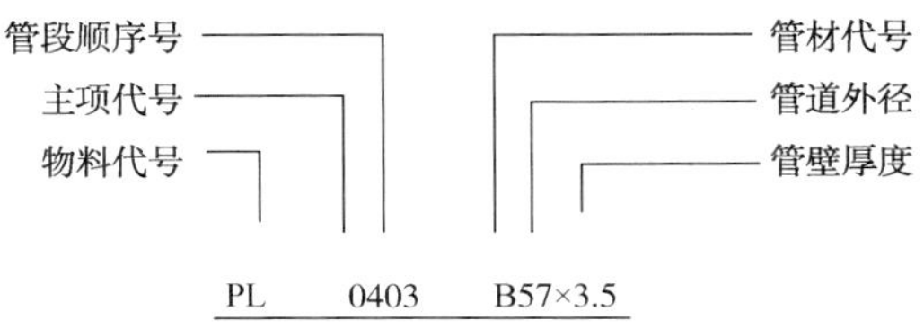

图 3-69 管道的标注

表 3-6 常用物料代号

物料代号	物料名称	物料代号	物料名称
A	空气 Air	IA	仪表空气 Instrument Air
AM	氨 Ammonia	LO	润滑油 Lubricating Oil
BD	排污 Blow down	LS	低压蒸汽 Low Press Stream
BF	锅炉给热 Boiler Feed Water	MS	中压蒸汽 Medium Press Stream
BR	盐水 Brine	NG	天然气 Natural Gas
CS	化学污染 Chemical Sewage	N	氮 Nitrogen
CW	循环冷却水上水 Cooling Water	O	氧 Oxygen
DR	排液、排水 Drain	PG	工艺气体 Process Gas
DW	饮用水 Drinking Water	PL	工艺液体 Process Liquid
FG	燃料气 Fuel Gas	PW	工艺水 Process Water
FO	燃料油 Fuel Oil	R	冷冻剂 Refrigerant
H	氢 Hydrogen	SW	软水 Soft Water
HS	高压蒸汽 High Press Stream	TS	伴热蒸汽 Tracing Stream
HW	循环冷却水回水 Cooling Water Return	VT	放空气 Vent

公用工程分配管道仪表流程图中，公用工程管线编号的原则与工艺管线相同。设备及装置的位置应与设备布置图一致。

② 管径。标注公称直径，公制管以 mm 为单位，只标注数字，不标注单位。如 32、80、150…英制管径以英寸为单位，需标注英寸的符号，如 1/2″、4″、10″…目前只有水管。煤气输送钢管用公称直径 *DN* 表示。

③ 管道等级。管道按温度、压力和介质腐蚀程度等情况，预先设计了各种不同管材、壁厚及阀门等附件的规格，作出等级规定，以便按各等级规定进货和施工。如果没有预先规定，则必须在 P&ID 上标注管道有关的信息，如管材的代号、管径和壁厚等，标注方式见图 3-69。其中“B”为不锈钢管的代号，57 为管的外径，3.5 为壁厚。

4. 仪表控制

在流程图上，要在相应的管道上用符号画出仪表的控制点，并用字母代号表示出其被测的变量和功能。

仪表控制点的标注有以下几个部分。

① 图形符号。仪表控制点的图形符号为直径约 10mm 的圆，如○表示就地安装仪表，而则表示集中仪表盘面安装仪表。

② 字母代号。表示被测量变量和仪表功能的几个主要的变量列于表 3-7。

表 3-7　常用被测变量和仪表功能的字母代号

字母	第一位字母代表的被测变量	后续字母代表的功能	字母	第一位字母代表的被测变量	后续字母代表的功能
C	电导率	控制	P	压力或真空	—
E	电压(电动势)	检出	T	温度	传送
F	流量	—	U	多变量	多功能
I	电流	指示	V	黏度	—
L	物位	指示	Z	位置	执行

③ 仪表位号。在检测控制系统中，构成一个回路的每个仪表都有自己的仪表位号。仪表位号由字母代号和数字组合而成。第一位字母表示被测量变量，后续字母表示仪表的功能。在流程图中，标注仪表位号的方法是：字母代号填写在圆圈的上半圆中，数字编号填写在圆圈的下半圆中，如$\left(\frac{T_1}{401}\right)$等。

5. 附注

流程图的附注内容是对流程图中采用的所有(设备除外)图例、符号、代号作出说明。

第五节　计算机辅助设计软件

近年来，计算机辅助化工过程设计正在改变设计的方法和观念，随着计算机技术的发展，设计工程师们将更进一步认识到计算机辅助设计的潜力。自 20 世纪 60 年代以来，计算机辅助化工过程设计软件的开发和应用发展极为迅速，出现了大量的较为成功的模拟系统软件，如 ASPEN Plus，PROCESS，DESIGN/2000，ChemCAD 等。国内近年来也开始重视化工应用软件的开发和研究工作，并引进了 ASPEN 和 PROCESS 等软件用于设计工作。

一、计算机辅助设计软件的作用

计算机辅助设计软件一般称为流程模拟工作，是化工过程合成、分析和优化最有用的和不可缺少的工具，可以认为没有流程模拟软件就不可能得到技术先进合理、生产成本最低的化工装置设计。不仅如此，一个化工过程设计人员只有经过流程模拟的训练，才能对工程有更深刻的判断力，因此流程模拟软件能够帮助和训练设计人员，使他们更快成长。具体地说，流程模拟软件有如下几种用途。

(1) 合成流程

有经验的设计人员常用探试规则合成初始流程。根据不同的探试规则常能生成几个不同的流程方案。最终判断流程的优劣需要对几个方案全流程的物料、能量以及单元设备进行计算才能得出结论。没有流程模拟软件，要在一定时间内完成如此繁杂的工作是非常困难的，只能根据设计师的主观判断或少量方案的比较结果来作出决策，这在多数情况下不能得到最优的流程。

(2) 工艺参数优化

在进行精馏塔参数优化、灵敏度分析或直接优化时都需要用流程模拟软件才能快速而全面地展开工作。

(3) 研究某些设计问题或操作问题

流程模拟软件可以认为是一个具有各种单元设备的实验装置，能得到一定物流输入和过程条件下的输出。例如可以用闪蒸模块来研究泵的进口是否会抽空，减压或调节阀后液体是否会汽化，为保持所需要的相态所应有的温度和压力等；也可利用精馏模块来研究进料组成变化对顶、底产品组成的影响和应怎样调节工艺参数，为设计和操作分析提供定量的信息。

(4) 进行参数灵敏度分析

设计所采用的数学模型参数和物性数据等有可能不够精确，在实际生产过程中操作条件有可能受到外界干扰而偏离设计值，因此一个可靠的、易控制的设计应研究这些不确定因素对过程的影响以及应采取什么措施才能保证操作平稳，以始终满足产品水量和质量指标，这就必须进行参数灵敏度分析。而流程模拟软件是进行参数灵敏度分析最有效和最精确的工具。

(5) 参数拟合

高水平的流程模拟软件的数据库都有很强的参数拟合功能，即输入实验或生产数据，指定函数形式，模拟流程软件就能对函数中各种系数进行回归计算。

在过程开发阶段应用流程模拟软件，可以评价和筛选各种生产路线和方案，减少甚至取消中试的工作量，节省过程开发的时间和费用。在过程设计阶段应用流程模拟条件，可以有效地优化流程结构和工艺参数，提高设计成品的质量。用流程模拟软件分析工厂的实际生产数据，可以确定最佳的工艺参数，达到改进操作、降低成本和提高产量的目的。因此，一个当代的化工过程工程师，应当掌握流程模拟软件的基本原理和方法，用这个有效的工具提高工作的效率和价值。

二、流程模拟软件的组成

迄今为止，流程模拟中得到广泛应用的是序贯模块法。序贯模块法软件由执行程序、单元操作模块、数据库、算法子程序和单元设备价格估算模块等几个部分组成。

1. 执行程序

执行程序又称为主控模块，它的具体任务如下。

(1) 检查输入数据，并将这些数据送至相应的单元模块。

① 检查数据是否在允许的范围内，例如精馏塔的塔板数不能超出程序允许的最大塔板数，反应器某组分的转化率应低于 1 等。

② 输入的决策变量数是否和单元设备的自由度相等。

③ 流量编号是否重复使用，即一个流体编号是否重复出现在两个单元设备的输出物料中，或者某单元的进料物流有无来源。

(2) 决定计算次序

用户在输入表示流程的拓扑表后，执行程序就决定流程的分割和计算顺序。所谓分割就是把整个流程分成可以独立运算的部分，各部分之间没有循环物流或其他反馈信息，如图 3-70所示的流程可以分为三个部分，即 A 和 B、C、D、E、F、G 以及 H 三个部分。

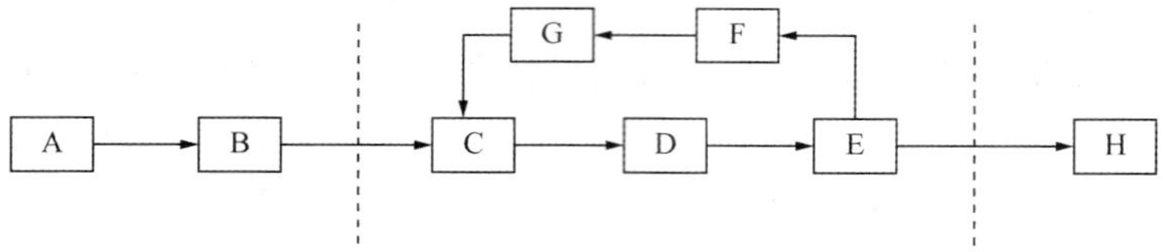

图 3-70 流程模块图

不管拓扑表输入的单元模块的顺序如何，执行程序都将自动分割流程，并按照 A、B、C、D、E、F、G 和 H 的顺序进行计算。

(3) 向模块传递进行计算所需要的物流数据和模块参数，并储存单元模块所产生的各种信息。

(4) 判别循环物流或热流是否收敛，并根据用户的要求输出数据

用户要求指出输出的单元和水平，输出的单位可以是 SI 制、米制或英制，物流的组成可用质量、体积或分数等表示。输出水平指输出信息量的多少，例如塔器模块最少的输出信息量可以只有进出流股数据、冷凝器和再沸器负荷、逐板的温度和气液相流率，根据要求也可以输出逐板的气液相组成和各组分的气-液平衡常数等数据。对于物流可以只输出组成、温度和压力，也可以要求输出焓、压缩因子、密度、比热容和黏度等状态变量。

2. 物性数据库

物性数据库包括两个部分，即物性数据和计算物性的子程序。一般通过流程模拟软件的物性数据库有几百至一千多个组分。物性数据包括相对分子质量、临界温度、临界压力、临界分子体积、临界压缩因子、偏心因子、溶解度参数、偶极矩、标准生成热和标准生成自由焓、标准沸点、标准沸点下汽化热、零焓系数以及物性子程序所需要的各种系数，如安托因常数、亨利常数和二元交互作用系数等。物性子程序用于估算单元模块和物流输出时所需的热力学性质和传递性质，如逸度、活度、气-液平衡常数、焓、熵、密度、黏度、导热系数、扩散系数和表面张力等。因此在流程计算过程中，只要是数据库中包含的组分，使用者就不需要输入任何物性数据。

物性数据库在流程模拟中有重要作用。第一，数学模型的计算精度受制于物性数据的精度。第二，在流程模拟计算中，物性计算占据了大量计算时间，对于精馏、闪蒸等平衡级过程的计算更是如此，可能占总机时的 80%以上。因此物性数据库能否快速而精确地向单元模块传递物性和物性是否齐全是评价流程模拟软件优劣的一个重要指标。ASPEN，PROCESS 都有强大的参数回归功能。

3. 算法子程序

算法子程序包括各种非线性方程组的数值解法、稀疏代数方程组解法、最优化算法、参数拟合、插值计算和各种迭代算法等。

4. 成本估算和经济评价

对模拟流程中的设备投资进行估算，并根据估算结果对整个工艺过程进行经济评价。成本估算和经济评价工作可以独立进行，也可以和流程模拟软件连接在一起，进行投资、操作费用和经济分析。

5. 单元操作模块

一个化工过程通常包括反应、换热、压缩、闪蒸、精馏和吸收等分离单元。每一个单元

过程都可用一个相应的模块表达。模块的数学模型包括物料平衡、能量平衡、相平衡和速率方程，在输入进入单元的物流变量、设计变量和自数据库取得物性数据后，求解这些方程就能得到输出物流变量和单元的状态变量。

表 3-8 列出了 ASPEN 的单元模块名称，其他流程模拟软件如 PROCESS 和 ClemCAD 也有这些模块，但模块名称不相同。

表 3-8 ASPEN 的单元模块名称

单元设备		模块名称
换热器	加热(冷却)器	HEATE
	两股物流换热	HEATX
	多股物流换热	MHEATX
闪蒸	二相闪蒸	FLASH2
	三相闪蒸	FLASH3
多级平衡计算	简捷计算设计型	DSTWU
	简捷计算设计型	DISTL
	严格精馏	RADFEC
	多塔精馏	MULTIREAC
	吸收塔	ABSORBER
	萃取塔	EXTRACT
反应器	化学计量反应器	RSTOIC
	规定产率反应器	RKYIELD
	化学平衡反应器	REQUIL
	最小自由能反应器	RGIBBS
	连续搅拌釜反应器	RESTR
	活塞流反应器	RPLUG
	间歇反应器	RBATCH
其他	组合器	MIXER
	分割器	FSPLIT
	分离器	SEP
	泵	PUMP
	单级压缩	COMPR
	多级压缩	MCOMPR

第四章　化工三算

物料衡算和能量衡算是工艺设计的基础，通过对全过程或单元过程的物料衡算和能量衡算，可以计算出主、副产品的产量，原材料的消耗定额，生产过程的物料损耗以及“三废”的生成量；在此基础上作出能量衡算，计算出蒸汽、水、电或其他燃料等公用工程的消耗定额；最后根据这些计算结果确定所生产产品总的经济效果。同时，根据物料及能量衡算结果对生产设备和生产辅助设备进行设计和选型，对过程所需设备的投资及其可行性进行评价。

此外，还可利用工厂已有的生产数据，进行分析比较，以选定先进而切实可行的数据作为新厂设计的指标，设计出先进的工艺流程。

第一节　物料衡算

一、物料衡算的基本概念

(一) 物料衡算的理论基础——质量守恒

应用质量守恒定律计算流入和流出系统的物料量，一般可用物料平衡方程式来表示。通过物料平衡的计算，可以得到系统中的质量流量及其变化。

系统中物料衡算的一般表达式为

$$系统中积累=输入-输出+生成-消耗 \tag{4-1}$$

式中，生成或消耗项是由于化学反应而生成或消耗的量；积累项可以是正值，也可以是负值。当系统中积累项不为零时称为非稳定状态过程；积累项为零时，称为稳定状态过程。

稳态过程时，式(4-1)可以化为

$$输入=输出-生成+消耗 \tag{4-2}$$

对无化学反应的稳定过程，又可表示为

$$输入=输出 \tag{4-3}$$

物料衡算包括总质量衡算、组分衡算和元素衡算。对稳态过程、无化学反应过程和有化学反应过程，其适用情况如表 4-1 所示。

表 4-1　物料平衡形式(稳态过程)

项目	物料衡算形式	无化学反应	有化学反应
总平衡式	总质量平衡式	是	是
	总物质的量平衡式	是	非
组分平衡式	组分质量平衡式	是	非
	组分物质的量平衡式	是	非
元素原子平衡式	元素原子质量平衡式	是	是
	元素原子物质的量平衡式	是	是

从表 4-1 可知，无化学反应时，物料衡算既可用总的衡算式，也可用组分衡算式。采用哪一种形式要根据具体的条件决定。在有化学反应的过程中，其物料衡算方程式多数不能用进、出口物料的量列出。因为反应前后的分子种类和数量可能发生变化，进入系统的物料总量(物质的量)不一定等于系统输出的总量，如

$$3H_2+N_2 \rightleftharpoons 2NH_3$$

有的过程如

$$CO+H_2O \rightleftharpoons CO_2+H_2$$

虽然进、出物料的总量相等，但其分子种类却不同，无法采用组分的平衡，只能用元素原子平衡进行计算。

(二) 物料衡算的基本步骤

① 画出流程示意图。对进行衡算的过程，用框图的形式画出流程示意图。

② 列出已知数据。衡算时必须有足够而准确的原始数据。原始数据的来源随计算性质而不同。对于设计一个新工艺的过程，有关数据可由实验室或中试提供，对于生产过程，则由生产装置测定而得到。当某些数据不能精确测定或缺少时，可在工作设计计算所允许的范围内推算或假设。衡算中所需的物性数据及其他数据可从手册及有关资料中查阅获得。所有数据的单位必须统一。

③ 列出由物料平衡所需求解的问题。

④ 决定系统的边界。根据由物料平衡所需求解的问题，确定计算范围。

⑤ 写出主、副产品的化学反应方程式。

⑥ 约束条件。在进行物料衡算时，其约束条件包括流体组成的归一方程、恒沸组成、相平衡数据等。

⑦ 选择计算基准。根据问题的性质及采用的计算方法，选择合适的计算基准。过程的物料衡算及能量衡算应在同一基准上进行。在特殊情况下，计算过程中如需改变基准时，必须加以说明。

⑧ 进行物料平衡计算。通过物料衡算，得到流体流量及组成，并可在此基础上进一步进行能量衡算及其他计算，如设备尺寸设计等。

⑨ 列出物料和能量平衡表，并进行校核。

⑩ 写出结论。由计算结果，说明题意所需求解的问题，有时还要说明计算的误差范围。

(三) 基准及其选择

在物料、能量衡算过程中，恰当地选择计算基准可以使计算简化，同时也可以缩小计算误差。在一般的化工工艺计算中，选择基准大致有以下几种。

① 时间基准。对于连续生产，以一秒、一小时、一天等的一段时间间隔的投料量或产品量作为计算基准。这种基准可直接联系到生产规模和设备的设计计算，如年产 300kt 乙烯的装置，年操作时间为 8000h，每小时的平均产量为 37.5t。对间歇操作，一般可以一釜、一批料的生产周期作为基准。对于连续生产，设计依据为年产量，一般年生产操作小时为 8000h，或年生产操作时间为 330d，则年生产操作小时数为 330×24h = 7920h，与 8000h 很接近。

② 质量基准。当系统介质为液、固相时，选择一定质量的原料或产品作为计算基准是合适的。例如，以煤、石油、矿石为原料的过程采用一定量的原料，如 1kg、1000kg 等作为基准。如果所用的原料或产品系单一化合物，或者由已知含量和相对分子质量的多组分组

成，那么用物质的量(摩尔)作为基准更为方便。

③ 体积基准。对气体物料进行衡算时选用体积基准。这时应将实际情况下的体积换算为标准状态下的体积，即标准体积，用 m^3(STP)表示。压力变化带来的影响可直接换算为物质的量(摩尔)。气体混合物中组分的体积分数与摩尔分数在数值上是相同的。

④ 干湿基准。生产过程中的物料，不论是气态、液态和固态，均含有一定量的水分，因而在选用基准上就有算不算水分的问题。不计算水分的为干基计算，否则为湿基。如空气组成通常取含氧21%，含氮79%(体积分数)，这是以干基计算的。如果把水分(水蒸气)也计算在内，氧气、氮气的含量就变了。又如，甲烷水蒸气催化转化制取氢气，转化炉的进料量以干基计为 $7\times10^3m^3$(STP)/h，而以湿基计则可达到 $3\times104m^3$(STP)/h。通常的化工产品，如化肥、农药均是指湿基。例如年产量尿素480kt、年产甲醛5kt等均指湿基，而年产硝酸50kt，则指的是干基。

实际计算时，究竟选择哪一种基准，必须根据具体情况恰当选择，不可一概而论。

【例4-1】 丙烷完全燃烧时，要供给所需空气量的125%，反应式为

$$C_3H_8+5O_2 \!=\!=\!=\! 3CO_2+4H_2O$$

问每100kmol燃烧产物需要多少摩尔空气？

解：当选择的基准不同时，其解题的繁简程度也不同。

(1) 基准1：1kmol原料气 C_3H_8

根据化学反应方程式，燃烧时所需空气量为

燃烧用氧：5kmol

实际供氧：$5\times1.25=6.25$kmol

供给空气量：29.51kmol

计算结果示于表4-2。

表4-2　以原料气为基准的物料平衡表

输入			输出		
组分	物质的量/kmol	质量/kg	组分	物质的量/kmol	质量/kg
C_3H_8	1	44	CO_2	3	132
空气	29.76	—	H_2O	4	72
空气中 O_2	6.25	200	O_2	1.25	40
空气中 N_2	23.51	658.28	N_2	23.51	658.28
总计	30.76	902.28	总计	31.76	902.28

由题意，根据上表得，31.76kmol产物烟道气需空气29.76kmol，则100kmol产物需空气 $x$kmol

$$x=\frac{100\times29.76}{31.76}=93.7\text{kmol}$$

(2)基准2：1kmol空气，其中 O_2 为0.21kmol

用于燃烧的 O_2 为 $0.21/1.25=0.168$kmol，故燃烧 C_3H_8 量为 $0.21/(1.25\times5)=0.0336$kmol，计算结果见表4-3。

表 4-3　以空气为基准的物料平衡

输入			输出		
组分	物质的量/kmol	质量/kg	组分	物质的量/kmol	质量/kg
C_3H_8	0.0366	1.48	CO_2	0.101	4.44
空气	1.0		H_2O	0.135	2.43
空气中 O_2	0.21	6.72	O_2	0.042	1.34
空气中 N_2	0.79	22.123	N_2	0.79	22.12
总计	1.0336	30.323	总计	1.068	30.33

以上两种计算结果均未满足题目的要求，由已求得的 1.068kmol 烟道气需 1kmol 空气，可得 100kmol 烟道气需空气量 x 为

$$x = \frac{100}{1.068} = 93.6\text{kmol}$$

(3)基准 3：100kmol 烟道气

设　N——烟道气中氮气的物质的量，kmol；

M——烟道气中氧气的物质的量，kmol；

P——烟道气中二氧化碳的物质的量，kmol；

Q——烟道气中水分的物质的量，kmol；

A——输入空气的物质的量，kmol；

B——输入丙烷的物质的量，kmol。

其中有 6 个未知数，因此必须有 6 个独立的方程式可求解。因为有化学反应，故由元素平衡可得

C 平衡　$3B = P$

H_2 平衡　$4B = Q$

O_2 平衡　$0.21A = M + Q/2 + P$

N_2 平衡　$0.79A = N$

烟道气总量　$N + M + P + Q = 100$

过剩氧气　$0.21A \times (0.25/1.25) = M$

以上 6 个方程式为独立方程式，含有 6 个未知数，其解为

空气量　$A = 93.7\text{kmol}$

C_3H_8　$B = 3.148\text{kmol}$

N_2　$N = 74.02\text{kmol}$

O_2　$M = 3.935\text{kmol}$

CO_2　$P = 9.445\text{kmol}$

H_2O　$Q = 12.59\text{kmol}$

从以上的计算可以看出，选择第一、第二种基准，虽不能直接得到结果，但可以避免第三种基准的繁复。

（四）物料平衡的一般分析

一个系统的物料平衡就是通过系统的进料和出料的平衡。流入和流出的物料可以是单组分，也可以是多组分；可以是均相，也可以是非均相。物料平衡的任务就是利用过程中已知

的某些物料的流量和组成，通过建立物料及组分的平衡方程式，求解其余未知的物料流量及组成。为此，在进行物料衡算时，应根据质量守恒定律，建立各种物料的平衡式和约束式。

（1）方程式和约束式

进行物料衡算时可建立的方程式和约束式如下。

① 物料平衡方程式。包括系统总的物料平衡式、各组分的平衡式、元素原子平衡式。

② 物流约束式。包括归一方程，即构成物流各组分的分率之和等于 1，可写为

$$\sum \chi_j = 1 \tag{4-4}$$

和气-液或液-液平衡方程式：

$$\Gamma_j = K_j \chi_j \tag{4-5}$$

除此之外，还有溶解度、恒沸组成等。

③ 设备约束式。包括物料平衡方程式只有一个，与进出物流的数量有关。而组分平衡方程式或元素原子平衡方程式则取决于组分数或元素数，有几个组分或元素，就可以列出几个组分或元素的平衡方程式。

物流约束式中，每一股物流都有一个归一方程。

设备约束式与过程和设备无关。不同设备，其约束式也不同。

（2）变量

如果系统中各物流含有相同的组分数 N_c，则每一物流的变量数等于该物流流量与组分数之和，即 N_c+1。如果该系统有 N_s 股物流通过系统边界，有 N_p 个设备参数，那么系统的总变量数为

$$N_v = N_s(N_c+1)+N_p \tag{4-6}$$

式中　N_v——系统的总变量数；

　　　N_c——物流中的组分数；

　　　N_s——物流的股数；

　　　N_p——设备的参数。

实际上，过程中各股物流的组分数不一定相同，所以变量数要根据具体情况加以计算。

（3）设计变量

在进行物料衡算之前，要求赋值的变量称为设计变量。如果系统变量总数为 N_v，独立方程数为 N_e，则设计变量数 N_d 为

$$N_d = N_v - N_e \tag{4-7}$$

式中　N_d——设计变量数；

　　　N_e——独立方程数。

在求解物料衡算方程式时，应该使所给定的设计变量数恰好等于需要的个数，否则就会出现无解或矛盾解的情况。

（五）原材料的消耗定额

原材料的消耗与两个因素有关。一个因素是化学反应的理论量，即按照化学反应方程式的化学计量关系计算所得的消耗量，称为理论消耗量。理论量只和化学反应有关，如 $3H_2+N_2 \longrightarrow 2NH_3$，每生产 1000kg 的氮，就要消耗氢气 176kg。另一个因素是在工业生产中，各种反应物的实际用量，极少等于化学反应方程式的理论量，在生产中的各个操作量，往往将其中较为昂贵的或某些有毒物质（因不能排放）的原料消耗完，而价廉或易回收的反应物过量一些。那么这些过量的反应物随产物一起排出后，要与产物分离，势必会带走一定量的产物，导致原材料的消耗增加。又如在某些反应中，由于现有技术的限制，在主反应发生时，

伴随有副反应的发生，这就又导致了原材料消耗的增加。

实际消耗量和理论消耗量的差别是允许的，为此，工业上常采用一些指标来衡量生产情况。主要有以下几种。

(1) 转化率

转化率是原料中某一反应物转化掉的量(摩尔)与初始反应物的量(摩尔)的比值，它是化学反应进程的一个标志。

转化率分为单程转化率和总转化率，表达式为

$$\text{单程转化率}=\frac{\text{输入到反应器的反应物}-\text{从反应器中输出的反应物}}{\text{输入到反应器的反应物}}\times 100\% \tag{4-8}$$

$$\text{总转化率}=\frac{\text{输入到过程中的反应物}-\text{从过程中输出的反应物}}{\text{输入到过程中的反应物}}\times 100\% \tag{4-9}$$

可简写成

$$\text{转化率}=\frac{\text{反应物的反应量}}{\text{反应物的进料量}}\times 100\% \tag{4-10}$$

其数学表达式为

$$x_A=\frac{n_{A0}-n_A}{n_{A0}} \tag{4-11}$$

式中　n_{A0}——原料中某反应物的初始量，mol；

n_A——反应后某反应物的量，mol。

(2) 选择性

当同一种原料可以转化为几种产物，即同时存在主反应和副反应时，选择性表示实际转化为目的产物的原料的量(摩尔)与被转化掉的原料的量(摩尔)的比值。

$$\text{选择性}=\frac{\text{生成目的产物所消耗的反应物量}}{\text{被转化掉的原料的量}}\times 100\% \tag{4-12}$$

其数学表达式为

$$\beta=\frac{(n_C-n_{C0})/c}{(n_{A0}-n_A)/a} \tag{4-13}$$

式中　β——选择性；

n_{C0}——原料中生成目的产物 C 的量，mol；

n_C——反应后目的产物 C 的量，mol；

n_{A0}——原料中反应物 A 的量，mol；

n_A——反应后反应物 A 的量，mol；

a，c——原料和目的产物的计量系数。

(3) 收率

收率表示原料转化为目的产物的量(摩尔)与进反应系统的初始量(摩尔)的比值。

$$\text{收率}=\frac{\text{生成目的产物所消耗的反应物量}}{\text{反应物的进料量}}=\text{转化率}\times\text{选择性} \tag{4-14}$$

其数学表达式为

$$\psi=\beta x_A=\frac{(n_C-n_{C0})/c}{n_{A0}/a} \tag{4-15}$$

式中，ψ 为收率，其他符号意义同上。

（4）限制反应物

在参与反应的反应物中，以最小化学计量存在的反应物为限制反应物。

（5）过量反应物

在参与反应的反应物中，超过化学计量的反应物为过量反应物。反应物的过量程度，通常以过量百分数来表示，即

$$过量程度=\frac{输入量(mol)-需要量(mol)}{需要量(mol)}\times 100\% \tag{4-16}$$

二、无化学反应的物料衡算

在系统中，物料有时不发生化学反应，这类过程通常称为化工单元操作，如流体输送、粉碎、换热、混合、分离等。化工单元操作又分为简单过程和多单元系统。

（一）简单过程

简单过程是指仅有一个设备或把整个过程简化为一个设备单元的过程。设备的边界就是系统的边界。

（1）过滤

过滤是机械分离方法之一，通过过滤操作，可将液体和固体分离。

【例 4-2】 在过滤机中将含有 25%（质量分数）的固体料浆的进料流量为 2000kg/h，滤饼含有 90%（质量分数）的固体，而滤液含有 1%（质量分数）的固体，试计算滤液和滤饼的流量。

解：画出流程示意图，如图 4-1 所示。

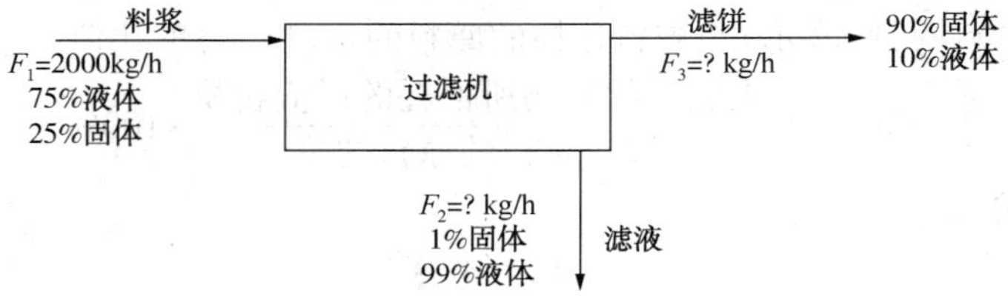

图 4-1 过滤过程的物料衡算

这是一个稳态过程，因此过程的累计量为零，并且单位时间内进入和流出的质量相等。

设滤液的流率为 F_2，滤饼的流率为 F_3，因而有两个未知数，必须写出两个独立的方程式。一个是总平衡式，另一个是液体平衡式或固体平衡式。

总平衡式　　　　输入的料浆=输出的滤液+输出的滤饼

$$F_1=F_2+F_3$$

液体平衡式　　　料浆中的液体=滤液中的液体+滤饼中的液体

$$F_1X_{11}=F_2X_{21}+F_3X_{31}$$

代入已知数据，得方程式

$$2000=F_2+F_3$$

$$0.75\times 2000=0.99F_2+0.10F_3$$

解方程式得

$$F_2=1460.7\text{kg/h}$$

$$F_3=539.3\text{kg/h}$$

可以利用固体平衡式来进行校核

$$0.25\times2000=0.10\times1460.7+0.9\times539.3$$

平衡式两边相等，故答案正确。

（2）精馏

【例 4-3】 以苯为溶剂，用共沸精馏法分离乙醇-水混合物，制取纯乙醇。假定料液混合物含水 60%，乙醇 40%，在精馏塔馏出液中含苯 75%，水 24%，其余为醇(组成均为质量分数)。若要求乙醇生产量为 1000kg/h，试计算精馏中所需的苯量。

解：画出流程示意图，如图 4-2 所示。

总物料平衡式

$$F_1+F_2=F_3+F_4$$

组分物料平衡式

苯平衡 $$F_2=0.75F_3$$

水平衡 $$0.6F_1=0.24F_3$$

醇平衡 $$(1-0.6)F_1=(1-0.75-0.24)F_3+F_4$$

解得 $F_1=2667\text{kg/h}$，$F_2=5000\text{kg/h}$，$F_3=6667\text{kg/h}$

从上面的求解可知，系统变量为 3 个，因此有 3 个独立的方程式即可求解。在本题中，列出了四个方程式，这说明其中有一个是非独立方程。一般情况下，如果系统中有 S 个组分，按质量守恒定律可得到 $S+1$ 个方程，但其中只有 S 个方程是独立的。

(二) 多单元系统

在化工生产中，常常会遇到多单元系统，其中有些虽然由数个单元设备组成，但由于只考虑过程的输入和输出，所以属简单情况。但如果对系统中的每一个设备都要计算其流量及组成，这种系统就称为多单元系统。

如图 4-3 所示，由两个单元组成的过程，其输入、输出及相关的物流共有 5 个。假设此过程每一物流均含有 S 种物质，以单元Ⅰ作为分离系统，因为有 S 种物质，则可以列出 S 个物料平衡方程式。同样，如果将单元Ⅱ与总过程分开处理，因其也含有 S 种物质，故也可以列出 S 个物料平衡方程式。最后，若将这两个单元过程作为一个单元来处理的话，系统的边界如图中虚框所示。仅考虑进入和离开系统的物流，又可以列出附加的 S 个独立方程式，这些平衡方程式仅关联物流 1、2、3、4 的变量，而与内部物流 3 有关的物流变量将不出现在平衡方程式中(见图 4-3)。

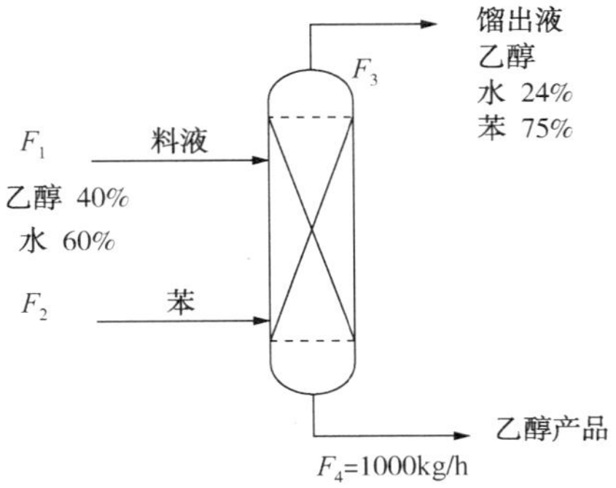

图 4-2 精馏过程的物料衡算

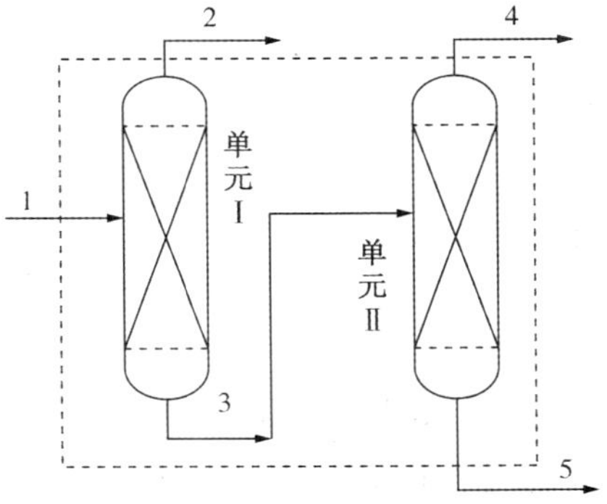

图 4-3 两个单元组成的过程

以整个过程列出的一组平衡方程称为单元平衡方程。

由此可见，对上述两单元过程可处理为：单元Ⅰ、单元Ⅱ和总过程单元，于是可以列出两组单元平衡方程式和一组总平衡方程式。每一组方程均由 S 个物料平衡方程式所构成。因此，可以由 $3S$ 个方程来求解得到各物流的变量，其中 $2S$ 个方程是独立的。

【例 4-4】 造纸厂的碱回收工段有一个四效蒸发器，将造纸废液(简称黑液)浓缩，供料方式为Ⅲ→Ⅳ→Ⅱ→Ⅰ，蒸发器的总处理能力为 80000kg/h，从含 15%(质量分数，下同)固形物浓缩到含 60%固形物，第Ⅱ效后含 31.5%固形物。按以上要求计算总蒸发水量和每一效蒸发量的蒸发水量。

解：画出流程示意图，如图 4-4 所示。

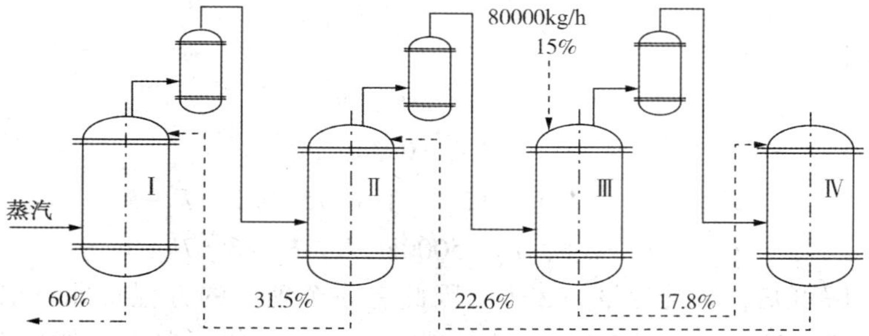

图 4-4　四效蒸发系统的物料平衡

假设不考虑各效之间分配，可以将整个系统简化为一个单元，料液进口浓度为含固形物 15%，出口浓度为含固形物 60%，由此可以计算出整个系统的总蒸发水量。

$$F_{进}X_{进}=(F_{进}-W)X_{出}$$

式中　$F_{进}$——进口料液的流量，kg/h；

$X_{进}$——进口料液的质量分数，%；

$X_{出}$——出口料液的质量分数，%；

W——当效的蒸发水量，kg/h。

由上式可以得到

$$W=F_{进}(1-X_{进}/X_{出})$$

则总的蒸发水量为

$$W_{总}=80000\times(1-15/60)=60000\text{kg/h}$$

由于本题中已经给出了各效后的料液浓度，所以每一效都可以用上式计算，得

第Ⅲ效的蒸发水量

$$W_{Ⅲ}=80000\times(1-15/17.8)=12600\text{kg/h}$$

第Ⅳ效的蒸发水量为

$$W_{Ⅳ}=(80000-67400)\times(1-17.8/22.6)=14300\text{kg/h}$$

第Ⅱ效的蒸发水量为

$$W_{Ⅱ}=53100\times(1-22.6/31.5)=15000\text{kg/h}$$

最后得到

$W_{总}=60000\text{kg/h}$；$W_{Ⅲ}=12600\text{kg/h}$；$W_{Ⅳ}=14300\text{kg/h}$；$W_{Ⅱ}=15000\text{kg/h}$；$W_{Ⅰ}=18100\text{kg/h}$

三、反应过程的物料衡算

有化学反应的物料衡算，与无化学反应过程的物料衡算相比要复杂些。由于发生了化学

反应，原子与分子重新形成了完全不同的新物质，因此每一化学物质的输入与输出的量(摩尔)或质量流率是不平衡的。此外，在反应中，还涉及反应速率、转化率、产物的收率等因素。为了有利于反应的进行，往往使某一反应物过量，这些因素在进行反应过程的物料衡算时，都要加以考虑。

(一) 直接计算法

在物料衡算中，根据化学反应方程式，运用化学计量系数进行计算的方法，称为直接计算法。

【例 4-5】 甲醇氧化制甲醛，其反应过程为

$$CH_3OH+1/2O_2 \rightleftharpoons HCHO+H_2O$$

反应物及生成物均为气态。甲醇的转化率为 75%，若使用 50%的过量空气，试计算反应后气体混合物的摩尔组成。

解：画出流程示意图，如图 4-5 所示。

图 4-5　甲醇制甲醛过程的物料衡算

基准：1molCH_3OH

根据反应方程式，有

$$O_2 \text{ 的量(需要)}= 0.5\text{mol}$$

$$O_2 \text{ 的量(输入)}= 1.5\times0.5 = 0.75\text{mol}$$

$$N_2 \text{ 的量(输入)}= N_2 \text{ 的量(输出)}= 0.75\times(79/21) = 2.82\text{mol}$$

CH_3OH 为限制反应物，反应的 CH_3OH 量 = 0.75×1 = 0.75mol

因此

$$HCHO \text{ 的量(输出)}= 0.75\text{mol}$$

$$CH_3OH \text{ 的量(输出)}= 1-0.75 = 0.25\text{mol}$$

$$O_2 \text{ 的量(输出)}= 0.75-0.75\times0.5 = 0.375\text{mol}$$

$$H_2O \text{ 的量(输出)}= 0.75\text{mol}$$

计算结果如表 4-4 所示。

表 4-4　计算结果

组分	物质的量/mol	摩尔分数/%
CH_3OH	0.250	5.0
HCHO	0.750	15.2
H_2O	0.750	15.2
O_2	0.375	7.6
N_2	2.820	57.0
总计	4.945	100.0

(二) 利用反应速率进行物料衡算

在以物质的量(摩尔)或质量进行衡算时，由于发生了化学反应，将输入与输出速率之

差 R_c 定义为物质 C 的量(摩尔)生成速率，即

$$R_c = F_{c输入} - F_{c输出} \tag{4-17}$$

因此，化学反应过程的物料衡算式可写成

$$F_{c输入} = F_{c输出} + R_c \tag{4-18}$$

设有一化学反应

$$aA + bB \rightleftharpoons cC + dD$$

根据化学反应原理，A、B、C、D 各物质的反应速率是不相同的(除 $a=b=c=d$ 以外)，以 σ_c 表示物质 C 的化学计量系数，则反应速率 r 可定义为

$$r = \frac{Rc}{\sigma_c} \quad c=1,\ 2,\ \cdots,\ n \tag{4-19}$$

式中，计量系数 σ_c 对生成物为正，对反应物为负。

根据这一定义，任一物质 C 的生成速率(通常称为 C 的反应速率)，可由反应速率 r 乘以计量系数而得到，即

$$R_c = \sigma_c r \quad c=1,\ 2,\ \cdots,\ n \tag{4-20}$$

因此，物质的摩尔平衡方程式可写为

$$F_{c输入} = F_{c输出} + \sigma_c r \tag{4-21}$$

【例 4-6】 合成氨原料气中的 CO 通过变换反应器而除去，如图 4-6 所示。在反应器 1 中 CO 大部分转化，在反应器 2 中完全脱去。

原料气由发生炉煤气(78%N_2，20%CO，2%CO_2，均为体积分数，下同)和水煤气(50% H_2，50%CO)混合而成，在反应器中与水蒸气发生反应：$CO+H_2O \rightleftharpoons CO_2+H_2$，最后得到的物流中 H_2 与 N_2 之比为 3∶1，假定水蒸气流率是原料气总量(干基)的 2 倍，同时反应器 1 中 CO 的转化率为 80%，试计算中间物流 4 的组成。

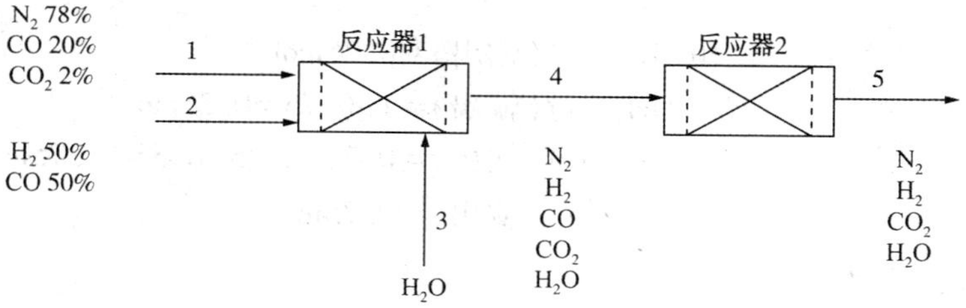

图 4-6　合成氨变换过程

解：基准：物流 1 为 100mol/h

先用总单元过程摩尔衡算式进行计算，总衡算式为

N_2(A)平衡	$F_{5A} = 0.78 \times 100 = 78\text{mol/h}$
CO(B)平衡	$0 = 0.2 \times 100 + 0.5F_2 - r$
H_2O(C)平衡	$F_{5C} = F_3 - r$
CO_2(D)平衡	$F_{5D} = 0.02F_1 + r$
H_2(E)平衡	$F_{5E} = 0.5F_2 + r$

已知 H_2 与 N_2 的关系为

$$F_{5E} = 3F_{5A} = 3 \times 78 = 234\text{mol/h}$$

原料气(干基)与水蒸气的关系为

$$F_3=2(F_1+F_2)$$

式中，F_1 与 F_2 指物流 1 与 2 的总量。

将 H_2 和 CO 平衡式相加，消去 r，得

$$F_2=234-20=214\text{mol/h}$$

将 F_2 值代入 CO 平衡式中，得

$$r=20+107=127\text{mol/h}$$

由此得

$$F_3=2\times(100+214)=628\text{mol/h}$$

最后，由 CO 和 H_2O 平衡得到

$$F_{5D}=129\text{mol/h}$$

$$F_{5C}=628-127=501\text{mol/h}$$

(三) 元素平衡

由于化学反应中化学物质发生了变化，故常常采用元素平衡的方法进行物料衡算。

设输入物流有 i 股，输出物流有 j 股，则物质 s 的净输出速率为

$$F_s=\sum_j j_s-\sum_i i_s \tag{4-22}$$

令 α_{es} 为物质 s 中元素 e 的原子数，称 α_{es} 为原子系数，则对给定系统，可由原子系统列出原子矩阵。根据这一定义，s 种物质的元素 e 的净原子流出速率为

$$\sum_s \alpha_{es}F_s$$

因为元素是守恒的，上式必须等于零。因此系统的元素平衡方程式可写为

$$\sum_s \alpha_{es}F_s=0\quad e=1,\ 2,\ \cdots,\ E \tag{4-23}$$

如果以 A_e 表示元素 e 的相对原子质量，上面的原子平衡式又可表示为质量单位，即

$$Ae\sum_s \alpha_{es}F_s=0\quad e=1,\ 2,\ \cdots,\ E \tag{4-24}$$

总的平衡方程式为

$$\sum_e Ae\sum_s \alpha_{es}F_s=0 \tag{4-25}$$

物质 s 的相对分子质量可表示为

$$M_s=\sum_e A_e\alpha_{es} \tag{4-26}$$

由此可得

$$\sum_s M_sF_s=0 \tag{4-27}$$

【例 4-7】 甲醇(CH_3OH)和空气在催化剂作用下部分氧化制甲醛。在最佳反应条件下，含 40%甲醛(质量分数)的甲醇、空气混合物，转化率约为 55%。除主产品外，还有副产品如一氧化碳、二氧化碳和少量的甲酸(HCOOH)。因此，反应器输出物流一般用洗涤方法进行分离，得到含有 CO、CO_2、H_2 和 N_2 的气体物流和含有未反应的甲醇、产品甲醛、水及甲酸的液相物流。假设液相物流中含有等量的甲醇、甲醛和 0.5%体积分数的甲酸，而气体物流中含有 7.5%体积分数的 H_2。试计算两股物流的组成。

解：流程示意图如图 4-7 所示。

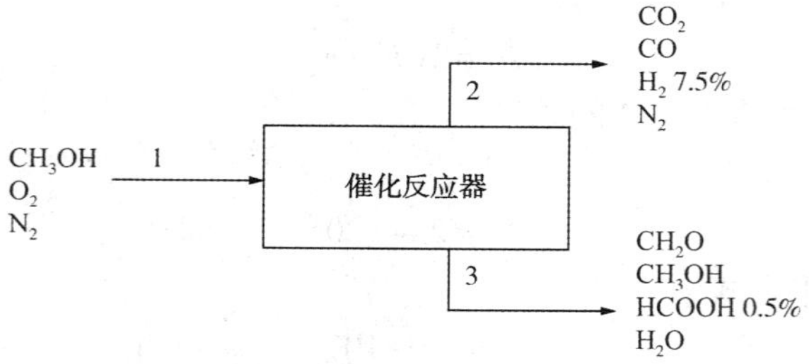

图 4-7　甲醇氧化制甲醛的物料平衡

由图中可知，本系统包含 4 种元素和 9 种化学物质，以元素和物质列出原子系数矩阵：

$$\begin{matrix} \\ O \\ H \\ C \\ N \end{matrix}\begin{bmatrix} O_2 & H_2 & CO & N_2 & CO_2 & CH_3OH & CH_2O & HCOOH & H_2O \\ 2 & 0 & 1 & 0 & 2 & 1 & 1 & 2 & 1 \\ 0 & 2 & 0 & 0 & 0 & 4 & 2 & 2 & 2 \\ 0 & 0 & 1 & 0 & 1 & 1 & 1 & 1 & 0 \\ 0 & 0 & 0 & 2 & 0 & 0 & 0 & 0 & 0 \end{bmatrix}$$

基准：进料量 1000mol/d

已知 CH_3OH 含量为 40%，空气中 O_2 与 N_2 之比为 21∶79，可得

$$F_1=\begin{cases}400\text{mol/d},\ CH_3OH\\126\text{mol/d},\ O_2\\476\text{mol/d},\ N_2\end{cases}$$

求出甲醇的输入速率和转化率后，可计算得到甲醇的输出速率为

$$F_{3,CH_3OH}=400\times(1-0.55)=180\text{mol/d}$$

已知 $F_{3,CH_3OH}=F_{3,CH_2O}$，则

$$F_{3,CH_2O}=180\text{mol/d}$$

由以上数据，物质的净速率计算如下：

$$F_{O_2}=0-126=-126$$
$$F_{H_2}=0.075F_2-0=0.075F_2$$
$$F_{CO}=F_{2,CO}-0=F_{2,CO}$$
$$F_{N_2}=F_{2,N_2}-474$$
$$F_{CO_2}=F_{2,CO_2}-0=F_{2,CO_2}$$
$$F_{CH_3OH}=180-400=-220$$
$$F_{CH_2O}=180-0=180$$
$$F_{HCOOH}=0.005F_3-0=0.005F_3$$
$$F_{H_2O}=F_{3,H_2O}-0=F_{3,H_2O}$$

根据系数矩阵，可以列出 4 种元素的平衡式：

O 平衡

$$2\times(-126)+0\times F_{H_2}+1\times F_{2,CO}+0\times F_{N_2}+2\times F_{2,CO_2}+$$
$$1\times(-220)+1\times180+2\times(0.005F_3)+1\times F_{3,H_2O}=0$$

H 平衡

$$0\times F_{O_2}+2\times(0.0075F_2)+0\times F_{2,CO}+0\times F_{N_2}+0\times F_{2,CO_2}+$$

$$4\times(-220)+2\times180+2\times(0.005F_3)+2\times F_{3,H_2O}=0$$

C 平衡

$$0\times F_{O_2}+0\times F_{H_2}+1\times F_{2,CO}+0\times F_{N_2}+1\times F_{2,CO_2}+$$

$$1\times(-220)+1\times180+1\times(0.005F_3)+0\times F_{3,H_2O}=0$$

N 平衡

$$0\times F_{O_2}+0\times F_{H_2}+0\times F_{CO}+2\times F_{N_2}+0\times F_{CO_2}+$$

$$0\times F_{CH_3OH}+0\times F_{CH_2O}+0\times F_{HCOOH}+0\times F_{H_2O}=0$$

因为 N_2 是惰性的，N 平衡说明 N_2 的净流率应为零，即

$$F_{2,N_2}-474=0$$

除此之外，其余三个平衡方程式可化为

$$F_{2,CO}+2F_{2,CO_2}+0.01F_3+F_{3,H_2O}=292 \tag{4-28}$$

$$0.15F_2+0.01F_3+2F_{3,H_2O}=520 \tag{4-29}$$

$$F_{2,CO}+F_{2,CO_2}+0.05F_3=40 \tag{4-30}$$

此外，物流 2 和物流 3 应满足

$$F_2=F_{2,CO}+2F_{2,CO_2}+0.075F_3+474$$

$F_3=180+180+0.05F_3+F_{3,H_2O}$

或

$$0.925F_2-474=F_{2,CO}+2F_{2,CO_2} \tag{4-31}$$

$$0.925F_3-360=F_{3,H_2O} \tag{4-32}$$

应用式(4-31)和式(4-32)，从式(4-29)和式(4-30)中消去 F_{3,H_2O} 和 $F_{2,CO}+F_{2,CO_2}$，得到

$$0.15F_2+2F_3=1240$$

$$0.925F_2+0.005F_3=514$$

由此解得

$$F_2=552.55\text{mol/d}$$

$$F_3=578.56\text{mol/d}$$

代入式(4-32)得

$$F_{3,H_2O}=215.67\text{mol/d}$$

将所得数据代入式(4-28)和式(4-31)，得

$F_{2,CO}+2F_{2,CO_2}=70.55$

$$F_{2,CO}+F_{2,CO_2}=37.11$$

解方程得

$$F_{2,CO}=3.67\text{mol/d}$$

$$F_{2,CO_2}=33.44\text{mol/d}$$

物流 2 和物流 3 的各组分流率及摩尔分数见表 4-5。

表 4-5　物流 2 和物流 3 的组成

组分名称	物流 2		组分名称	物流 3	
	质量流率/(mol/d)	摩尔分数		质量流率/(mol/d)	摩尔分数
CO_2	33.44	0.0605	CH_3OH	180	0.3111
CO	3.67	0.0066	CH_2O	180	0.3111
H_2	41.44	0.0750	HCOOH	2.89	0.0050
N_2	474	0.8578	H_2O	215.67	0.3728

(四) 以节点进行衡算

在工艺流程的衡算中，以流程中某一点的汇集或分支出的交合，即节点来进行衡算，可以使计算简化，如原料加入循环系统中、物料的混合、溶液的配制以及精馏塔塔顶回流和产品取出等，均需采用节点来进行计算。当某些产品的组成需要用旁路调节再送往下一工序时，这种计算方法更加有用。图 4-8 表示三股物流的节点。

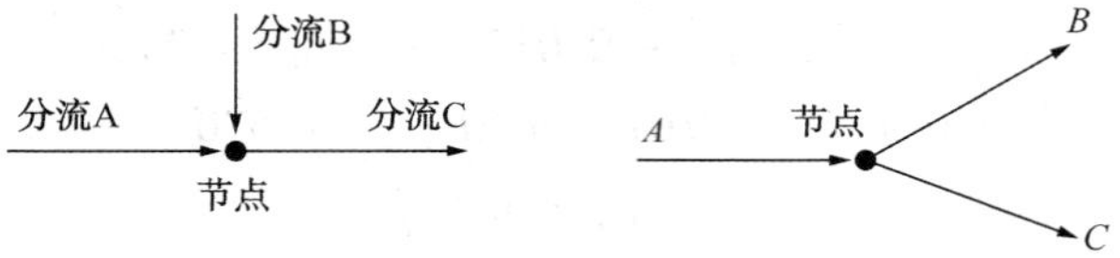

图 4-8　节点示意图

【例 4-8】　某厂用烃类气体转化制合成气生产甲醇，合成气体体积为 $2321m^3$(STP)/h，CO 与 H_2 的物质的量比为 1∶2.4。但是由于转化后的气体体积组成为 CO 43.12%、H_2 54.2%，不符合要求，为此需将部分转化气送去变换反应器，变换后气体体积分数为 CO 8.76%、H_2 89.75%，此气体经脱 CO_2 后体积减小 2%。用此变换气去调节转化气，使其达到合成甲醇原料气的要求，其原料气中 CO 与 H_2 的含量为 98%，试计算转化气、变换气各为多少。

解：画出流程示意图如图 4-9 所示。

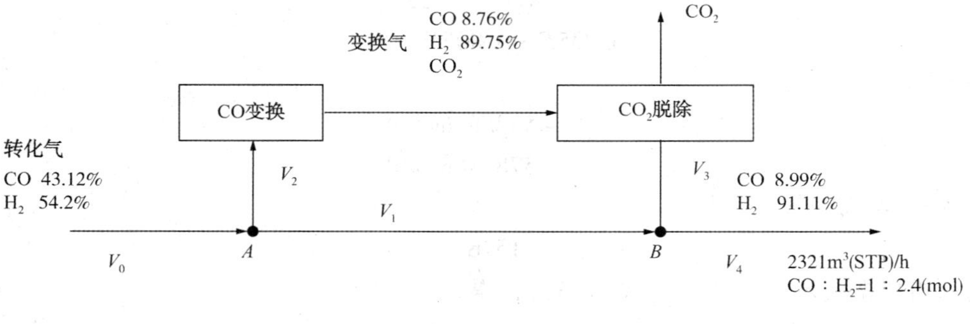

图 4-9　原料气配气图

在本题中，V_2 从 A 点分流，在 B 点合并，合并时无化学变化和体积变化。A、B 两节称为节点。因此根据节点衡算原理，即在点范围进行衡算。

对 B 点进行物料衡算：

总平衡　　$V_1+V_3=V_4=2321$

CO 平衡　　$0.4312V_1+0.0889V_3=2321n_{CO}$

H_2 平衡　　　　　$0.542V_1+0.9111V_3=2321n_{H_2}=2321\times 2.4n_{CO}$

$$n_{CO}=\frac{0.98}{1+2.4}=0.2882$$

$$n_{H_2}=\frac{0.98\times 2.4}{1+2.4}=0.6918$$

解联立方程式，得

$$V_1=1352\text{m}^3/\text{h}$$

$$V_3=969\text{m}^3/\text{h}$$

$$V_2=989\text{m}^3/\text{h}$$

$$V_0=V_1+V_2=2341\text{m}^3/\text{h}$$

脱除　　　　　CO_2 量 $=V_2-V_3=20\text{m}^3/\text{h}$

四、过程的物料衡算

(一) 循环过程

在过程中常常会遇到流体返回(循环)到前一级情况，尤其在反应过程中，由于反应物的转化率低于100%，为了充分利用原料，降低原料消耗，在工厂生产中一般将未反应的原料与产品先进行分离，然后循环返回原料进口处，与新鲜原料一起再进入反应器反应。精馏塔的回流也是循环过程的一个例子。在没有循环时，一系列单元步骤的物料平衡可按顺序依次进行，每次可取一个单元。但是，如果有循环物流的话，由于循环量并不知道，所以逐次计算并不能计算出循环量。

这类问题通常可以采用两种解法。

① 试差法。估计循环量，并继续计算至循环回流的那一点。将估计值与计算值进行比较，并重新假定一个估计值，一直计算到估计值与计算值之差在一定的误差范围内。

② 代数解法。在循环存在时，列出物料平衡方程式，并求解。一般方程式中以循环量作为未知数，应用联立方程的方法进行求解。

对于只有一个或两个循环物流的简单情况，只要计算基准和系数边界选择适当，计算常常可以简化。一般在衡算时，先进行总的过程衡算，再对循环系统列出方程式求解。

【例4-9】 苯直接加 H_2 转化为环己烷，产量为100kmol/h。输入系统中的苯有99%反应生成环己烷，进入反应器物流的组成为80%H_2 和20%C_6H_6(摩尔分数，下同)，产物物流中含有3%的 H_2。流程示意图见图4-10。试计算：①产物物流的组成；②H_2 和 C_6H_6的进料速率；③H_2 的循环速率。

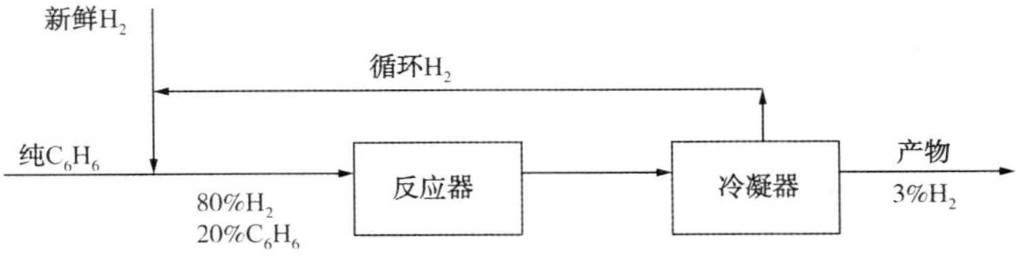

图4-10　循环过程的物料衡算

解：化学反应式为

$$C_6H_{12}+3H_2 \longrightarrow C_6H_6$$

产物物流中，环己烷为100kmol/h，苯的转化率为99%，生产100kmol/h环己烷需苯

$$100/0.99=101.01\text{kmol/h}$$

未反应的苯量为

$$101.01-100=1.01\text{kmol/h}$$

产物中含 H_2，设含量为 n_{H_2}

$$\frac{n_{H_2}}{100+1.01+n_{H_2}}=0.03$$

$$n_{H_2}=3.12\text{kmol/h}$$

$$\text{总产物量}=100+1.01+3.12=104.13\text{kmol/h}$$

C_6H_{12}、C_6H_6、H_2 的摩尔分数分别为0.96、0.01、0.03。

H_2 的进料速率为 $100\times3+3.12=303.12\text{kmol/h}$

苯的进料速率为101.01kmol/h

设循环 H_2 量为 R，

$$\frac{101.01}{101.01+303.12+R}=0.2$$

$$R=100.92\text{kmol/h}$$

【例4-10】 用Excel求解以下过程的物料衡算。

用氢和氨按3∶1摩尔比进料反应合成氨。物料每次通过反应器的转化率为25%。生成物中2%的氨、95%的氮和氢作为循环物料与新鲜原料混合后重回反应器。

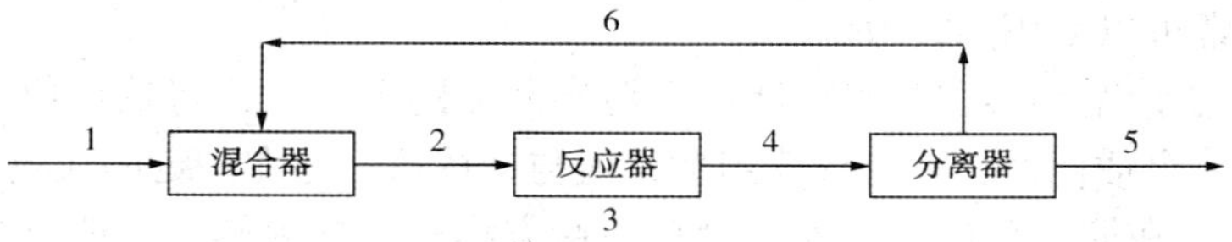

其反应式为：$N_2+3H_2 \rightleftharpoons 2NH_3$

其平衡常数：$K_p=Y_{NH_3}/(Y_{N_2}{}^{1/2}\cdot Y_{H_2}{}^{3/2}\cdot P)$

解：将原料氮和氢分别赋值100mol、300mol，选择工具/选项并点击重算所有文档。将最大迭代次数改为1000，最大误差设为0.00001。

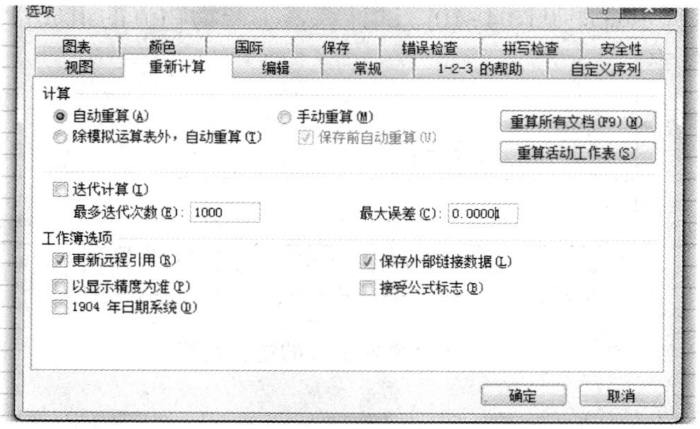

步骤 1：编写如图所示的电子表格。写出物料流程编号 1~6。

序号	A	B	C	D	E	F	G
1							
2							
3		1	2	3	4	5	6
4	氮	100	=B4+G4	=-C4 * $ D $ 9	=C4+D4	=E4 * (1- $ D $ 10)	=E4 * $ D $ 10
5	氢	300	=B5+G5	=3 * D4	=C5+D5	=E5 * (1- $ D $ 10)	=E5 * $ D $ 10
6	氨	0	=B6+G6	=-2 * D4	=C6+D6	=E6 * $ D $ 11	=E6 * (1- $ D $ 11)
7	总计	400	=SUM(C4 : C6)	=SUM(D4 : D6)	=SUM(E4 : E6)	=SUM(F4 : F6)	=SUM(G4 : G6)
8							
9			转化率				
10			氮和氢利用率	0.995			
11			氨返流出率	0.98			
12					出口摩尔分率		
13				氮	=E4/ $ E $ 7		
14				氢	=E5/ $ E $ 7		
15				氨	=E6/ $ E $ 7		
16				总计	=SUM(E13 : E15)		
17							
18				*Kp*	0.05	1/atm	
19				P	220	atm	
20				方程	=E18-E15/((E13 * E14^3)^0.5 * E19)		

步骤 2：物流 1 为混合前按化学反应计量关系，输送的新鲜原料各组成的摩尔数量。

步骤 3：物流 2 为混合器接受物流 1 的量和循环 6 的量之和。

步骤 4：物流 3 为反应器反应的摩尔数，单元格 D4 为氮的量（单元格 C4）乘以转化率（单元格 D9），反应物为负值；按化学计量关系，氢的反应量为氮的 3 倍，氨的生成量为氮的负 2 倍。

步骤 5：物流 4 为反应器输出的物流，为物流 2 和 3 的加和。

步骤 6：物流 5 为氮和氢的损失量，是物流 4 的 0.5%。氨的输出量为物流 4 的 98%。

步骤 7：物流 6 为循环量，氮和氢的循环量是物流 4 的 99.5%。氨的循环量为物流 4 的 2%。

步骤 8：在单元格 E13、E14、E15 内编写反应器出口摩尔分率。

步骤 9：利用摩尔分率在单元格 E20 内编写化学反应平衡方程式。

步骤 10：开始改变单元格 D9，使 E20 变为 0。最终结果见下表。

序号	A	B	C	D	E	F	G
1							
2							

续表

序号	A	B	C	D	E	F	G
3		1	2	3	4	5	6
4	氮	100	134.8257	−99.8250	35.0007	0.1750	34.8257
5	氢	300	404.4773	−299.4750	105.0023	0.5250	104.4773
6	氨	0	4.0744	199.6500	203.7245	199.6500	4.0744
7	总计	400	543.3776	−199.6500	343.7276	200.3500	143.3775
8							
9			转化率	0.7404			
10			氮和氢利用率	0.995			
11			氨返流出率	0.98			
12				反应器出口摩尔分率			
13				氮	0.1018		
14				氢	0.3054		
15				氨	0.5926		
16				总计	1		
17							
18				*K*p	0.05	1/atm	
19				P	220	atm	
20				方程	−3.2069E−06		

（二）弛放过程

在带有循环物流的工艺过程中，有些惰性组分或某些杂质由于没有被分离掉，在循环气中逐渐积累起来，因而在循环气中惰性组分的量越来越大，影响了正常的生产操作。在工业上，为了使循环系统中的惰性气保持在一定浓度，就需要将一部分循环气排放出去，这种排放称为弛放过程。如图 4−11 所示。

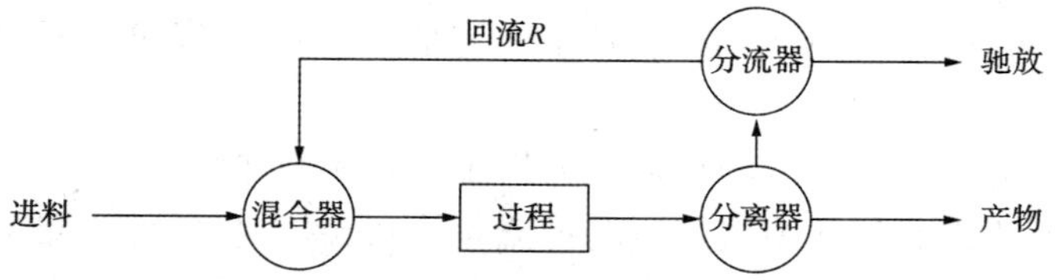

图 4−11　带有弛放物料的过程

在连续弛放过程中，稳态的条件是

$$\text{弛放时惰性气体排出量} = \text{系统惰性气体进料量} \tag{4-33}$$

弛放物流中任一组分的浓度与进料弛放那一点的循环物流浓度相同。因此，所需的弛放速度可由下式决定：

$$\text{料液流率} \times \text{料液中惰性气体浓度} = \text{弛放物流流率} \times \text{指定循环流中惰性气体浓度} \tag{4-34}$$

【例 4−11】由氢气和氮气生产合成氨时，原料气中含有一定量的惰性气体，如氩和甲烷。为了防止循环氢、氮气中惰性气体的积累，因而需设置弛放装置，如图 4−12 所示。

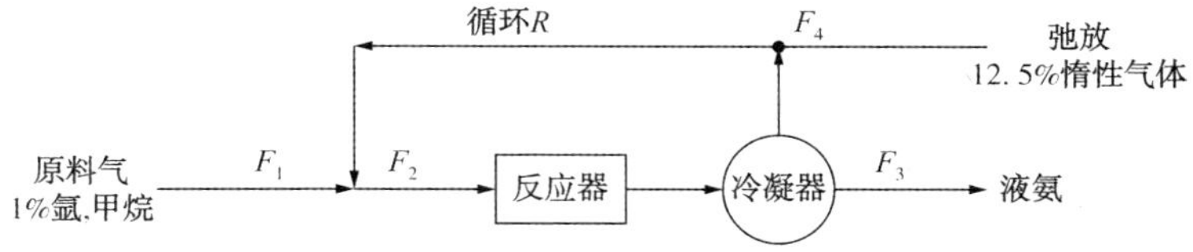

图 4-12　合成氨的弛放过程

假定原料气的组成为：$N_2$24.75%，$H_2$74.25%，惰性气体 1.00%；N_2 的单程转化率为 25%；循环物流中惰性气体为 12.5%，用 I 表示，NH_3 为 3.75%（以上组成均指摩尔分数）。

试计算：①N_2 的总转化率；②弛放气与原料气的摩尔比；③循环物流量与原料气的摩尔比。

解：基准：100mol 原料气

循环物流组成：

$$\mathrm{I}: 0.125,\ NH_3: 0.0375$$

$$N_2: (1-0.125-0.0375)/4=0.2094$$

$$H_2: 0.2094\times3=0.6281$$

由式(4-34)可得

$$100\times0.01=0.125F_4$$

$$F_4=8\text{mol}$$

N_2 组分衡算：

$$(0.2475F_1+0.2094R)(1-0.25)=(R+F_4)\times0.2094$$

将 $F_1=100$mol，$F_4=8$mol 代入，得

$$(0.2475\times100+0.2094R)\times0.75=(R+8)\times0.2094$$

解得

$$R=322.58\text{mol}$$

N_2 的总转化率：

$$(100\times0.2475+322.58\times0.2094)/100=0.923=92.3\%$$

弛放气与原料气的摩尔比为

$$8/100=0.08$$

循环物流量与原料的摩尔比为

$$322.58/100=3.23$$

（三）旁路

在生产中，物流不经过某些单元而直接分流到后续工序去，这种方法称为旁路。旁路主要用于控制物流组成或温度，如图 4-13 所示。

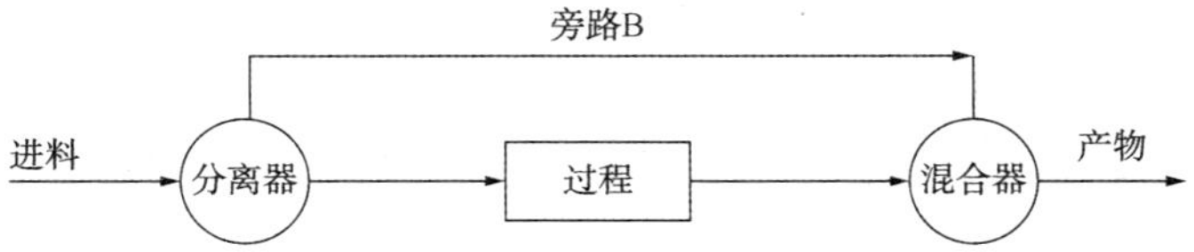

图 4-13　旁路

具有旁路的物料衡算与具有循环物流的衡算相类似，有时还要容易，对物流旁路流向前工序的过程，计算上略有不同，在此不赘述。

第二节　能量衡算

一、概述

物料衡算完成后，对于没有传热要求的设备，可以由物料处理量、物料的性质及工艺要求进行设备的工艺设计，以确定设备的形式、台数、容积及主要尺寸；对于有传热要求的设备，则必须通过能量衡算，才能确定设备的主要工艺尺寸。合成药物的生产中，无论是进行物理过程的设备，或是进行化学过程的设备，多数伴有能量传递过程，所以，必须进行能量衡算。

（一）能量衡算的目的与意义

对于新设计的生产车间，能量衡算的主要目的是为了确定设备的热负荷。根据设备热负荷的大小、所处理物料的性质及工艺要求再选择传热面的形式、计算传热面积、确定设备的主要工艺尺寸。传热所需要的加热剂或冷却剂的用量也是以热负荷的大小为依据而进行计算的。对于有些伴有热效应的过程，其物料衡算也要通过与能量衡算的联合求解才能得出最后的结果。

对于已经投产的生产车间，进行能量衡算是为了更加合理的用能。通过对一台设备的能量平衡测定与计算可以获得设备用能的各种信息，如热利用效率是多少，余热的分布情况如何，哪些余热可以回收利用等等，进而可以从技术上、管理上制定出节能措施，以最大限度降低单位产品的能耗。

我国能源虽并不贫乏，但人均占有量较低。以单位国民总生产值所消耗的能源计，我国与先进国家相比差距还很大。所以，节能已经成为我国一项重要的能源政策。现已将节能列为对企业进行综合考核的一项重要指标。节能的一项基础工作就是要对生产车间所有用能设备进行能量平衡的测定与计算。

（二）能量衡算的依据及必要条件

能量衡算的主要依据是能量守恒定律。

能量衡算是以车间物料衡算的结果为基础而进行的，所以，车间物料衡算表是进行车间能量衡算的首要条件。其次，还必须收集有关物料的热力学数据，例如比热容、相变热、反应热等。若能将所涉及的所有物料热力学数据汇总成一张表格，那在以后的计算中将会十分方便。

（三）能量守恒基本方程

尽管能量有各种不同的表现形式，但对任一系统总存在如下的关系，即

$$\text{由环境输入到系统的能量}=\text{由系统输出到环境的能量}+\text{系统内积累的能量} \quad (4-35)$$

由于化工用能主要以热能为主，而且车间能量衡算的主要目的是要确定设备的热负荷，所以，能量衡算可简化为热量衡算。

二、热量衡算

（一）设备的热量平衡方程式

对于有传热要求的设备，其热量平衡均可由下式表示：

$$Q_1 + Q_2 + Q_3 = Q_4 + Q_5 + Q_6 \tag{4-36}$$

式中 Q_1——物料带入到设备的热量，kJ；

Q_2——加热剂或冷却剂传给设备或从设备带走的热量，kJ；

Q_3——过程热效应，kJ；

Q_4——物料离开设备所带走的热量，kJ；

Q_5——加热或冷却设备所消耗的热量，kJ；

Q_6——设备向环境散失的热量，kJ。

为了求出式中(4-36)中的 Q_2，即设备的热负荷，必须算出其他各项热量。

1. Q_1 与 Q_4

Q_1与 Q_4均可用下式计算

$$Q_1(Q_4) = \sum mct \text{ kJ} \tag{4-37}$$

式中 m——输入(或输出)设备的物料质量，kg；

c——物料的平均比热容，kJ/kg·℃；

t——物料的温度,℃。

利用式(4-37)计算 Q_1 与 Q_4时，取标准状态，即 0℃及 1.013×10^5Pa 为计算基准。有时为了计算方便也可取物料的进口状态作为计算基准，这时 $Q_1=0$。

因为物料的比热容是温度的函数，式(4-37)中物料的比热容是指进、出口物料的定压平均比热容，对于进口物料取基准温度与物料进口温度的平均温度下的比热容；对于出口物料取基准温度与物料出口温度的平均温度下的比热容。

2. Q_5

消耗在加热或冷却设备上的热量 Q_5，凡属间歇操作、开车、停车等，可按下式计算：

$$Q_5 = \sum Mc(t_2 - t_1) \text{ kJ} \tag{4-38}$$

式中 M——设备各部件的质量，kg；

c——设备各部件的比热容，kJ/kg·℃；

t_1——设备各部件的初始温度,℃；

t_2——设备各部件的最终温度,℃。

设备各部件的初始温度 t_1，一般情况下可取室温；最终温度 t_2 需视具体情况而定。设传热器壁两侧流体的给热系数分别为 α_k(高温侧)与 α_1(低温侧)。传热终了时两侧流体的温度分别为 t_k(高温侧)与 t_1(低温侧)，则

当 $\alpha_h \approx \alpha_1$ 时 $$t_2 = (t_h + t_1)/2 \tag{4-39a}$$

当 $\alpha_h \gg \alpha_1$ $$t_2 = t_h \tag{4-39b}$$

当 $\alpha_h \ll \alpha_1$ $$t_2 = t_1 \tag{4-39c}$$

3. Q_6

设备向环境散失的热量 Q_6可按下式计算：

$$Q_6 = \sum A\alpha_T(t_T - t_0)\tau \text{ kJ} \tag{4-40}$$

式中 A——设备散热表面积，m^2；

α_T——设备散热表面与周围介质之间的联合给热系数，W/(m^2·℃)；

t_T——与周围介质直接接触的设备表面温度,℃；

t_0——周围介质的温度,℃;

τ——过程持续时间，s。

联合给热系数 α_T的计算如下：

当空气作自然对流，散热壁表面温度为 50～350℃时

$$\alpha_T = 8 + 0.05t_T \ W/(m^2 \cdot ℃) \tag{4-41a}$$

当空气作强制对流，空气速度 u≤5m/s 时

$$\alpha_T = 5.3 + 3.6u \ W/(m^2 \cdot ℃) \tag{4-41b}$$

空气速度 u>5m/s 时

$$\alpha_T = 6.7u^{0.78} \ W/(m^2 \cdot ℃) \tag{4-41c}$$

对于室内操作的锅式反应器，α_T的数值可近似取作 10W/(m² · ℃)。

以上分别介绍了 Q_1、Q_4、Q_5、Q_6 的计算，再能求出过程热效应 Q_3 的数值，就可由式(4-36)求出设备的热负荷 Q_2。Q_2 正值表示需对设备加热；负值表示需冷却。

(二) 过程热效应

化学过程的热效应包括化学反应热与状态变化热。纯物理过程只产生状态变化热；而对于化学反应过程，在产生化学反应热的同时，往往还伴有状态变化热。下面分别讨论这两种热效应。

由式(4-36)可知，在热量衡算中，过程热效应 Q_3 的符号为：放热为正，吸热为负。

1. 化学反应热

化学反应热是指在一定温度下，化学反应所放出或吸收的热量。反应热不仅取决于化学反应本身的特征，还与反应的温度有关。为计算在各种温度下的反应热，规定当反应温度为 298K 及 1 个大气压时反应热的数值称标准反应热，习惯上用 $\Delta H^{\ominus}$表示，负值表示放热，正值表示吸热。这与热量衡算中所规定的符号正好相反，为避免出错，现用符号 $q_r^{\ominus}$ 表示标准反应热，放热为正，吸热为负，所以 $q_r^{\ominus}=-\Delta H^{\ominus}$。

标准反应热的数据可以在有关手册中查到；当缺乏数据时可以用标准生成热或标准燃烧热求得。

(1) 用标准生成热求 $q_r^{\ominus}$

利用标准生成热求标准反应热的公式为

$$q_r^{\ominus} = -\sum \sigma q_f^{\ominus} \ kJ/mol \tag{4-42}$$

式中 σ——反应方程式中各物质的化学计量系数，反应物为负、生成物为正；

$q_f^{\ominus}$——标准生成热，kJ/mol。

一般手册上标准生成热的数据用焓差，即 $\Delta H_f^{\ominus}$ 表示，数值前的符号规定为负号表示放热；正号表示吸热。为了与热量衡算基本方程式(4-36)的符号相一致，在查手册时应该使 $q_f^{\ominus} = -\Delta H_f^{\ominus}$。

(2) 用标准燃烧热求 $q_r^{\ominus}$

利用标准燃烧热求标准反应热的公式为

$$q_r^{\ominus} = \sum \sigma q_c^{\ominus} \ kJ/mol \tag{4-43}$$

式中 $q_c^{\ominus}$——标准燃烧热 kJ/mol;

σ——与式(4-42)含义相同。

同样，应该使 $q_c^{\ominus} = -\Delta H_c^{\ominus}$。

（3）$q_f^{\ominus}$ 与 $q_c^{\ominus}$ 的换算

在求 $q_r^{\ominus}$ 的过程可能会遇到这种情况，其中，大多数物质 $q_f^{\ominus}$ 数据可以从手册中查到，但个别物质的 $q_f^{\ominus}$ 数据没有，却能查到它们的 $q_c^{\ominus}$ 数据，这时首先应该换算成同一类型的热力学数据，才能应用式(4-42)或式(4-43)求出 $q_r^{\ominus}$。根据盖斯定律，同一种化合物的标准生成热与标准燃烧热可以用下式进行换算

$$q_f^{\ominus} + q_c^{\ominus} = \sum nq_{ce}^{\ominus} \tag{4-44}$$

式中 $q_f^{\ominus}$——标准生成热，kJ/mol；

$q_c^{\ominus}$——标准燃烧热，kJ/mol；

n——化合物中同种元素的原子数；

$q_{ce}^{\ominus}$——元素标准燃烧热，kJ/(g · atom)，其数值见表 4-6。

表 4-6　元素的燃烧热

元素燃烧过程	元素燃烧热/kJ · (g · atom)$^{-1}$	元素燃烧过程	元素燃烧热/kJ · (g · atom)$^{-1}$
C→CO_2(气)	395.15	Br→HBr(溶液)	119.32
H→1/2H_2O(液)	143.15	I→I′(固)	0
F→HF(溶液)	316.52	N→1/2N_2(气)	0
Cl→1/2Cl_2(气)	0	N→HNO_3(溶液)	205.57
Cl→HCl(溶液)	165.8	S→SO_2(气)	290.15
Br→1/2Br_2(液)	0	S→H2SO_4(溶液)	886.8
Br→1/2Br_2(气)	-15.37	P→P_2O_5(固)	765.8

注：g · atom—克原子。

【例 4-12】 今查得固态萘 $C_{10}H_8$的标准生成热 $q_f^{\ominus} = -\Delta H_f^{\ominus} = -78.00$kJ/mol，求萘的标准燃烧热 $q_c^{\ominus}$ 为多少？

解： 萘的元素燃烧热为

$$\sum nq_{ce}^{\ominus} = 10 \times 395.15 + 8 \times 143.15 = 5096.70 \text{ kJ/mol}$$

由式(6-10)

$$q_c^{\ominus} = \sum nq_{ce}^{\ominus} - q_f^{\ominus} = 5096.70 - (-78.00) = 5174.70\text{kJ/mol}$$

与手册值 5148.90kJ/mol 比较，误差为 0.50%。

（4）不同温度下反应热 $q_r{}'$的计算

若反应恒定在 t℃温度下进行，而且反应物及生成物在(25~t)℃范围内均无相变化，则反应热 $q_r{}'$可按下式计算

$$q_r{}^t = q_r^{\ominus} - (t - 25)(\sum \sigma c_p) \text{ kJ/mol} \tag{4-45}$$

式中 $q_r^{\ominus}$——标准反应热，kJ/mol；

σ——反应方程式中化学计量系数，反应物为负、生成物为正；

c_p——反应物或生成物在(25~t)℃范围内的平均比热容，kJ/(mol · ℃)；

t——反应温度，℃。

如果反应物或生成物在(25~t)℃范围内有相变，则式(4-45)等号右边的加和项要作修正。对于有相变的反应物或生成物，其加和项部分应分两段计算，先自 25℃计算到相变温度 t'(25<t'<t)，然后计入 t'时的相变热，再自 t'计算到 t。计算时还应该注意两段的相态不

一样，其平均热容的数值也不一样。

2. 状态变化热

状态变化热是指只发生物质聚集状态或浓度变化的过程中所产生的热效应，放热为正，吸热为负。因为在过程中物系无温度变化，故习惯上也称作为潜热。

（1）相变热

物质从一相转变为另一相的过程，称为相变化过程，例如蒸发、冷凝、熔融、结晶、升华、凝华等，它们大多在恒温恒压下进行。相变化过程中所产生的热效应称为相变热。蒸发、熔融、升华过程要克服液体或固体分子间的相互吸引力，必须供给能量，因为蒸发热、熔融热、升华热为负值；反之，冷凝热、结晶热、凝华热为正值。

各种纯化合物的相变热可以从有关手册中查取，在查阅时要注意数值的单位及正负号。一般热力学数据中相变热以状态变化前后的焓差表示，负值为放热、正值为吸热。

（2）浓度变化热

浓度变化热是指在恒压、恒温下，溶液的浓度发生变化时产生的热效应，可以用溶解热或稀释热来求取。

将 1mol 溶质溶解于 $n$mol 的溶剂中，并使整个过程的温度、压强保持不变，过程所产生的热效应称作积分溶解热，简称溶解热，用符号 q_s 表示。表 4-7 是 25℃时 H_2SO_4 水溶液的积分溶解热。

表 4-7　25℃时 H_2SO_4 水溶液的积分溶解热

H_2O 摩尔数 n	积分溶解热 q_s/（kJ · mol^{-1}）	H_2O 摩尔数 n	积分溶解热 q_s/（kJ · mol^{-1}）
0.5	15.74	20	71.55
1	28.09	50	73.39
2	41.95	100	74.02
3	49.03	200	74.99
4	54.09	500	76.79
5	58.07	1000	78.63
6	60.79	—	—
8	64.64	∞	96.25
10	67.07	—	—

应用表 4-7 可求出硫酸水溶液在发生浓度变化时的热效应。表 4-7 中积分溶解热 q_s 放热为正，吸热为负。

【例 4-13】磺化反应过程中共滴入 25℃浓度为 88%的硫酸 1000kg，反应结束时废酸的量为 640kg，废酸中 H_2SO_4 的质量百分浓度为 68%，其余为水，见图 4-14。求反应过程中 H_2SO_4 的浓度变化热。

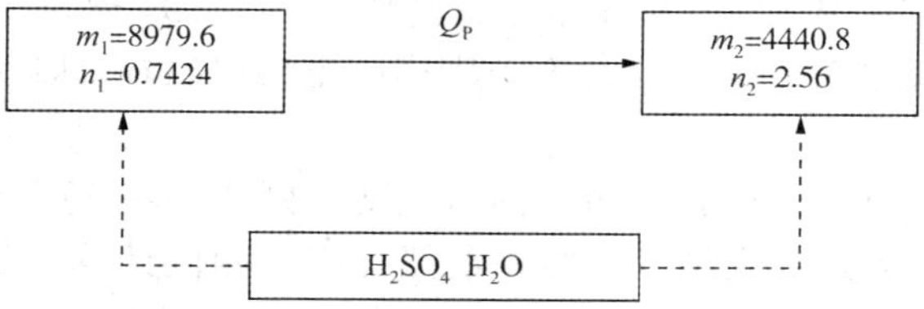

图 4-14

解：反应开始时

H_2SO_4的摩尔数为 $m_1 = \dfrac{1000 \times 10^3 \times 0.88}{98} = 8979.6\ \text{mol}$

H_2O 的摩尔数为 $l_1 = \dfrac{1000 \times 10^3 \times 0.12}{18} = 6666.7\ \text{mol}$

比值 $n_1 = \dfrac{6666.7}{8979.6} = 0.7424$ 查得 $q_{s_1} = 21.73\text{kJ/mol}$

反应结束时

H_2SO_4的摩尔数为 $m_2 = \dfrac{640 \times 10^3 \times 0.68}{98} = 4440.8\ \text{mol}$

H_2O 的摩尔数为 $l_2 = \dfrac{640 \times 10^3 \times 0.32}{18} = 11377.8\ \text{mol}$

比值 $n_2 = \dfrac{11377.8}{4440.8} = 2.56$ 查得 $q_{s_2} = 45.93\text{kJ/mol}$

由盖斯定律及图 4-14 可知

$$m_1 q_{s_1} + Q_p = m_2 q_{s_2}$$

$$Q_p = m_2 q_{s_2} - m_1 q_{s_1} \tag{4-46}$$

将数据代入式(4-46)，可求出磺化过程中由于硫酸浓度的变化而产生的热效应为

$$Q_p = 4440.8 \times 45.93 - 8979.6 \times 21.73 = 8.84 \times 10^3\text{kJ}$$

浓度变化热也可用稀释热或无限稀释热来求取。将一定数量的溶剂加入含 1mol 溶液中去，形成较稀的溶液时所产生的热效应称积分稀释热，简称稀释热。当加入的溶剂(一般是水)量为无限大时，其热效应称无限稀释热，用符号 q_{id}表示。表 4-8 为盐酸溶液的无限稀释热数据。利用无限稀释热求浓度变化热的方式见例 4-14。

表 4-8 HCl 水溶液的无限稀释热

HCl/%(质量)	$H_2O/HCl/(kg \cdot kg^{-1})$	q_{id}/[kJ·(mol HCl)$^{-1}$]
0.0625	1600	1222.5
0.25	400	611.3
0.5	200	423
1	100	291.2
1.96	50	183.8
3.85	25	154.9
4.76	20	144.3
6.25	15	133.7
7.7	12	127.4
9.1	10	123.9
16.7	5	117.2
25.0	3	113.8
30.0	2.33	102.9

【例 4-14】 苯胺重氮化反应中盐酸的浓度由 30%降低到 1.21%(均为质量百分浓度)。已知反应中投入 30%盐酸 2571kg，反应中实际消耗 HCl 量为 673.8kg。计算反应中由于盐酸

的浓度变化而产生的热效应。

解：设状态 1 为反应开始状态，此时，浓度为 30%的 2571kg 盐酸中含纯 HCl 的摩尔数为 $m_1=2571\times0.3/36.5=21.13$kmol。由表 4-8 查得 30%盐酸的无限稀释热 q_{id1} 为 102.9kJ/mol HCl。

状态 2 为反应结束时状态，浓度为 1.21%的盐酸含纯 HCl 的摩尔数为 $m_2=21.13-673.8/36.5=2.67$kmol。由表 4-8 查得相应的无限稀释热 $q_{id2}=267.7$kJ/mol HCl(用内插法读取)。

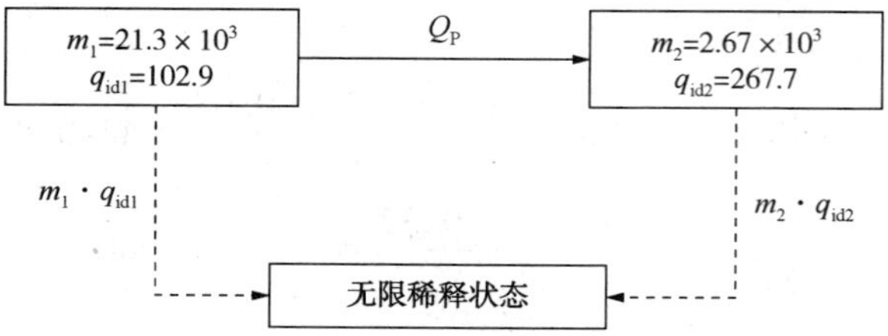

图 4-15

由盖斯定律及图 4-15 可知

$$m_1 q_{id1} = Q_p + m_2 q_{id2}$$

所以

$$Q_p = m_1 q_{id1} - m_2 q_{id2}$$

将数据代入上式，可求出苯胺重氮化过程中由于盐酸浓度的变化而产生的热效应，

$$Q_p = 21.13 \times 10^3 \times 102.9 - 2.67 \times 10^3 \times 267.7 = 1.46 \times 10^6 \text{kJ}$$

三、常用热力学数据的计算

在进行热量衡算时，常会遇到手册中数据不全的情况。本节介绍常用的比热容、汽化热、熔融热、溶解热、燃烧热的计算方法。

(一) 比热容

在显热计算中，比热容是很重要的参数，现将气体、液体和固体的比热容计算方法介绍于下。

1. 气体的比热容

对于压强低于 5×10^5Pa 的气体或蒸气均可作理想气体处理，其定容比热容为

$$c_v = 4.187\frac{2n+1}{M}\text{kJ/(kg·℃)} \tag{4-47}$$

定压比热容为

$$c_p = 4.187\frac{2n+3}{M}\text{kJ/(kg·℃)} \tag{4-48}$$

式中 n——化合物分子中原子个数；

M——化合物相对分子质量。

式(4-47)、式(4-48)只适用于低压及常温，对于压强大于 5×10^5Pa 及任意温度下的比热容按图 4-16 进行比较校正。

图 4-16 中，横坐标为对比压强 p_R，参数 T_R 为对比温度，纵坐标 Δc_P 的数值为实际气体与理想气体定压摩尔热容之差，单位为 cal/(mol·℃)，需乘以 4.187 再除以气体的相对分子质量，才能换算成比热容之差值。

2. 液体的比热容

大多数液体的比热容在 1.7～2.5kJ/(kg·℃)之间，少数液体例外，如液氨与水的比热容比较大，在 4 左右；而汞和液体金属的比热容很小。

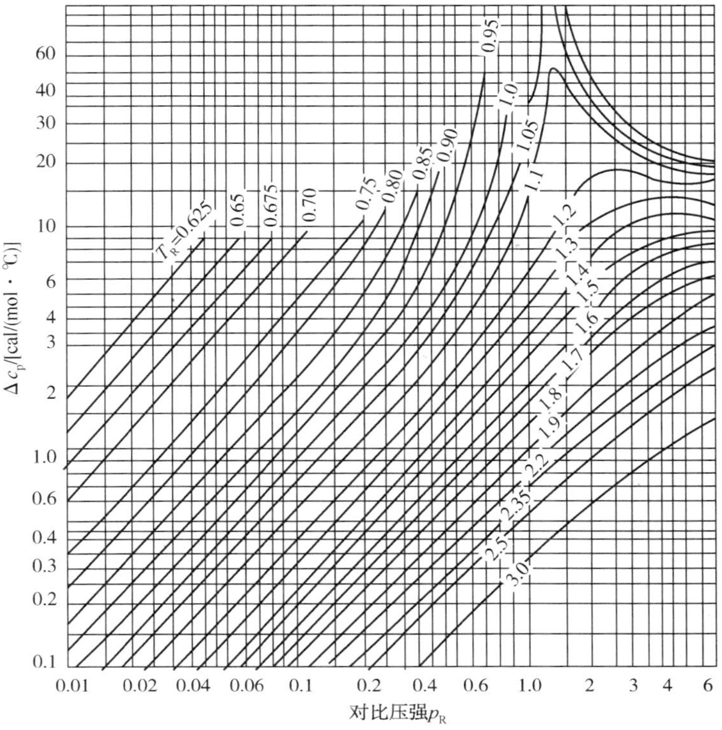

图 4-16　压强对气体定压摩尔热容的影响

(1cal = 4.1866J)

液体比热容一般与压强无关，随温度上升而稍有增大。

作为水溶液比热容的近似计算，可先求出固体的比热容，再按下式计算

$$c = c_s a + (1 - a) \tag{4-49}$$

式中　c——水溶液的比热容，kJ/(kg · ℃)；

c_s——固体的比热容，kJ/(kg · ℃)；

a——水溶液中固体的质量分率。

对于绝大多数有机化合物，其比热容可利用表 4-9 求得。先根据化合物的分子结构，将各种基本结构的摩尔热容值加和，求出摩尔热容，再由化合物的相对分子质量换算成比热容。

【例 4-15】　计算 0℃液态异丙醇的比热容。

解：异丙醇的结构为 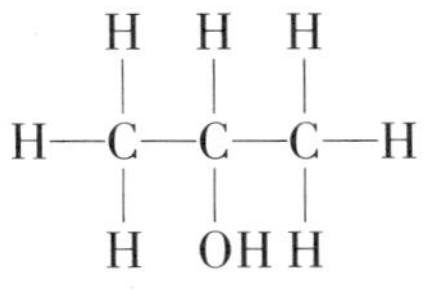，可分解成 2(—CH_3) + ($-\overset{|}{\underset{|}{\text{CH}}}-$) + (—OH)，由表 4-9 可求出异丙醇在 0℃时的摩尔热容。

表 4-9　基团结构摩尔热容值　　J · (kg · ℃)$^{-1}$

基团	温度/℃						基团	温度/℃					
	-25	0	25	50	75	100		-25	0	25	50	75	100
—H	12.6	13.4	14.7	15.5	16.7	18.8	—NH—	51.1	51.1	51.1			
—CH_3	38.5	40.0	41.7	43.5	45.9	48.4	$-\overset{|}{\text{N}}-$	8.4	8.4	8.4			

续表

基团	温度/℃						基团	温度/℃					
	-25	0	25	50	75	100		-25	0	25	50	75	100
$—CH_2—$	27.2	27.6	28.3	29.1	29.8	31.0	—CN	56.1	56.5	56.9			
$—\overset{\vert}{\underset{\vert}{C}}H$	20.9	23.9	24.9	25.8	26.6	28.2	$—NO_2$	64.5	64.9	65.7	67.0	68.2	
$—\overset{\vert}{\underset{\vert}{C}}—$	8.4	8.4	8.4	8.4	8.4		—NH—NH—	79.6	79.6	79.6			
—C≡C—	46.1	46.1	46.1	46.1			$C_6H_5—$（苯基）	108.9	113.0	117.2	123.5	129.8	136.1
—O—	28.9	29.3	29.7	30.1	30.6	31.0	$C_{10}H_7—$（萘基）	180.8	284.2	188.4	196.8	205.2	213.5
—CO—（酮）	41.9	42.7	43.5	44.4	45.2	46.1	—F	24.3	24.3	25.1	26.0	27.0	28.3
—OH	27.2	33.5	44.0	52.3	61.8	71.2	—Cl	28.9	29.3	29.7	30.1	30.8	31.4
—COO—（酯）	56.5	57.8	59.0	61.1	63.2	64.9	—Br	35.2	35.6	36.0	36.4	37.3	38.1
—COOH	71.2	74.1	78.7	83.7	90.0	94.2	—I	39.4	39.8	40.4	41.0		
$—NH_2$	58.6	58.6	62.8	67.0			—S—	37.3	37.7	38.5	39.4		

$$c_p = 2(40.0) + 23.9 + 33.5 = 137.4 \text{J/(mol} \cdot ℃)$$

由异丙醇的相对分子质量（60.097）换算成比热容

$$c_p = 137.4/60.097 = 2.29 \text{J/(mol} \cdot ℃)$$

实验值为 2.29J/(mol·℃)，误差为 0。

3. 固体的比热容

（1）元素比热容

$$c_e = \frac{c_a}{A} \text{kJ/(kg} \cdot ℃) \quad (4-50)$$

式中 c_a——元素原子的比热容，kJ/(kg·℃)，其值见表 4-10；

A——元素的原子量。

（2）化合物的比热容

$$c = \frac{1}{M} \sum n c_a \text{kJ/(kg} \cdot ℃) \quad (4-51)$$

式中 M——化合物相对分子质量；

n——分子中同种元素原子数；

c_a——元素原子的比热容，kJ/(kg·℃)，其值见表 4-10。

表 4-10 元素原子的比热容

元素	c_a/[kJ/(kg·℃)]	元素	c_a/[kJ/(kg·℃)]
碳 C	7.535	氟 F	20.93
氢 H	9.628	硫 S	22.604
硼 B	11.302	磷 P	22.604

续表

元素	c_a/[kJ/(kg·℃)]	元素	c_a/[kJ/(kg·℃)]
硅 Si	15.907	其他元素	25.953
氧 O	16.74		

（二）汽化热

任何温度、压强下，化合物的汽化热均可按下式计算：

$$q_v = (-28.5)\lg\left(p_R \frac{T_R T_c}{0.62(1-T_R)}\right) \text{ kJ/kg} \tag{4-52}$$

式中 p_R——对比压强(实际压强与临界压强之比值)。

T_c——临界温度，K；

T_R——对比温度(实际温度与临界温度之比值)。

液体在沸点下的汽化热可按下式计算：

$$q_{vb} = \frac{T_b}{M}(39.8\lg T_b - 0.029T_b) \text{ kJ/kg} \tag{4-53}$$

式中 T_b——液体的沸点，K；

M——液体的相对分子质量。

（三）熔融热

元素、无机物及有机化合物的熔融热可分别按下面三式作近似计算：

元素 $$q_F = (8.4 \sim 12.6)T_F \tag{4-54}$$

无机化合物 $$q_F = (20.9 \sim 29.3)T_F \tag{4-55}$$

有机化合物 $$q_F = (37.7 \sim 46)T_F \tag{4-56}$$

式中 q_F——熔融热，J/mol；

T_F——熔点，K。

（四）溶解热

对于溶质在溶解过程中不发生解离作用、溶剂与溶剂之间无化学作用及络合物的形成，则气态溶质的溶解热可取蒸发潜热之负值，固态溶质可取其熔融热的数值。

常用的无机酸，如硫酸、硝酸、盐酸等，其浓度变化热的数值较大，在过程热效应的计算中必须加以考虑。下面分别介绍硫酸、硝酸、盐酸溶解热的计算公式。

硫酸的溶解热可按 SO_3 溶解于水的热效应计算

$$q_s = \frac{2111}{\frac{1-s}{s} + 0.2013} + \frac{(T-288)\,2.989}{\frac{1-s}{s} + 0.062} \tag{4-57}$$

式中 q_s——SO_3 溶解于水配制成硫酸的积分溶解热，kJ/kg H_2O；

s——以 SO_3 计的硫酸的浓度(质量分率)；

T——溶解温度，K。

硝酸的积分溶解热的计算公式为

$$q_s = \frac{37570}{w + 1.757} \tag{4-58}$$

式中 q_s——硝酸积分溶解热，J/kg HNO_3；

w——溶解 1mol HNO_3 的 H_2O 的摩尔数。

盐酸的积分溶解热按下式计算

$$q_s = \frac{50158w}{1+w} + 22500 \tag{4-59}$$

式中 q_s——盐酸积分溶解热，J/kg HCl；

w——溶解 1mol HCl 的 H_2O 的摩尔数。

（五）无限稀释热

由无限稀释热也能求出浓度变化热效应。下面介绍硫酸、硝酸及混酸的无限稀释热计算公式或算图。

1. 硫酸无限稀释热

1kg 一定浓度的硫酸被无限量的水稀释时所放出的热量可用下式求得

$$q_{id} = 766.2 - \frac{1357n}{n+49} \text{ kJ/kg 硫酸} \tag{4-60}$$

式中 n——硫酸溶液中水的质量百分数,%。

2. 硝酸无限稀释热

以 1kg 一定浓度硝酸为基准的硝酸无限稀释热用式(6-27)计算

$$q_{id} = 464.7 - \frac{1306n}{n+98.5} \text{ kJ/kg 硝酸} \tag{4-61}$$

式中 n——硝酸中水的质量百分数,%。

3. 混酸无限稀释热

以 1kg 一定浓度的混酸为计算基准的混酸无限稀释热可以用式(4-62)计算

$$q_{id} = \frac{q_{id1} - q_{id2}}{q_{id1} - (q_{id1} - q_{id2})x} \text{ kJ/kg 混酸} \tag{4-62}$$

式中 q_{id1}——含水量与混酸相同的硫酸无限稀释热，kJ/kg H_2SO_4；

q_{id2}——含水量与混酸相同的硝酸无限稀释热，kJ/kg HNO_3；

x——混酸中 H_2SO_4、HNO_3、H_2O 的质量百分数分别为 m、l、n，则 $x=m/(l+m)$。

混酸的无限稀释热也可以用图 4-17 计算。

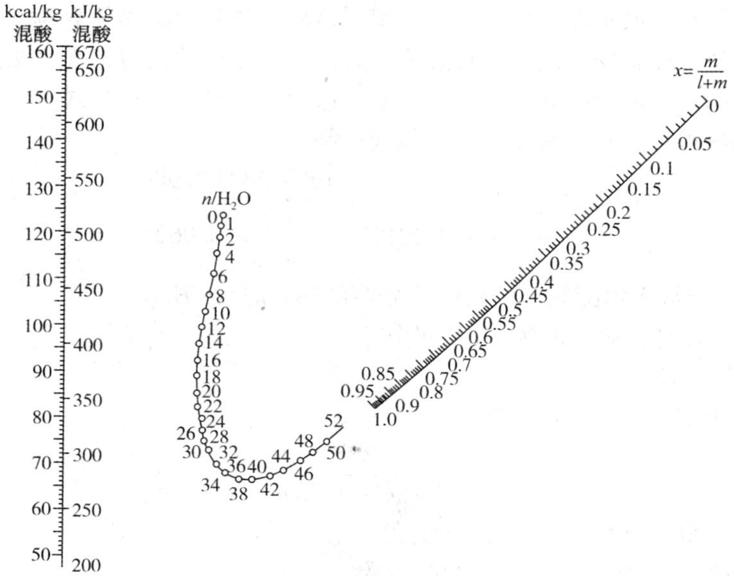

图 4-17 计算混酸无限稀释热的列线图

【例 4-16】 由 1234kg 的 98%硝酸及 3356kg 的 92%硫酸配制成 4590kg 的混酸，其过程热效应为多少。

解：由物料衡算可知混酸中 H_2SO_4、HNO_3、H_2O 的质量百分数分别为 $m=67.3\%$、$l=26.3\%$、$n=6.4\%$，所以 $x=m/(l+m)=67.3/(67.3+26.3)=0.72$。

由图 4-17 查得混酸的无限稀释热

$$q_M = 525.4 \text{ kJ/kg 混酸}$$

利用图 4-17 也可求得硫酸及硝酸的无限稀释热数据。

对于 92%H_2SO_4，$n=8$，$x=m/(m+1)=92/(92+0)=1$，从图 4-17 上定出 $n=8$ 的一点及 $x=1$ 的一点，将二点连接并延长到图左坐标，其读数即为 92% H_2SO_4 的无限稀释热，即 $q_{idH_2SO_4}=573.6$kJ/kg 硫酸。

同样，可以由 $n=2$ 及 $x=m/(m+1)=0/(0+92)=0$，从图 4-17 上读出 92%HNO_3 的无限稀释热，即 $q_{idH_2SO_4}=573.6$kJ/kg 硝酸。

根据盖斯定律可以算出混酸配制过程的热效应(见图 4-18)。

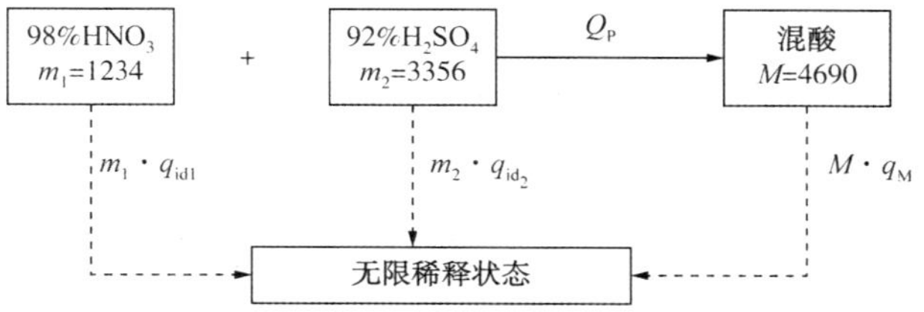

图 4-18 例题 4-16 附图

$$m_1 \times q_{id1} + m_2 \times q_{id2} = Q_p + M \times q_M$$

$$Q = m_1 \times q_{id1} + m_2 \times q_{id2} - M \cdot q_M$$
$$= 1234 \times 435.4 + 3356 \times 573.6 - 4590 \times 525.4$$
$$= 5.07 \times 10^4 \text{kJ}$$

(六) 标准燃烧热

查里德(Richard)认为，有机化合物的标准燃烧热与该化合物完全燃烧时所需的氧原子数成直线关系，即

$$q_c = \sum a + x \sum b \tag{4-63}$$

式中 a、b——常数，化合物结构有关，其值见表 4-11；

x——化合物完全燃烧(产物为 CO_2、H_2O、N_2、HCl、SO_2 等)时所需的氧原子数。

用查里德法计算化合物的标准燃烧热时还必须遵循以下规则。

(1) 在计算任何化合物的标准燃烧热时，首先要按化合物的相态计入表 4-11 中所列的 a、b 值，作为基数。液态与固态化合物均按液态计，气态化合物按表 4-11 中气态的 a、b 值计。

表 4-11 基数值

相态	a	b	相态	a	b
液态	22.86	218.05	气态	23.02	219.72

(2) 分子中如有支链存在，或在环状结构分子中有两个或两个以上烷烃取代基存在时，

则必须加上烷烃支链数值，但只加一次，因此苯和甲苯无支链值，但二甲苯、异丙苯及六甲基环己烷均须计入支链值，只计一次。

（3）分子中存在两个以上相同的官能团，则 a 值应乘以该官能团的个数，而 b 值仍以一个计算，但烷烃取代基与支链取代基例外，见例 4-17。

（4）分子中存在多个不相同的官能团时，应将各个官能团的 a、b 值分别计入式(4-63)。有时对于同一个官能团可以有两种不同的选择，例如甲酰胺($HCONH_2$)既可以看作是醛+胺，也可以看作是酰胺。遇到这种情况应该选择较复杂的官能团数值，或选择在表 4-11 中排列较后的官能团的 a、b 数值。对于甲酰胺只能取酰胺的数值而不能取醛与胺的数值再相加。

脲型(—N—CO—N—)和二缩脲型(—N—CO—N—CO—N—)的基团则例外，二者都应看作含有两个酰胺，而二缩脲还要加一个胺基的数值。此类情况常适用于含氮化合物。

（5）所选择的官能团 a、b 数值应与化合物的相态一致。在一般情况下可以用液态数值代替固态数值，因为对非极性或极性很小的有机化合物，其熔融热通常不大，不会引起大的误差。

（6）有机碱与无机酸生成的盐类及水化合物的燃烧热除了要计算相应的碱与酸的燃烧外，还须加上校正值。

（7）对于某些含氮原子的基团除上述规则计算 a、b 数值外，必须加以校正。如果由于取代生成—N—N—或—N—C—键时，则还须加上肼或胺的校正值，例如酰胺、肼、酰肼、偶氮、偶氮氧、胍、四氮杂茂、硝基胺、硝基酰胺、亚酰胺等及其相似化合物。所有硝基伯胺可看作含有伯胺、也含有硝基胺；N—取代的硝基酰胺可看作含有伯胺、也含有硝基酰胺；具有 A_r—N ═N—A_r结构的偶代化合物除用偶氮基、芳香环的基本的数值外，必须再上二个伯胺的校正值。

【例 4-17】 计算 3，5-二乙氧羰基-2-α-羟丙基-4-甲基吡咯的燃烧热。

解： $C_{14}H_{21}NO_5+16.75O_2 \longrightarrow 14CO_2+10.5H_2O+0.5N_2$

结构式

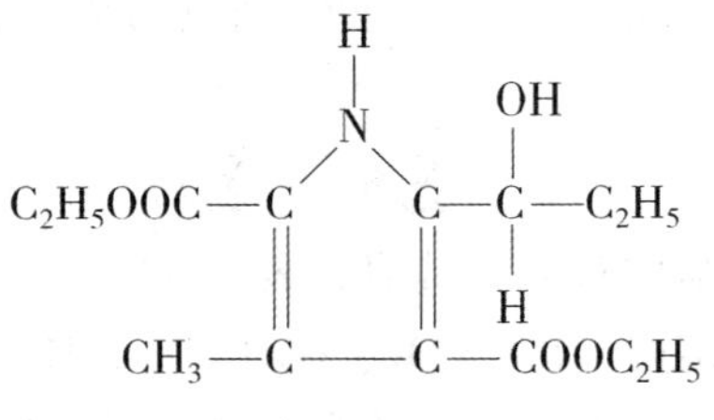

$x=35.5$

项　　目		a	b	使用规则
正烷烃基数	1(液)	23.86	218.05	1
烷烃支链	1(液)	−15.49	0.38	2
仲醇	1(液)	18.84	−1.84	5
酯	1(液)	67.41×2	−1.76	3，5
吡咯	1(固)	5.44	−0.13	4
		$\sum a=167.47$	$\sum b=214.70$	

$$q_c=167.47+33.5\times(214.70)=7359.92\text{kJ/mol}$$（实验值为 7335.27）

【例 4-18】 计算 5-硝基胺四氮杂茂-胍盐的燃烧热。

解：结构式

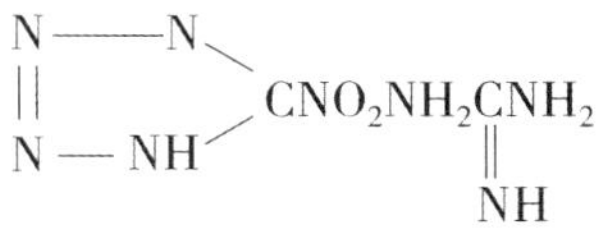

$$C_2H_7N_9O_2+2.75O_2 \longrightarrow 2CO_2+3.5H_2O+4.5N_2$$

$$x=5.5$$

项　　目		a	b	使用规则
正烷烃基数	1（液）	23.86	218.05	1
伯胺	1（液）	74.11	-3.39	5，7
胍	1（固）	2.93	-1.93	4
四氮杂茂	1（固）	205.15	1.34	
硝基胺	1（固）	393.56	3.6	
成盐		-67.41		6
		$\sum a=632.20$	$\sum b=217.68$	

$$q_c=632.20+5.5\times(217.68)=1829.40\text{kJ/mol}$$（实验值为 1900）

【例 4-19】 计算维生素 A 的燃烧热。

解：$C_{20}H_{30}O+27O_2 \longrightarrow 20CO_2+15H_2O$；$x=54$

结构式

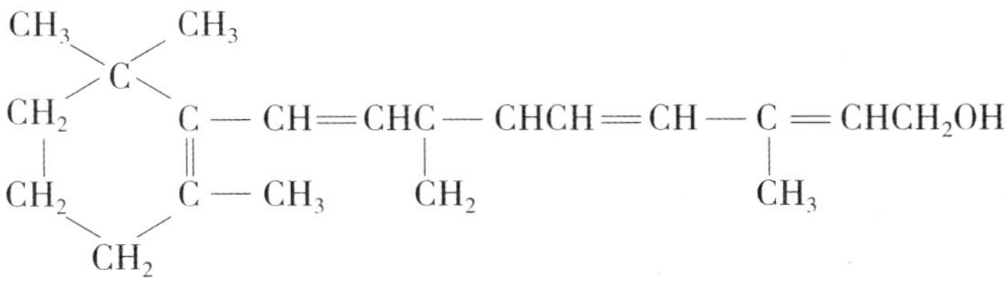

项　　目		a	b	使用规则
正烷烃基数	1（液）	23.86	218.05	1
烷烃支链	1（液）	-15.49	0.38	2
环已烷	1（液）	-30.98	0	
正烯烃	5（液）	59.45×5	-0.04	3
伯醇	1（液）	38.52	-0.21	5
		$\sum a=313.16$	$\sum b=218.18$	

$$q_c=313.16+54\times(218.18)=12094.88\text{kJ/mol}$$

（七）采用 ASPEN 获取热力学数据

ASPEN Plus 可以按两种方式进行物性估算，从而获得需要的热力学数据。一种为独立应用 Property Estimation Run Type（物性估算运行类型）；另一种是在 Run Type（运行类型）中使用。本书仅以泡点压力和露点压力计算为例作简要介绍。

【例 4-20】 一烃类混合物含有甲烷 5%(mol)、乙烷 10%、丙烷 30%和异丁烷 55%，试求混合物在 25℃时的泡点压力和露点压力。

解：(1) 启动 User Interface。

(2) 选用 Template。

(3) 设定全局特性：Setup Global Specifications。

在 Accounting 中输入 user name；

在 UNIT SET 中建立新的单位体系，输入方面输入的和希望输出的单位；

结果报告中把 block 去掉。

(4) 输入化学组分信息 Components。

(5) 选择物性方程选用物性计算方法和模型 Property Methods & Models；

选择 SRK eq。

(6) 画一个物流流股，输入外部流股信息 External Steams。输入状态为：

T=25℃；Vapor fraction=0；进料组成 Total flow。

(7) 调用 Tools 中的 Analysis，选择 Stream 中的 Bubble/Dow。

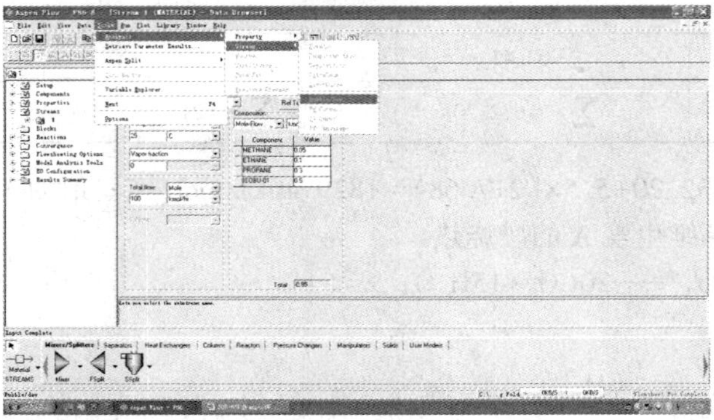

(8) 输入压力的上、下限分别为 100kPa、2000kPa。

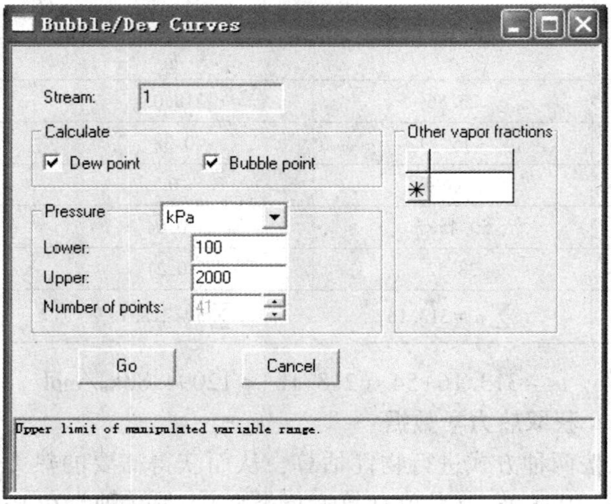

（9）调用 Plot，横坐标为温度，纵坐标为压力，作图，得上线为露点压力线，下线为泡点压力线。

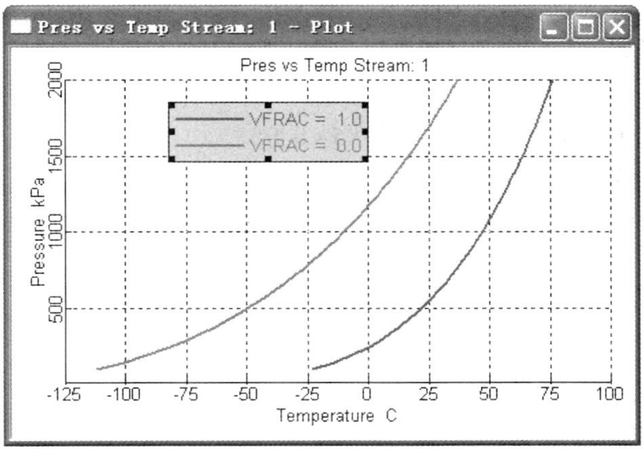

（10）沿 25 向上做一条直线，与两线相交，读数即为泡点压力、露点压力。

（11）调用 Analysis 中的 Property，选择纯组分，即可得到需要的物性数据。

四、加热剂、冷却剂及其他能量消耗计算

（一）水蒸气的消耗量

1. 间接蒸汽加热时蒸汽的消耗量

$$D = \frac{Q_2}{[H - c(T - 273)]\eta} \tag{4-64}$$

式中 D——加热蒸汽消耗量，kg；

Q_2——由加热蒸汽传热给所处理物料及设备的热量，kJ；

H——水蒸气的热焓，kJ/kg；

c——冷凝水的比热容，可取 4.18kJ/kg・K；

T——冷凝水温度，K；

η——热利用率，保温设备取 0.97~0.98；不保温设备取 0.93~0.95。

2. 直接蒸汽加热时蒸汽的消耗量

$$D = \frac{Q_2}{[H - c(T_K - 273)]\eta} \tag{4-65}$$

式中 T_K——被加热液体的最终温度，K；其余符号含义同式(4-64)。

（二）燃料的消耗量

$$B = \frac{Q_2}{\eta Q_p} \tag{4-66}$$

式中 B——燃料的消耗量，kg；

η——燃烧炉的热效率，一般在 0.3~0.5，工业锅炉的热效率为 0.6~0.92；

Q_p——燃料的发热值，褐煤为 8400~14600kJ/kg；烟煤为 14600~33500kJ/kg；无烟煤为 14600 ~ 29300kJ/kg；燃料油为 40600 ~ 43100kJ/kg；天然气为 33500 ~ 37700kJ/kg。

（三）电能的消耗量

$$E = \frac{Q_2}{3600\eta} \tag{4-67}$$

式中　E——电能消耗量，kW·h(1kW·h=3600kJ)；

Q_2——热负荷，kJ；

η——电热装置的热效率，一般为0.85~0.95。

（四）冷却剂的消耗量

常用的冷却剂为水、冷冻盐水和空气，冷却剂的消耗量均可由下式计算：

$$W = \frac{Q_2}{C(T_K - T_H)} \tag{4-68}$$

式中　W——冷却剂的消耗量，kg；

c——冷却剂的平均比热容，kJ/(kg·K)；

T_K——冷却剂的最终温度，K；

T_H——冷却剂的最初温度，K。

（五）压缩空气的消耗量

一般压缩空气的消耗量均折算成常压(即 1.013×10^5Pa)下空气的体积，流量以 m^3/h 表示，因此在计算中要求求出压缩空气的体积和压强。

1. 压送液体物料时压缩空气的耗量

压送液体物料时，压缩空气在设备内的最低压强可按下式计算

$$p = H\rho g + \frac{\rho u^2}{2}(1 + \sum \xi) + p_0 \tag{4-69}$$

式中　p_0——液面上方的压强，Pa；

H——压送静压高度，即设备间垂直位差，m；

ρ——液体密度，kg/m^3；

g——重力加速度；

u——管内液体流速，m/s；

$\sum \xi$——阻力系数总和。

利用式(4-69)计算时，压送高度一般是已知的，而压头损失项需要根据实际情况进行计算，为简化起见，压头损失可按压送液体静压高度的20%~50%估算。

(1) 设备中液体在一次压送中全部压完时压缩空气消耗量的计算

折算成 1.013×10^5Pa 的压缩空气体积。

一次操作

$$V_a = \frac{V_A p}{1.01 \times 10^5} \quad m^3/\text{一次操作} \tag{4-70}$$

每昼夜

$$V_c = \frac{V_A p \alpha}{1.01 \times 10^5} \quad m^3/d \tag{4-71}$$

每小时

$$V_h = \frac{V_a}{\tau} \quad m^3/h \tag{4-72}$$

式中　V_A——设备容积，m^3；
p——压缩空气在设备内建立的压强，Pa；
α——每昼夜压送次数；
τ——每次压送时间，h；
V_a——一次操作所消耗的体积，m^3/一次；
V_c——每昼夜所消耗的体积，m^3/d；
V_h——每小时所消耗的体积，m^3/h。

（2）设备内液体每次仅压送一部分时压缩空气消耗量的计算

一次操作

$$V_a = \frac{V_A(2-\phi)+V_1}{2\times 1.01\times 10^5}p \quad m^3/\text{一次操作} \tag{4-73}$$

每昼夜

$$V_c = V_a\alpha \quad m^3/h \tag{4-74}$$

每小时

$$V_h = \frac{V_a}{\tau} \quad m^3/h \tag{4-75}$$

式中　ϕ——设备装料系数；
V_1——一次压送的液体体积，m^3。

2. 搅拌液体

通入设备供搅拌用的空气必须有足以克服被搅拌液体的液柱阻力和管道阻力的压强。为简化，管道阻力可以液柱阻力的20%计，于是，压缩空气的压强应为

$$p = 1.2H\rho g + p_0 \ \text{Pa} \tag{4-76}$$

式中　H——被搅拌液体的液柱高度，m；
ρ——液体密度，kg/m^3；
p_0——液体上方气相的压强，Pa；
g——重力加速度。

折算成1.01×10^5Pa时的空气消耗

一次操作

$$V_a = \frac{kA\tau p}{1.01\times 10^5} \quad m^3/\text{一次操作} \tag{4-77}$$

每昼夜

$$V_c = \alpha V_a \quad m^3/d \tag{4-78}$$

每小时

$$V_h = \frac{kAp}{1.01\times 10^5} \quad m^3/h \tag{4-79}$$

式中　A——被搅拌液体的横截面积，m^2；
τ——一次搅拌时间，h；
p——压缩空气压强，Pa；
k——系数，缓和搅拌取24、中等强度搅拌取48、剧烈搅拌取60；
α——每昼夜操作次数。

（六）真空的抽气量

1. 抽气液体物料

一批操作

$$V_a = V_A\left(-\ln \frac{p_k}{1.01 \times 10^5}\right) \quad m^3/一次操作 \tag{4-80}$$

每昼夜

$$V_c = V_a \cdot \alpha \quad m^3/d \tag{4-81}$$

每小时

$$V_h = \frac{V_a}{\tau} \quad m^3/h \tag{4-82}$$

式中 V_A——设备容积，m^3；

p_K——设备中剩余压强，Pa；

α——每昼夜操作批数；

τ——每次抽料时间，h。

2. 真空抽滤

每小时 $$V_h = \sigma A \quad m^3/h \tag{4-83}$$

一批操作 $$V_a = \sigma A \tau \quad m^3/一次操作 \tag{4-84}$$

每昼夜 $$V_c = V_a \cdot \alpha \quad m^3/d \tag{4-85}$$

式中 A——真空过滤器的过滤面积，m^2；

σ——经验常数，取 15~18；

τ——一次抽滤时间，h；

α——每昼夜操作批数。

3. 真空蒸发

在真空蒸发操作中，溶液中的不凝性气体和由设备及管道的各连接处漏入的空气会聚积在冷凝器内，这不仅降低了冷凝器的传热系数，同时也使被冷凝蒸汽的分压下降，所以必须从冷凝器中不断抽去空气及不凝性气体。

在标准状态(0℃及 1.013×10^5Pa)下，1kg 水中约含 2%(体积)的空气，即相当于 2.5×10^5kg 的空气。每冷凝 1kg 蒸汽，平均从设备的联接处漏入约 0.01kg 的空气。据此，可以计算出冷凝器中必须抽走的空气量。

(1) 间壁式冷凝器

$$M_b = 2.5 \times 10^{-5} D_h + 0.01 D_h \approx 0.01 D_h \quad kg/h \tag{4-86}$$

式中 M_b——每小时抽走的空气量，kg/h；

D_h——进入冷凝器的蒸汽量，kg/h。

折算成 0℃及 1.013×10^5Pa 时的空气体积为

$$V_h = 0.001\left(\frac{0.025}{1.25} D_h + \frac{10}{1.25} D_h\right) = 8.02 \times 10^{-3} D_h \quad m^3/h \tag{4-87}$$

(2) 混合冷凝器

$$M_b = 2.5 \times 10^{-5}(D_h + W) + 0.01 D_h \quad kg/h \tag{4-88}$$

式中 W——进入冷凝器中的冷却水用量，kg/h。

折算成 0℃ 及 1.013×10^5Pa 时的空气体积为

$$V_h = 0.001[0.02(D_h + W) + 8D_h] \quad m^3/h \tag{4-89}$$

当空气温度为 T 时，体积可由下式计算

$$V_h = \frac{287M_bT}{p - p_s} \quad m^3/h \tag{4-90}$$

式中 p——冷凝器内总压，Pa；

p_s——T 温度下水的饱和蒸汽压，Pa；

T——被抽走空气的温度，K，由冷凝器的型式决定；对于与间壁式冷凝器 $T=T_h$（进入冷凝器的冷却水温度）；对于湿式混合冷凝器 $T=T_k$（冷凝器出口水温）；对于干式混合冷凝器 $T=T_h+4+0.1(T_k-T_h)$。

4. 建立真空时所需的抽气量

$$V_h = \frac{V_a}{\tau}\ln\frac{p_h}{p_k} \quad m^3/h \tag{4-91}$$

式中 V_a——容器的容积，m^3；

τ——抽气时间，h；

p_h——容器内初始压强，Pa；

p_k——容器内最终压强，Pa。

5. 维持真空所需抽气量

由于设备的各种密封联接件总存在着气体的泄漏，所以当建立真空后仍应继续抽气，以抵消这种无法避免的气体泄漏。对于真空系统的泄漏量 V_1 只要能确定系统的总容积，则可由图 4-19 进行估算。

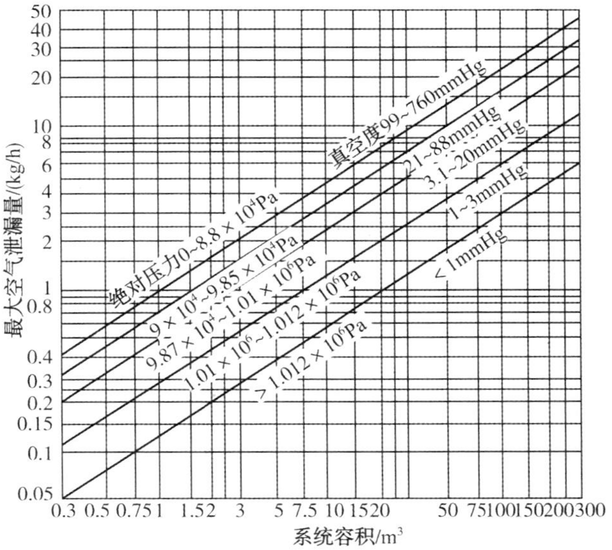

图 4-19 密闭系统内（没有搅拌器的场合）所允许的最大空气泄漏量

（1mmHg=133.322Pa）

若真空系统还有如表 4-12 所列的密封件存在，则还应计算这些泄漏的总和 V_2。

表 4-12　真空系统装置中泄漏的空气估计值 V_2

连接件名称	平均泄漏量/(kg/h)	连接件名称	平均泄漏量/(kg/h)
丝扣连接，2″以下	0.045	润滑旋塞	0.045
2″以上	0.09	小型旋塞(放泄用)	0.09
法兰连接，6″以下	0.23	视镜	0.45
6″~24″(包括人孔)	0.36	玻璃液位计(包括旋塞)	0.91
24″~6′	0.5	带有液封填料箱的搅拌器、	0.14
6′以上	0.91	泵等的轴	
阀门(有密封圈的)		普通填料箱，每英寸轴径	0.68
阀杆直径，1/2″以下	0.23	安全阀、放气口，每英寸公称	0.45
阀杆直径，1/2″以下	0.45	直径	

在求得 V_1 和 V_2 数值后将两者相加，再根据设备的密闭性能及装置的大小乘上适当的系数，即可算出维持真空所需的抽气量。

对于密闭性好的小型装置

$$V_h=(0.5\sim0.75)(V_1+V_2)\text{kg/h} \tag{4-92}$$

对于密闭性较差及有腐蚀的装置

$$V_h=(2\sim3)(V_1+V_2)\text{kg/h} \tag{4-93}$$

当真空系统内有搅拌器和其他转动部件时，还需在式(4-92)、式(4-93)计算的基础上加入轴封的泄漏量。每个轴封可按 2.3kg/h 的空气泄漏量计算；在轴封十分严密的场合每个轴封的空气泄漏量可降到 0.5~1kg/h，甚至更小。

最后可以得出车间各种能量消耗综合表，如表 4-13 所示。

表 4-13　车间能耗综合表

序号	名称	规格	单位	每吨产品消耗定额	每小时最大用量	每昼夜消耗量	年消耗量	备注
1	2	3	4	5	6	7	8	9

五、用 Aspen Plus 软件进行能量衡算

简单化工操作单元的化工计算可以手工进行，复杂化工流程的衡算手工计算非常困难，因此在任何情况下使用化工模拟软件进行化工过程的衡算是很方便的。

物料衡算和能量衡算的基本规则，对软件计算同样适用，但软件计算又有其自身的特点，并可以大大提高衡算的速度和进步。

(一) 用软件进行物料衡算与能量衡算的要点

1. 选择合适的计量单位模板

Aspen Plus 软件包含英制与公制两种计量单位集。在开始模拟过程时，选择一套合适的计量单位模板，也可以在输入与输出数据时对计量单位进行选择。

2. 选择合适的物性计算方法

Aspen Plus 软件把模拟计算一个流程所需要的热力学性质和传递性质的计算方法与计算模型组合在一起，称为性质方法，每种性质方法以其中主要的热力学模型冠名，软件中共有

80 多种性质方法可供选用。针对不同的模拟系统，选择合适的性质方法用于模拟过程是获得正确计算结果的前提。

3. 输入组分的数量要完整

与人工衡算不同，用软件进行衡算时，必须向软件输入组分名称，通知软件调用数据库中该组分的全部物性数据参与运算。输入组分的数量要完整，包括所有输入物流与输出物流中的全部组分。

4. 熟悉模块功能及其计算方法

熟悉软件的模块功能，可快速正确地建立起物料衡算的模拟流程。软件中的模块本质上是计算方法的图形显示，有的模块仅对应一种算法，如混合器、分配器、单相分离器、精馏塔的简捷计算等模块；有的模块包含多种算法，如精馏塔的严格计算模块“RadFrac”中包含了内外法、流率加和法、同时矫正法等，可根据需要选择运行。

5. 了解软件对物性术语的缩写

Aspen Plus 是全英文软件，操作界面上的指令都用英文全名表示，易于理解，但物流的物性均用缩略语表示，需要多加熟悉。

6. 尽量使用软件自带的过程数据包

在软件安装目录中，有一个“GUI”文件夹，包含了多个软件模拟计算例题的子文件夹。在这些子文件夹中，有的是软件使用方法的介绍，如绘图向导“Plotwizard”文件夹；有的是对各种化工过程完整模拟计算的文件，如“APP”文件夹；有的仅提供原始实验数据，如“Asy”文件夹中包含了全球各地原油的实沸点数据；有的提供特定化工过程的基础数据包，如综合过程数据包“Datapkg”文件夹与电解质过程数据包“Elecins”数据包。在每一个数据包文件中，对模拟体系的组分、工艺条件、物性方法都已确定，尤其是已经包含了针对该体系模拟计算需要的热力学基础数据，部分还包含了动力学数据。

（二）衡算实例

1. 汽化过程

【例 4-21】 某化工厂计划利用废气的废热生产水蒸气，进入废热锅炉的废气温度为 450℃，出口废气的温度为 260℃，进入锅炉的水温为 25℃，产生的饱和水蒸气温度为 233.7℃，压力为 3.0MPa，试计算每 100kmol 的废气可产生的水蒸气量及废热锅炉的热负荷。

解：步骤 1：全局性参数设置。选择通用过程的公制计量单位模板，默认计算类型为“Flowsheet”，设置输出格式。废气用氮气表示。在组分输入窗口“Component ID”中输入氮气和水。

步骤 2：选择物性方法。选用 STEAM-TA 计算水蒸气性质。

步骤 3：绘制流程图，废热锅炉热流体可能较脏，走管程，冷流体较洁净；走壳程，采用两股流体换热器“HeatX-HT”模块计算，流程如图 4-20 所示。

步骤 4：设置流股信息。把题目给定的氮气物流信息填入对应栏目中，水的用量待定，暂定 200kg/h，由“Design-Spec”功能确定准确值。

步骤 5：设置模块信息。在“Blocks/B1/Setup/Specifications”页面，采用换热器的简捷模式（Shortcut）计算，指定冷流体出口汽化分率为 1.0。在“Blocks/B1/Block Options/Properties”页面，管程的物性计算采用 SRK 方程，如图 4-20 所示。

步骤 6：设置。在“Flowsheeting Options/Design Spec/Input/Define”页面，创建一个流程

变量“N_2OUT”，定义为氮气出废热锅炉的温度(℃)，如图 4-21 所示；在“Input/Spec”页面，规定变量为 260(℃)，设置允许计算误差 0.01(℃)；在“Input/Vary”页面，设置进入废热锅炉水“H_2O”的流率变化范围为 100~300kg/h。

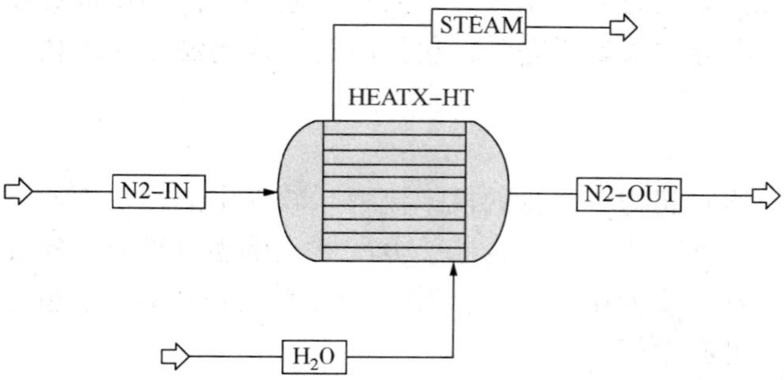

图 4-20　废热锅炉流程图

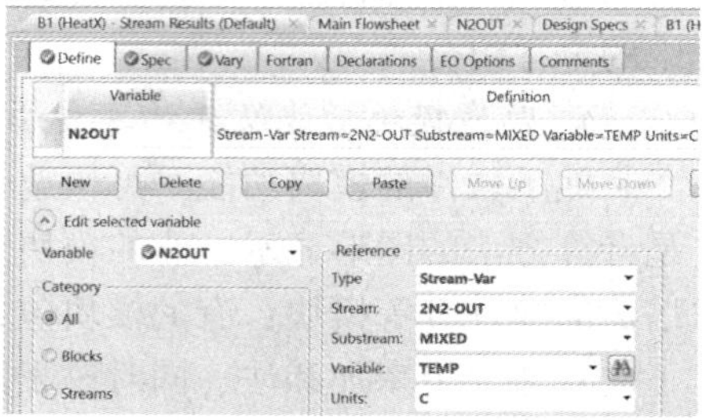

图 4-21　流程变量的定义

至此，废热锅炉模拟计算需要的信息已全部设置完毕，进行模拟计算，结果见图 4-22，给出了冷、热流体的始、终状态和流率以及废热锅炉的热负荷。由计算结果可知，热流体的出口温度规定为 260℃，冷流体的出口为 3.0MPa 的饱和水蒸气，温度为 233.9℃，废热锅炉的热负荷为 161.2kW，每 100kmol 的废气可产生水蒸气量为 215.5kg/h。

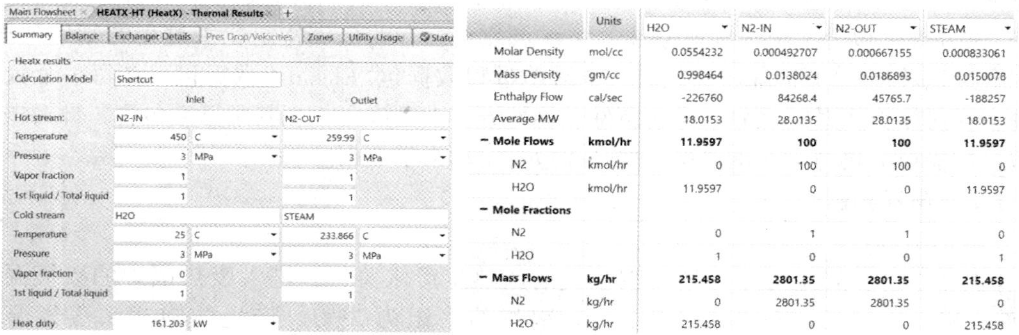

Heatx results	Inlet		Outlet	
Calculation Model	Shortcut			
Hot stream:	N2-IN		N2-OUT	
Temperature	450	C	259.99	C
Pressure	3	MPa	3	MPa
Vapor fraction	1		1	
1st liquid / Total liquid	1		1	
Cold stream	H2O		STEAM	
Temperature	25	C	233.866	C
Pressure	3	MPa	3	MPa
Vapor fraction	0		1	
1st liquid / Total liquid	1		1	
Heat duty	161.203	kW		

	Units	H2O	N2-IN	N2-OUT	STEAM
Molar Density	mol/cc	0.0554232	0.000492707	0.000667155	0.000833061
Mass Density	gm/cc	0.998464	0.0138024	0.0186893	0.0150078
Enthalpy Flow	cal/sec	-226760	84268.4	45765.7	-188257
Average MW		18.0153	28.0135	28.0135	18.0153
− Mole Flows	kmol/hr	11.9597	100	100	11.9597
N2	kmol/hr	0	100	100	0
H2O	kmol/hr	11.9597	0	0	11.9597
− Mole Fractions					
N2		0	1	1	0
H2O		1	0	0	1
− Mass Flows	kg/hr	215.458	2801.35	2801.35	215.458
N2	kg/hr	0	2801.35	2801.35	0
H2O	kg/hr	215.458	0	0	215.458

图 4-22　废热锅炉计算结果

2. 吸收过程

【例 4-22】　氨气吸收——电解质过程数据包应用。

用水在 10 块理论板的塔中吸收空气中的氨。已知空气中含体积分数 0.05 的氨，空气流率 10000m/h，20℃，1bar。吸收剂水的流率为 16t/h，20℃，1bar。求吸收过程水和空气的温升。

解：步骤 1：全局性参数设置。选择电解质过程的公制计量单位模板，计算类型为“Flowsheet”，默认模板的电解质物流输出格式“ELEC_ M”。

步骤 2：选择物性方法。默认模板选择的电解质物性方法，用 ELECNRTL 方程计算各物流的物性。

步骤 3：进入组分输入窗口，输入水、氨，空气组分用氧气和氮气表示。氨在水中的电离反应不容忽视，因此用电解质向导建立溶液真实组分体系，电解质模拟方法选择表观组分格式，以便于阅读计算结果。

步骤 4：画流程图。选用“RadFrac”模块，画出吸收流程，如图 4-23 所示。

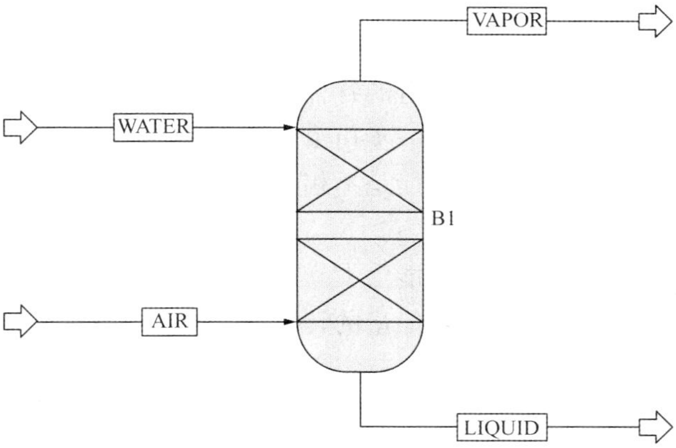

图 4-23　吸收流程图

步骤 5：设置流股信息。把题目中气液相的进料物流信息填入对应物流的栏目中。

步骤 6：设置模块信息。在“Blocks/B1/Setup/Configuration”页面，填入理论板数 10，在“Convergence”栏目中选择“Custom”，如图 4-24 所示。在“Stream”页面和“Pressures”页面按题目给定信息填写。

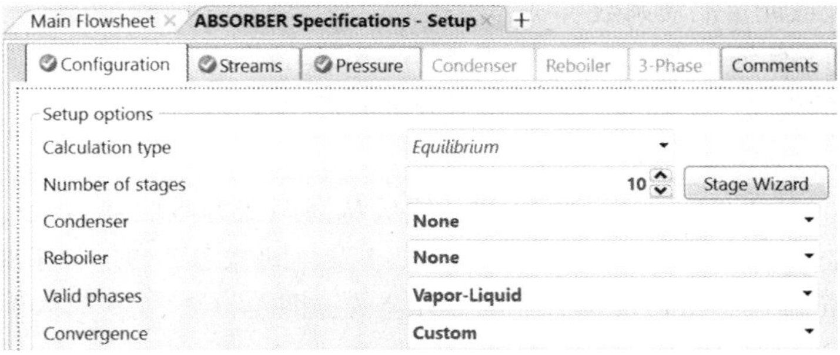

图 4-24　吸收塔配置页面设置

在“Blocks/B1/Convergence/Advanced”页面的“Absorber”栏目内选择“Yes”，说明是吸收塔。

至此，信息设置完毕，进行模拟计算，结果见图 4-25。可知吸收过程中氨溶解的溶解热大部分被水相吸收，水相升温 4.2℃，出塔气体升温 0.1℃。

	Units	AIR	LIQUID	VAPOR	WATER
Temperature	C	20	24.1869	20.139	20
Pressure	bar	1	1	1	1
+ Mole Flows	kmol/hr	410.579	899.13	399.584	888.135
+ Mole Fractions					
– Mass Flows	kg/hr	11603.5	16178	11425.5	16000
H_2O	kg/hr	0	15828	171.987	16000
NH_3	kg/hr	349.62	349.609	0.0106949	0
N_2	kg/hr	8626.32	0.251723	8626.07	0
O_2	kg/hr	2627.61	0.150433	2627.46	0

图 4-25　吸收塔模拟计算结果

六、有效能的概念

（一）㶲

热力学第一定律指出物质系统所具有的各种形式的能量可以相互转换，在转换的过程中能量的总量不变。热力学第二定律则进一步指出能量之间的转换具有方向性和限度。对于不同形式的能量而言，它们的转换能力可能是不相同的。因此它们在技术上的有用程度也可能是不相同的。

由实践和理论分析可知，功的转换能力大。在理论上它不仅能全部转化为热量，还能全部转化为其他形式的能量。由此，可将能量的转换能力或有用程度，统一理解为能量转变为功的能力或做功的能力，称之为有效能，其定义如下：

在给定的环境条件下，任一形式的能量在理论上所具有的作出最大有用功的能力，或理论上能够转变为最大有用功的那部分能量称为该能量的有效能（exergy）。有效能也称为㶲，用符号 Ex 表示。而能量中的其余部分，即不能转变为有用功的那部分能量称为无效能（anergie）或（火无），用符号 An 表示。由以上的定义，可以分别用下面两个公式表示能量的数量和质量。

能量的数量
$$E=Ex+An \tag{4-94}$$

能量的质量
$$R=\frac{Ex}{E}=\frac{Ex}{Ex+An} \tag{4-95}$$

式中　R——能级或能量品质系数。

（二）热、功与物流的㶲

根据有效能的定义，下面分别介绍各种能量形式的有效能计算公式。

1. 热量㶲

设高温热源的温度 T；环境温度为 T^0；热机从高温热源吸收热量 δQ，向低温热源（环境）放出微量热量 δQ_0；ΔS 为高温热源在从状态 1 变化到状态 2 的过程中发出的熵变。由热力学第一和第二定律可导出热量㶲 Ex_Q 的计算公式，即

$$Ex_Q = W_{A,\ max} = \int_1^2 \left(1 - \frac{T^0}{T}\right)\delta Q \tag{4-96a}$$

或
$$Ex_Q = \int_1^2 \delta Q - T^0 \int_1^2 \frac{\delta Q}{T} = Q - T^0 \Delta S \tag{4-96b}$$

热量为

$$Ax_Q = Q - Ex_Q = T^0 \Delta S = T^0 \int_1^2 \frac{\delta Q}{T} \tag{4-97}$$

前面已叙述过，功的转变能力大，但并非任何情况下功量都是有用功。由㶲的定义可知，只有在一定环境下的有用功才是㶲。例如，当系统在环境中做功的同时发生容积变化时，系统要反抗环境做环境功。由于这部分功直接传递给了环境而无法利用，所以在计算功㶲时要把这部分功量扣除。设一个封闭系统从状态 1 变化状态 2 的过程中所做功 W_{12} 的功㶲为 Ex_w，则其计算为

$$Ex_Q = W_A = W_{12} - P^0(V_2 - V_1) \tag{4-98}$$

很显然，功（火无） An_w 应为

$$An_w = -P^0(V_2 - V_1) \tag{4-99}$$

所以，当一个系统在对外作有用功时，若容积没有变化，则所做的功全部是㶲。

2. 物流的㶲

㶲的定义也可以这样来理解：从物流所处的状态变化到与给定环境状态完全平衡时所作的最大有用功，即为物流所具有的㶲。于是，物流㶲与物流跟环境所处的差异成正比。若物流所处状态变化到与环境达到机械平衡和热平衡，这时物流的状态称为物理死态；若与环境达成机械平衡、热平衡和化学平衡，这时的物流状态称为化学死态。这时所指的环境可理解为很大的静止介质，不论吸收或放出多少能量或物质，其压力、温度以及组成的各种成分均保持恒定。定义物流系统的状态相对于物理死态所具有的㶲称为物理㶲，用符号 Ex_{iph} 表示；而由物理死态达到化学死态所具有的㶲称为化学㶲，用符号 Ex_{ch} 表示。若忽略物流㶲，则物流㶲应为物理㶲与化学㶲之和，即

$$Ex = Ex_{ph} + Ex_{ch} \tag{4-100}$$

（1）物理㶲

对于温度、压强分别为 T、p 的物流，所具有的物理㶲为

$$Ex_{ph} = (H - H^0) + T^0(S - S^0) \tag{4-101}$$

式中 H，S——物流在 T、p 状态下的焓和熵；

H^0、S^0——物流在 T^0、p^0 状态下的焓和熵。

（2）化学㶲

物理死态与化学死态同时处于环境温度 T^0 及环境压强 p^0，两者的差异在于物理死态仍保留物流原有的组分与成分(或浓度)；而化学死态则是物流在组成和成分(或浓度)上完全与环境处于平衡。组分的不平衡必须通过化学反应过程才能达到与环境的完全平衡，过程㶲称化学㶲。而成分(或浓度)的不平衡只要通过扩散过程就能达到与环境的完全平衡，过程的㶲称扩散。

(三) 㶲平衡方程式

任何不可逆过程必引起㶲的损失，只有可逆过程才没㶲损失。因此，对于实际过程，㶲并不守恒，要附加一项㶲损失，才能建立㶲平衡方程式。对于定常流动系统的㶲平衡方程式，其结果为

$$Ex_{H1} + Ex_{Q1} + Ex_{w1} = Ex_{H2} + Ex_{Q2} + Ex_{W2} + D_K \tag{4-102}$$

式中 Ex_{H1}、Ex_{H2}——分别表示进、出系统物流的㶲；

Ex_{Q1}、Ex_{Q2}——分别表示输入、输出系统的热㶲；

Ex_{W1}、Ex_{W2}——分别表示输入、输出系统的功㶲；

D_k——㶲损失。

㶲平衡方程式虽然形式上与热量平衡方程式相类似，但是，两者有本质的区别。热平衡是异品位能量的数量平衡，各平衡项虽有相同的量纲，但实质上并非同类项。而㶲平衡则是同品位能量的平衡。

(四) 㶲损失

设温度为 T_1 的高温热源向温度为 T_2 的低温热源供热，传递的热量为 Q。由式(4-96a)可知，对于相同的热量 Q，在高温 T_1 时其热㶲为

$$Ex_{Q1} = (1 - T^0/T_1)Q$$

在低温 T_2 时其热㶲为

$$Ex_{Q2} = (1 - T^0/T_2)Q$$

因为 $T_1>T_2$，所以 $Ex_{Q1}>Ex_{Q2}$，两者的差就是在传热过程中所产生的㶲损失，即

$$D_K = Ex_{Q1} - Ex_{Q2}$$

由式(4-96b)可知，传热过程的㶲可变换成

$$D_K = (Q - T^0\Delta S_1) - (Q - T^0\Delta S_2) = T^0\Delta S \tag{4-103}$$

式(4-103)即为㶲损失的熵参数计算式，式中 ΔS 指总熵差，可见㶲损失是与环境温度及总熵变的乘积成正比。要减少㶲损失必须降低环境温度或减少总熵差。在传热过程中，传热推动力 ΔT 越大、㶲损失越大。当 ΔT 趋于零时，㶲损失最小。式(4-103)虽是从传热过程推导得出的，但对任何过程都适用。与传热过程相类似，其他过程也是越偏离可逆过程，其㶲损失越大。

(五) 㶲效率

为了统一评定各类设备的用能完善程度，需要引入一个统一的尺度——㶲效率。"收益的㶲"和"消耗的㶲"这两项具体内容，因各类型设备的不同而不同；也因各人的主观见解而异，有一定的主观随意性，因而㶲效率的定义有一定的不确定性。

杨东华教授在其著作《㶲分析和能级分析》中提出了一个适用于各种设备的简化模型，将输入㶲流率、输出㶲流率，按其工程意义划分为三类，由此提出四种常见的工程意义明确又严密的㶲效率定义，详细内容可参阅上述著作。

(六) 有效能的应用

传统概念上的能量衡算有固有的局限性，即在进行能量衡算时，对不同形式与不同状态下的能量不加区分，因而能量利用的效率一般不能确切地评价一个过程或一个装置的实际用能水平。

事实上，能量本身具有双重含义，即能量的数量和质量。数量是指能量的多少，质量是指能量的可用性。从用能的观点来看，能量的质量是主要的。只有当能量的质量达到使用要求时，能量的使用价值才能体现出来，此时能量的数量才有实际意义。因而能量的使用在本质上是指能量质量的使用，能量在使用过程中的降质变废才是造成能耗的根本原因。所以能量衡算和有效能衡算是合理用能的两个不同侧面，它们对研究化工过程中的能量变化，降低生产中的能量消耗，改善工艺过程中的技术经济指标，都有着重要的作用，不可偏废。

通过有效能衡算以及进一步的有效能分析，可以定量地表示出一个过程或一个装置中能量变质的程度和能量利用的有效程度，能够查明在一个过程或一个装置中能量消耗的部位、大小和原因，并为改进工艺过程、节约能源指出方向和限度。所以今后在车间工艺设计中应逐步开展有效能衡算和有效能分析的工作。

第三节　设备工艺设计及其选型

设备工艺设计及选型一般是在物料衡算和热量衡算基础上进行，但有时也与选择生产方法，确定工艺流程同时进行。前已述，工艺流程设计是化工厂设计的核心，而设备工艺设计及其选型，则是工艺流程设计的主体。因为先进工艺流程能否实现，往往取决于提供的设备是否相适应。

由于化工厂工艺流程的多样性，设备类型也随之增多，为实现同一工艺要求，既可选用

不同的单元操作方式，也可以选用不同类型设备。

设备工艺设计及选型，包括定型设备与非定型设备两大类。定型设备通过工艺计算及圆整后，选定规格型号；非定型设备则需通过设计与计算，确定设备的主要结构及其主要工艺尺寸后加工定做。

本章主要从工艺设计角度对设备的设计计算、选型原则的一般程序以及有关注意问题作扼要介绍。通过这些工作，以确定各个车间内工艺设备的类型、规格、尺寸和台数，了解工艺设备在建厂投资、生产成本中所占的费用比重，并为详细工程设计提供条件。

一、设备分类与选型原则

(一) 设备分类

化工厂设备一般分为两大类，即定型设备和非定型设备；有时根据设备在生产过程中的作用和供应渠道，分为专用设备、通用设备及非标准设备。

1. 专用设备

专用设备一般是指生产过程中主物料、半成品、产品直接经过有一定生产技术参数要求的设备。如合成洗衣粉生产过程中的熔硫、燃硫、转化、磺化、中和、配料、喷雾干燥、包装等设备。专用设备因直接与物料接触，大部分为连续运转，对机械性能及材质要求较高。加工制造技术性强，因此，一般由专业性的机械厂设计和制造，有时还要引进国外专门技术和设备。

2. 通用设备

通用设备一般是指由机械工业部系统主管及生产的泵、通风机、压缩机、离心机、螺旋输送机、皮带输送机等。

3. 非标准设备

非标准设备一般是指规格和材质都不定型的辅助设备。在工厂设计中，此类设备多属容器、储槽之类，根据生产需要而配置。

(二) 选型原则

1. 满足工艺要求

设备的选择和计算必须充分考虑工艺上的要求，力求做到技术先进，经济合理。亦即选用的设备能与生产规模相适应，并应获得最大的单位产量；能适应产品品种的变化要求，并确保产品质量；能降低劳动强度，提高劳动生产率；能降低原材料及相应的公用工程(水、电、汽)的单位消耗；能改善环境保护；设备制造较容易，材料易得，操作及维修保养方便。

设备选择时，要能完全满足上述各方面的条件是相当困难的，但一定要参照上述几个方面对拟采用的设备进行详尽的比较，并拿出最佳的方案。

2. 设备成熟可靠

作为工业生产，不允许把不成熟或未经生产考验的设备用于设计。设计中所选用的设备不但技术性能要可靠，设备材质也要可靠。对从国外引进的设备，同样必须强调设备及其所采用材质的可靠性。特别对生产中的关键设备，一定要在充分调查研究和对比的基础上，作出科学的选定。

3. 尽量采用国产设备

在设备选型时应尽量采用国产设备，这样不但可以节约外汇，而且可以促进我国机械制造业的发展。当然根据条件和可能，引进少量进口装置或关键设备也是必要的，但同样必须坚持设备先进可靠，经济合理，并应考虑在引进的基础上如何消化吸收以及仿制等工作。

二、泵的选择

(一) 泵的分类和特性

1. 泵的分类

根据作用于液体的原理，泵可以分为两种类型，一种是容积式，例如往复泵、齿轮泵、螺杆泵、水环泵等。它是利用活塞、齿轮、螺杆、水环直径直接挤压流体，以增加流体的静压头，因此，又叫作正位移的流体输送设备；另一种是叶片式，例如离心泵、旋涡泵、轴流泵等。它是利用叶片在高速旋转时产生的离心力作用，供给流体动能，然后流体的动能再转变为静压头，因此，也叫作离心式的流体输送设备。

泵也常按泵的使用性能来命名，如水泵、油泵、砂泵、泥浆泵、耐腐蚀泵、冷凝液泵等。

泵有时也按结构特点分为齿轮油泵、螺杆油泵、悬臂式水泵以及立式、卧式泵等。但从作用原理来看，它们仍属于两大类型中的一种。

此外，还有一种喷射泵，其工作原理是，工作流体(如高压蒸汽、高压水等)在经过直径很小的喷嘴时，其静压能大部分转变为动能，产生负压，从而把系统中的流体吸入，被吸入的流体又被高速的工作流体夹带着，很快地排出系统以外。喷射泵的特点是无运动部件，不易损坏，结构简单，操作方便，广泛应用于真空泵系统抽气之用。

2. 泵的特性

近年来，由于石油化工的迅速发展，泵的形式和功能都有很大的变化，总的趋势是向着大型化、高速化、特殊化和自动化的方向发展。表 4-14 为我国目前轻工生产中常用泵类及其综合性能。

表 4-14　泵的特性

指标	叶片式			容积式	
	离心式	轴流式	旋涡式	活塞式	回旋式
液体排出状态	流率均匀			有脉冲	流率均匀
液体品质	均一液体(或含固体液体)	均一液体	均一液体	均一液体	均一液体
允许吸入真空度/m	4~8	—	2.5~7	4~5	4~5
扬程	范围大 10~600m 多级	低 2~20m	较高，单级可达 100m 以上	范围大，排出压力高，排出压力 0.294~58.8MPa	
体积流量/(m^3/h)	范围大 5~30000	大约 60000	较小 0.4~20	范围较大 1~600	
流量与扬程关系	流量减小，扬程增大；反之流量增大，扬程减低	同离心式	同离心式。但增率和减率较大(即曲线较陡)	流量增减排出压力不变，压力增减，流量近似为定值(原动机恒速)	

续表

指　标	叶片式			容积式	
	离心式	轴流式	旋涡式	活塞式	回旋式
构造特点	转速高，体积小，运转平稳。基础小，设备维修较易		与离心式基本相同，但叶轮较离心式叶片式结构简单，制造成本低	转速低，能力（排量）小，设备外形庞大，基础大，与原动机连接较复杂	同离心式
流量与轴功率关系	依泵比较数而定。流量减少，轴功率减少	依泵比较数而定。流量减少，轴功率增加	流量减少，轴功率增加	当排出压力定值时，流量减少，轴功率减少	同活塞式

(二) 选泵的原则和程序

1. 选泵原则

(1) 综合考虑泵的流量

在选泵时，一方面应按设计要求达到的能力确定泵的流量，并使之与其他设备能力协调平衡；另一方面，也应根据生产需要确定泵的流量，例如原料变换或产品要求不同等因素的影响。所以，在确定泵的流量时，应综合考虑：

① 装置的富裕能力及装置内各设备能力的协调平衡。

② 工艺过程影响流量变化的范围。

③ 根据工艺设计的要求，选泵时通常采用设计中所给的最大流量值。

(2) 根据生产要求确定扬程

单位重量流体由于流动的起点和终点的位能变化、动能变化、静压能(即势能)变化和克服阻力而需要外界做的功，就是该过程所需的扬程。

在选泵时，由于工艺过程设计中管道系统(包括设备)压力降计算比较复杂，因此泵的扬程就需要留有适当的余量，一般为正常需要扬程的1.05~1.1倍。

(3) 根据流体输送设备的特殊曲线(或设备的标牌)确定泵型

在生产上所需要的流量和扬程确定后进行选泵。图4-26、图4-27为几种泵型的工作范围，可供初选时参考。

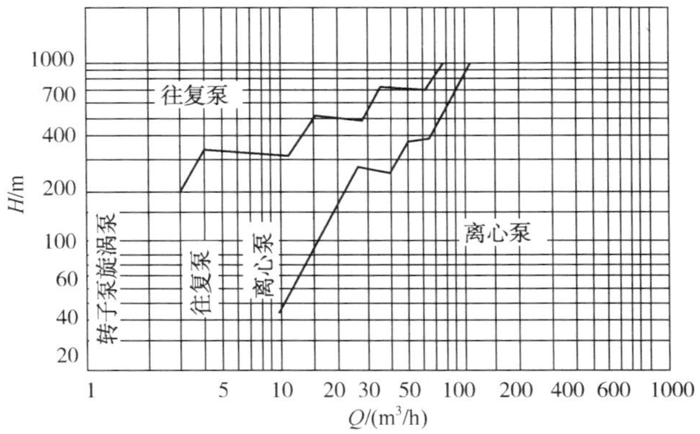

图4-26　各种泵的工作范围

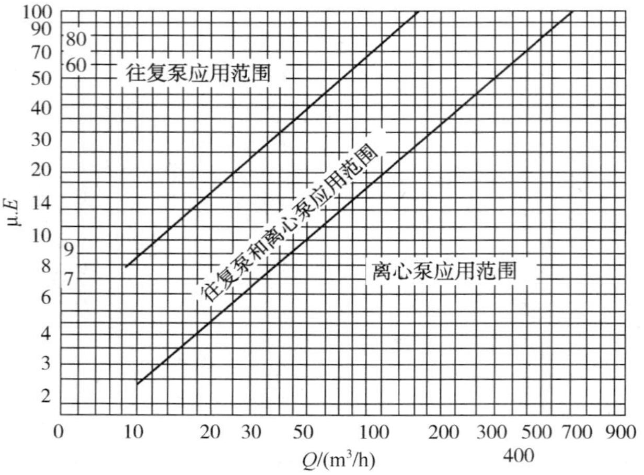

图 4-27 离心泵和往复泵适用的黏性介质范围

下面介绍几种泵型的选用范围：

① 离心泵。在输送温度下介质黏度不宜大于 $6.50\times10^4 m^2/s$，否则会使泵效率降低很多；流量小、扬程高的不宜选用一般离心泵，可考虑选用高速离心泵；介质中溶解或夹带气体量大于5%(体积)时，不宜选用离心泵；要求流量变化大、扬程变化小者选用平坦的 $Q-H$ 曲线离心泵，而要求流量变化小、扬程变化大者宜选用陡降的 $Q-H$ 曲线离心泵；在介质中含有固体颗粒在3%以下的，宜选用一般离心泵，超过3%时要选用特殊结构离心泵。

② 旋涡泵。在输送温度下介质黏度不大于 $0.20\sim0.35\times10^4 m^2/s$(3～5°E)温度不大于100℃、流量较小、扬程不高、$Q-H$ 曲线要求较陡的，或介质中夹带气体大于5%(体积)时，可选用旋涡泵；要求自吸时可选用WZ型旋涡泵。

③ 容积式泵。在输送温度下介质黏度在 $0.01m^2/s$ 以下的宜选容积式泵；黏度在0.3～120Pa·s的可选用3UN型高黏度三螺杆泵；夹带或溶解气体大于5%(体积)时，可选用容积式泵；流量较小、扬程高的宜选用往复泵；介质润滑性能差的不应选用转子泵，可选用往复泵。

(4) 计算装置(系统)的有效气蚀余量。泵所输送的液体在操作条件下有不同的饱和蒸汽压，若汽化了的物料在离心泵内被增压后，势必又凝结成液体，于是在泵内造成局部真空，致使四周的高压液体就会以极大的速度冲击过去；这样，一方面使泵达不到原有的流量和扬程，破坏了泵的正常操作，另一方面，液体剧烈地冲击叶片和转轴也会造成整个泵体颤动，并且很快就会将叶片或转轴毁掉。这种现象叫离心泵的"气蚀"现象。为了避免气蚀现象，就必须使泵入口端的压力高于物料在输送条件下的饱和蒸汽压所相当的压头，高出之值称作泵的"需要气蚀余量"，也称作"净正吸入压头"。

在正常操作时，装置的(系统的)有效气蚀余量应大于泵的需要气蚀余量。对进口侧物料处于减压状态或其操作温度接近于汽化条件时，泵的气蚀安全系数宜取较大值，如减压塔的塔底泵的气蚀安全系数至少取1.3。

"需要气蚀余量"可按下面公式计算。

图 4-28 为一离心泵入口端液面的示意，液面上方的绝对压力为 p_0，泵入口的静压为 $p_入$；截面 1-1 处的流速近似为零，泵入口处的流速为 $W_入$；入口端液面(1-1 处)与泵入口处(2-2 处)高度相差 Z；而液体在操作条件下的饱和蒸汽压为 p^0，则

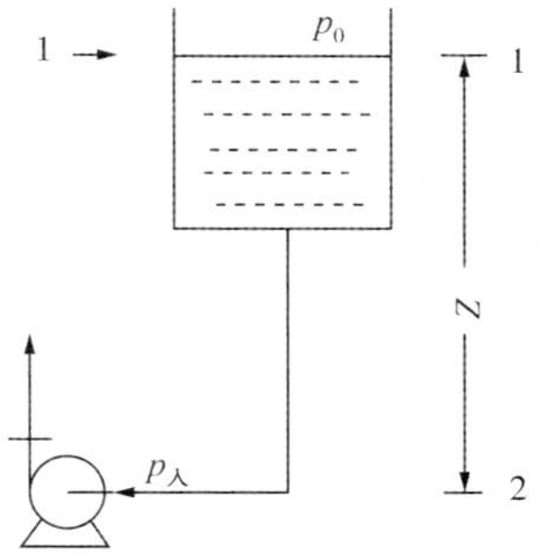

图 4-28　离心泵入口端液面的示意图

$$允许气蚀余量=(p_入/\rho g+W_入^2/2g)-p^0/2g \quad (4-104)$$

式中　ρ——液体密度。

又根据图 4-28 中截面 1-1 和 2-2 间的能量衡算可得

$$p_入/\rho g-2W_入^2/2g=p^0/2g+Z-h \quad (4-105)$$

式中　h——流体 1→2 的压头损失。

将此关系代入上式得

$$允许气蚀余量=(p_0-p^0)/\rho g+Z-h \quad (4-106)$$

【例 4-23】　已知泵的需要气蚀余量是 4.0m 液柱，被输送的液体在操作条件下的保护蒸汽压是 700mm 汞柱，密度为 1000kg/m^3，入口端管道因阻力损失的压头为 0.2m 液柱，入口端容器是敞开容器。则入口端液面应距泵入口多高？

解：已知　$p_0=9.81\times10^4$Pa

$p^0=13600\times0.7\times9.81=9.34\times10^4$Pa

$h=0.20$m 液柱

代入公式(4-106)得

$$4.0\times1.3=\frac{9.81\times10^4-9.34\times10^4}{1000\times9.81}+Z-0.20$$

$$Z=4.9\text{m}$$

式中，气蚀安全系数为 1.3。

2. 选泵的方法及步骤

(1) 确定基本参数

包括介质性质(如密度、黏度、蒸汽压、腐蚀性、毒性等)；介质中含气量、含固量；操作条件(如温度、压力)；泵所处位置情况(包括环境温度、海拔高度、装置平立面布置要求等)以及管线当量长度等。

(2) 确定流量和扬程

流量应按最大流量或正常流量的 1.1～1.2 倍计算。扬程(或压差)是指所需的扬程。按泵的不同布置情况，利用伯努利方程求出泵的扬程。再根据工艺过程情况，采用 1.05～1.1 的安全系数。所选泵的扬程值应大于所需的扬程值。

(3) 选择泵型和型号

根据介质物性、已确定的流量、扬程，以及上述选用原则，选出合适形式的泵，根据样本和说明书选择泵的具体型号，并列出该型号以及有关的性能数据，如流量、扬程或压差、效率、允许吸入高度等。

(4) 核算泵的性能

按实际情况对泵进行性能核算。性能参数核算后如符合工艺要求，则所选泵可用。

(5) 确定泵的几何安装高度

决定泵安装高度的原则是，使泵在给定的条件下不发生气蚀。

(6) 选择泵的材料及轴封

根据介质腐蚀性以及泵的操作条件(如温度、转速等)来选用不同类型的材质及轴封。

(7) 计算泵的轴功率

(8) 确定冷却水(或加热蒸汽)耗用量

(9) 选用电动机

(10) 确定泵的台数

同时必须考虑备用率。

(11)填写泵规格表

作为泵订货的依据和选泵过程各项系数的汇总。

三、离心泵安装设计注意事项

(一) 注意事项

(1) 设置底阀。在靠近泵入口的根部设置一底阀。泵启动前，先打开底阀和放空阀，灌满液体排出空气，以防止“气缚”现象的发生，见图 4-29。

(2) 注入式泵。对挥发性大的液体或热油，泵的吸入口位置应比容器液面低，以防止泵抽空。此时泵的吸入方式为注入式。实际安装高度在理论值上增加 0.5~1m。泵的位置尽量靠近液源，管线减少拐弯、阻力。当水平管需要变径时，宜采用偏心大小头，且水平部分朝下，以防止“积液”，见图 4-30、图 4-31。

(3) 吸入式泵。为避免进口管线形成“气袋”，有时设置成吸入式泵。如果在水平管线上变径，需采用偏心大小头，管顶取平。见图 4-32。若不能避免，应在气袋顶装 *DN*15~20 放气阀。吸入式泵吸入口高于容器液面，实际安装高度应在理论值上减少 0.5~1m。

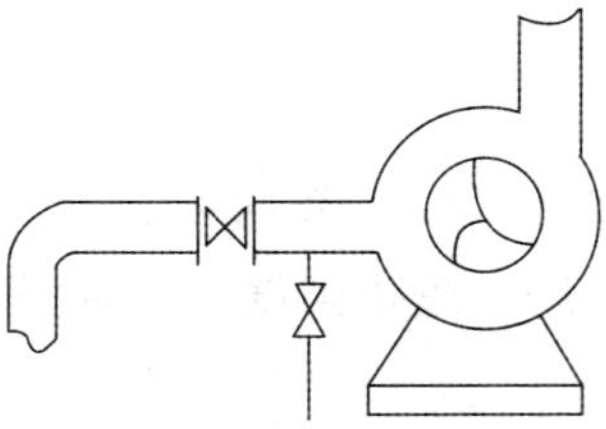

图 4-29　离心泵底阀的安装

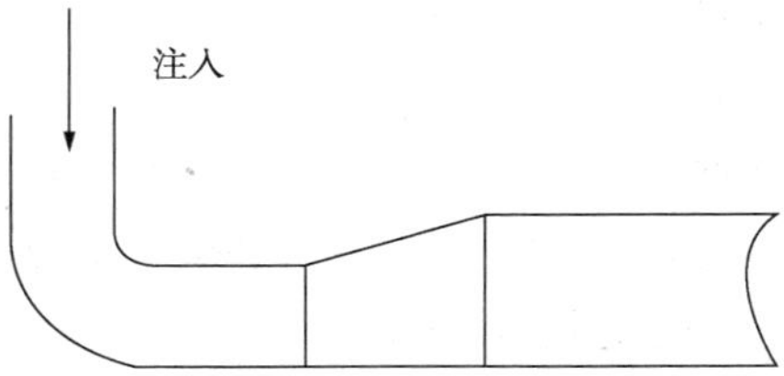

图 4-30　注入示意

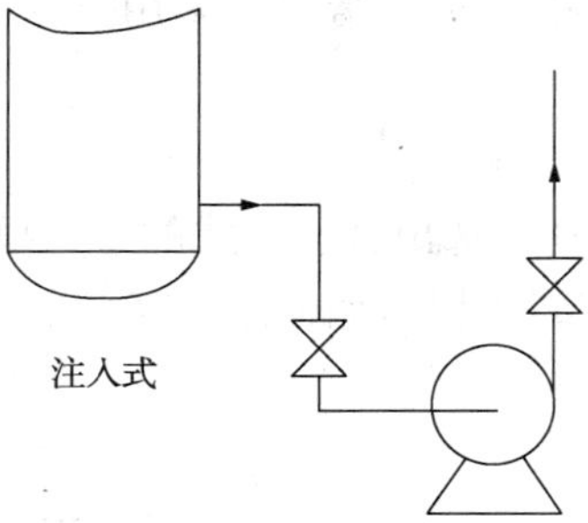

图 4-31　注入式泵

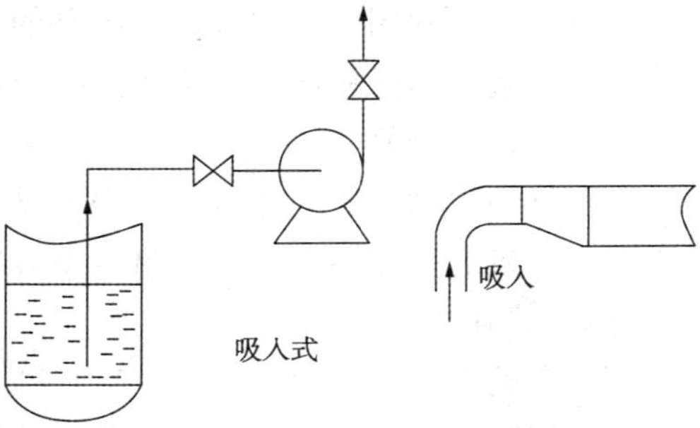

图 4-32　吸入式泵

（4）泵的进出口管线和阀门的重量不得压在泵体上。应在靠近泵进口的管段上装支吊架。往复泵、压缩机进出管线易震动，不能采用简单支吊架，应用托架卡死，或用弹簧支架。见图 4-33。

（5）并联操作。并联操作可以增加总流量，但其流量小于两台单独运行时之和，必须采用相同规格的泵型。

（6）串联操作。串联操作可提高总扬程，但要注意后接泵的泵体强度。

（7）对热油泵必须进行暖泵，其标准：泵壳温度≮入口温度 40℃，预热速度≯50℃/h，并在泵进出口线之间加暖泵连接线。见图 4-34。

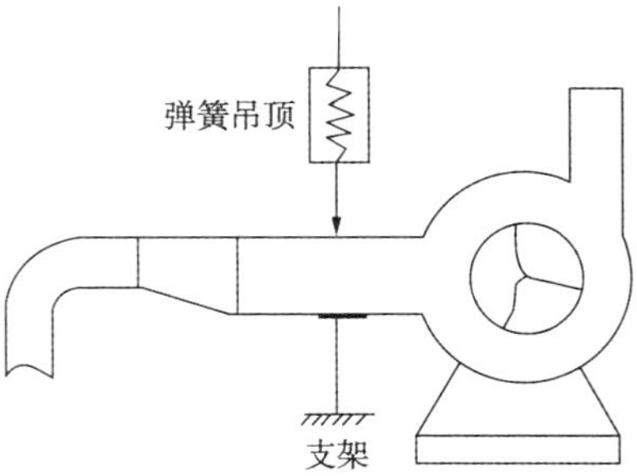

图 4-33　设置弹簧支吊架

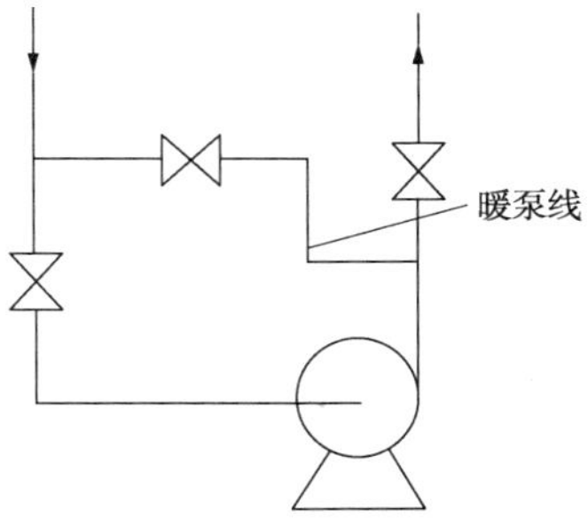

图 4-34　暖泵线示意

（二）常用泵型性能比较

在石化企业常用泵型一般为离心泵、往复泵、齿轮泵等，现将这三种使用性能、结构差别、造价等作一比较，见表 4-15。

表 4-15　离心泵、往复泵、齿轮泵性能、结构差别、造价比较

离心泵	往复泵	齿轮泵
流量大	流量小	流量甚小
扬程小	扬程大	扬程大
体积小	体积大	体积小
可腐蚀液体	清洁液体	黏稠液体
开泵需灌水	开泵无须灌水	开泵无须灌水
价廉易安装	构造复杂、难安装	简单易安装

1. 离心泵

离心泵的型号大致有三部分组成，见表 4-16。

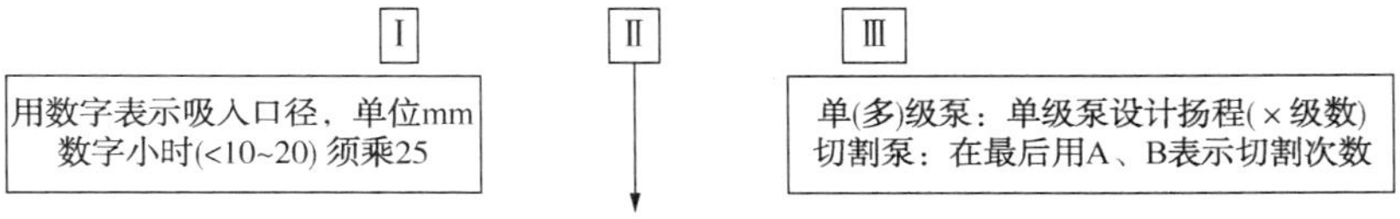

表 4-16　离心泵名称及类型

型号	泵的名称	型号	泵的名称
IS	ISO 国际标准型单级单吸离心水泵	S 或 SH	单级双吸式离心泵
B 或 BA	单级单吸悬臂式离心清水泵	DS	多级分段式首级为双吸叶轮
D 或 DA	多级分段式离心泵	KD	多级中开式单级叶轮
DL	多级立式桶形离心泵	KDS	多级中开式首级为双吸叶轮
Y	油心式油泵	Z	自吸式离心泵
YG	离心式管道油泵	FY	耐腐蚀液下离心泵
F	耐腐蚀泵	W	一般旋涡泵
P	屏蔽式离心泵	WX	旋涡离心泵

如 80F-24A 表示：吸入口径 80mm，F 为耐腐蚀泵，24 为泵的扬程(mH_2O)，A 为叶轮经过一次切割；100D45×8，表示吸入口径 100mm，D 为分段式多级离心泵，45 为单级扬程 mH_2O，8 为级数。

在石油化工行业使用的油泵有 Y 型油泵，YT 型桶形油泵，YG 型管路泵和输油泵等。最常用的为油泵，它主要输送不含固体颗粒的石油产品。因为油品易挥发，且易燃易爆，有时还有腐蚀性或温度较高，故油泵的密封性和抗汽蚀性能较好，还要防止热变形不均，电机须采用防爆电机。

往复泵主要来输送压力高、流量小、黏度大及具有腐蚀性、易燃易爆、剧毒的液体。往复泵的扬程取决于管路特性，而与泵本身无关，泵的流量与排出压力无关，仅与泵缸的尺寸、活塞的行程及曲柄的转速有关。往复泵具有自吸能力，不需要灌泵，但实际启动时为避免气缸内运动部件产生干摩擦和立即进行吸、排过程，一般在启动前要灌泵。往复泵输送黏性液体时效率高，用作计量泵时计量准确，且使用时安全可靠，但其结构复杂、流量不均匀，体积大，成本高。

齿轮泵流量较往复泵均匀，脉动小，工作可靠，吸入性能好，结构紧凑，体积小，质量轻，制造成本低。但效率低，振动、噪声大、易磨损，不宜输送含杂质的液体。

2. 往复泵

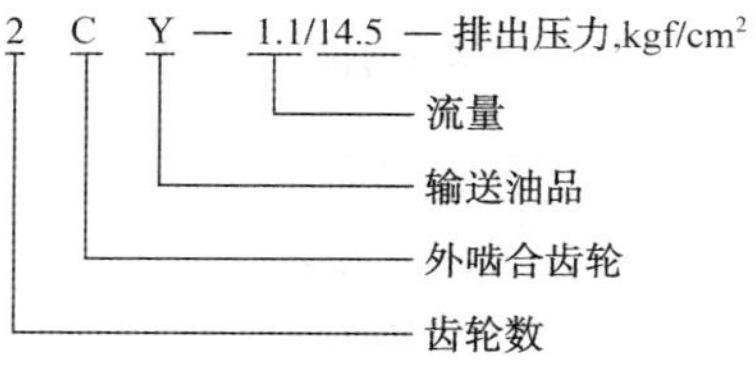

3. 齿轮泵

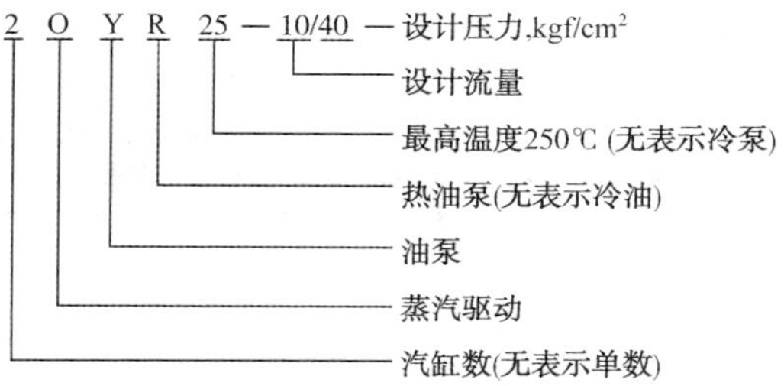

四、换热器的选型及其工艺设计

利用一种热流体将其热能通过器壁传给另一种冷流体，达到冷热流体热平衡，这就是换热器的功能。

工业常见换热器，按热交换目的不同，可以分为换热器、加热器、冷却器和冷凝器等，统称为冷换设备。在化工工厂中，应用比较广泛的换热器有：夹套式换热器、蛇管式换热器、套管式换热器、管壳式换热器、板式换热器等，其中以固定管壳式换热器使用最多。

换热器的材料一般使用普通碳钢、不锈钢，但对某些有特殊要求的换热器，也可采用有色金属，如铜、铅、钛等。此外，也可采用非金属材料，如石墨等。

（一）换热器的结构特点

1. 管壳式换热器

管壳式换热器是目前应用最广、最成熟的一种换热器。它的式样很多，如固定管板式、浮头式、填料函式、U 形管式等，但主要结构为在一圆筒形壳体内装有很多平行管子所组成的换热器。这种换热器的最大优点是能承受高温高压，在有限的空间内可安置较大的传热面，故适用于流体的处理量大及需要较大传热面积的场合。缺点是它的换热效率和单位传热面积所需的金属量等不如某些换热器。其中，固定管板式构造简单，造价较低，但壳程清理困难；浮头式和填料式管束可拉出，管子有膨胀欲度，可承受较大的温差作用，清洗容易，但构造复杂；U 形管式管束也可拉出，管子可自由膨胀，但管内清洗困难。

2. 夹套式换热器

此种换热器的交换方式为在器壁与夹套之间形成密闭的空间，以便热载体流过。它广泛应用于反应物料的加热或冷却，其优点是构造简单，缺点是传热面积及传热系数小，所以一般加搅拌来提高传热系数。

3. 管式换热器

此种换热器是采用两种不同大小的标准管连接成为同心圆的套管，而后由多段的这种套管连接而成。每一段套管称为一程，每程内管与次程的内管顺序地用 U 形管相连接，而外置则外管相连。各程连接成排，还可数排并列。

套管式换热器结构简单，制造方便；操作可按逆流方式进行；换热流体可较高速度地流动，传热效果较好，同时可阻止换热流体中污胀物料的沉降；而排数和程数的伸缩性大，可按工艺需要增减。缺点是可拆连接处容易造成泄漏；单位传热面所需的金属量与外廓尺寸均比其他换热器要大；清洗检修比较麻烦。

4. 板式换热器

板式换热器是由许多板片组合而成，板片表面具有波纹或沟槽，如平直波纹、人字波纹、锯齿形波纹、截球形等，其作用是增加有效传热面积，提高刚性和强度，促进湍流。此种换热器优点是结构紧凑，检修清理方便；适当组合板片，可以满足对流速、传热面积等不同要求；不同能力、不同作用的换热器可以组合在一起；由于其板面具有波纹或沟槽等，且流向多变，故在较低流速下易形成湍流，因而在压降相同时，传热系数较之管壳式换热器可高达数倍；此外，由于此种换热器的滞留量较小，特别适用于处理贵重物料及对热敏性物料作快速加热或冷却。但是这种换热器由于密封线长，难以压紧，故操作压力不能高；且由于密封材料的限制，操作温度也不宜太高；如果换热器流体之间压差较大，则不宜采用。

5. 螺旋板式换热器

此种换热器是由两张平行的薄钢板卷制而成，构成互相隔开的螺旋形通道，冷、热流体以螺旋板为传热面进行热量传递。它适用于液/液、气/液、汽/液、气-汽/液、气/气等的换热，也可用于沸腾，以用于液/液、汽/液、气-汽/液为佳。此种换热器的优点是结构紧凑，换热效率高，单位传热面所消耗的金属量较小，且不易堵塞；由于流体在螺旋通道中流动，具有离心力，故可在较低流速下达到湍流，在消耗相同动力的条件下，比管壳式换热器的传热能力可提高 30%~40%。此种换热器的缺点是，不易检修，操作压力和温度不能太高，同时换热流体之间的温差也不能太大。

（二）管壳式换热器选择中应注意的问题

1. 流体在管内外的选择

一般应从下述几个方面考虑：

① 不清洁的、黏度大的应在管内，以便于清洗。

② 腐蚀性强的流体，尽可能走管程，以免和壳同时被腐蚀。

③ 具有压力的流体应在管内，以免壳体承受高压。

④ 流量大的流体走壳程，流量少的走管程。这样便于管内选择理想流速，并可做成多种流动。

⑤ 饱和蒸汽宜走壳程，这样有利于冷凝液排除。

⑥ 与外界温差大的流体宜通入管内，与外界温差小的宜通入管间。这样可减少温差效应，以减少管、壳间的相对伸长。两流体温差不大，而给热系数相差很大，则宜将给热系数大的流体走管程，因为在管外加翅或螺旋片比较方便。

2. 补偿的选择

当筒壁与管壁温差在 50℃以上时，为避免温差效应而导致的结构变形或破坏，应考虑热补偿问题。通常采用的补偿方法有补偿圈补偿、U 形管补偿、垫塞补偿、浮头补偿等，一般采用 U 形膨胀节。

3. 管程数、壳程数的选择

（1）管程数。系指介质沿换热管长度方向往、返的次数。当管间为恒温时，管程数多有利。当管内走小流量时，适当增加管程数可达理想流速。按我国《热交换器》标准（GB/T 151—2014），管程数分程数为：1、2、4、6、8、10、12 等七种。在分程中，应尽可能使各程的换热管数大致相等；分程隔板槽形状简单，密封面长度较短。

（2）壳程数。系指介质在壳程内沿壳体轴向往、返的次数。一般按纵向隔板分成的程数计算。仅有横向折流挡板者仍作单程。只有当壳方污垢热阻小于 0.0008374KJ/m·h·K 时，才宜用纵向隔板。最多的壳程数有达 6 程以上。

4. 管壳长径比的选择

管壳长径比在 4~25 之间。对卧式管壳式换热器，以 6~10 为最常见。加热管细长者，投资较省。从稳定性考虑，立式管壳换热器长径比以 4~6 为宜。

5. 折流板的选择

折流板的常见形式有弓型和圆盘-圆环型两种。弓型折流板有单弓型、双弓型和三弓型三种。切去弓型的高度一般为圆筒内直径的 20%~45%。无相变时切去面积通常为 25%，蒸发切去 45%左右，冷凝有时切去 50%左右。为减少压降损失，应使缺口处的流量与折流板间的流道面积接近。

折流板间的间距应不小于圆筒内直径的五分之一，且不小于50mm。最大间距应不大于圆筒内直径，且应满足表4-17要求。板间距过小，不便制造及检修，阻力也增大；板间距过大，则流向与管轴之间的交角<60°~70°，对传热不利。必要时，可采用不同的板间距。

表4-17　折流板间距要求

换热管外径/mm	10	14	19	25	32	38	45	57
最大支撑跨距/mm	800	1100	1500	1900	2200	2500	2800	3200

（三）管壳式换热器设计中有关参数的确定

1. 传热系数 K

除基本条件（如设备形式、物性、Re 等）相同时的 K 值可直接用以外，应由各给热系数及其他热阻计算的结果求得。但在实际设计中，往往先选定 K 值，再求得传热面积 A，而后选用合适的换热器，再根据此换热器所确定的工艺条件计算各流体的给热系数 α，通过求得 α 值去校核所选定的 K 值是否合适。最初选定 K 值时，可参考工厂同类型设备的 K 值，或选用 K 值的经验数据。

2. 传热面积 A

传热面积 A 为表示 K 的基准传热面积，通常以 α 值较小的一侧的传热面积为基准；当 α_i（内侧 α）和 α_0（外侧 α）相差不大时，即以平均面积 A_m 为基准。实际选用的面积通常比计算结果大10%~20%，计算公式误差大或操作波动幅度大者，A 有时增大30%。

3. 污垢热阻系数 R_S

传热过程，热阻是导致换热器传热能力急剧下降的主要因素，因此在生产操作中应尽可能将流体中所带杂质等在壁面上沉积形式的垢层清扫除去。此外，在生产中还可采取加强水质处理等净化流体的措施来降低污垢热阻，并在设计时除合理决定流体的流速和操作温度去确定污垢的热阻外，应尽可能引用经验数据。

4. 传热壁温与定性温度

传热壁温是确定定性温度的依据，而定性温度则是在传热计算中确定物性的依据。

传热壁温过高，容易引起物料变质；过低，则会使物料凝固。在一般情况下，凝固层对传热不利（利用凝固层以减少器壁的腐蚀和热损失不在此列）。

传热壁（例如管子）和器壁（壳体）温差相差较大时，要根据其开车、清洗等作业中的最大温差去考虑膨胀节。

在高温（如电热）设备中，正确计算传热壁温，有助于选用较适宜的材料及操作条件，避免设备损坏。

5. 流速选择

在选择流速时，为有利于传热，宜采用较高流速。但是，加大流速将使压力降增加，动力消耗也随之增大，且易使管子产生振动。

对高密度流体，适当提高流速对传热有利；反之，对低密度流体，由于其传热系数低，而克服阻力所需的动力又较大，因此在考虑提高流速时，应注意合理性。

对黏度高的流体一般按滞留设计。

在传热计算中，一般参照换热器内常用流速范围选择。

6. 流体进、出口温度的确定

流体进、出口温度通常是由工艺条件确定的，但有时是在设计换热器时决定。例如，冷却水进口温度取决于当地的水源及气候条件，而出口温度要在比较冷却水费用与换热器的设备费用以后，选取成本最低的出口温度。一般可取冷却水进、出口温升为 5～10℃。从传热角度来看，两股流体间最小温差不应小于 5℃，不然会使传热面积过多地增加。

（四）管壳式换热器的选用

根据《热交换器》（GB/T 151—2014）规定，标准换热器形式为：固定管板式、浮头式、U 形管式和填料函式。这些换热器的主要部件的分类及代号见图 4-35。

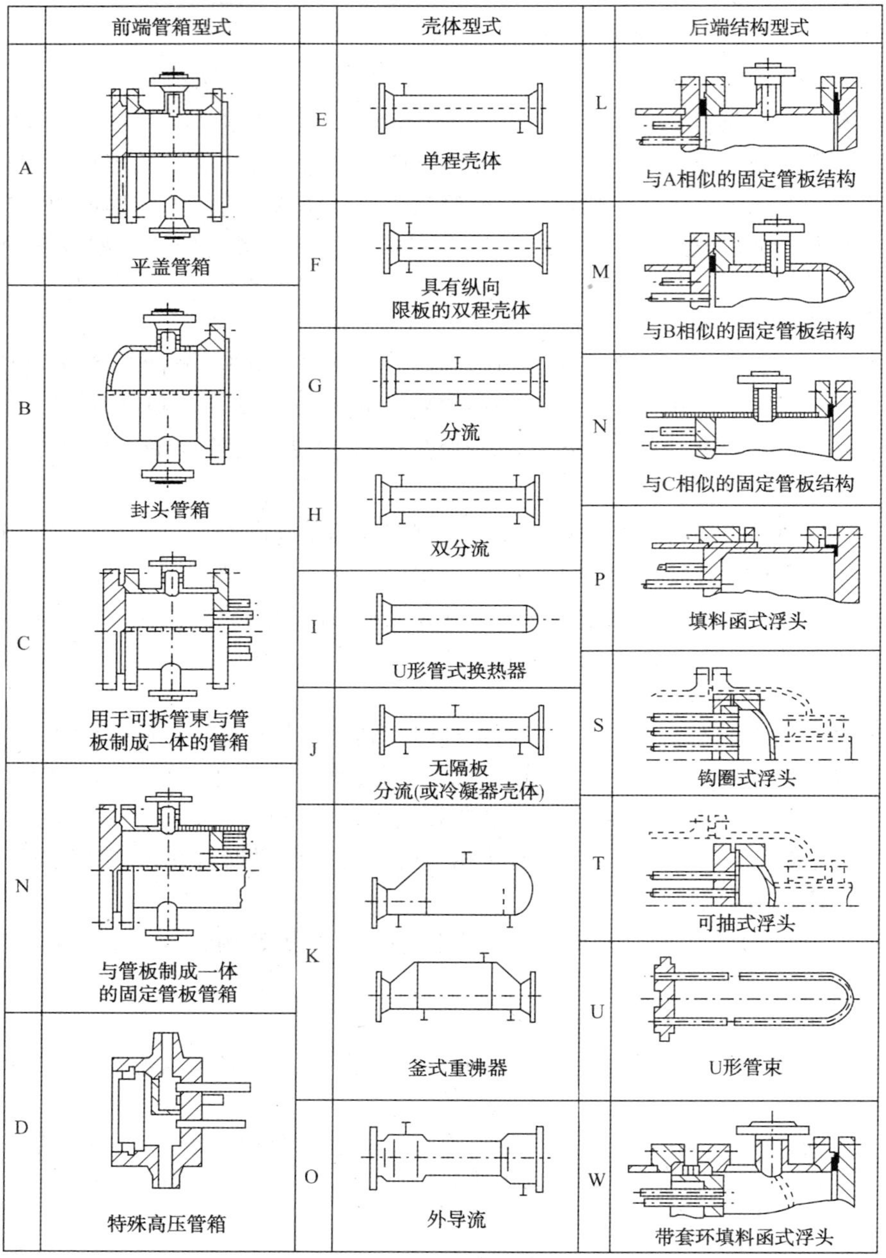

图 4-35　管壳式换热器主要部件分类及代号

1. 标准换热器型号的表示方法

$$\times\times\times DN\text{-}P1/P2\text{-}A\text{-}LN/d\text{-}Nt/Ns\ \text{I}（或\text{II}）$$

式中 ×××——第一个字母代表前端管箱形式；第二个字母代表管壳形式；第三个字母代表后端结构形式，详见图 4-35；

DN——公称直径，mm；对于釜式重沸器用分数表示，分子为管箱内直径，分母为圆筒内直径；

$P1/P2$——管/壳程设计压力，MPa；压力相等时只写 P_t，P_t 为管程设计压力，MPa；

A——公称换热面积，m^2；

LN/d——LN 为公称长度，m；d 为换热管外径；

Nt/Ns——管/壳程数，单壳程时只写 Nt；

Ⅰ（或Ⅱ）——Ⅰ级（或Ⅱ级）换热器。

示例：

（1）浮头式换热器　平盖管箱，公称直径 500mm，管程和壳程设计压力均为 1.6MPa，公称换热面积为 $54m^2$，较高级冷拔换热管外径 25mm，管长 6m，4 管程，单壳程的浮头式换热器。其型号为：

AES500-1.6-54-6/25-4 Ⅰ

（2）固定管板式换热器　封头管箱，公称直径 700mm，管程设计压力 2.5MPa，壳程设计压力 1.6MPa，公称换热面积 $200m^2$，较高级冷拔换热管外径 25mm，管长 9m，4 管程，单壳程的固定管板式换热器。其型号为：

BES700-2.5/1.6-200-9/25-4 Ⅰ

（3）U 形管式换热器　封头管箱，公称直径 500mm，管程设计压力 4.0MPa，壳程设计压力 1.6MPa，公称换热面积 $75m^2$，较高级冷拔换热管外径 19mm，管长 6m，2 管程，单壳程的 U 形管板式换热器。其型号为：

BIU500-4.0/1.6-75-6/19-2 Ⅰ

（4）填料函式换热器　平盖管箱，公称直径 600mm，管程和壳程设计压力均为 1.0MPa，公称换热面积为 $90m^2$，较高级冷拔换热管外径 25mm，管长 6m，2 管程，2 壳程的填料函式浮头换热器。其型号为：

AFP600-1.0-90-6/25-2/2 Ⅰ

（5）浮头式冷凝器　封头管箱，公称直径 1200mm，管程设计压力 2.5MPa，壳程设计压力 1.0MPa，公称换热面积 $610m^2$，普通级冷拔换热管外径 25mm，管长 9m，4 管程，单壳程的浮头式冷凝器。其型号为：

BJS1200-2.5/1.0-610-9/25-4 Ⅱ

（6）釜式重沸器　平盖管箱，管箱内直径 600mm，圆筒内直径 1200mm，管程设计压力 2.5MPa，壳程设计压力 1.0MPa，公称换热面积 $90m^2$，普通级冷拔换热管外径 25mm，管长 6m，2 管程的釜式重沸器。其型号为：

AKT600/1200-2.5/1.0-90-6/25-2 Ⅱ

2. 标准换热器的选用程序

换热器的选用程序一般包括以下几个步骤：

（1）确定基本参数。

包括流量、温度、压力、物性数据以及介质性质特性（如腐蚀性、易燃性、黏滞性等）。

(2) 选择换热器类型。

(3) 确定流体在空间的流向。

(4) 计算定性温度以及在该温度下有关的物性数据。

(5) 计算热负荷。

(6) 选取传热系数 K 值或计算 K 值。

(7) 计算有效平均温差 Δt_m。

(8)计算所需传热面积 A，并考虑通常情况下为10%~20%、特殊情况下为30%的安全系数。

(9) 确定需要设备的台数。

根据计算的传热面积，确定一台、两台或多台设备串联，应在工艺允许范围内调整有效平均温差，再重复计算一次所需传热面积。

(10) 计算压力降。

在工艺允许范围内，如超出允许范围，则需重选设备。

(五) 管壳式换热器的工艺设计

在设计中，如选用不到合适的标准管壳式换热器，就要根据换热任务自行设计。

管壳式换热器的设计程序一般如下：

(1) 计算定性温度，查出定性温度下有关物性数据。

(2) 计算热负荷 Q。

(3) 确定流体在空间的流向。

(4) 计算有效平均温差 Δt_m。

(5) 选取传热系数或假设一个传热系数 K'值。

(6) 由下式计算传热面积 A'：

$$A' = \frac{Q}{K'\Delta t_m}$$

(7) 由 A'处定设备结构尺寸：

① 选定换热器规格，根据 A'计算出管子总长。

② 确定换热管段长，求出换热管数。

③ 根据已知管程流量，初选管程流速，求出一程管子的截面、管数及需要的程数。

④ 确定管子排列形式；定管心距；求出壳内径，并圆整至最接近的 DN。

⑤ 确定是否采用折流板以及采用折流板的形式、规格、板间距，计算需要板数；同时确定拉杆的数量和位置。

⑥ 定出实际换热管数，并验算管程流速是否合乎要求。流速过大或太小，可通过调节管数、管长及管程达到解决。

⑦ 计算管程流通面积，并验算壳程流速。若超出常用流速范围，则可修改板间距。由以上初定的设备结构尺寸计算有效传热面积、管程及壳程流速。若是多程结构，还要修正平均温度差(即以校正系数 φ 乘以 Δt_m 值)。

⑧ 计算初定设备的管、壳程流体的给热系数。

⑨ 选取管、壳程的污垢热阻系数。

⑩ 计算初定设备的传热系数。

⑪ 计算传热面积。根据传热系数、平均温度差及热负荷求出实际所需的传热面积。一

般上述有效传热面积应比时间所需的传热面积大10%~20%，甚至大30%。如果有效传热面积太小或太大，则应修改初定设备，重新进行计算，直到合适时为止。

⑫ 确定换热器的进、出管口尺寸。

⑬ 计算管、壳程压力降，如果超出许可值，就要修改设计、重新计算。

⑭ 根据温差计算，确定是否需要膨胀节。如果需要，则应确定哪一种膨胀节。

⑮ 换热器结构的工艺设计包括支座、前端管箱、后端结构(合管束)、壳体法兰等。

五、塔设备的选型及其工艺设计

(一) 设备的性能比较

塔设备是实现气液或液液间传质分离的设备，广泛应用于轻化工工厂的蒸馏、吸收、解吸、萃取等单元操作过程。根据塔设备的结构，一般分为填料塔和板式塔两大类。

1. 填料塔

填料塔是最常用的气液传质设备之一。它结构的主要部分为一圆筒形塔体，筒内分若干层或全部装满填料。操作时，气相由下而上，液相由上而下，逆流接触，两相间的传热、传质主要在填料表面上进行。所以填料的选择是个关键问题。

填料塔的特点是结构简单，制造容易，便于采用耐腐蚀材料，适用于塔径较小的场合，压力降较小；应用大于直径塔时，则有效率低、重量大、造价高以及清理检修麻烦、填料损耗大等缺点。在20世纪50~60年代期间，倾向于采用高效板式塔来取代填料塔，但近年来，认为在一定塔径范围内(例如塔径1.5m以下)，采用新型高效填料，仍可以得到较好的经济效果。因此，根据不同的具体条件(特别是在塔径较小，压力降有一定的限制，或介质有腐蚀情况时)，填料塔还是具有很多适用性的。

调料塔如按填料可分为实体填料(如拉西环、鲍尔环、鞍形填料、波纹填料、θ环、十字环、单螺旋环等)和网体填料(如鞍形网、θ网环等)塔两类，此外还有一些特殊结构的塔，如多管塔、湍球塔、乳化塔等，也属于填料塔的范围。

2. 板式塔

板式塔是在塔内装有一层层的塔板(或称塔盘)，气液的体质、传热过程是在每层塔板上进行的。

板式塔的种类很多，最早使用的有泡罩塔和筛板塔，但目前使用较多的为浮阀塔；此外还有舌形板塔、浮动喷射塔、栅板塔、筛板塔及波纹板塔等。

浮阀塔具有生产能力大，分离效率高，雾沫夹带少，液面梯度较小，操作弹性大，节约金属及结构较泡罩塔简单等优点。这种塔形是20世纪50年代发展起来的一种气液传质设备。

筛板塔是传质设备中最早出现的塔设备之一，但由于操作性能较差，长期未能获得推广应用，直到20世纪50年代，经过改进，才得以在工业上用作一种传质设备。它的特点是结构简单，制造方便，成本低(造价为浮阀塔的80%左右，约为泡罩塔的60%)，压降小，处理量大(可比泡罩塔层提高10%~25%)，清洗和修理也比较容易。其缺点是必须维持固定的操作条件，要求一定的气速，所以操作范围较小，而且筛孔容易堵塞。因此，它适用于处理清洁物料。

泡罩塔是权式塔中使用最早的一种典型传质设备，具有气液接触充分，操作范围大的特点。但此种塔制造较复杂，具有金属耗用量大，液面落差大，分离效率不够高等缺点。

上面介绍的三种板式塔，它们的性能各有所长，但它们的设计方法都相当成熟，因此是目前工业上生产中主要使用的塔形，它们的一般性能如表4-18所示。

表4-18　几种常用板式塔的一般性能比较

塔形	相对生产能力(以气体负荷计算)	效果		负荷弹力	流体阻力 mmH_2O①	可能的板间距/mm	结构	相对造价比较
		当负荷为最大负荷的30%时	负荷的可允许变化范围内	最大负荷与最小负荷之比	负荷为最大值的85%			
泡罩塔	1	80	60~80	5	80	400~800	复杂	1
泡罩塔(S形塔板)	1.1~1.2	80~90	65~90	8	80	400~800		1/2~2/3
浮阀塔	1.1~1.2	80	70~90	9	50	300~600	简单	2/3
筛板塔	1.2~1.4	80	70~90	3	40	400~800	最简单	1/3

① $1mmH_2O=9.80665Pa$。

表4-19为板式塔与填料塔的主要性能对比。

表4-19　板式塔与填料塔对比

序号	填料塔	板式塔
1	ϕ800mm以下，造价一般比板式塔低，直径大则价高	ϕ600mm以下时，安装困难
2	用小填料时，小塔的效率高，塔较低，直径增大，效率下降，所需填料高度急增	效率较稳定，大塔板效率比小塔板有所提高
3	空塔速度(生产能力)低	空塔速度高
4	大塔检修费用大，劳动量大	检修清理比填料容易
5	压降小，对阻力要求小的场合使用(例如，真空操作)	压降比填料塔大
6	对液相喷淋量有一定要求	气液比的适应范围大
7	内部结构简单，便于非金属材料制作，可用于腐蚀较严重场合	多数不便于非金属材料制作
8	持液量小	持液量大

(二) 塔设备的选型要求

在塔设备的选型中，一般应注意以下几方面要求：如生产能力大，有足够弹性；机械性能好，可靠性高；满足工艺要求，操作稳定，效率高；结构简单，制造和维修方便，成本低。

在选型时，要完全满足达到上述要求是较困难的，有时甚至相互抵触。为此，必须根据塔设备在工艺流程中的地位和特点，详细对比各类塔在本流程中的作用和要求，尽量做到满足主要方面的条件和要求。

(三) 新型精馏技术

一般的蒸馏或精馏操作是以液体混合物中各组分的相对挥发度差异为依据，组分间挥发度差别愈大愈容易分离。但对于某些液体混合物，相对挥发度接近1或等于1，或沸点差小于3℃，不宜或不能用一般精馏方法分离。而从技术上、经济上又不适用于其他方法分离时，则需采用特殊精馏方法。另外，随着生物技术、中药现代化和环境化工等领域的不断发展和兴起，人们对精馏技术提出了许多新的要求，如低能耗、无污染、高效等，由此也促进了许多新型精馏技术的产生，如反应精馏、萃取精馏、恒沸精馏、分子蒸馏、加热精馏、热泵精馏、分隔壁精馏塔等。下面介绍其中的几种类型。

1. 反应精馏

反应精馏是将化学反应和精馏分离结合在一个设备(反应精馏塔)中进行的操作。对于可逆反应，当某一产物的挥发度大于反应物时，如果将产物从液相中蒸出，则可破坏原有的平衡，使反应继续向生成物的方向进行，因而可提高单程转化率和选择性，在一定程度上变可逆反应为不可逆反应。反应精馏可分为两种类型：一种是利用精馏促进反应；一种是通过反应促进精馏分离。

反应精馏过程对反应物系有一定的要求，对于适合的体系，应满足以下基本要求：①反应在液相中进行；②反应精馏塔的操作压力要适宜，塔内反应温度和分离温度差异不大；③反应温和，强放热反应或强吸热反应会破坏塔内已建立的质量传递和热量传递平衡；④反应速率不能太慢，否则，反应物因停留时间不足，反应不完全。反应精馏由于精馏操作和化学反应的相互影响，具有自身显著的特点：①提高了反应物的转化率和选择性，有些情况下可使反应物的转化率接近 100%，化学反应过程容易控制；②由于化学反应和精馏操作在一个精馏塔中进行，所以化学反应不需专门的反应器，不必进行未参与反应的反应物二次蒸馏和重回反应器的操作，减少了设备投资费用和操作费用，也减少了能量消耗；③设备紧凑，减少操作所需占用的空间；④可以有效地避免共沸物的形成给精馏分离操作所带来的困难。在反应精馏中，由于化学反应的存在，在常规精馏中存在的共沸体系在反应精馏中可能消失。

反应精馏是过程强化的重要组成部分，已成功应用于醚化、酯化、水解、烷基化、加氢、缩合等过程。当前反应精馏的研究热点主要集中在催化剂的选择和装填方式、反应精馏塔内的反应动力学、热力学和流体力学等基础理论以及反应精馏的建模仿真技术等方面。

2. 萃取精馏

萃取精馏是向待分离物料中加入相对挥发度低的萃取剂(溶剂)，以改变原有组分间的相对挥发度，实现各组分之间的分离。萃取精馏在近沸点物系和共沸物的分离方面很有潜力，并已广泛应用于工业生产中，常用于较大的连续生产装置。

选择合适的溶剂可以增强分离组分间的相对挥发度，从而使难分离物系转化为容易分离的物系，使分离成本降低。萃取剂的沸点应高于所有物质，并且不与其他组分形成共沸物。选择萃取剂的基本原则是：①自身挥发度低，容易与组分分离；②萃取剂能明显改变各组分间的相对挥发度；③溶解度大，能与任何浓度的原溶液互溶，以充分发挥各块塔板上萃取剂的作用；④无毒、无腐蚀性、性质稳定、来源方便。

通常在萃取精馏塔的后面要设置溶剂回收塔，并使回收的溶剂循环利用，其流程如图 4-36 所示。

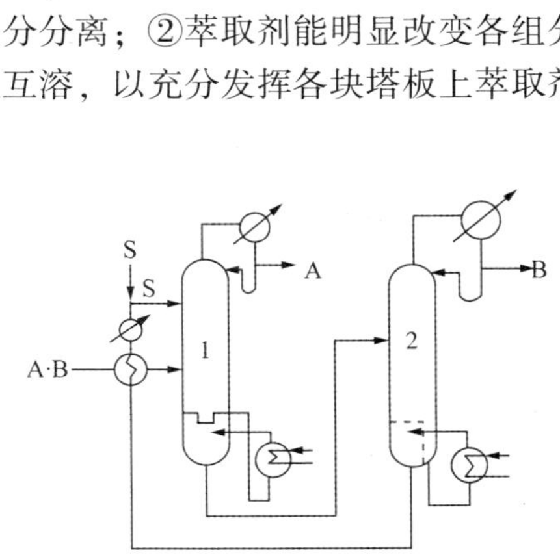

图 4-36　萃取精馏流程

3. 共沸精馏

共沸精馏是分离液体混合物的一种方法。其原理是向待分离物料中加入第三组分(共沸剂)，使该组分能与原料液中的一种或多种组分形成共沸物，通过对其中一种或多种组分进行夹带，实现各组分间的分离。共沸精馏的原理与萃取精馏基本相同，不同点在于共沸精馏在影响原物料组分相对挥发度的同时，还与其中的一种或多种组分形成共沸物。选择共沸剂的基本原则：①共沸剂与待分离组分新形成的共沸物沸点，低于各组分的沸点，且保证有一定的沸点差（低 10℃以上）；②新形成的共沸物所含夹带剂的量越少越好；③新形成的共沸物为非均相混合物；④共沸剂廉价、来源广、无毒、热稳定性好、腐蚀性小、易于回收利用。

共沸精馏广泛应用于化工、炼油等工业。在同样压力操作下，共沸精馏由于操作温度较低，适宜分离热敏性物料。通常共沸精馏用于脱除相对含量较少的组分，如醇、酯、苯的脱水。

4. 热泵精馏

热泵精馏是一种高效的节能技术，通过消耗机械功将精馏塔塔顶蒸汽加压升温，使其用作塔底再沸器的热源，回收塔顶蒸汽冷凝潜热。热泵精馏能提高精馏过程中一部分能量的品位，用于自身再沸器加热需要。由于所获得的可利用热量远远超过输入系统的热量，因而可以节能。热泵精馏一般适用于塔顶和塔底温差小（通常小于 36℃）的精馏过程，尤其适用于低沸点物质的精馏，通常不用于多组分精馏或相对挥发度较大的系统。

根据热泵所消耗的外界能量不同，热泵精馏分为蒸汽压缩式热泵精馏和吸收式热泵精馏，根据压缩机工质的不同，蒸汽压缩式热泵精馏又分为塔顶汽相直接压缩式、塔底液相闪蒸式和间接蒸汽压缩式三种类型，如图 4-37 所示。塔顶汽相直接压缩式热泵精馏见图 4-37（a），以塔顶汽相为工质，利用压缩机使塔顶汽相的温度提高一个能级，从而能给塔底物料的汽化提供能量。塔底液相闪蒸式热泵精馏见图 4-37（b），以塔底液相为工质，塔底液相经减压阀减压闪蒸降温后，与塔顶汽相换热，使之冷凝，同时使自身汽化，再经压缩机压缩到与塔底温度、压力相同的状态后送入塔底作为塔釜加热热源，塔顶汽相冷凝后回流。间接闪蒸压缩式热泵精馏见图 4-37（c），利用单独封闭循环的工质（冷却剂）工作，塔顶汽相的能量传给工质，工质在塔底将能量释放出来，用于加热塔底物料。该形式主要适用于精馏介质具有腐蚀性、对温度敏感的情况。蒸汽压缩式热泵精馏通常可用于：①塔顶和塔底温差较小的精馏塔；②被分离物质沸点相近的难分离系统；③低压精馏时塔顶产品需要用冷冻剂的系统。

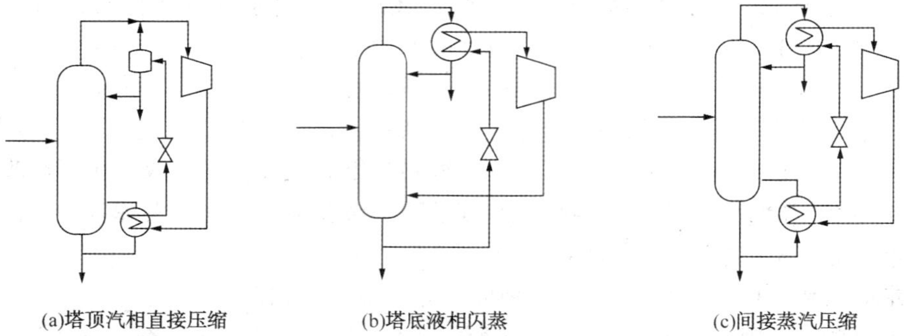

图 4-37　蒸汽压缩式热泵精馏流程结构简图

吸收式热泵精馏流程见图 4-38，由吸收器、发生器、冷凝器和蒸发器等设备组成，常用溴化锂水溶液或氯化钙水溶液为工质，适用于塔顶和塔底温差较大的系统。

5. 分隔壁精馏塔

分隔壁精馏塔（Dividing Wall Column），简称 DWC，是在精馏塔内部设置一块垂直隔板，将精馏塔分成上、下两段，由隔板分开的精馏进料段及中间采出段四部分，其结构简图如图 4-39 所示。分隔壁精馏塔主要用于分离中间产物含量高（高于 50%）的三元混合物，既适用于多组分物系中轻组分为热敏物系的分离，又适用于重组分为热敏物系的分离，同时还适用于挥发度居中的热敏物系的分离。分隔壁精馏塔分离三组分混合物时，只需 1 个精馏塔就可得到 3 个纯组分，节省了 1 个精馏塔及其附属设备，如再沸器、冷凝器、塔顶回流泵及管道等，与传统的两塔系统相比，可节约 30%~40%的设备费用和能量。

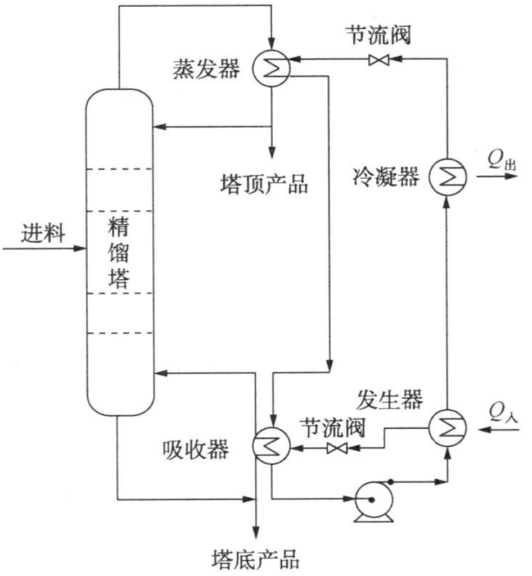

图 4-38　吸收式热泵精馏流程结构图

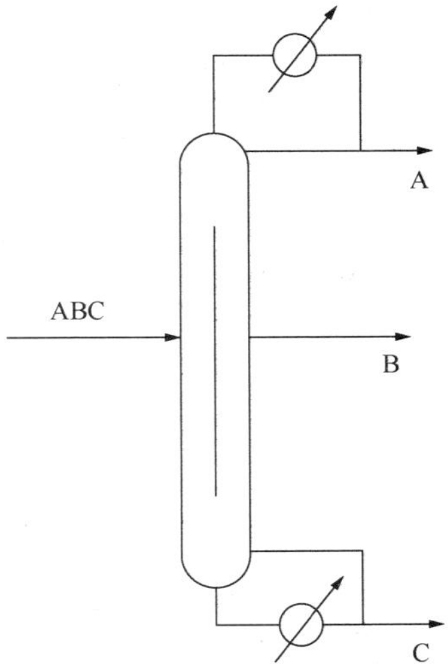

图 4-39　分隔壁精馏塔结构简图

（四）塔设备的精馏、冷凝、再沸器方案的设计

1. 精馏方案的设计

精馏是利用各种物质挥发性的不同将一个多组分溶液中的各组分分离的方法。它是最常用、最有代表性的均相分离操作，在轻化工厂生产中被广泛地采用。

一个较好的精馏分离方案，应尽量做到以下几点。

(1) 能量利用好，单耗低

精馏过程能量的消耗主要表现在塔顶冷凝器和塔底再沸器的能量消耗上。现以分离四组分溶液的五种方案(图 4-40)为例说明。方案(Ⅰ)与(Ⅱ)比较，若塔为液相进料，方案(Ⅰ)中组分 A、B 或 C 都只各被加热汽化和冷凝一次，即可得到塔顶产品；而在方案(Ⅱ)中，组分 A 要被汽化和冷凝各三次，组分 B 被汽化和冷凝各二次才能得到液体产品。两者比较，方案(Ⅱ)要比方案(Ⅰ)消耗更多的热量和冷量。一般说，按 A、B、C 挥发度递减的顺序从塔顶采出的流程要比按 D、C、B 挥发度递增的顺序从塔釜采出的流程节省能量。方案(Ⅲ)(Ⅳ)(Ⅴ)处于方案(Ⅰ)和(Ⅱ)之间。不过当此四组分中 A 的沸点很低，以至为分离 A 必须将进料压缩和预冷，因此需要消耗更多的能量时，采用方案(Ⅲ)或(Ⅴ)先将组分 C、D 或组分 D 除去，比采用方案(Ⅰ)可以节省较多的能量。

(2) 尽量降低设备投资

显然，方案(Ⅰ)的设备投资要比方案(Ⅱ)少，因为 A、B 的汽化和冷凝次数前者要比后者少，从而使方案(Ⅰ)中的塔径减小，而同时再沸器和冷凝器的传热面积也可相应减少。

在 A、B、C、D 四组分中，若 D 的含量最高，则采用方案(Ⅴ)有利，因此时先将 D 分离后，即可对后续设备如再沸器、冷凝器等的负荷相应减轻，这样就比采用方案(Ⅰ)节省设备投资。

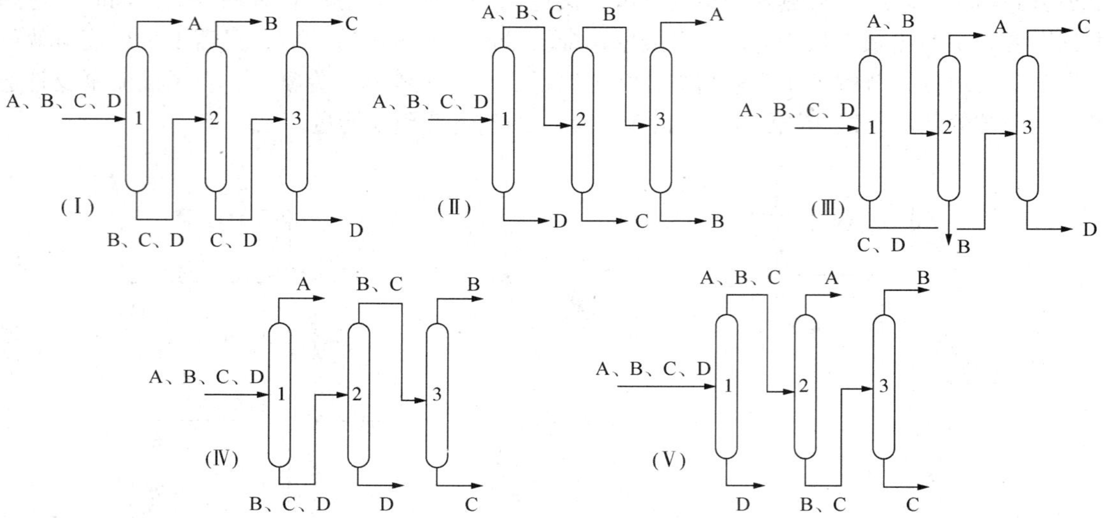

图 4-40　分离四组溶液的五种方案

如果组分中具有强腐蚀性的组分，则应尽早分出，以使后续塔不必采用耐腐蚀材料，这样可以节省投资。

对相对挥发度接近于 1 的组分，分离时需要较多理论塔板，这样塔将增高，如果此时将这对组分放在最后分离，便可减少塔径和降低能耗。

(3) 保证产品质量和产量，操作稳定，效率高

从分离的程序上，容易聚合的组分应提前在较低的釜温下分离出来，这样可减少系统中聚合物的产生和积聚。

在上述四组分的分离中，若 A 和 C 是所谓产品，为避免分离组分 C 的塔在操作上不稳定而影响产品 A 的质量，则可采用图 4-40 中的方案(Ⅲ)，使分离组分 C 的塔和分离组分 A 的塔处于并联位置。

在分离中，对含易燃、易爆等影响安全操作的组分，宜尽早将其分离除去；而对在进料中在操作条件下不易被液化的组分，为避免它覆盖塔顶冷凝器的传热表面降低传热效果，也应尽早将它分离出来。

对于回收率要求比较高的塔，应在最后分出，这样可使最后成品采出塔处理量减少，从而减少随釜液损失的产品量。

上述条件在多组分精馏中不可能全部得到满足，必须首先满足工艺条件，保证产品质量和产量前提下，再考虑提高收率和降低能耗等问题。

2. *冷凝方案的设计*

塔顶冷凝器的布置形式，常用的如图 4-41 所示。

方案(Ⅰ)(Ⅱ)为整体式，优点是占地面积小，节省塔顶或冷凝封头；缺点是塔顶结构较复杂，检修不便。此种设计，多用于冷凝器传热面积较小(一般小于 $50m^2$)，或凝液难以用泵以及用泵输送有危险的场合。

方案(Ⅲ)为自流式，有类似整体式特点，凝液借重力自流入塔，可由改变回流液的液位差来调节回流的速度。此种方案一般采用较多。

方案(Ⅳ)(Ⅴ)为强制循环式，适用于生产规模较大，塔顶冷凝器太大而塔顶附近难以

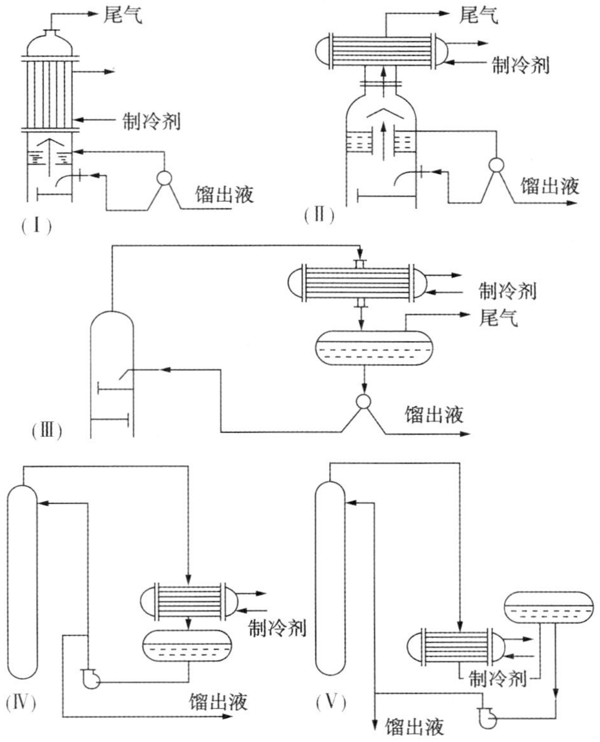

图 4-41　冷凝器的型式与流程

安装或维修的场合，但它必须提供合适的泵设备。

在塔顶冷凝器方案设计中，根据工艺需要，有时要求气相全凝，有时要求气相分凝，采用哪种方案，一般由以下因素来确定。

(1) 塔顶出料状态　如果塔顶在后续加工过程中是以气态使用的，同时也满足其他工艺要求的话，则可采用分凝。反之，如果塔顶要求得到液态产品，则可采用全凝。后者要比分凝气相出料再去压缩冷凝获得液态产品经济。

(2) 回流控制　若采用分凝，一般回流液的温度是泡点，也就是蒸汽出料的露点，这就需要较多的回流循环以增加回流。若为全凝，回流液是作为过冷液体送回塔内，其回流量可由回流温度来控制。

(3) 分凝与全凝的比较　冷凝方式决定采用的操作压力，所以需要从投资费用和操作费用去考虑，两种方案的选择，可按表 4-20 进行比较。

表 4-20　分凝与全凝的比较

因素	分凝	全凝	因素	分凝	全凝
塔顶产品	蒸汽	液体	塔板数	少	多
压力	较低	较高	塔壁厚	较薄	较厚
温度	相同	相同	处理能力(以蒸汽速度计)	小	大

3. 再沸器方案的设计

再沸器的方案设计如图 4-42 所示。

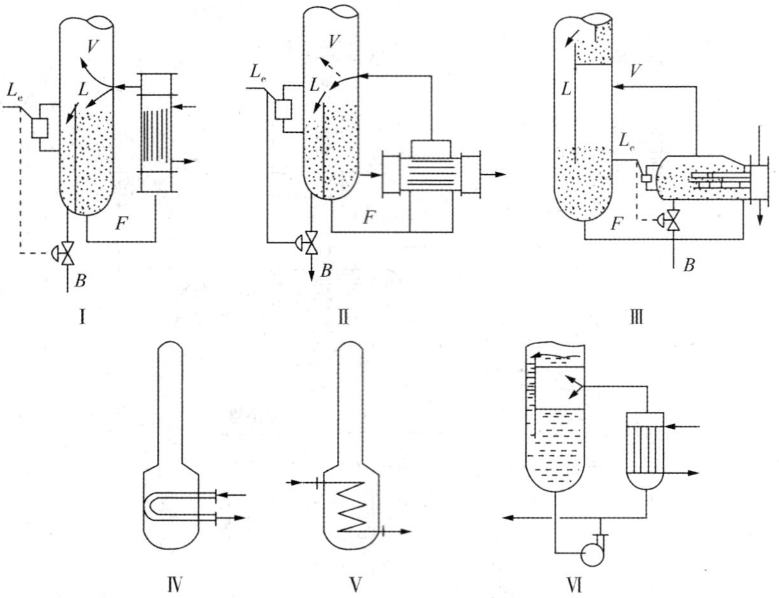

图 4-42　再沸器的型式与流程

(1) 立式再沸器　如图 4-42(Ⅰ)所示，这是一种立式虹吸循环型再沸器，其原理是利用再沸器中物料与塔底物料相对密度之差所引起的循环作用。它的优点是釜液在加热区停留时间短，釜液通过管内容易清洗；再沸器与塔釜的配管短，配管中压力损失小，且可配置流量计，易于调节流量；装置紧凑，传热效果好，占地面积小，基础简单。缺点是为使釜液具有足够的循环压头，必须使塔的裙座提高很多；为保持热虹吸循环所需的压力平衡，塔釜必须保持一定的液面，为此塔釜要设置堰板，还要防止液面调节阀工作失灵；再沸器的蒸发率有限制(一般在 30%以下)，以防止蒸发效率过高，体积膨胀大，导致压力损失增加；一个塔在操作中不可能同时用几个再沸器，因釜液循环难以平均分配，所以传热面积受到限制；只有釜液循环量大时，再沸器才相当于一块理论塔板。

(2) 卧式再沸器　如图 4-42(Ⅱ)(Ⅲ)，这是一种卧式热虹吸循环型再沸器。优点是传热面积可比立式再沸器大；有效压头较立式再沸器大，从而可增大循环量；塔釜与再沸器之间管道可装流量计，调节流量容易。缺点是占地面积大，基础和台架费用高；釜液通过管间清洗困难，故不适用于釜液中有污染和黏结性的场合(为此，需采用 U 形插入管，以便管束从再沸器中抽出清洗)；蒸发率限于 30%以下；只有循环量大时再沸器才相当于一块理论塔板。

(3) 内插入再沸器　如图 4-42(Ⅳ)(Ⅴ)所示。它有不需要再沸器的壳体和循环系统的配管、无釜液泄漏、且小塔可采用蛇管等优点。缺点是再沸器热负荷受到限制，塔釜内部要装管束支架，为抽出管束需开大口径人孔或手孔，更换管束时必须停工等。

(4) 强制循环型再沸器　如图 4-42(Ⅵ)所示。这种再沸器的优点是能通过泵实行强制循环，改善传热条件；利用泵控制流量，达到一个塔同时使用几个再沸器；在低蒸发率条件下亦能操作运转。缺点是需增加泵设备的投资，操作和检修费用较高。此种方案一般在自然循环不能操作的情况下才采用。

（五）塔设备的工艺设计

塔设备的工业设计程序视工艺流程和塔设备的形式而异。现以工业上常用的填料塔和浮阀塔为例，下面作简要介绍。

1. 填料塔的工艺设计程序

（1）基础数据

包括全塔的物料平衡及温度、压力；塔内液相及气相流量；气、液相密度、黏度、扩散系数；气、液相平衡曲线或亨利常数（在稀溶液时），或溶解度数据。

（2）选择填料

（3）确定操作速度

利用基础数据中的有关物性数据及选择的填料种类和大小等因素，由"泛点速度计算图"计算出液泛速度（即泛点气速）。取操作速度为一般液泛速度的60%~80%。

（4）计算塔径

计算出的塔径数值应圆整至标准的公称直径。

（5）校核吸收剂的喷淋密度及填料表面的润湿率

（6）计算压降

（7）计算填料层高

（8）根据塔径及填料总高，确定填料的分段数，并选定填料的装卸形式

（9）设计栅板结构、液相喷淋装置、液相再分器，必要时设置除雾器

（10）计算进出口接管直径

2. 浮阀塔的工艺设计程序

（1）基础数据

包括操作速度及压力、气液相负荷及其密度、液体的表面张力和黏度、负荷最大及最小的波动范围以及塔板数等。

（2）塔径计算

化工用塔一般都希望操作时具有一定的弹性，故推荐用"初选塔径用的算图"进行计算。

（3）板面布置设计

确定塔板上的液流形式，确定降液管及堰尺寸等。

（4）塔板上浮阀布置

根据动能因素计算出孔速，求得浮阀个数，布置浮阀并画简图。

经排列后，为了凑满两端，可以适当增减浮阀数，并按调整后的阀数，验算动能因素是否合适。

（5）计算板压降

计算干板压降、液层阻力及塔板压降。

（6）淹塔情况

求出降液管内液面高度；校核塔板间距；校核液相在降液管中的停留时间。

（7）雾沫夹带

采用验算泛点的方法进行。

（8）确定负荷的允许上下限

（9）计算进出口接管直径

（10）塔结构工艺设计

包括除沫器、人孔、塔体、支座等。

六、反应器的选型及其工艺设计

(一) 反应器的分类及特点

1. 分类

反应器的种类很多，分类方法也不一样。例如有按反应器的换热情况把反应器区分成等温的、非等温的、绝热的等几种类型；有按操作情况和物料的流动情况不同把反应器区分成间歇操作的搅拌釜、连续操作的管式反应器、连续操作的搅拌釜、串联的连续操作搅拌釜等类型；有按照操作特点和物料的相态区分成釜式反应器、固定床反应器、流化床反应器、鼓泡式反应器等；还有按反应器的基本结构区分成管式反应器、釜式反应器、固定床反应器、流化床反应器等等。总之，主要应根据分析问题的不同角度按不同的分类方法去看一个反应器究竟属于哪一种类型。

2. 特点

上述几种反应器，都具有自己的特点，大致可归纳如下。

(1) 釜式反应器

其特点是可间歇操作也可连续操作；连续操作时既可以单釜进行，也可以多釜串联操作。此种反应器物料的停留时间可长可短，温度、压力范围可高可低，在停止操作时易于开启进行清理。

在间歇操作时，物料一次加入釜中，反应结束后物料一次排出，所以所有物料的反应时间是相同的，只要适当搅拌，釜内物料的温度、浓度可达均匀一致。但釜内物料的浓度随时间而变化，因此其化学反应速度也随时间而变化。

在单釜连续操作时，物料一面加入，同时一面流出，连续流动，在强烈搅拌下，釜内各点的物料浓度均匀一致，出口浓度与釜中浓度相同，而且不随时间而变化，因此反应速度始终为一常数，这是单釜连续操作的最大特点。单釜连续操作时的另一特点是，物料在强烈搅拌下连续流动，但有的物料微团可能立即离开反应器，也可能在釜内停留很长时间，因此各个物料微团在单釜连续操作条件下的停留时间可能由 $0 \sim \infty$ 。这就是反应物在连续操作时的平均停留时间和间歇操作时的反应时间虽然一样，而且其他工艺条件也相同，但反应的转化率却不一样的原因之一。

多釜串联的优点是，既具有单釜连续操作的特点，即反应浓度和反应速度恒定不变，可使反应在最有利的反应条件下进行，又可以分段控制反应，还可以使物料在反应器中的停留时间比较集中。

(2) 管式反应器

近年来此种反应器在化工生产中使用越来越多，而且越来越趋向大型化和连续化。它的特点是传热面积较大，传热系数较高，流体流动速度较快，物料停留时间短，便于分段控制以创造最适宜的温度梯度，此外还有耐高压、高温，结构简单等特点。

此种反应器在连续操作时，物料沿管长方向流动，反应时间是管长的函数，所以反应物浓度沿管长变化；但是沿管长各点上的反应物浓度有一个确定不变的值，不随时间而变化。在间歇操作的反应釜中，最快的反应速度是在操作过程中某一时刻，而在管式反应器中，最快的反应速度则是在管长的某一点。

（3）固定床反应器

此种反应器结构较简单，操作稳定，便于控制，是近代化工生产中最普遍采用的反应器之一。它的特点是气固相间（固体能催化剂处于静止不动状态，而原料气体则为连续流动的）传热、传质面积大、传热、传质系数高，便于实现过程连续化和自动化。由于催化剂的粒子静止不动，从而带来床层的导热性不好，床层的温度分布也不易均匀。因此在设备的结构设计上必须考虑，对放热较大的过程，必须尽快地把热量移出；而对吸热较大的反应，必须迅速供给热量。即使如此，反应床层也难保持等温（所以绝大多数固定床反应器是属于非等温式反应器），这是此类反应器的一大缺点。

（4）流化床反应器

此种反应器常用于气固相反应和气固相催化反应，被石油、化工、冶金等工业部门广泛采用。流化床或称沸腾床，它作为反应器的特点是催化剂颗粒很细，在气流作用下，床层催化剂被冲击而悬浮起来，上下翻动，剧烈运动，整个系统很像沸腾的液体。因此，这种操作过程亦称固定的流态化。

流化床反应器比固定床反应器传热、传质面积大；传热、传质系数高；可避免局部过热；便于连续化和自动化生产等优点。但也存在一些重大缺点，如床层常会出现过大的气泡、腾涌等现象而带来颗粒密集，影响气体与催化剂颗粒的接触；同时由于固体颗粒的剧烈搅动和循环运动，易造成催化剂的磨损，这就一方面对催化剂的耐磨性，另一方面对细微催化剂的回收都提出更高的要求；此外，由于固体颗粒和流体的轴向混合严重而带来的反应速度降低、转化率下降、选择性变差等问题，亦必须十分注意。

（二）反应器的选择

由于轻化工生产的多样化，因此给反应器的选择也带来一定的困难。从目前工厂生产的实际情况来看，一般是根据生产实践经验；此外，有的需要通过试验研究而确定。

下面从不同类型反应器中反应物浓度的特点以及根据动力学特点选择反应器类型两个方面作扼要说明。

1. 反应器中反应物浓度的特点

由前述反应器的分类和特点可知，间歇操作的搅拌釜的反应物浓度仅是时间的函数，任何时刻的反应物浓度都大于反应终了时的浓度；连续操作的管式反应器的反应物浓度沿管长而渐变，沿管长任一点的反应物浓度都大于出口反应物的浓度；连续操作的搅拌釜，釜中反应物浓度不随时间、位置而变，其数值等于出口浓度，对于生成物来说，也是这样；串联的连续操作搅拌釜，反应物浓度呈阶梯形逐渐降低，釜越少反应物浓度的变化接近连续操作的搅拌釜，釜越多反应物浓度的变化接近管式反应器。

图 4-43 为不同类型反应器中反应物浓度的变化情况。

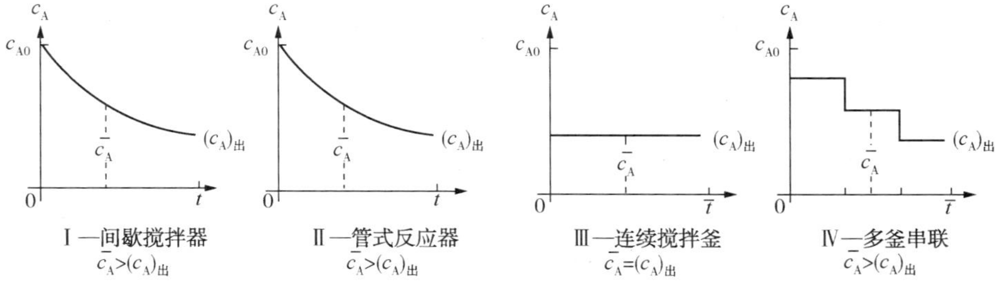

图 4-43　不同类型反应器中反应物的浓度变化

通过以上分析可以看出，对于不同类型的反应器，即使反应物具有完全相同的出口浓度，但是在反应器中上下浓度却是很不相同，这就为根据反应动力学的特点去选择反应器提供了可能和依据。

2. 根据动力学特点选择反应器类型

（1）简单反应

其反应通式为：

$$A \xrightarrow{k_c} B$$

$$\gamma_A = k_c c_A^n$$

对于零级反应（$n=0$），因反应物浓度对反应速度（γ_A）没有影响，故可选用任何类型的反应器。式中 k_c 为反应速度常数。

对于非零级反应（$n>0$），γ_A 的大小与 c_A（釜中反应物 A 的浓度）有关，应选择能具有较大 c_A 的管式反应器或间歇操作的反应釜，因这两种类型的反应器中反应物浓度大于出口（或反应终了时）的浓度；若采用多釜串联，则要求釜数多一些为好。同时，反应级数越多，c_A 对于 γ_A 的影响越大，因此，不同类型反应器对化学反应速度的影响就越大。

（2）平行反应

其反应以下式为代表：

$$A\begin{cases} B & \gamma_B = k_1 c_A^{n_1} \quad \text{（主反应）} \\ C & \gamma_A = k_2 c_A^{n_2} \quad \text{（副反应）} \end{cases}$$

在选择反应器时，主要是比较主副反应级数。

若 $n_1>n_2$，则选用具有较高反应物浓度的反应器为好，即应选用间歇操作的搅拌釜或连续操作的管式反应器，而不选用连续操作的搅拌釜，因前者有利于主反应的进行，提高选择性。

若 $n_1<n_2$，则选用连续操作的搅拌釜比选用连续操作的管式反应器或间歇搅拌釜为好，此时反应速度可能要慢一些，但是反应过程中主反应所占的比率增加。

（3）连串反应

其反应以下式表示：

$$A \xrightarrow{k_1} B \xrightarrow{k_2} C$$

$$\gamma_B = k_1 c_A^{n_1} - k_2 c_A^{n_2}$$

$$\gamma_c = k_2 c_B^{n_2}$$

对于连串反应，应根据不同的目的产物去选择反应器的类型。

若 B 是目的产物，则为使反应过程有较高的 γ_B，希望反应器中有较大的 c_A 和较小的 c_B，故宜选用间歇操作的搅拌釜或连续操作的管式反应器，而不宜选用连续搅拌釜。

若 C 是目的产物，则为使 $\gamma_B<\gamma_C$，应选用具有较小反应物浓度的连续反应釜；若是一定要用多釜串联，也要尽量使串联的釜数少一些为好。

根据上面的分析，从动力学特点选择反应器类型，可归结为表 4-21。

显然，四种典型反应器各适用于不同的动力学特征，都没有绝对的优势。但是，也应指出，新建工厂使用连续操作的反应器，有利于提高设备的处理能力。

表 4-21　化学动力学与反应器选择

反应类型	动力学特征	反应器选择①
A——B	$n=0$ $n>0$	Ⅰ，Ⅱ，Ⅲ，Ⅳ Ⅰ，Ⅱ，Ⅲ
A<B，C（A 分别生成 B、C）	$(n)_{主反应}>(n)_{副反应}$ $(n)_{主反应}<(n)_{副反应}$	Ⅰ，Ⅱ，Ⅳ Ⅲ
A——B——C	B 是主要产物 C 是主要产物	Ⅰ，Ⅱ，Ⅳ Ⅲ

① Ⅰ为间歇搅拌釜；Ⅱ为管式反应器；Ⅲ为连续搅拌釜；Ⅳ为多釜串联。

（三）搅拌反应釜的工艺设计

搅拌反应釜是轻化工厂最常用的典型设备之一。在轻化工工艺中，涉及众多反应类型，如酯化、皂化、氧化、氢化、胺化、酰胺化、乙氧基化、磺化、水解、中和、乳化、混合等。在这些反应中，一般都要用到搅拌反应釜，而在操作条件上，有的是高压高温，有的须减压真空，有的要防燃、防爆，有的须防毒、防腐蚀等。所以在设计和制造各种反应釜时，都必须分别满足上述工艺条件及安全操作条件，此外，还要考虑到技术经济指标和结构条件的要求。图 4-44 为一种搅拌反应釜的基本结构。

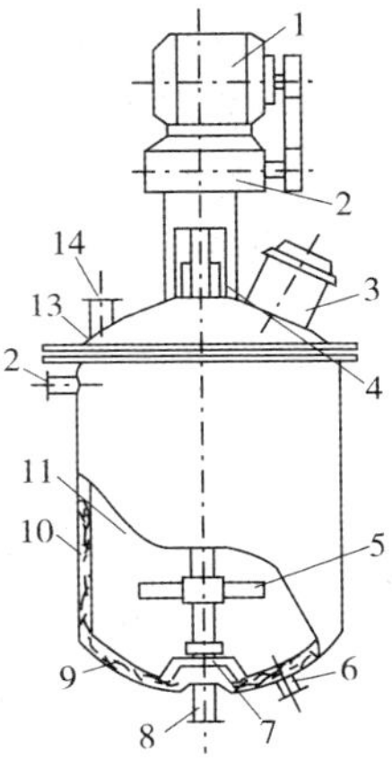

图 4-44　搅拌反应釜的基本结构

1—电动机；2—传动装置；3—人孔；4—轴封装置；5—搅拌器；6、12—接管；7—搅拌器底轴承；8—出料管；9—釜底；10—夹套；11—釜体；13—板盖；14—加料管

搅拌反应釜的基本结构包括：

（1）釜体

有筒体和上下封头组成。它提供足够的反应体积以保证反应物达到规定转化率所需的时间；必须有足够的强度和耐腐蚀能力以保证操作安全和运行可靠。

（2）换热装置

要有效地保证化学反应（或物理化学反应）所需要的热量或者移出的热量，达到最适宜的操作温度。换热装置有的采用夹套，有的采有蛇管，有的两者皆用。

（3）搅拌装置

由搅拌器及搅拌轴等组成。它的传动由马达和减速装置在通过联轴节带动搅拌轴装置。良好的搅拌装置，既可使釜内物料充分混合，均匀分散；也可使悬浮体系或乳化体系保持稳定；同时还能强化釜内传热和传质。

（4）轴封装置

用来防止釜体与搅拌轴之间的泄漏。有静密封和动密封两大类，必须根据工艺要求选定。

（5）工艺接管

根据工艺要求，反应釜上要配有各种管口，例如加料、出料、排气、人孔、手孔、视镜、测温孔、测压孔、防爆孔、安全阀等。它们的尺寸大小和安装位置均由工艺条件决定。

下面将此类反应釜的工艺设计作一概括的介绍。

1. 确定操作方式

根据工艺要求确定反应釜的操作方式。

2. 确定工艺计算依据

如生产能力、转化率、反应时间、装料系数、操作温度、压力、比热容等。

3. 收集有关物性数据

包括反应物料、生成物以及其他组分的物性数据。

4. 反应釜容积计算

（1）间歇反应釜

$$V=\frac{V_c \times \tau \times n}{24m \times \phi}\ \mathrm{m}^3 \tag{4-107}$$

式中 V_c——每昼夜处理的物料量，m^3/d；

τ——每批物料反应的时间，h；

n——设备的备用系数，通常在 1.05~1.3 范围内；

m——设备台数；

ϕ——装料系数，通常取 0.7~0.8，对容易起泡或沸腾或有气相参加的反应，ϕ 取 0.4~0.6。

（2）连续反应釜

$$V=\frac{V_h \times \tau \times n}{24m \times \phi}\ \mathrm{m}^3 \tag{4-108}$$

式中 V_h——每小时处理的物料量，m^3/h；

τ——反应所需的时间，h；

n，m，ϕ——意义和取值如间歇反应釜所述。

5. 反应釜直径与筒体高度

设釜内径为 D_o，筒体高为 H，高径比为 r（即 $r=H/D_o$；r 一般取 1~3 之间）。若已知釜容积为 V，且 r 已选定，即可确定 D_o 和 H 的大小。

筒体体积为

$$V-V_o=(\pi/4)D_o^2 \cdot H$$

因

$$H=rD_o$$

所以

$$V-V_o=(\pi/4)D_o^2 \cdot rD_o$$

即

$$D_o=\sqrt[3]{\frac{V-V_o}{\pi/4r}} \tag{4-109}$$

式中 V_o——封头容积。先初算出 D_o 值，据此 D_o 圆整至公称直径，再有公称直径查手册，将查得的 V_o 容积代入计算。

必须注意，在初算出 D_o 后，必须圆整至公称直径后再确定 r 与 H。

6. 搅拌器设计

（1）选型

搅拌器形式很多，必须根据工艺要求进行选型。常见的搅拌器形式有推进式（船舶型）、桨式（平直叶、折叶）、涡轮式（开启平直叶、开启弯叶、开启折叶、圆盘弯叶、圆盘平直叶）、锚式或框式、螺杆式、螺带式等。

上述几种搅拌器的主要特征参数如下：

推进式(船舶型) $S/D=1$，$Z=3$，$U=5\sim15m/s$，$n=300\sim600r/min$。

桨式(平直叶、折叶) $D/B=4\sim10$，$Z=2$，$U=1.5\sim3m/s$，$n=20\sim80r/min$。

涡轮式(开启平直叶、开启弯叶、开启折叶) $D/B=5\sim8$，$Z=6$，$U=3\sim8m/s$，$n=150\sim350r/min$。

涡轮式(圆盘弯叶、圆盘平直叶) $D:L:B=20:5:4$，$Z=6$，$U=3\sim8m/s$。

锚式或框式 $C/D_o=0.05\sim0.08$，$B/D_o=1/12$，$U=0.5\sim0.15m/s$，$n=20\sim80r/min$。

螺杆式 $S/D=1$，$Z\geqslant1$，$n=5\sim20r/min$。

螺带式 $S/D=1$，$B/D=0.1$，$Z=1\sim2$，$n=5\sim20r/min$。

式中 D_o——搅拌釜内径；

D——搅拌叶直径；

B——搅拌叶宽度；

Z——搅拌叶叶数；

S——搅拌叶螺距；

L——搅拌叶长度；

C——搅拌叶距釜底的距离；

n——搅拌器转速。

表4-22可供搅拌器形式选用时作为参考。

表4-22 搅拌器形式选用参数

工艺要求	控制主要因素	选用形式	D_o/D	H/D	层数及位置
调和混合	液体循环流量(容积循环速率)	推进式、涡轮式、桨式(底要求时)	推进式：4~3 涡轮式：6~3 桨式：2~1.25	不限	单层或多层、中间插入 $C/D=1$，$C/D=0.5\sim0.75$
分散混合	液滴大小(分散度)容积循环速率	涡轮式	3.5~3	0.5~1	$C/D=1$
固体悬浮和固体溶解	容积循环速率湍流强度	桨式、推进式、涡轮式	推进式：2.5~3.5 推进式、涡轮式：2~3.2	0.5~1	根据固体粒度和含量及相对密度决定 C/D
气体分散和气体吸收	剪切作用高速度	涡轮式	2.5~4	1~4	单层或多层 $C/D=1$
热量传递	容积循环速率对传热面的湍流程度	桨式推进式 涡轮式	桨式：1.25~2 推进式：3~4 涡轮式：3~4	0.5~2	
搅拌(对高黏度物料)	容积循环速率低速度	涡轮式、锚式、框式、桨式、螺杆式、螺带式	涡轮式：1.5~2.5 桨式：~1.25	0.5~1	
结晶	容积循环速率剪切作用；低速度	涡轮式 桨式或改进式	涡轮式：2~3.2		单层或多层，单层一般在 $H/2$ 处

注：表中除 H 表示液面高度外，其他符号同前。

(2) 确定搅拌器主要尺寸及转速

根据搅拌器的主要特性参数以及表4-22中列出的 D_o/D、H/D_o、D/B、C/D、U(而 $U=$

$\pi Dn/60$)等，其中 D_0 在一般设计中为已知值，即可求出 D、B、C、n 值。而在 $U=\pi Dn/60$ 公式中，若选定 n 对 U 进行验算；若选定 U 而对 n 进行验算。

(3) 搅拌轴直径的计算

搅拌轴材料常用45号钢，极少的情况下选用 A_5 钢甚至 A_3 钢。当耐腐蚀要求较高或要求釜内反应物不被铁离子污染时，应当选用不锈钢。这些常用材料的许用剪应力[τ]值及与对应的变化系数(A)列入表4-23中。

表4-23　常用材料的[τ]值及A值

轴材料	A_3(20)	A_5(35)	45	$Cr_{18}Ni_9Ti$
[τ]，MPa	10~20	20~30	30~40	15~25
A	14.34~12.14	12.2~10.6	10.6~9.64	13.4~11.3

搅拌轴的直径可按下式计算：

$$d \geqslant A\sqrt[3]{\frac{N}{n}} \quad \text{cm} \tag{4-110}$$

式中　N——轴上传递的功率，kW；

n——轴转速，r/min；

d——轴最小计算直径，cm；

A——随许用剪应力[τ]变化的系数；

[τ]——轴材料的许用剪应力，kgf/cm^2。

在搅拌轴的设计中，有时采用无缝钢管作空心轴。空心轴的外径计算公式如下：

$$d_{外} \geqslant A\sqrt[3]{\frac{N}{n}\cdot\frac{1}{b}} \quad \text{cm} \tag{4-111}$$

式中　N、n、A 的意义和单位与式(4-110)相同；

$d_{外}$——空心圆轴计算直径的外径，cm；

b——空心圆轴换算系数，$b=1-\alpha^4$；

α——空心圆轴计算直径的内外径之比，即 $\alpha=d_{内}/d_{外}$。在选定一个 α 值后，b 可由表4-24中查取。

表4-24　空心圆轴 α 与 b 之关系

α(轴内径/轴外径)	1/4	1/3	1/2	1/1.6	1/1.4	1/1.25
$b=1-\alpha^4$	0.9961	0.9877	0.9375	0.847	0.73	0.59

上述 d 的确定是按强度计算进行的，但在确定轴的结构尺寸时，还必须考虑轴上因开有键槽或孔等所引起的轴截面的局部削弱，因此，轴的直径应按计算直径适当给予放大。

按一般经验，开一个键槽或浅孔时，计算直径应增大4%~5%；若同一横截面位置上有两个键槽或浅孔时，轴的计算直径应增大7%~10%；若轴上沿径向开有对穿销孔，孔径/轴径=0.05~0.25时，轴的直径至少增大15%。

考虑腐蚀裕度，轴径可增大2~4mm。

最后轴径还应按标准直径系列进行圆整。

(4) 搅拌轴的支撑条件

保持搅拌轴悬臂稳定性的允许条件，在一般工作条件下，根据经验数据，推荐以下两个关系式：

$$L/B \leqslant 4 \sim 5 \tag{4-112}$$

$$L/d \leqslant 50 \tag{4-113}$$

式中 L——悬臂轴长度，cm；

d——搅拌轴直径，cm；

B——二轴承间距离，cm（B 通常为减速器二轴承间的距离，如果轴封处能起到轴的支撑作用，例如带衬套的填料箱轴封时，则 B 可算至轴封处）。

如果上述两个条件不能满足时，可增加直径 d，但增加轴径，有时是不够经济的。若轴封处能起到轴承的支撑作用，则增加减速器的支架高度，亦即使 B 增大来达到上述两个条件。如果不能增加 d 或 B 来满足条件时，可采取加底轴承或中间轴承的办法，但在一般情况下，应尽可能避免在釜内安装轴承，因这样将使整个轴系的结构复杂得多，对检修带来困难，且物料可能进入轴承造成堵塞咬死。

（5）搅拌器轴功率的计算

按搅拌器的不同类型和操作方式，有专门书籍介绍各种搅拌器轴功率的计算公式，因此在计算时应事先进行详细查阅。

（6）计算搅拌器实际消耗功率及电动机所需功率

根据化工计算得到的搅拌器轴功率有时与实际情况出入较大，此时需要参考相近情况下所需的功率，然后进行校正，求取实际消耗功率，并由此进一步计算电动机所需功率。

$$N_{电机} = \frac{N_{搅拌}}{\eta_{总}} \tag{4-114}$$

式中 $N_{搅拌}$——搅拌器实际消耗功率，kW；

$\eta_{总}$——总效率，包括减速装置传动效率，搅拌器轴封摩擦损耗和其他损耗。

7. 确定换热形式及计算传热面积

反应釜的换热形式常用的有夹套和蛇管（或列管）两种，但也有采用外冷却装置，如将物料引出釜外经换热后重新返回釜内；又如将溶剂或反应物在釜中汽化吸收热量，在釜外经冷凝回流入釜。

反应釜所需的传热面积按化工计算利用传热方程求取。

8. 轴封装置

反应釜的“轴封”是指静止的封头与转动的搅拌轴之间为防止介质泄漏所采用的密封装置。

反应釜的轴封装置主要采用填料密封和机械密封两种。前者以往使用较多，它的优点是结构简单，填料装卸方便，造价低；缺点是使用寿命较短，密封可靠性较差（轴旋转时，轴和填料之间的摩擦和磨损是不可避免的，因而总有微量的泄漏）。后者具有密封性可靠（一般平均泄漏量只有填料密封的1%），使用寿命长（0.5~1年或更长），很少需要维护，轴几乎无磨损，功率消耗少（机械密封的摩擦功损失为填料密封的10%~50%），应用范围广等优点，但它的造价高，安装精度要求高。

七、非标准容器设备的选型及其工艺设计

非标容器设备一般是指规格和材质都不定型的辅助设备。此类容器设备加工精度要求不高，供货渠道也不固定；在工厂设计中，常根据生产需要而配备。

非标容器设备应尽量在已有的通用设计图系列中进行选择。例如，从 HG/T 3145—1985《普通碳素钢及低合金钢贮罐标准系列分类与技术条件》中，就可提供七类系列贮罐的选用。这七类系列贮罐是：

1. 平底平盖贮罐系列

此系列图样符合 HG/T 3146—1985《平底可拆平盖贮罐系列》的规定，用于常压，$DN=500\sim1000\text{mm}$，$V_N=0.1\sim1.5\text{m}^3$。

2. 平底平顶贮罐系列

此系列图样符合 HG/T 3147—1985《平底平顶贮罐系列》的规定，用于常压，$DN=500\sim2200\text{mm}$，$V_N=0.1\sim8\text{m}^3$。

3. 立式平底锥盖贮罐系列

此系列图样符合 HG/T 3148—1985《平底锥顶贮罐系列》的规定，用于常压，$DN=2000\sim4000\text{mm}$，$V_N=10\sim80\text{m}^3$。

4. 90°无折边锥形底平顶贮罐系列

此系列图样符合 HG/T 3149—1985《90°无折边锥形底平顶贮罐系列》的规定，用于常压，$DN=500\sim2000\text{mm}$，$V_N=0.1\sim8\text{m}^3$。

5. 90°折边锥形底椭圆形封头贮罐系列

此系列图样符合 HG/T 3150—1985《90°折边锥形底椭圆形封头（悬挂式支座）贮罐系列》或 HG/T 3151—1985《90°折边锥形底椭圆形封头（支腿）贮罐系列》的规定，用于 $P_{设}=6\text{kgf/cm}^2$，$DN=400\sim2000\text{mm}$，$V_N=0.1\sim8\text{m}^3$。

6. 立式椭圆形封头贮罐系列

此系列图样符合 HG/T 3152—1985《立式椭圆形封头（悬挂式支座）贮罐系列》的规定，用于 $P_{设}=2.5\text{kgf/cm}^2$、6kgf/cm^2、10kgf/cm^2、16kgf/cm^2、18kgf/cm^2、20kgf/cm^2、22kgf/cm^2、25kgf/cm^2、30kgf/cm^2、40kgf/cm^2，$DN=400\sim2000\text{mm}$，$V_N=0.1\sim10\text{m}^3$；或符合 HG/T 3153—1985《立式椭圆形封头（支腿，裙座）贮罐系列》的规定，用于 $P_{设}=2.5\text{kgf/cm}^2$、6kgf/cm^2、10kgf/cm^2、16kgf/cm^2、18kgf/cm^2、20kgf/cm^2、22kgf/cm^2、25kgf/cm^2、30kgf/cm^2、40kgf/cm^2，$DN=400\sim2800\text{mm}$，$V_N=0.1\sim40\text{m}^3$。

7. 卧式椭圆形封头贮罐系列

此系列图样符合 HG/T 3154—1985《卧式椭圆形封头贮罐系列》的规定，用于 $P_{设}=2.5\text{kgf/cm}^2$、6kgf/cm^2、10kgf/cm^2、16kgf/cm^2、18kgf/cm^2、20kgf/cm^2、22kgf/cm^2、25kgf/cm^2、30kgf/cm^2、40kgf/cm^2，$DN=600\sim3200\text{mm}$，$V_N=0.5\sim100\text{m}^3$。

在选择时要注意：

要考虑合理的容积。如容积过小，就要增加设备台数，致使操作管理不便；容积过大又会造成浪费。实践表明，酸、碱等液体贮槽的容积一般考虑 3~4 班的用量较为合适。

其次要根据介质性质选择设备材质。轻化工生产中腐蚀性介质较多，因此材质选择很重要，这方面可根据工厂实际生产所使用的材质情况加以确定。

此外，非标容器设备应尽量选用已有的产品，若选不到合适设备，再进行设计。

非标容器的工艺设计由工艺专业人员负责。工艺专业人员根据生产要求，提出工艺技术条件和要求，然后提供给机械设计进行施工图设计。设计图纸完成后，再返回给工艺人员核实条件并会签。

工艺专业向机械专业提供的技术条件和要求如下：

1. 设备名称、作用和使用场合

2. 有关技术参数

（1）物料组成、黏度、相对密度等。

（2）操作条件。如温度、压力、流量、酸碱度、真空度等。

（3）容积。包括全容积、有效容积。

（4）传热面积。包括蛇管和夹套传热。

（5）工作介质性质。是否易燃、易爆、有腐蚀、有毒等。

3. 结构要求

（1）材质要求。工艺人员应提出材质的建议，供机械人员参考。

（2）主要尺寸要求。如容器的外形（轮廓）尺寸；容器的直径、长度、各种管口大小等性能尺寸；管口防卫等定位尺寸；设备基础或支架等安装尺寸。

（3）传热面要求。如内换热采用盘管或列管；外换热使用夹套是否包括封头等。

4. 其他特殊要求

上述工艺条件及要求，以表格形式提出，见表 4-25，见图 4-45，其内容包括：

（1）技术特征指标。

（2）管口表。

（3）设备示意图。

表 4-25　设备设计条件单

工程项目			设备名称	储槽	设备用途	高位槽
提出专业		工艺	设备型号		制单	
技术特征指标				管口表		
操作压力		常压		编号	用途	管径
操作温度		22～25℃		a	进口	DN50
介质	体内	溶剂油		b	回流口	DN70
	蛇管口	冷却水		c	冷却水入口	DN25
腐蚀情况		无		d	冷却水出口	DN25
冷却面积		约 0.18m^2		e	出口	DN50
操作容积		2.3m^3		f	放净口	DN70
计算容积		2.5m^3				
建议采用材料		A3				

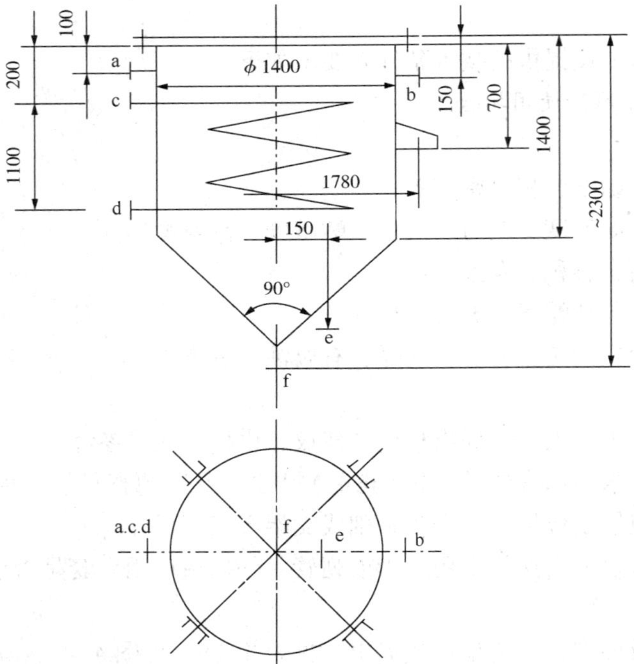

图 4-45　非标容器的工艺设计

八、冷却器最优化设计

本部分举例说明冷却器最优化设计。如某炼油厂需将煤油从 $T_1=140℃$冷却到 $T_2=40℃$，煤油处理量 $G=3\times10^4$kg/h，冷却介质为水，初始温度 $t_1=30℃$，要求设计一冷却器(逆流操作)，并使该冷却器的年度总费用尽可能的低。已知数据：

(1) 冷却器每单位面积的总投资费用(材料及制作费) $J_s=200$ 元/m^2

(2) 冷却器的年折旧率 $\beta=15\%$(包括维修费)

(3) 冷却器的总传热系数 $K=836.8$kJ/(m^2·h·℃)

(4) 冷却器每年运行时间 $\theta=8000$h

(5) 冷却器水单价 $J_w=0.04$ 元/t

(6)冷却器比热容 $c_w=4.184$kJ/(kg·℃)

(7)煤油比热容 $c_c=2.092$kJ/(kg·℃)

解：这是一个实际的工程问题。

根据题意，进行最优化问题分析，确定目标和变量。由化学工程中传热学基本原理知，一个逆流操作的冷却器，当热负荷 Q 及总传热系数 K 已知，最主要的工艺参数是冷热流体的进出口温度，本题的热流体进出口温度已由工艺条件确定，冷流体进口温度也是确定的。因此，除冷流体出口温度 t_2待定外，其余三个参数都已确定。所以，t_2是求解问题的变量。但是 t_2的不同是否会影响冷却器的年度总费用，即 t_2的大小是否会构成冷却器的总费用最低的最优化问题如图 4-46 所示。

由逆流传热原理知，在一个冷却器中，如果 t_2↑，则热流进口端传热温度差 Δt_1↓，即推动力↓，这样，要完成规定的热负荷，就必须使传热面积↑，冷却器的投资费↑，但 t_2↑后，单位体积的冷却水带走的热量也会增加，冷却水量↓，操作费↓。反之，如果 t_2↓，则 Δt_1↑，推动力↑，传热面积↓，投资费用↓。

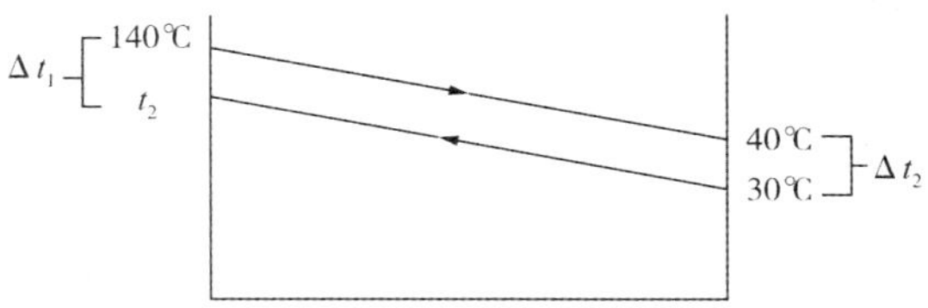

图 4-46　逆流操作

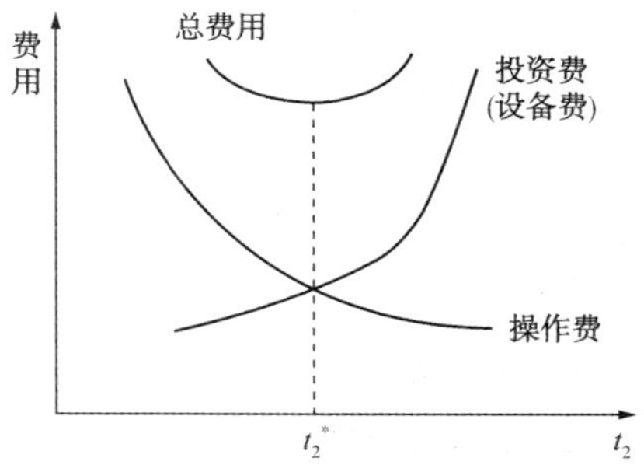

图 4-47　总的投资费用优化

因此可以由图 4-47 看出：冷却器的投资费用随 t_2↑而↑，而操作费用随 t_2↑而↓。两者是矛盾的，但总费用是两者之和。因此，冷流出口温度与总费用之间的关系可由图表示，确实存在一个最优的冷流出口温度 t_2^*，使总费用取最小值。显然此最优化问题属单变量的最优化问题。

建立最优化问题的数学模型：

（1）由原问题的要求建立目标函数，本问题的要求是冷却器的年度总费用最低，因而目标函数 J 应是年度设备投资费与年度操作费之和。

即有　$J=J_s \times S \times \beta + J_w \times \theta \times F_w/1000$，其中 J_A、β、J_N、θ 皆已知。

式中　S——冷却器面积，m^2；

F_w——冷却水用量，kg/h。

（2）主要未知参数 S、F_w 的数学模型，由热平衡方程得冷却器热负荷（总传热量）为：

$$Q=G_w \times c_w(t_2-t_1)=F \times c_c(T_1-T_2)=K \times S \times \Delta t_m,$$

即

$$Q=F \times c_c(T_1-T_2)=3 \times 10^4 \times 2.092 \times 100=6.276 \times 10^6 \text{kJ/h}$$

由逆流传热方程式得对数平均传热温差 Δt_m：

$$\Delta t_m=\frac{(T_1-t_2)-(T_2-t_1)}{\ln\left(\dfrac{T_1-t_2}{T_2-t_1}\right)}=\frac{130-t_2}{\ln(14-0.1t_2)}$$

$T_1=140$，$T_2=40$，$t_1=30S=Q/K \cdot \Delta t_m=7500\ln(14-0.1t_2)/(130-t_1)$

由热平衡方程得冷却水用量方程式为

$$F_w=Q/c_w(t_2-t_1)=1.5 \times 10^6/(t_2-30)\,\text{kg/h}$$

将上述 S、F_w 参数模型代入目标函数式得

$$J=22500 \times \frac{\ln(14-0.1t_2)}{130-t_2}+\frac{480000}{t_2-30} \to \min \text{ 元/年}$$

（3）本例为冷却器最优设计，t_2除传热学原理有所限制外（$t_1<t_2<T_1$），无其他特殊限制，因而不需建立其他约束方程式。上述 J 的函数式即是本冷却器最优化设计的唯一数学模型。且可看出，J 的模型中唯一变量只有冷却器出口温度 t_2。因此，使 $J \to \min$ 的问题确属单变量最优化问题。

确定最优化方法(算法)，初始区间和精度要求：

(1) 由数学模型看，目标函数较为复杂，用微分求解相当困难，用黄金分割法，计算量较大，收敛速度较慢，所以采用二次多项式近似法求极小值。

二次多项式近似法原理：用一个二次多项式函数 $P(x)$ 来拟合目标函数 $f(x)$，由于 $P(x)$ 是具有连续可微等较好的解析性质，可采用微分法求得极小点的解析格式，并将此极小点作为原函数 $f(x)$ 极小点的近似解，进而作为新的比较点，缩小搜索范围，重复使用此法，直到满足事先规定的精度要求，即可得到所需的极小点。$P(x)$ 的极小点作为 $f(x)$ 的近似解。二次多项式的解析图形一般呈抛物线形状，且只要有三个函数点值即可确定出一条抛物线，又称抛物线近似法，三点二次插值法。设目标函数为 $f(x)$，具有三点 $x_1<x_2<x_3$ 上的函数值分别为 f_1、f_2、f_3，且存在 $f_1>f_2<f_3$(即两头大中间小)关系，现用一个二次多项式函数 $P(x)$ 拟合 $f(x)$。显然 $P(x)$ 在 x_1、x_2、x_3 三点的位置上其函数值 $P(x_1)$、$P(x_2)$、$P(x_3)$ 应分别等于 f_1、f_2、f_3，如图 4-48 所示，设拟合函数 $P(x)$ 为：

$$P(x)=a_0+a_1x+a_2x \tag{1}$$

在 x_1、x_2、x_3 处应有

$$P(x_1)=a_0+a_1x_1+a_2x_1{}^2=f_1$$
$$P(x_2)=a_0+a_1x_2+a_2x_2{}^2=f_2$$
$$P(x_3)=a_0+a_1x_3+a_2x_3{}^2=f_3 \tag{2}$$

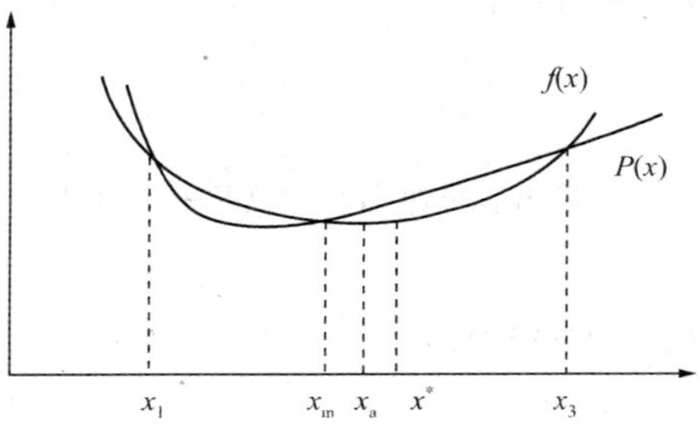

图 4-48　函数的拟合

显然一旦 x_1、x_2、x_3 和相应的 f_1、f_2、f_3 已知后，由方程组(2)可确定 a_0、a_1、a_2 三个系数，进而使 $P(x)$ 成为一条具体的抛物线，此抛物线唯一极小点 x_m 可用微分法对式(1)求导并使其为零得到即

$$P'(x)=a_1+2a_2x=0 \quad 则\ x_m=-a_1/2a_2 \tag{3}$$

此 x_m 为 $P(x)$ 函数的极小值，可作为原函数 $f(x)$ 的近似极小值，为使 x_m 格式化，式(3)中的 a_1、a_2 系数值一般用式(2)代换为通用格式，处理过程为，在式(2)中利用相邻两个方程消去 a_0，得到只含 a_1、a_2 的两个方程

$$a_1=\frac{(x_2^2-x_3^2)f_1+(x_3^2-x_1^2)f_2+(x_1^2-x_2^2)f_3}{(x_1-x_2)(x_2-x_3)(x_3-x_1)} \tag{4}$$

$$a_2=-\frac{(x_2-x_3)f_1+(x_3-x_1)f_2+(x_1-x_2)f_3}{(x_1-x_2)(x_2-x_3)(x_3-x_1)} \tag{5}$$

将式(4)、式(5)代入式(3)

$$x_m=\frac{(x_2^2-x_3^2)f_1+(x_3^2-x_1^2)f_2+(x_1^2-x_2^2)f_3}{(x_2^2-x_3^2)f_1+(x_3-x_1)f_2+(x_1-x_2)f_3} \tag{6}$$

为方便计算，再把式(6)改写为

$$x_m=1/2\times(x_1+x_3-c_1/c_2)$$

其中

$$c_1=(f_3-f_1)/(x_3-x_1)$$
$$c_2=[(f_2-f_1)/(x_2-x_1)-c_1]/(x_2-x_3)$$

如果 x_1，x_2，x_3 三点是等距离，即 $x_3-x_2=x_2-x_1=h$

则式(6)可改为　$x_m=0.5(x_1+x_3-c_1/c_2)$

其中
$$c_1=(f_3-f_1)h$$
$$c_2=f_1+f_3-2f_2$$

一般来说，所得 x_m 函数值 $f(x_m)$ 会比 $f_1f_2f_3$ 都好，但由于仅是目标函数 $f(x)$ 得近似解，故不能指望一次近似就能得到所需的最优解，下一步工作应是 $f(x_m)$ 为 f_2，x_m 与 x_2 进行比较，判别是否满足精度要求，若不能满足则应以 x_m 点作为下一轮计算时的新 x_2 点，并缩小区间，求得新区间的 x_1 和 x_3 点，重复上述计算过程，直到求得的 $f(x_m)$ 和 x_m 分别与 f_2、x_2 比较，满足规定的精度要求为止。则 x_m、$f(x_m)$ 即为原函数所需的最优解。

注意：在每一轮计算中为了保证搜索的收敛，所选择的三点必须满足 $x_1<x_2<x_3$ 和 $f_1>f_2<f_3$（两头大中间小）的要求。

（2）策变量 t_2 因传热学原理的限制其变化范围可根据工程经验确定。

初始区间取为[70，100]，第三点为区间的中心点即为等步长的三点，即
$$x_1=70,\ x_2=85,\ x_3=100,\ h=15$$

（3）取函数值精度要求为 $\varepsilon_1=0.0001$，计算点精度为 $\varepsilon_2=0.01$

（4）列表计算

（5）圆整 $t_2^*=92.4721℃$，$t_2=92.5$ 或 92℃，并由此算出 S、F_w。

$J^*=17028.854$ 元/年　　$A=311.5146\text{m}^2$

$J_{投}=9345.438$ 元　　54.88%

$J_{操}=7683.416$ 元　　45.12%

结果表

次数	计算点			函数值			点距	系数	
K	x_1	x_2	x_3	f_1	f_2	f_3	h	c_1	c_2
1	70	85	100	19297.168	17251.013	17254.35	15	−68.094	4.554
2	85	92.4756	100	17251.013	17028.867	17254.35	不等距	0.2225	3.979

次数	最优点	最优值	目标法精度	计算点精度	精度判别	
K	x_m	$f(x_m)$	$\varepsilon'_1=\left\|\frac{f(x_m)-f_2}{f(x_m)}\right\|$	$\varepsilon'_2=\left\|\frac{x_m-x_2}{x_m}\right\|$	$\varepsilon'_1\leqslant\varepsilon_1$	$\varepsilon'_1\leqslant\varepsilon_2$
1	92.4756	17028.867	0.013	0.081	否	否
2	92.4721	17028.854	0.0043758	0.0003758	合格	合格

本题求解结果（理论值）：

（1）冷却器的最优出口温度：$t_2^*=94.4721℃$

（2）在 t_2^* 下冷却器最小年度费用：$J^*=17028.854$ 元/年

（3）冷却器的传热面积：$A=311.5146\text{m}^2$

（4）每小时冷却水用量：$W=24.01\times10^3\text{kg/h}$

（5）总费用中，设备投资费：9345.438 元，占总费用的 54.88%

操作费：7683.416 元，占总费用的 45.12%。另外，流体流速（转换为 u）也可作为设计的一个重要因素。流速大 u，G→操作费用↑，投资费用↓，A↓，泵压力↑；流速小 u，G→操作费用↓，投资费用↑，A↑，也有一最适宜流速 u^*，构成最佳经济点 J_{min}。

九、设计安全裕度

设备设计工业放大设计安全裕度(系数)的确定。

设备进行工艺计算后，在选型及制作安装前还必须采用确当的裕度，即安全放大系数。有关设备放大比例及安全系数可参照表4-26。

表4-26 设备放大设计的因素

设备类别	通常是否需要中间试验装置	设计用的主要变量(除流速以外)	说明设备尺寸或能力的主要变量	按照前述说明变量的最大放大比例	推荐的近似安全系数或设计裕度系数/%
分批操作的搅拌结晶器	是	溶解度与温度的关系	流量，传热面积	>100∶1	20
分批操作的反应器	是	反应速度，平衡状态	容量，停留时间	>100∶1 >100∶1	20
离心泵	否	排液压头	流量，输入功率，桨叶直径	>100∶1 10∶1	10
连续操作的反应器	是	反应速度，平衡状态	流量，停留时间	>100∶1	20
冷却塔	否	空气湿度，温度降	流量，体积	>100∶1 10∶1	15
旋风分离器	否	颗粒大小	流量，壳体直径	10∶1 3∶1	10
蒸发器	否	蒸发相变焓，温度	流量，传热面积	>100∶1 >100∶1	15
锤磨机	是	尺寸缩小程度	流量，输入功率	60∶1 60∶1	20
混合机	否	操作机理，设备几何尺寸	流量，输入功率	>100∶1 20∶1	20
喷嘴卸料离心机	是	卸料方法	流量，输入功率	10∶1 10∶1	20 20
填充塔	否	平衡数据，表面蒸气速度	流量，直径，高度与直径之比	>100∶1 10∶1	15
塔板塔	否	平衡数据表面蒸气速度	滤量，直径	>100∶1 10∶1	15
板框压滤机	是	滤饼阻力或渗透性	流量，过滤面积	>100∶1 >100∶1	20
再沸器	否	温度，黏度	流量，传热面积	>100∶1 >100∶1	15
往复式压缩机	否	压缩比	流量，输入功率，活塞冲程	>100∶1 >100∶1 >100∶1	10
转鼓过滤机	是	滤饼阻力或渗透性	流量，过滤面积	>100∶1 25∶1	20
螺旋输送机	否	视密度	流量，直径驱动马力	90∶1 8∶1	20

续表

设备类别	通常是否需要中间试验装置	设计用的主要变量（除流速以外）	说明设备尺寸或能力的主要变量	按照前述说明变量的最大放大比例	推荐的近似安全系数或设计裕度系数/%
蜗杆挤压机	否	剪切速度	流量，输入功率	100 : 1 100 : 1	20 10
沉积离心机	否	卸料方法	流量，输入功率	10 : 1 10 : 1	20 20
沉降机	否	沉降速度	容量，停留时间	>100 : 1	15
喷雾塔	否	气体溶解度	流量，输入功率	10 : 1	20
喷射冷凝器	否	蒸发潜热温度	流量，高度与直径比	70 : 1 12 : 1	20
管壳式换热器	否	温度，黏度，导热率	流量，传热面积	>100 : 1 >100 : 1	15

第五章　管道布置设计

第一节　概　　述

一、化工车间管道布置设计的任务

（1）确定车间中各个设备的管口方位和与之相连接的管段的接口位置。

（2）确定管道的安装连接和铺设、支承方式。

（3）确定各管段（包括管道、管件、阀门及控制仪表）在空间的位置。

（4）画出管道布置图，表示出车间中所有管道在平面、立面的空间位置，作为管道安装的依据。

（5）编制管道综合材料表，包括管道、管件、阀门、型钢等的材质、规格和数量。

二、化工车间管道布置设计的要求

（1）符合生产工艺流程的要求，并能满足生产的需求；

（2）便于操作管理，并能保证安全生产；

（3）便于管道的安装和维护；

（4）要求整齐美观，并尽量节约材料和投资。

化工车间管道布置除了符合上述要求外，还应仔细考虑下列问题：

1. 物料因素

（1）输送易燃、易爆、有毒及有腐蚀性的物料管道不得铺设在生活间、楼梯、走廊和门等处，这些管道上还应设置安全阀、防爆膜、阻火器和水封等防火防爆装置，并应将放空管引至指定地点或高过屋面2m以上。

（2）有腐蚀性物料的管道，不得铺设在通道上空和并列管线的上方或内侧。

（3）管道铺设时应有一定的坡度，坡度方向一般是沿物流的方向，坡度一般为1/100～5/1000。黏度小的液体物料管道可取5/1000左右，含固体的物料管道可取1/100左右。

（4）真空管线应尽量短，尽量减少弯头和阀门，以降低阻力，达到更高的真空度。

2. 考虑施工、操作及维修

（1）管道应尽量集中布置在公用管架上，平行走直线，少拐弯，少交叉，不妨碍门窗开启和设备、阀门及管件的安装维修，并列管道的阀门应尽量错开排列。

（2）支管多的管道应布置在并行管线的外侧，引出支管时，气体管道应从上方引出，液体管道应从下方引出，管道应尽量避免出现“气袋”“口袋”和“盲肠”。

（3）管道应尽量沿墙面铺设，或布置在固定在墙上的管架上，管道与墙面之间的距离以能容纳管件、阀门及方便安装维修为原则。

（4）管道穿过墙壁和楼板时，应在墙面和楼板上预埋一个直径大的套管，让管线穿过套管，防止管道移动或振动时对墙面或楼板造成损坏。套管应高出楼板、平台表面50mm。

（5）为了安装和操作方便，管道上的阀门和仪表的布置高度可参考以下数据：阀门(包括球阀、截止阀、闸阀)：1.2~1.6m；安全阀：2.2m 温度计、压力计：1.4~1.6m。

（6）为了方便管道的安装、检修及防止变形后碰撞，管道间应保持一定的间距。阀门、法兰应尽量错开排列，以减小间距。

3. 安全生产

（1）架空管道与地面的距离除符合工艺要求外，还应便于操作和检修。管道跨越通道时最低点离地；通过人行道时不小于2m；通过公路时不小于4.5m；通过铁路时不小于6m；通过厂区主要干线时离地5m。

（2）直接埋地或管沟中铺设的管道通过道路时应加套管等加以保护。

（3）为了防止介质在管内流动产生静电聚集而发生危险，易燃、易爆介质的管道应采取接地措施，以保护安全生产。

（4）长距离输送蒸汽或其他热物料的管道，应考虑热补偿问题，如在两个固定支架之间设置补偿器和滑动支架。

（5）玻璃管等脆性材料管道的外面最好用塑料薄膜包裹，避免管道破裂时溅出液体，发生意外。

（6）为了避免发生化学腐蚀，不锈钢管道不宜与碳钢管道直接接触，要采用胶垫隔离等措施。

4. 其他因素

（1）管道与阀门一般不宜直接支承在设备上。

（2）距离较近的两设备间的连接管道，不应直连，应用45°或90°弯接。

（3）管道布置时应兼顾电缆、照明、仪表及采暖通风等其他非工艺管道的布置。

第二节　管架和管道的安装布置

管架是用来支承、固定和约束管道的。管架可分为室外管架和室内管架两类。室外管架一般由独立的支柱或带有衍架式形成的管廊或管桥。而室内管架不一定另设支柱，经常利用厂房的柱子、墙面、楼板或设备的操作平台进行支承和吊挂。任何管道都不是直接铺设在管架梁上，而是用支架支承或固定在支架梁上的。管道支架的选用应符合对应的施工设计规范的要求，如SH/T 3073—2016《石油化工管道支架设计规范》等。管道支架按其作用分为下列四种：

（1）固定支架

用在管道上不允许有任何位移的地方。它除支承管道的重量外，还承受管道的水平作用力。如在热力管线的各个补偿器之间设置固定支架，可以分配各补偿器分担的补偿量，并且两个固定支架之间必须安装补偿器，否则这段管子将会因热胀冷缩而损坏。在设备管口附近设置固定支架，可减少设备管口的受力。

（2）滑动支架

滑动支架只起支撑作用，允许管道在平面上有一定的位移。

（3）导向支架

用于允许轴向位移而不允许横向位移的地方，如Π形补偿器的两端和铸铁阀的两侧。

(4) 弹簧吊架

当管道有垂直位移时，例如热力管线的水平管段或垂直管到顶部弯管处，以及沿楼板下面铺设的管道，均可采用弹簧吊架。弹簧有弹性，当管道垂直位移时仍能提供必要的支吊力。

一、管道在管架上的平面原则

(1) 较重的管道(大直径、液体管道等)应布置在靠近支柱处，这样梁和柱所受弯矩小，节约管架材料。公用工程管道布置在管架当中，支管引向左侧的布置在左侧，反之置于右侧。Π 形补偿器应组合布置，将补偿器升高一定高度后水平地置于管道上方，并将最热和直径大的管道放在最外边。

(2) 连接管廊同侧设备的管道布置在设备同侧的外边；连接管架两侧的设备的管道布置在公用工程管线的左、右两边。进出车间的原料和产品管道可根据其转向布置在右侧或左侧。

(3) 当采用双层管架时，一般将公用工程管道置于上层，工艺管道置于下层。有腐蚀性介质的管道应布置在下层和外侧，防止泄漏到下面管道上，也便于发现问题和方便检修。小直径管道可支承在大直径管道上，节约管架宽度，节省材料。

(4) 管架上支管上的切断阀应布置成一排，其位置应能从操作台或管廊上的人行道上进行操作和维修。

(5) 高温或低温的管道要用管托，将管道从管架上升高 0.1m，以便于保温。

(6) 支架间的距离要适当，固定支架距离太大时，可能引起因热膨胀而产生弯曲变形；活动支架距离大时，两支架之间的管道因管道自重而产生下垂。

固定支架和活动支架之间的适宜间距可参考表 5-1 中的数据。管架平面布置见图 5-1。

表 5-1　管道支架间距

公称直径/mm	固定支架最大间距/m			活动支架最大间距/m	
	Ⅱ形补偿器	L 形补偿圈		保温	不保温
		长边	短边		
20				4.0	2.0
25	30	15	2.0	4.5	2.5
32	35	18	2.5	5.5	3.0
40	45	20	3.0	6.0	3.5
50	50	24	3.5	6.5	4.0
80	60	30	5.0	6.5	6.0
100	65	30	5.0	11.0	6.5
125	70	30	6.0	12.0	7.5
150	80	30	6.0	13.0	9.0
200	90			15.0	12.0
250	100			17.0	14.0
300	115			19.0	16.0
350	135			21.0	18.0
400	145			21.0	19.0

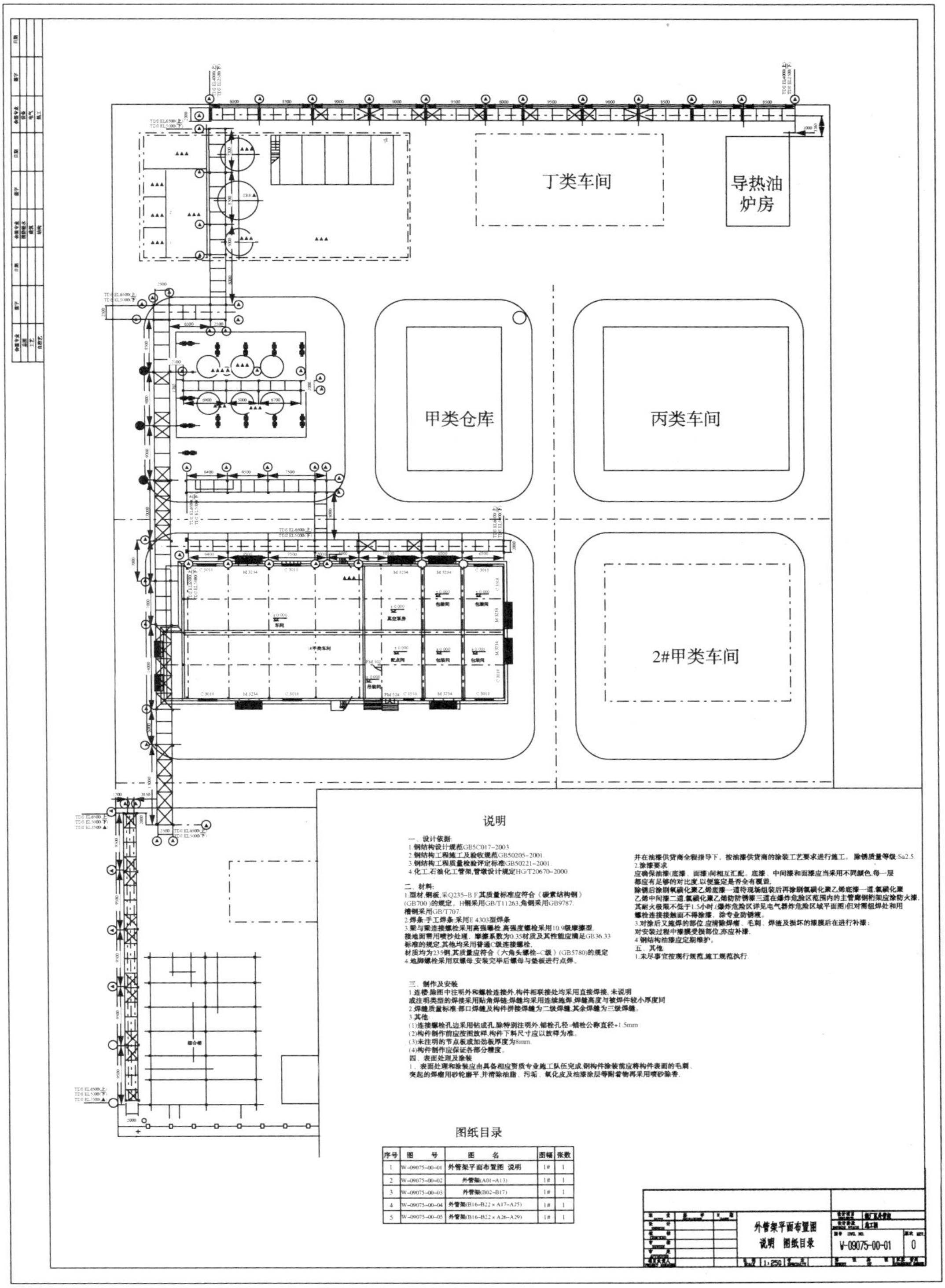

图 5-1 外管架平面布置图

二、管道和管架的立面布置原则

(1) 当管架下方为通道时，管架距车行道路路面的距离要大于 4.5m；道路为主干道时要大于 6m；是人行道时要大于 2.2m；管廊下有泵时要大于 4m。

(2) 通常使同方向的两层管道的标高相差 1.0~1.6m，从总管上引出的支管比总管高或低 0.5~0.8m。在管道改变方向时要同时改变标高。大口径管道需要在水平面上转向时，要将它布置在管架最外侧。

(3) 管架下布置机泵时，其标高应符合机泵布置时的净空要求。若操作平台下面的管道进入管道上层，则上层管道标高可根据操作平台标高来确定。

(4) 装有孔板的管道宜布置在管架外侧，并尽量靠近柱子。自动调节阀可靠近柱子布置，并用柱子固定。若管廊上层设有局部平台或人行道时，需经常操作或维护阀门和仪表宜布置在管架上层。

第三节　典型设备的管道布置

一、容器的管道布置

1. 立式容器(包括反应器)

(1) 管口方位

立式容器的管口方位取决于管道布置的需要。一般划分为操作区与配管区两部分(见图 5-2)。加料口、温度计和视镜等经常操作及观察的管口布置在操作区，排出管布置在容器底部。

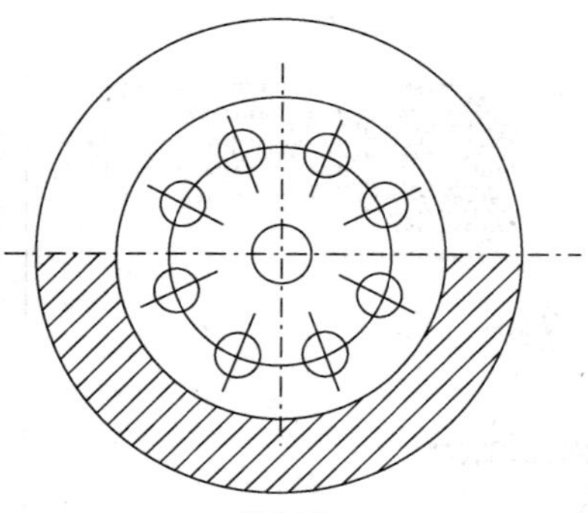

图 5-2　立式容器的管口方位

(2) 管道布置

立式容器(包括反应器)一般成排布置，因此把操作相同的管道一起布置在容器的相应位置，可避免错误操作，比较安全。例如，两个容器成排布置时，可将管口对称布置。三个以上容器成排布置时，可将各管口布置在设备的相同位置。有搅拌装置的容器，管道不得妨碍搅拌器的拆卸和维修。图 5-3 为立式容器的管道布置简图。

其中，(a)距离较近的两设备间的管道不能直连，而应采用 45°或 90°弯接。(b)进料管道置于设备前，便于站在地(楼)面上进行操作。(c)出料管沿墙铺设时，设备间的距离大一些，人可进入设备间操作，离墙的距离就可小一些。(d)出料从前部引出，经过阀门后立即引入地下(走地沟或埋地铺设)，设备之间的距离及设备与墙之间的距离均可小一些。(e)容器直径不大和底部离地(楼)面较高时，出料管从底部中心引出。这样布置，其管道短，占地面积小。(f)两个设备的进料管对称布置，便于人站在操作台上进行操作。

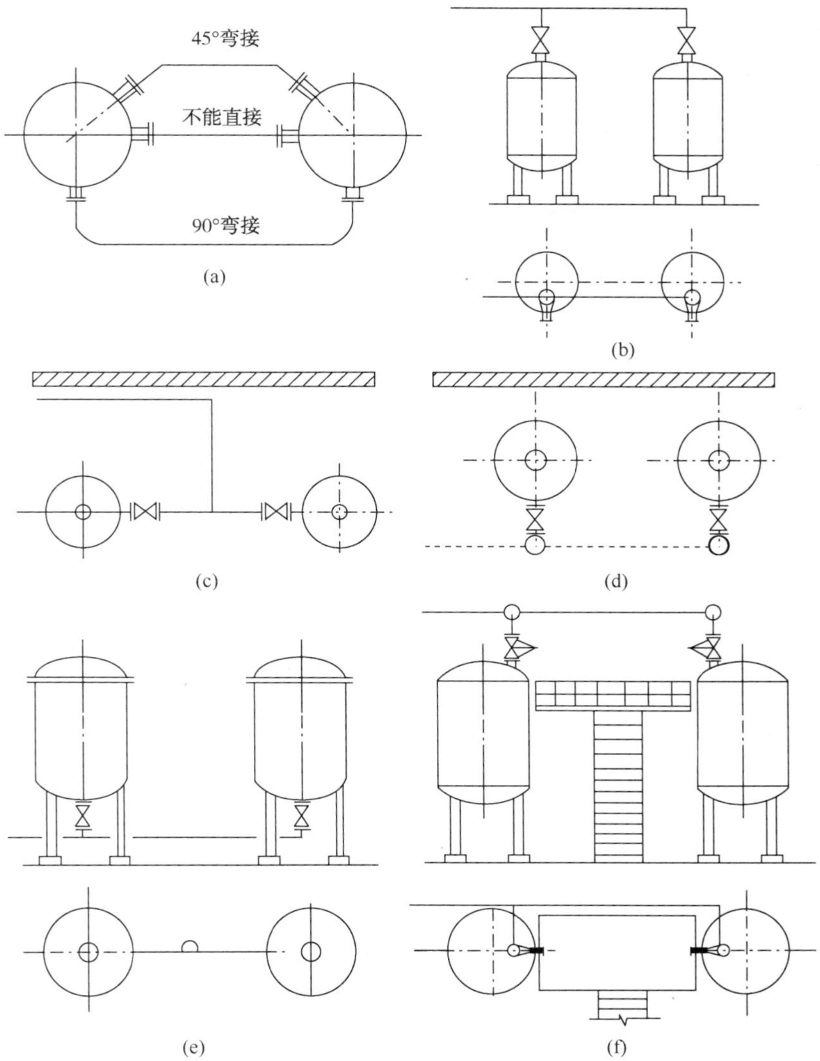

图 5-3　立式容器的管道布置

2. 卧式容器

(1) 管口方位

卧式容器的管口方位图如图 5-4 所示。

① 液体和气体的进口一般布置在容器一端的顶上，液体出口一般在另一端的底部，蒸汽出口则在液体出口的顶上。进口也能从底部伸入，在对着管口的地方设防冲板，这种布置适合于大口径管道，有时能节约管子与管件。

②放空管在容器的一端的顶上，放净口在另一端的底下，同时使容器向放净口那头倾斜。若容器水平安装，则放净口可安装在易于操作的任何位置或出料管上。如果人孔设在顶部，放空口则设在人孔盖上。

③ 安全阀可设在顶部任何地方，最好放在有阀的管道附近，这可与阀共用平台和通道。

④ 吹扫蒸汽进口在排气口另一端的侧面，可以切线方向进入，使蒸汽在罐内回转前进。

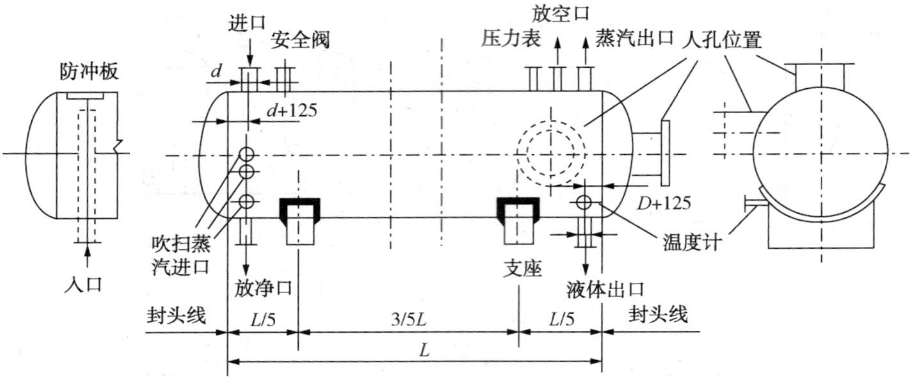

图 5-4　卧式容器的管口方位

⑤ 进出口分布在容器的两端，若进出料引起的液面波动不大，则液面计的位置不受限制，否则应放在容器的中部。压力表则装在顶部气相部位，在地面上或操作台上看得见的地方。温度计装在近底部的液相部位，从侧面水平进入，通常与出口在同一断面上，对着通道或平台。

⑥ 人孔可布置在顶上、侧面或封头中心，以侧面较为方便；但在框架上和支承上占用面积较大，故以布置在顶上为宜。人孔中心高出地面 3.6m 以上设操作平台。支座以布置在离封头 $L/5$ 处为宜，可依实际情况而定。

⑦ 接口要靠近相连的设备，如排出口应靠近泵入口，工艺、公用工程和安全阀接管尽可能组合起来并对着管架。

（2）管道布置

卧式容器的管道布置见图 5-5。它的管口一般布置在一条直线上，各种阀门也直接安装在管口上。若容器底部离操作台面较高，则可将出料管阀门布置在台面上，在台面上操作，否则应将出料管阀门布置在台面下，并将阀杆接长，伸到台面上进行操作。

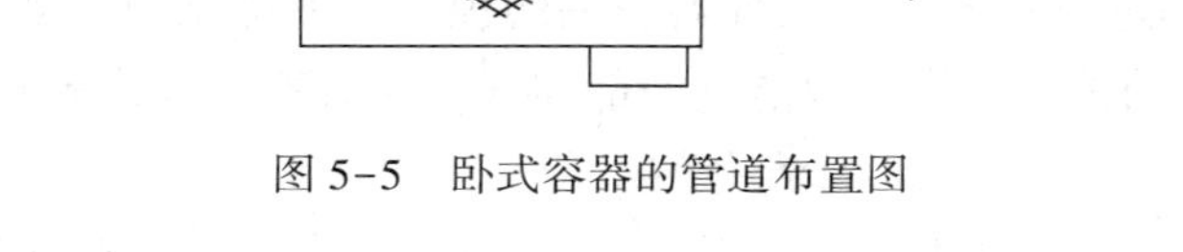

图 5-5　卧式容器的管道布置图

二、换热器的管道布置

1. 管口布置与流体流动方向

合适的流动方向和管口布置能简化和改善换热器管道布置的质量，节约管件，便于安装。例如图5-6中(a)(c)(e)是习惯的流向布置，实际上是不合理的。而(b)(d)(f)则是改变了流动方向的合理布置。(a)改成(b)后简化了塔到冷凝器的大口径管道，而且节约了两个弯头和相应管道；(c)改成(d)后，消除了泵吸入管道上的气袋，而且节约了四个弯头、一个排液阀和一个放空阀，缩短了管道，还改善了泵的吸入条件；(e)改成(f)后缩短了管道，流体的流动方向更为合理。

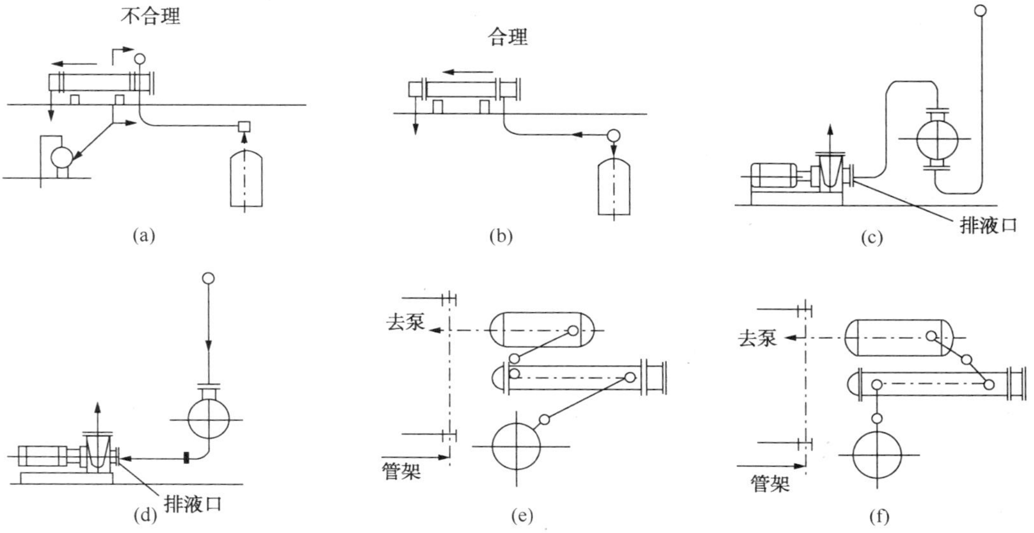

图5-6 流体的流动方向与管道布置

2. 换热器的管道布置

(1) 平面配管

换热器的平面配管见图5-7。平面布置时换热器的管箱正对道路，便于抽出管箱，顶盖对着管廊。配管前先确定换热器两端和法兰周围的安装和维修空间(如图5-7中的扳手空间、摇开封头空间等)，在这个空间内不能有任何障碍物。

配管时管道要尽量短，操作、维修要方便。在管廊上有转弯的管道布置在换热器的右侧，从换热器底部引出的管道也从右侧转弯向上。从管廊的总管引来的公用工程管道，可以布置在换热器的任何一侧。将管箱上的冷却水进口排齐，并将其布置在冷却水地下总管的上方(见图5-8)，回水管布置在冷却水总管的管边。换热器与邻近设备间可用管道直接架空连接。管道上下的连接管道要及早转弯，并设置一短弯管，便于管箱的拆卸。

阀门、自动调节阀及仪表应沿操作通道并靠近换热器布置，使人站在通道上可以进行操作。

(2) 立面配管

换热器的立面配管见图5-8。与管廊连接的管道、管廊下泵出口管、高度比管廊低的设备和换热器的接管的标高，均应比管廊低0.5~0.8m。若一层排不下时，可置于再下一层上，两层之间相隔0.5~0.8m。蒸汽支管应从总管上方引出，以防止凝液进入换热器。应有合适的支架，不能让管道重量都压在换热器的接口上。仪表应布置在便于观测和维修的地方。

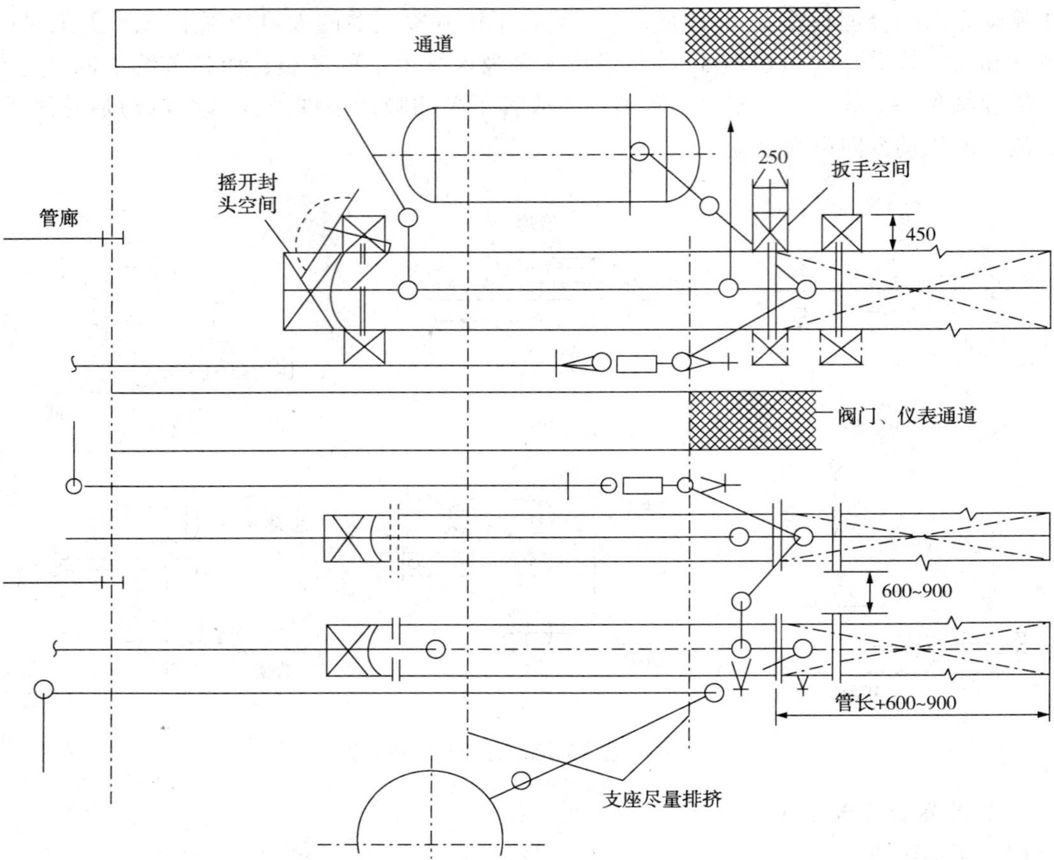

图 5-7　换热器的平面配管

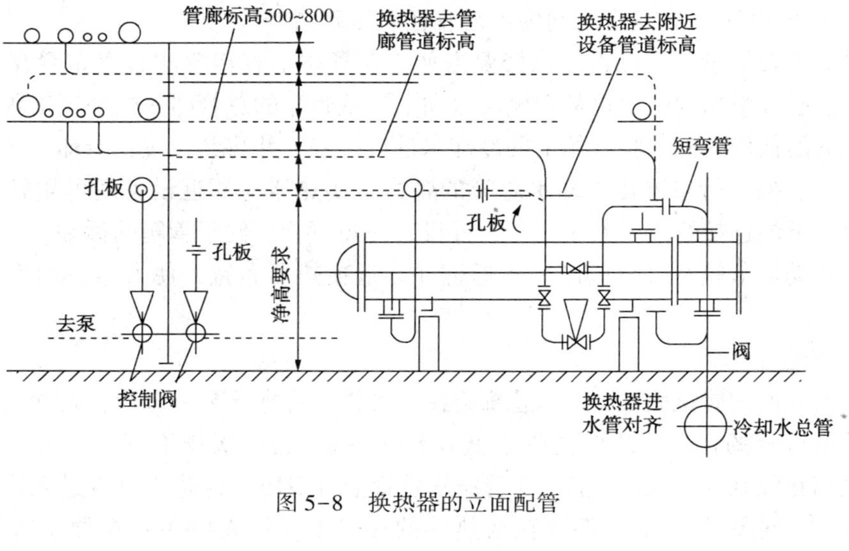

图 5-8　换热器的立面配管

三、塔的管道布置

1. 塔的管口方位

塔的布置常分成操作区和配管区两部分。为运转操作和维修而设置的登塔的梯子、人孔、操作阀门、仪表、安全阀及塔顶上的吊柱和操作平台均布置在操作区内，操作区与道路直连。塔与管廊、泵等设备连接的管道均铺设在配管区内。塔的管口布置见图 5-9。

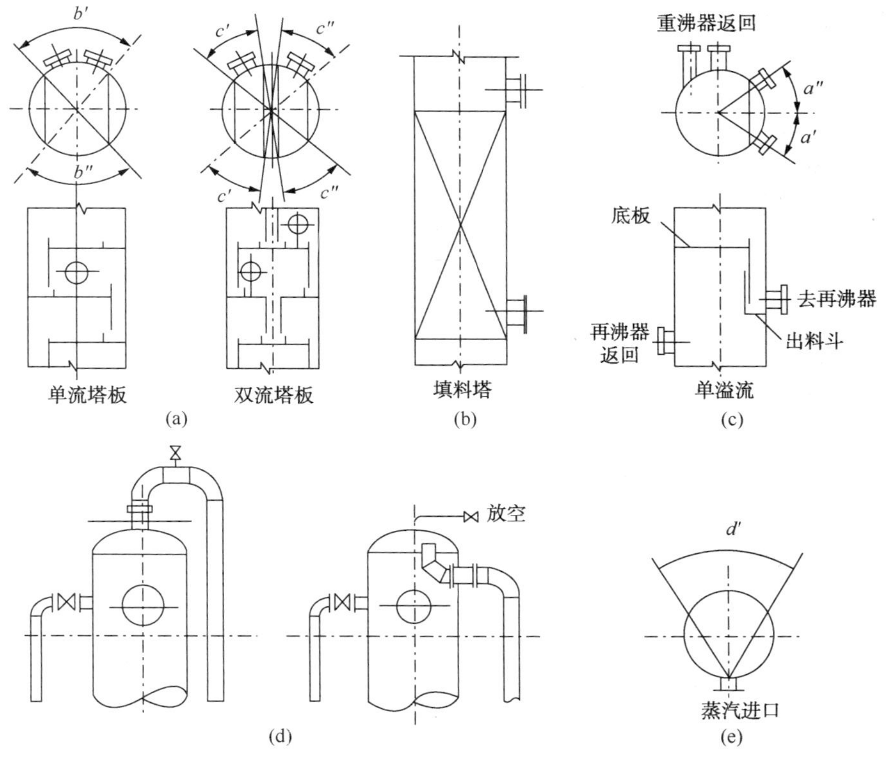

图 5-9　塔的管口布置

(1) 人孔

人孔应布置在操作区，并将同一塔上的几个人孔布置在一条垂线上，正对道路。人(手)孔不能设在塔盘的降液管或密封盘处，只能按图 5-9(a)所示设在 $b°$或 $c°$的扇形区内，人孔中心离操作平台 0.5~1.5m。填料塔每段填料上应设人(手)孔[见图 5-9(b)]。

(2) 再沸器连接管口

塔的出液口布置在角度为 $2×a°$的扇形区内[见图 5-9(c)]。再沸器返回管或塔底蒸汽进口气流不能对着液封板，最好与它平行。

(3) 回流液管口

回流管上不需切断阀，故可以布置在配管区内任一地方。

(4) 进料管口

塔上往往有几个进料管口，在进料的支管上设有切断阀，因此进料阀宜布置在操作区的边缘。

(5) 塔顶蒸汽出口

塔的上升蒸汽可以从塔的顶部向上引出；也可采用内部弯管从塔顶中心引向侧面，见图

5-9(d)，使塔顶出口蒸汽管口靠近塔顶操作平台。

(6) 仪表

液面计、温度计及压力计等要常观测的仪表应布置在操作区的平台上方，便于观测。塔釜液面计不能布置在正对蒸汽进口的位置，见图 5-9(e) 中角度 $d°$ 的扇形区，液面计的下侧管口应从塔身上引出，不能从出料管上引出。

2. 塔的配管

塔的配管比较复杂，在配管前应对流程图作一个总的规划，要考虑主要管道的走向及布置要求，仪表和调节阀的位置，平台的设置及设备的布置要求等(见图 5-10)。

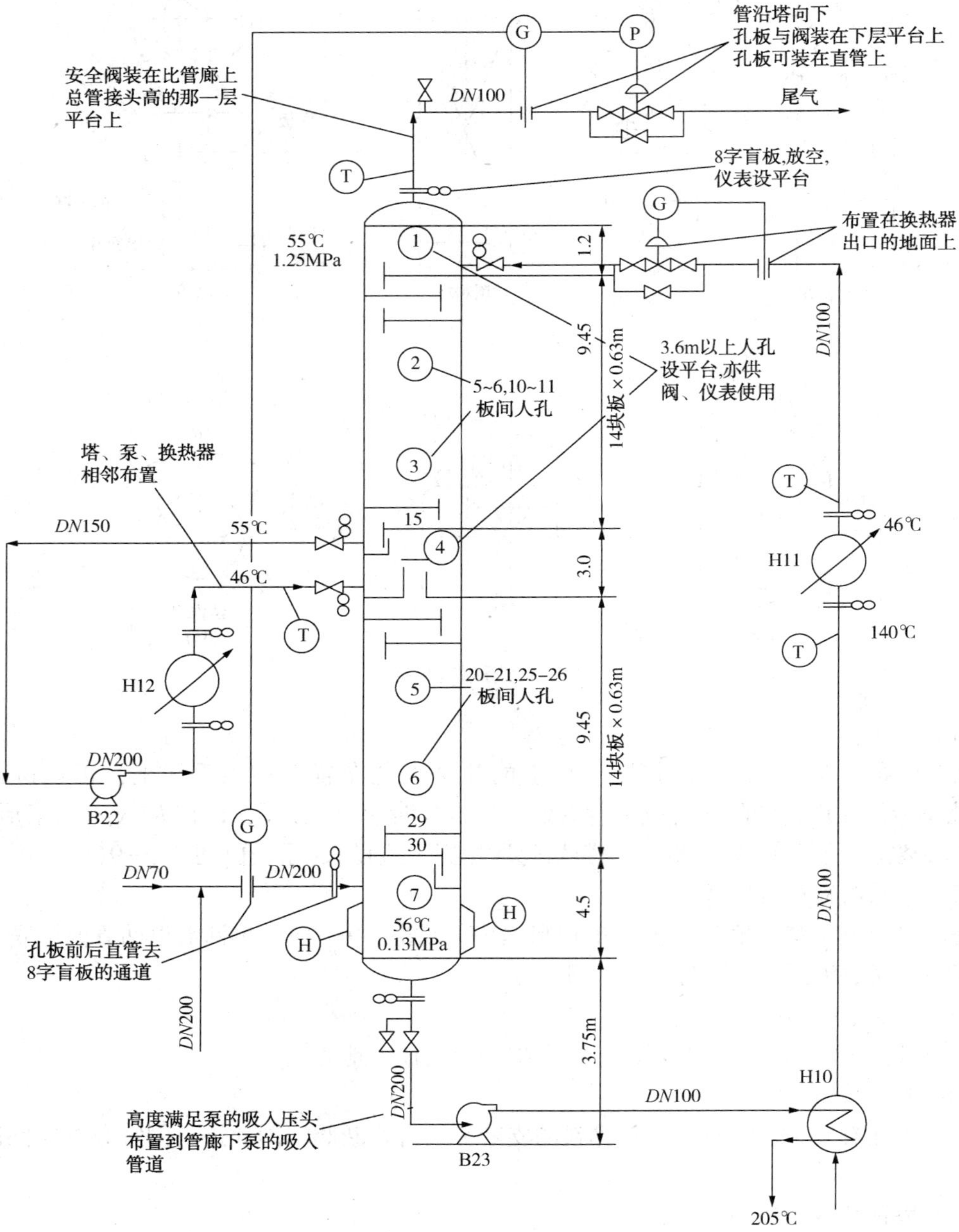

图 5-10　在流程图上规划塔的配管

（1）塔的平面配管

塔的管道、管口、人孔、操作平台支架和梯子在平台上的布置可参考图 5-11(a)的方案。先要确定人孔方向，正对主要通道，人孔布置区内不能有任何管道占据。梯子布置在 90°与 270°两个扇形区内，也不能安排管道。没有仪表和阀门的管道布置在 180°处扇形区内。在管廊上左转弯的管道布置在塔的左边，右转弯的管道布置在右边，与地面上的设备相连的管道布置在梯子和人孔的两侧。先将大口径的塔顶蒸汽管布置好，即在塔顶转弯后沿塔壁垂直下降，然后再布置其他管道。

（2）塔的立面配管

塔的立面配管可参考图 5-11(b)。塔上管口的标高由工艺确定，人孔标高则取决于安装维修的要求。塔的连接管道在离开管口后应立即向上或向下转弯，其垂直部分因尽量接近塔身。垂直管道在什么位置转成水平，取决于管廊的高度。塔至管廊的管道的标高可高于或低于管廊标高 0.5~0.8m。再沸器的管道标高取决于塔底的出料口和蒸汽进口位置。再沸器的管道和塔顶蒸汽管道尽量直，以减小流体阻力。塔至泵或低于管廊的设备、管道的标高，应低于管廊标高 0.5~0.8m。

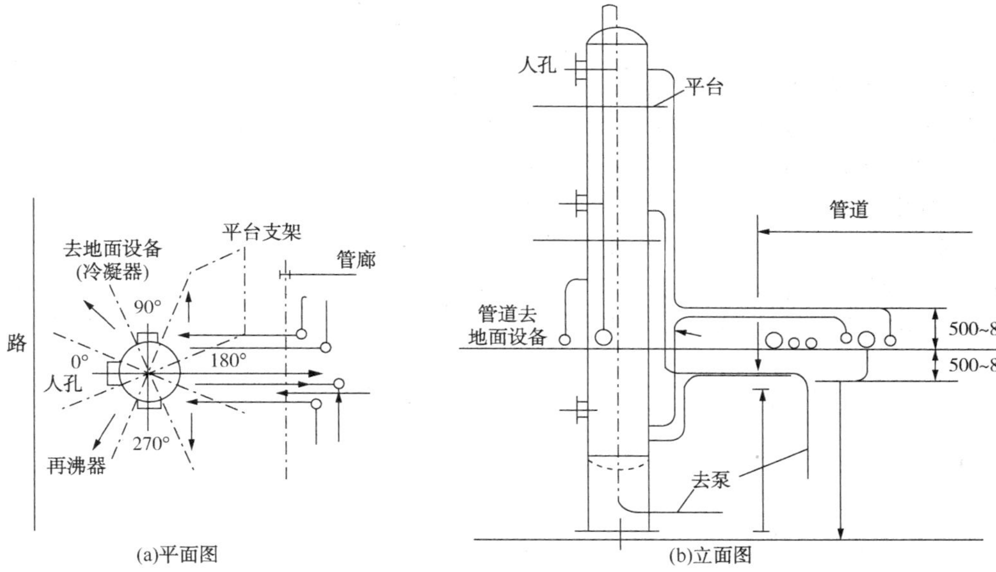

图 5-11　塔的配管示意图

第四节　管道布置图

管道布置图又称为管道安装图或配管图，它是车间内部管道安装施工的依据。管道布置图包括一组平立面剖视图，有关尺寸及方位等内容。一般的管道布置图是在平面上画出全部管道、设备、建筑物或构筑物的简单轮廓、管件阀门、仪表控制点及有关的定位尺寸，只有在平面图上不能清楚地表达管道布置情况时，才酌情绘制部分立面图、剖视图或向视图。

管道布置图是以带控制点工艺流程图、设备布置图、设备装配图及土建、自控、电气等专业的有关图样、资料为依据，根据前述的管道布置原则作出合理的布置设计，并绘出管道布置图。

一、管道及附件的常用画法

1. 管道与管件

管道布置图中的主要物料管道一般用粗实线单线画出，其他管道用粗实线画出。对大直径或重要管道，可以用中粗实线双线绘制。管道的不同连接方式一般可不一一画出，只在管道布置图的适当地方，或者在文件中统一说明。必要时可按图 5-12 所示的形式绘制。

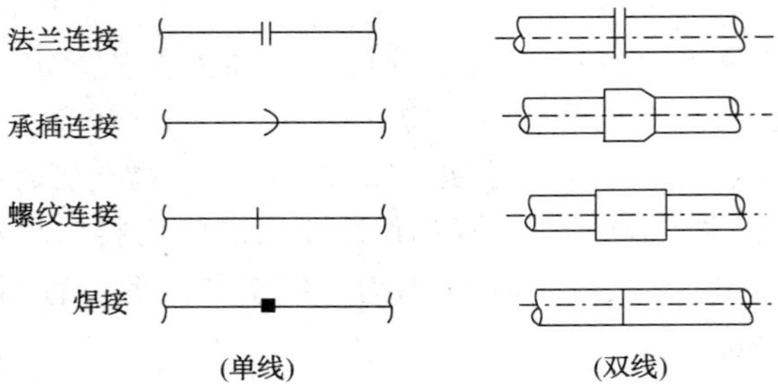

图 5-12　管道连接方式的画法

管道转折而改变走向时，可按图 5-13 所示的形式绘制。当上下或前后两根管道交叉，致使其投影相交时，可用两种方法表示，一种是将下方(或后方)被遮住的管道投影在交叉处断开，见图 5-14(a)；另一种方法是将上方(或前方)的管道投影在交叉处断裂，见图 5-14(b)，并画出断裂符号。若许多管道处在同一平面上，则其垂直面上这些管道的投影将会重叠。此时，为了清楚表达每一条管道，可以彼此将前方(或上方)的管道投影断裂，并画出断裂符号，而将后方(或下方)的管道投影在断裂符号处断开见图 5-15(a)。对于多根平行管道的重叠投影，一般可在各自投影的断开或断裂处注写字母见图 5-15(b)，以便识别。

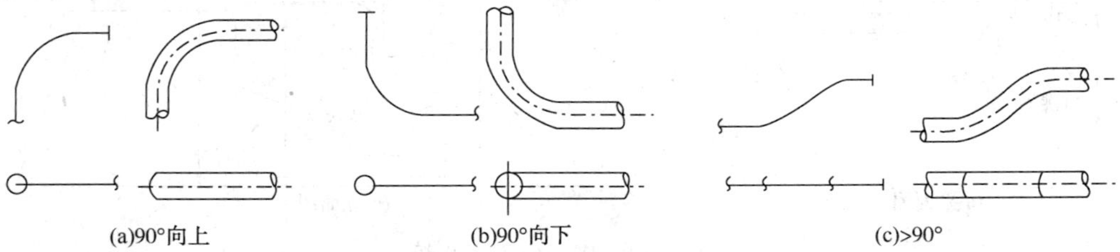

图 5-13　管转折的画法

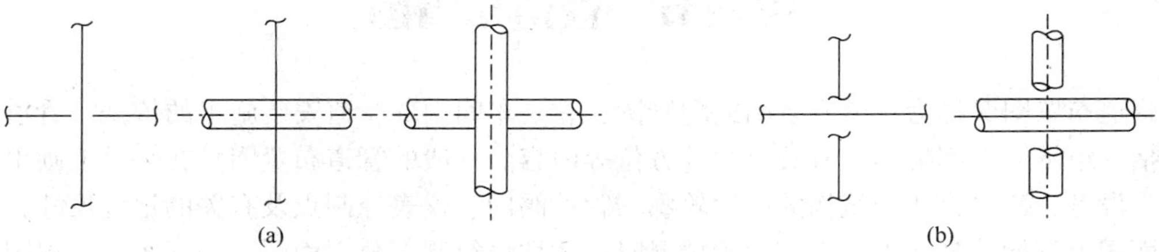

图 5-14　交叉管的画法

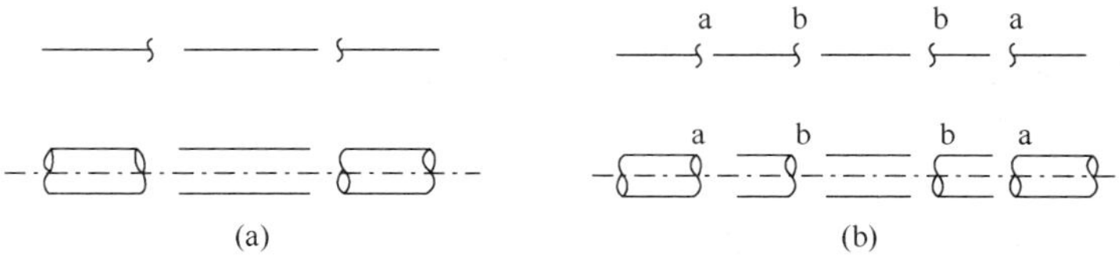

图 5-15　重叠管道的画法

管道布置图中的管件通常用符号表示。这些符号与带控制点的流程图上所用的基本相同。常见的管件符号见图 5-16。

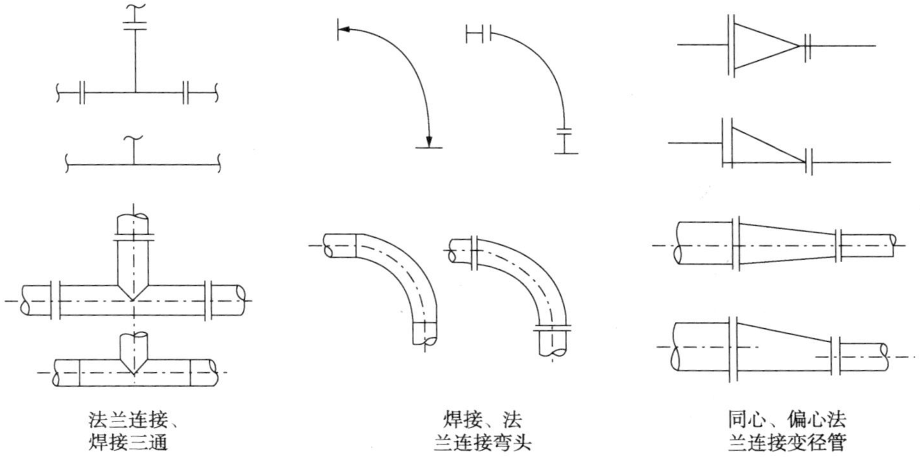

图 5-16　常见管件的符号

2. 阀门

管道上的阀门也是用简单的图形和符号来表示，其图形符号与工艺流程图中的画法相同。一般在视图上表示出阀的手轮安装方向，并画出主阀所带的旁路阀。常见的阀门符号见图 5-17。

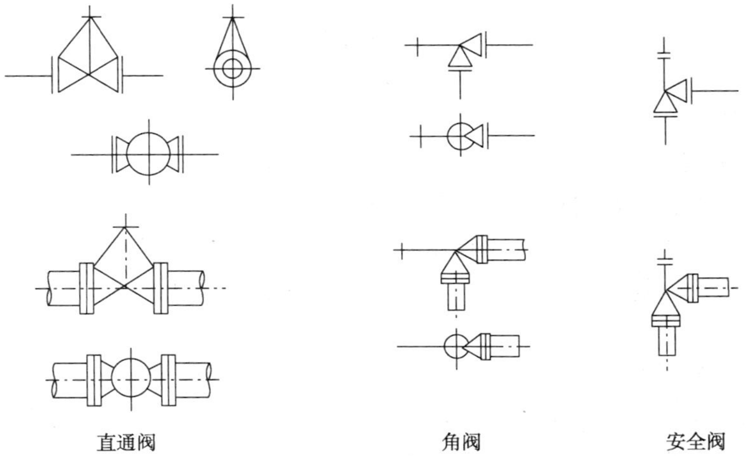

图 5-17　常见阀门的符号

3. 仪表控制点

管道上的仪表控制点应以细实线按规定符号画出，每个控制点一般只在能清楚表达其安装位置的一个视图中画出。控制点的符号与带控制点工艺流程图的规定符号相同，有时其功能代表可以省略。

4. 管道支架

管道支架的位置一般是用符号在管道平面图上表示出来，其规定符号见图 5-18。

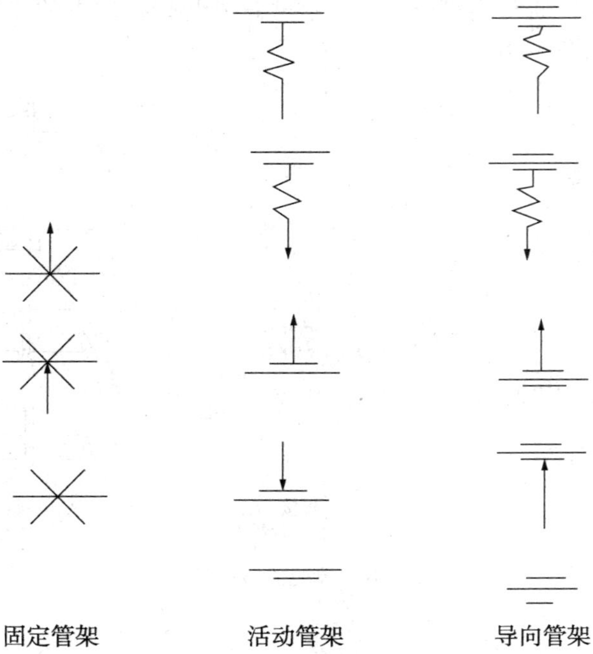

图 5-18 管道支架符号

二、视图的配置与画法

管道布置图一般只画管道和设备的平面布置图，只有当平面布置图不能完全表达清楚时，才画出其立面图或剖面图。立面图和剖面图可以与平面布置图画在同一张纸上，也可以单独画在另一张图纸上。

1. 管道平面布置图

管道平面布置图，一般应与设备的平面布置图一致，即按建筑标高平面分层绘制，各层管道平面布置图是将楼板以下的建(构)筑物、设备、管道等全部画出。当某一层的管道上下重叠过多，布置比较复杂时，应再分上下层分别绘制。在各层平面布置图的下方注明其相应的标高。

用细实线画出全部容器、换热器、工业炉、机泵、特殊设备、有关管道、平台、梯子、建(构)筑物外形、电缆托架、电缆沟、仪表电缆和管缆托架等。除按比例画出设备的外形轮廓，还要画出设备的基口和预留管口的位置。非定型设备还应画出设备的基础支架。简单的定型设备，如泵、鼓风机等外形轮廓可画得更简略一些。压缩机等复杂机械可画出与配管有关的局部外形。

2. 立面剖视图

管道布置在平面上不能清楚表达的部位，可采用立面剖视图或向视图补充表达。剖视图尽可能与被切所在的管道平面布置图画在同一张图纸上，也可画在另一张图纸上。剖切平面位置线的画法及标注方式与设备布置图相同。剖视图可按 *A*–*A*、*B*–*B* 或Ⅰ–Ⅰ、Ⅱ–Ⅱ顺序编号。向视图则按 *A* 向、*B* 向顺序编号。

三、管道布置图的标注

1. 建(构)筑物

建(构)筑物的结构构件常被用作管道布置的定位基准，因此在平面和立面剖视图上都应标注建筑定位轴线的编号，定位轴线间的分尺寸和总尺寸，平台和地面、楼板、屋盖及构筑物的标高。标注方法与设备布置图相同。

2. 设备

设备是管道布置的主要定位标准，因此应标注设备位号、名称及定位尺寸。其标注方法与设备布置图相同。

3. 管道

在平面布置图上标注出所有管道的定位尺寸及标高，物料的流向方向和管号。如绘有立面剖视图时，应在立面剖视图上标注所有管道的标高。定位尺寸以 mm 为单位，标高以 m 为单位。

普通的定位尺寸可以以设备中心线、设备管口法兰、建筑定位轴线或墙面、柱面为基准进行标注，同一管道的标注基准应一致。

管道安装标高均以厂房室内地面±0.00m 为基准，一般标注管底外表面的安装高度，标注方式为“5.00”“▽5.00”或“5.00(Z)”“▽5.00(Z)”(括号内的“Z”表示管道的中心线标高)。

对安装坡度有严格要求的管道，要在管道上方画出细线箭头，指出坡向，并写上坡度数值(见图 5–19)。

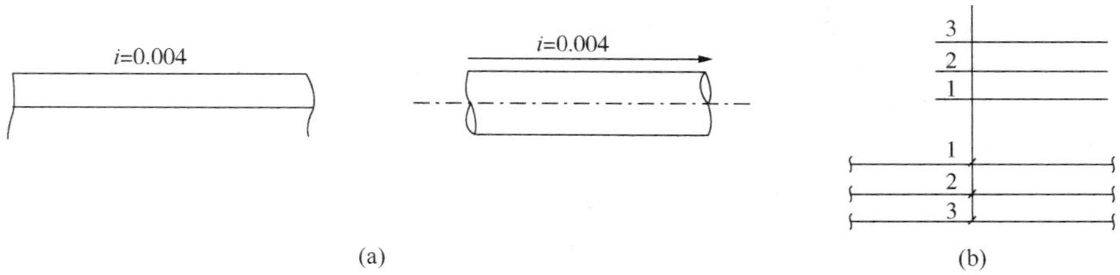

图 5–19 管道尺寸标注

所有管道上方或左方都应标注与带控制点工艺流程图一致的管段编号中的前三项内容：公称直径、物料代号、管段序号。例如“SC–321–75”，其中 321 表示管道编号，75 表示管径，SC 表示介质或物料代号。又如“W300ϕ57×3.5”，其中 ϕ57 表示管径，3.5 表示壁厚，W 表示物料代号。也可将几条管线一起用引线引至图纸空白处标注，如图 5–20 所示。

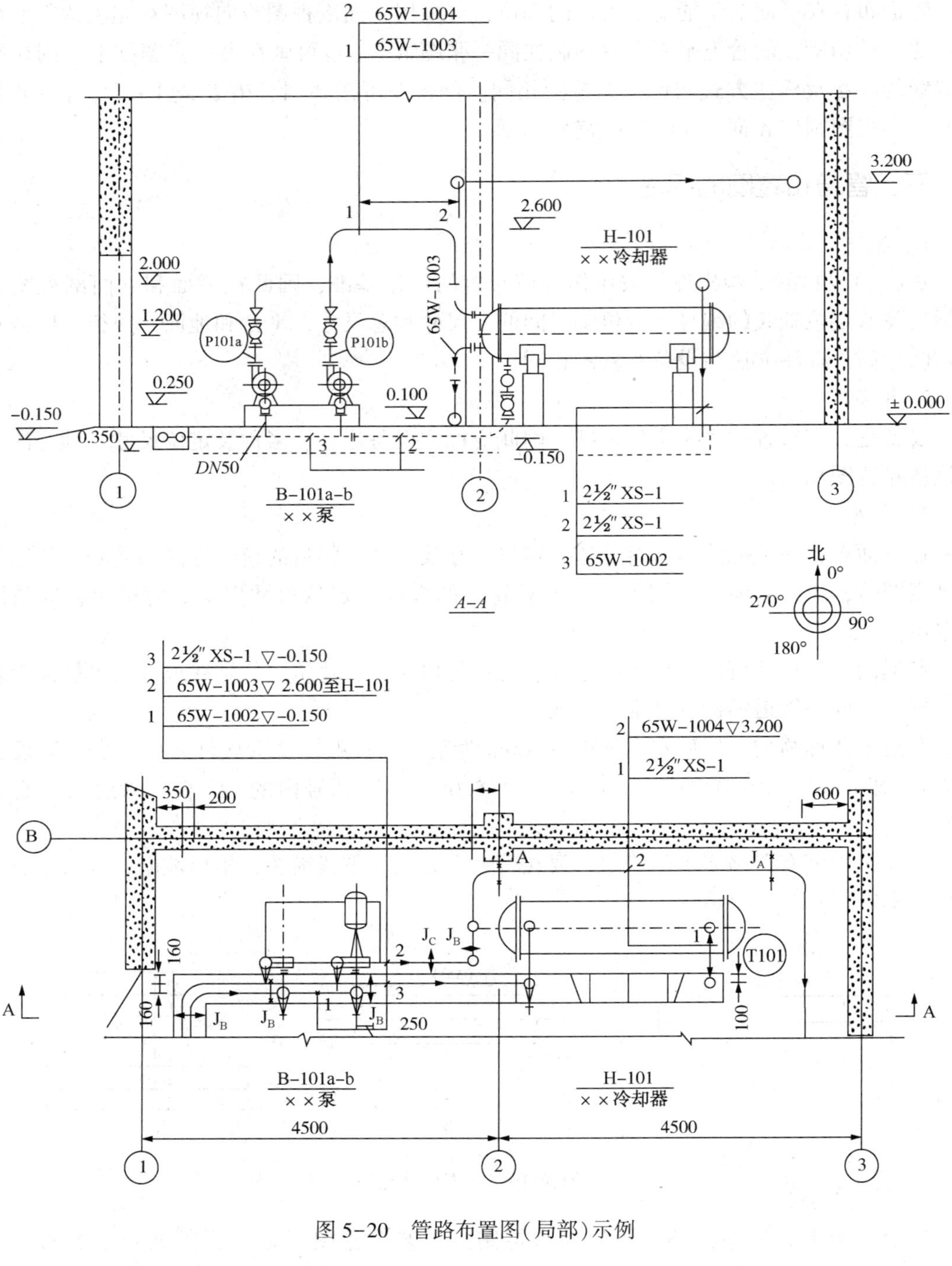

图 5-20　管路布置图(局部)示例

4. 管件、阀门、仪表控制点

管接头、异径接头、弯头、三通、管堵、法兰等这些管件能使管道改变方向、变化口径、连通和分流以及调节和切换管道中的流体，在管道布置图中，应按规定符号画出管件，但一般不标注定位尺寸。

在平面布置图上按规定符号画出各种阀门，一般不标注定位尺寸，只在立面剖视图上标注阀门的安装标高。当管道上阀门种类较多时，在阀门符号旁边标注其公称直径、形式和序号。如“50J8”，50 表示管道的公称直径，J 表示阀门形式为截止阀，8 表示阀门的序号。

管道布置图中的仪表控制点的标注与带控制点的工艺流程图一致，除对安装有特殊要求的孔板等检测点外，一般不标注定位尺寸。

5. 管道支架

在管道布置图中的管架符号上应用指引线引出的长方框中注以管架代号。管架代号及类型列于表 5-2 中。

表 5-2　管架类型及代号

序号	管架类别	代号	序号	管架类别	代号
1	固定支架	A	6	弹簧支架	SS
2	基础支架	BC	7	托管	SH
3	导向支架	G	8	停止支架(止推)	ST
4	吊架	H	9	防风支撑	WB
5	托架	RS			

四、管道布置图的绘制

1. 比例、图幅及分区原则

(1) 比例

管道布置图的常用比例为 1∶30 和 1∶50，如管道复杂的也可采用 1∶20 或 1∶25 的比例。

(2) 图幅

一般用 0 号或 1 号图纸。

(3) 分区原则

由于车间(装置)范围比较大，为了清楚表达各工段管道布置情况，需要分区绘制管道布置图时，常常以各工段或工序为单位划分区段，每个区段以该区在车间内所占的墙或柱的定位轴线为分区界线。一般的中小型车间，管道布置简单，可直接绘制全车间的管道布置图。

2. 视图配置

车间管道布置图一般只绘出平面图、剖面图和向视图等，而且以平面图为主，其他视图为辅。

对多层建筑，应分层绘制管道平面布置图。若平面图上还有局部平面或操作平台，则应单独绘制局部管线的平面布置图。

3. 绘制管道布置图

(1) 管道平面布置图的画法

① 用细实线画出厂房平面图。画法同设备布置图，标注柱网轴线编号和柱距尺寸。

② 用细实线画出所有设备的简单外形和所有管口，加注设备位号和名称。

③ 用粗单实线画出所有工艺物料管道和辅助物料管道平面图，在管道上方或左方标注管段编号、规格、物料代号及其流向箭头。

④ 用规定的符号或代号在要求的部位画出管件、管架、阀门和仪表控制点。

⑤ 标注厂房定位轴线的分尺寸和总尺寸，设备的定位尺寸，管道定位尺寸和标高。

（2）管道立面剖视图的画法

① 画出地平线或室内地面、各楼面和设备基础，标注其标高尺寸。

② 用细实线按比例画出设备简单外形和所有管口，并标注设备位号和名称。

③ 用粗单实线画出所有主物料和辅助物料管道，并标注管段编号、规格、物料代号及其流向箭头和标高。

④ 用规定的符号画出管道上的阀门和仪表控制点，标注阀门的公称直径、形式、编号和标高。

五、管道布置图的阅读

识读管道布置图的目的是通过图样了解该工程设计的设计意图和弄清管道、管件、阀门仪表控制点及管架等在车间中的具体布置情况。在识读管道布置之前，应从带控制点的工艺流程图中，初步了解生产工艺过程和流程中的设备、管道的配置情况和规格型号，从设备布置图中了解厂房建筑的大致构造和各个设备的具体位置以及管口方位。读图时建议按照下列步骤进行，可以获得事半功倍的效果。

（1）概括了解

首先要了解视图关系，了解平面图的分区情况，平面图、立面剖视图的数量及配置情况，在此基础上进一步弄清各立面剖视图在平面图上剖切位置及各个视图之间的关系。注意管道布置图样的类型、数量，有关管段图、管件图及管架图等。

（2）详细分析，看懂管道的来龙去脉

① 对照带控制点的工艺流程图，按流程顺序，根据管道编号，逐条弄清楚各管道的起始设备和终点设备及其管口。

② 从起点设备开始，找出这些设备所在标高平面的平面图及有关的立面剖(向)视图，然后根据投影关系和管道表达方法，逐条地弄清楚管道的来龙去脉，转弯和分支情况，具体安装位置及管件、阀门、仪表控制点及管架等的布置情况。

③ 分析图中的定位尺寸和标高，结合前面的分析，明确从起点设备到终点设备的管口，中间是如何用管道连接起来形成管道布置体系的。

图 5-20 是某车间一个局部的管道布置图，物料管线(65W－1002)从地沟中进入离心泵(B-101a，b)，经管道(65W-1003)送入冷却器(H-101)进行冷却。冷却后的物料经标高为 3.20m 的管道(65W-1004)送出本系统。从地沟中来的冷却水管道(2½″XS′-1)从冷却器左下端壳程进入，出水管道(2½″XS′-1)从右上方出来后排入地沟。

从平面图上可以看出，管道用 JA、JB、JC 三种不同形式的固定式管架固定。

图 5-21 是该局部管道的管段图，它是按轴测投影方法绘制的，它用来表达该管道系统中各段管道的空间走向和管道上所有管件、阀门等安装位置及方位。

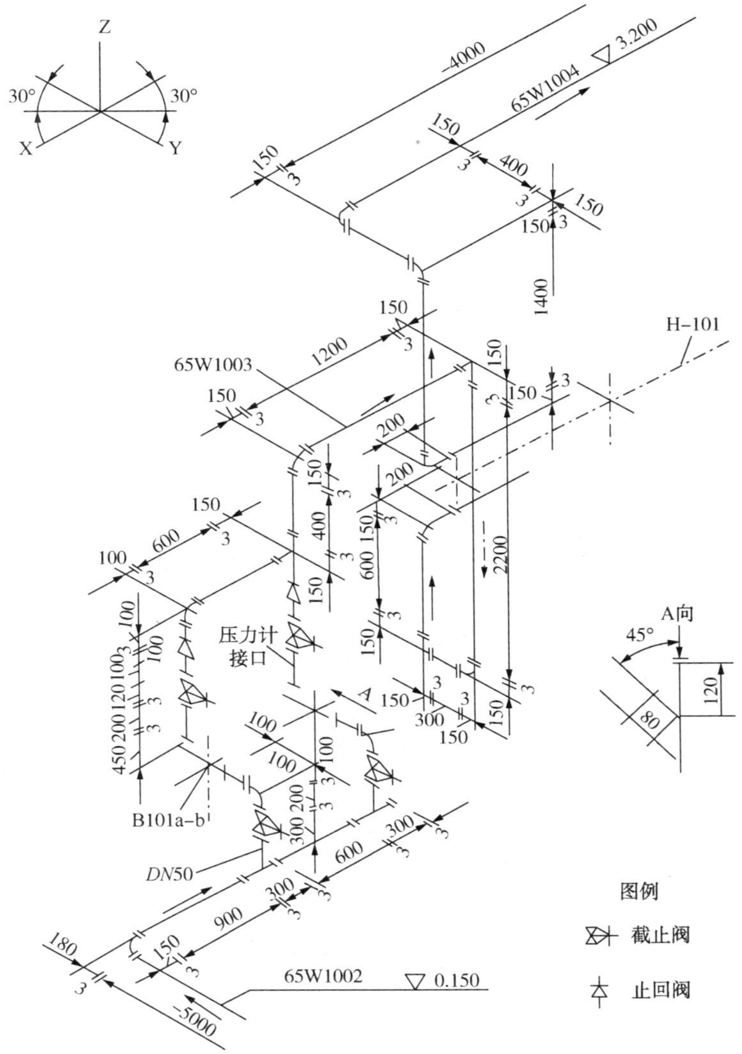

图 5-21　管段图(局部)示例

采用电子计算机绘制的管段图能全面而清晰的反映管段布置设计及施工细节，见图 5-22，易于识读，可避免设计中可能出现“碰撞”等差错，而且计算机还能同时完成材料系统的统计汇总工作，可以大大提高设计的速度和质量，因此，这项技术已在化工设计中获得了广泛应用。

三维配管设计及管理系统软件 PDSOFT 3D Piping 是 PDSOFT 系列产品中首先推出的能独立运行的智能化管道设计软件，是 PDSOFT(Plant Design Software)的一个核心系统。PDSOFT 是建立在 AutoCAD 平台基础上的具有自主版权的三维工厂设计计算机辅助设计软件的注册名称。PDSOFT 3D Piping 软件能对从管路等级生成到出施工图的全过程提供有力支持。主要模块包括工程数据库及管路等级生成、建模、碰撞、检查 ISO 图自动生成、材料统计表自动生成、平立剖面图自动生成、图形库管理、渲染和消隐处理等模块。采用该软件生成的某三维配管图见图 5-23。

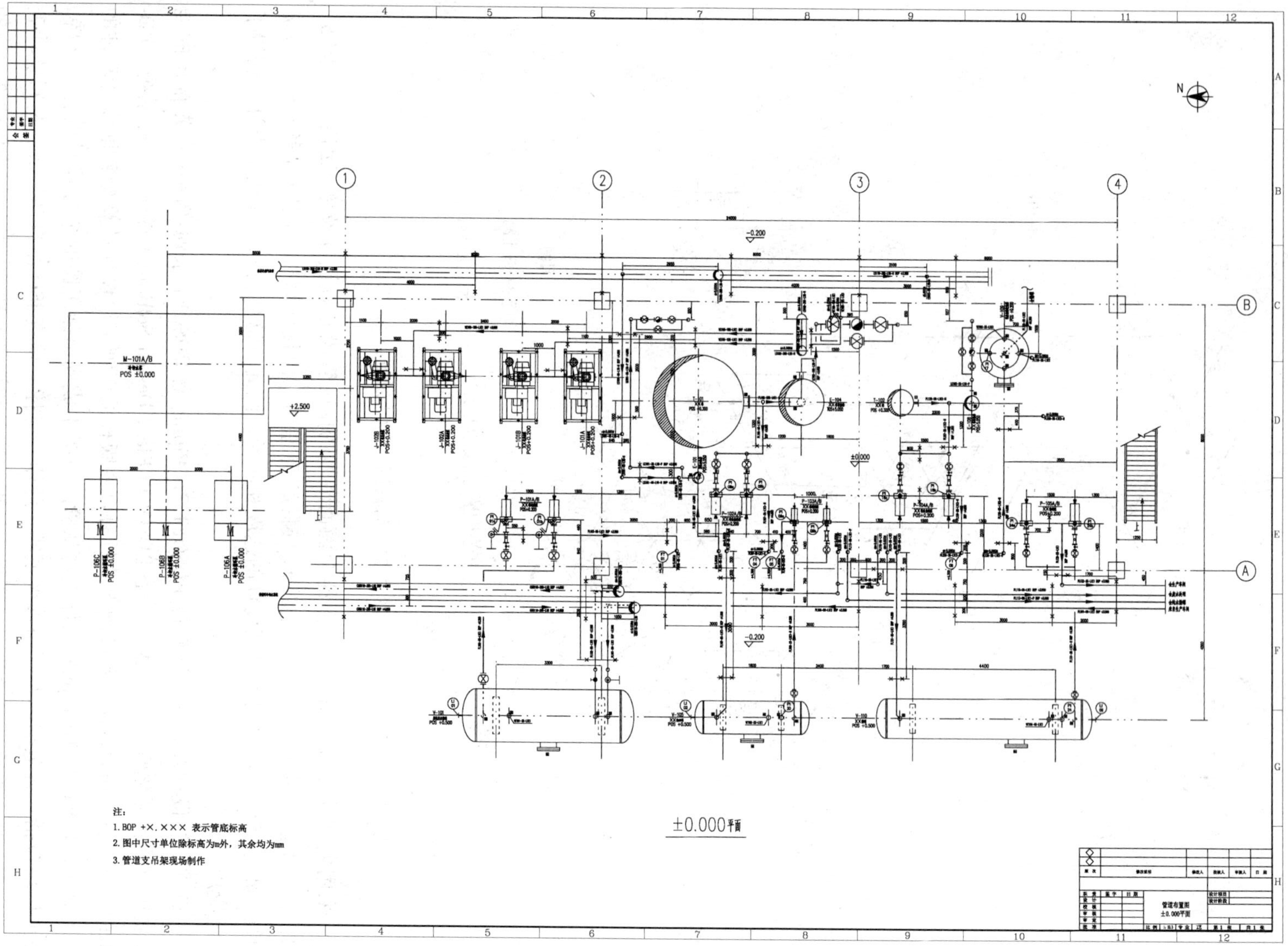

图5-22　某车间±0.000平面管道布置图

图 5-23　某工段三位配管图

第五节　管道热补偿与管道保温

一、管道热变形与热应力

管道一般在常温下安装，输送高温或低温流体时，产生热胀冷缩，一根自由放置的管子，长为 L，温度升高 Δt 时升长的量 ΔL 为（如图 5-24）：

$$\Delta L = L \times \alpha \times \Delta t$$

式中　Δt——由常温→介质温度；

α——热膨胀系数，铜、钢管大，非金属管小；如果限制其自由伸长量，升管壁就要产生轴向压应力，压缩变形，这个因热应变而产生的应力称为热应力，如图 5-25 所示。

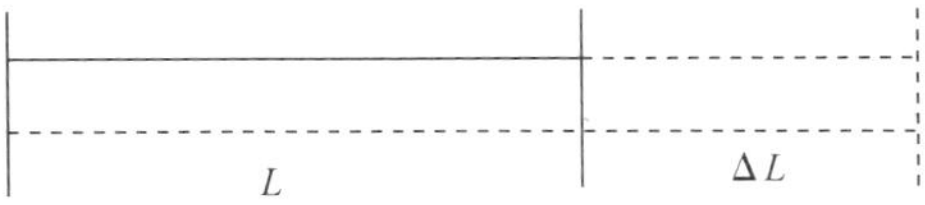

图 5-24　管道变形

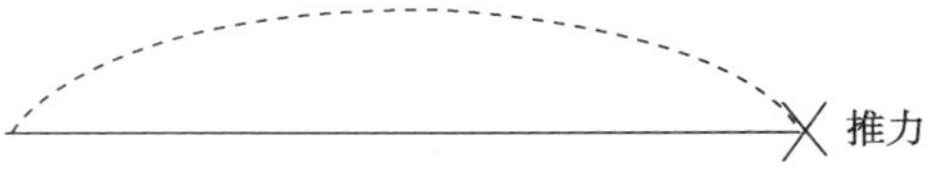

图 5-25　热应力示意图

二、热补偿的任务

采取各种措施，增加管道的弹性吸收管道的热变形量，使管道按设计意图产生变形或位移。

进行热补偿的条件：

（1）$T>100℃$ 或 $<-50℃$；

（2）直径大；

（3）直管段长、管壁厚、大量引出支管的管道要进行热补偿；

（4）介质危险性大的震动管线；

（5）端点位移量大，受设备热或装置下沉的影响引起的附加位移，如图 5-26 所示。

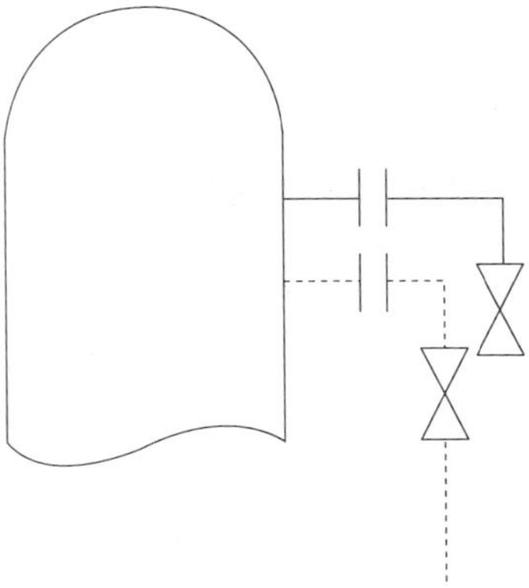

图 5-26　热补偿示意图

三、热补偿方法(自然热补偿)

利用管道铺设时自然形成的转弯吸收热伸长量，这个弯管称为自然热补偿器，与管道本身为一体，最经济。

L 形热补偿，见图 5-27。Z 形热补偿，见图 5-28。

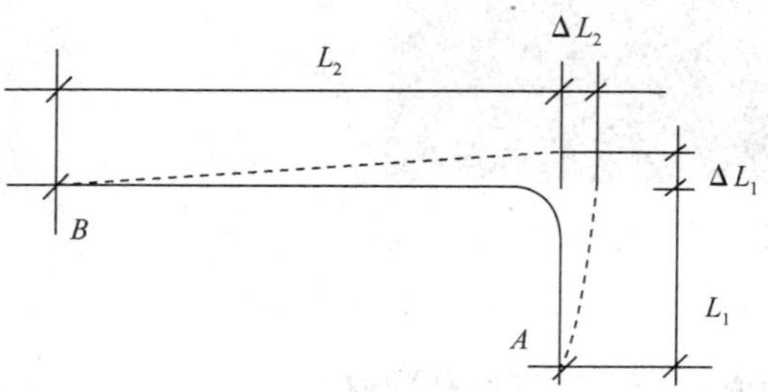

图 5-27　L 形热补偿

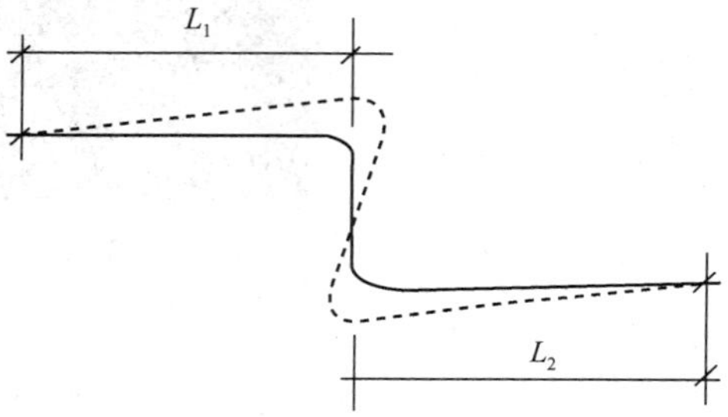

图 5-28　Z 形热补偿

热补偿计算方法如下：

（1）对管系进行弹性计算时，均采用直角坐标系；

（2）先假定管系的任一端为固定端，另一端为自由端，若自由端的热胀方向与坐标轴正向相同时，则该热胀值为负号，若相反，为正号；所求的力"+"号为自由端；作用力(复原力)"-"为对固定点的推力；

（3）端点的附加位移的符号取决于位移方向，如与坐标轴正向相同取负，反之取正。对具有一段垂直管段的热位移用悬臂挠度法近似计算。

【例 5-1】 如图 5-29 所示的管系，安装温度为 0℃，最高操作温度 250℃，管系材料为 20 号钢，固定点因受外界影响向左位移 2cm，试计算此管系的补偿值。

解： 设 B 点为自由端，查表得 $e_0=-0.02$，$e_{250}=0.29$

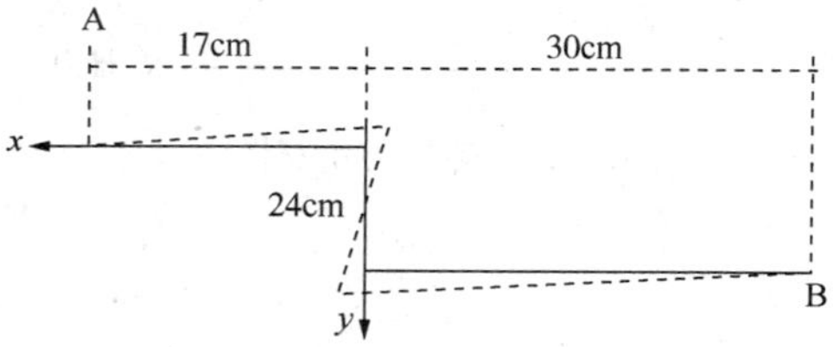

图 5-29　例 5-1 图

$\Delta x_t=(7+70)\times[0.29-(-0.02)]=14.6\text{cm}$

Δx_t 与 x 轴正向相反取"+"

$\Delta y_t=24\times(0.29+0.02)=7.44\text{cm}$

Δy_t 与 y 轴正向相同"-"

因 B 点受外界影响向左位移 2cm

故 $\Delta x=14.6-(-2)=16.6\text{cm}$

$\Delta y=-7.44$

四、补偿器补偿

当自然补偿器不能满足要求采用时，可采用补偿器补偿。具体采用场合：

（1）设备间距小，直接相接弹性不足；

（2）为减少关系压降，防止涡流；

（3）低压大直径管系；

（4）不均匀沉降的设备、管线上。

1. 门形补偿器(见图 5-30)

耐压可靠，补偿量大，安装时要预拉伸，或预压缩。

2. 波形补偿器(见图 5-31)

可做一波到四波，内有内衬套筒，套筒一端与波壁连接，体积小，易安装，但补偿量小。

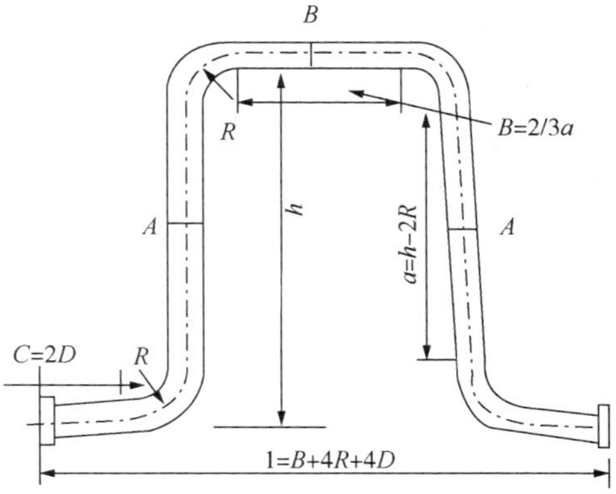

图 5-30 门形补偿器

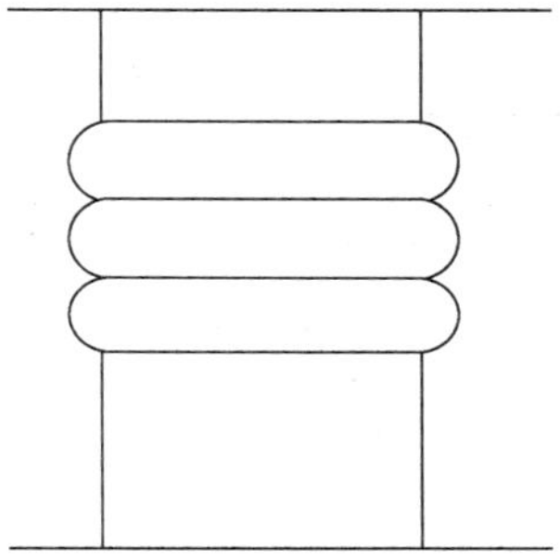

图 5-31 多波补偿

【例 5-2】 如图 5-30，设计用 $\phi159\times4.5$ 无缝钢管制成光滑的门形补偿器，以承受 $\Delta L=120$mm 的伸长量。

解：(1)根据图 5-32，先求出补偿器的高度 h，及弹性力 F，由表中 159/150 管查出 $\Delta L/h$ 和 F/h 的曲线号分别为 4、12，从纵轴已知：$\Delta L=120$mm 横至曲线 4，向下可得 $h=19.0D$，再从横轴 $h=19.00$ 向上至曲线 12，向右横至纵轴，可得 $F=2.16\times10^3$N。则

高度 $h=19D=19\times159=3020$mm

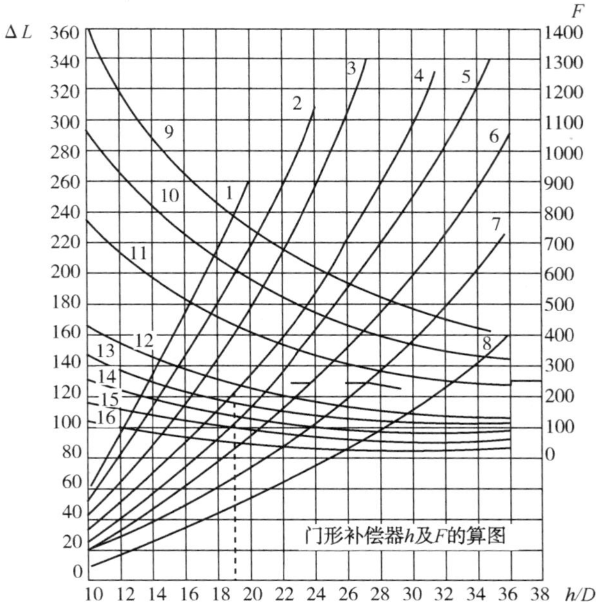

图 5-32 门形补偿器 h 及 F 的计算

(2) 制造此门形管所需管长：$L=2c+2a+b+2R\times\pi=9436$mm

其中：$C=2D$，$R=5D$，$a=h-2R=h-10D$

即：若承受 120mm 的膨胀量，必须制造 3020mm 的门形补偿器，需 ϕ159×4.5 无缝钢管 9436mm。

门形补偿器的 h（以 D 的倍数计）

用左侧纵轴 ΔL 的曲线号数	1	2	3	4	5	6	7	8
用右侧纵轴 F 的曲线号数	9	10	11	12	13	14	15	16
无缝钢管的直径/mm	321/336	267/253	216/203	159/150	133/125	108/100.5	83/7605	57/51

五、线热态计算温度确定法则

（1）按介质的最高工作温度，并适当考虑可能的超温；

（2）有内衬的管子，需通过传热计算确定管线的最高温度；

（3）对带蒸汽伴热管、蒸汽夹套管、万能用蒸汽吹扫的管线，如果介质温度低于水蒸气温度，则以蒸汽最高温度计，如果高于水蒸气温度，则以介质最高温度计；

（4）对冷冻管线，取环境极端最高温度。

六、补偿设计的注意事项

（1）一般应使管系的几何形状具有一定弹性，以便能自补偿其热量；

（2）对 L 形管系，当 $L_2/L_1=1$ 时，管系弹性很小，对固定点的推力很大，当 L_2/L_1 一定时（1 除外），L_1+L_2 越大，补偿能力越大；

（3）对平面管系，欲增加其弹性，宜增加远离固定点联线的管子长度。如图 5-33 所示，若（a）不能起自补偿作用，则选用（b）或（c）；而（d）和（e）效果不如（b）或（c）；（f）（g）不允许使用；（h）（i）无效。

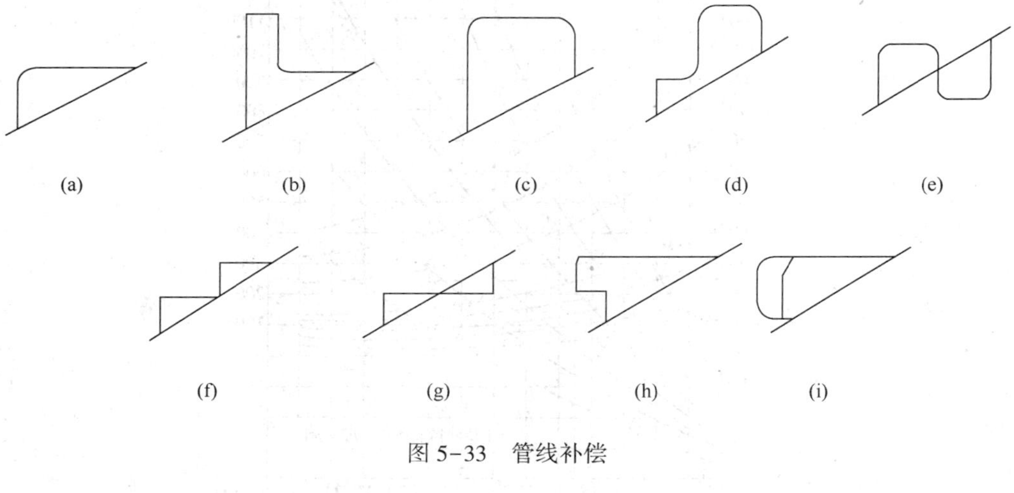

图 5-33　管线补偿

（4）当两设备管嘴处于同一标高时，如图 5-34 所示。

若管口方位不变，可改成如下用两个 U 形管直接相连；若 $U \leqslant 4.5$m、$D_N \leqslant 100$，则管子可能处于超应力状态，使管嘴处罐体局部凹陷；若管口方位可变 90°或 180°，L/U 值要大；$L/U=1$，U 的距离不变。

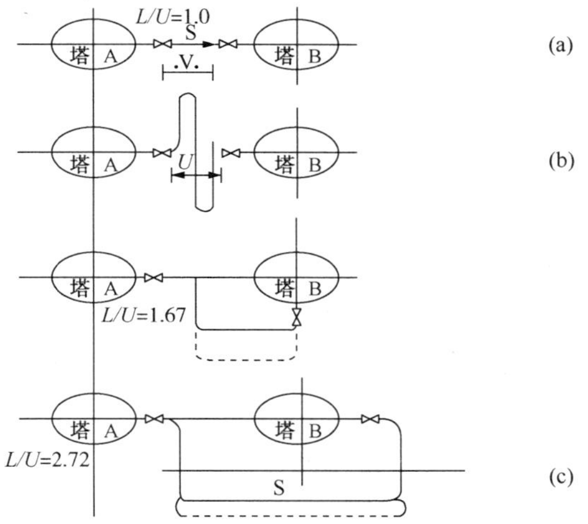

图 5-34　两设备管嘴标高相同

（5）当两设备管嘴标高不同，如图 5-35 所示。a 管布置简单，但没有考虑管线热应力和设备对管嘴的推力，可按 b 管系布置。$L/U=2.1$ 弹性较好。

（6）固定点的选择，以图 5-36 的固定点为例。

L 的长度(即固定点的位置)应能吸收竖管的热胀。考虑端点位移，设备不均匀沉降等因素。L 的距离应小些，尽量靠近支管的节点处，这样设备嘴子受的力小，弯矩小，支管热胀自补偿。

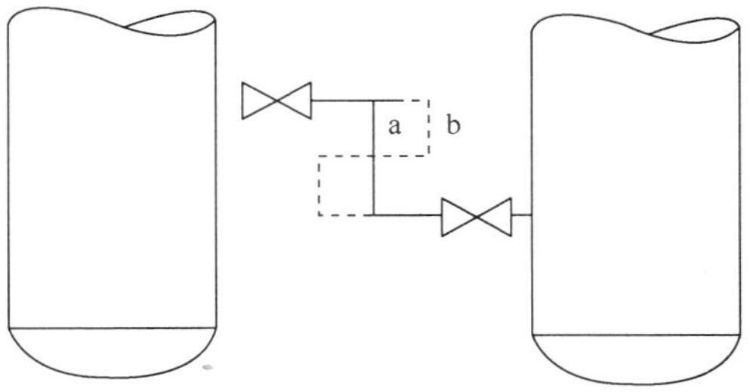

图 5-35　两设备管嘴标高不同

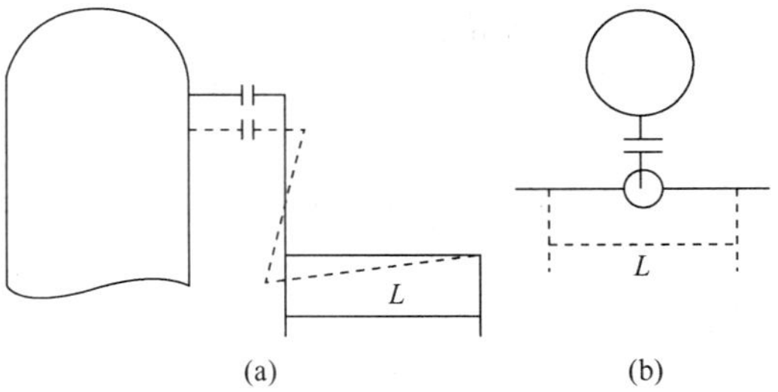

图 5-36　固定点

七、管道保温

1. 保温目的

减少热损失，节约能源，保证操作安全，防止蒸发损失、气体冷凝；

2. 应保温的管道及设备

（1）介质温度>333K；

（2）管线设备内介质温度维持稳定者；

（3）再利用冷冻量过程中，应予保冷；

（4）对易凝、易结晶介质的管线，除保温外，还应考虑蒸汽伴热；

（5）含水液化气输送时，防止因压力下降而产生自冷结冰现象，堵塞管线；

（6）为避免操作人员发生烫伤事故，当设备或管线内介质温度>90℃，即使工艺条件不要求保温，但不需经常操作和维修的地方，应予保温；室内、高温管线及设备应保温。

3. 保温材料的选择

导热系数小，绝热性能好；物化性质稳定，吸湿率小，不燃烧，不腐烂，耐高温；密度小，机械强度较高；价格低，易就地取材；施工方便。

保温：用无机材料，石棉、珍珠岩、玻璃纤维等；保冷：用有机材料，聚苯乙烯泡沫塑料、牛毛毡、羊毛毡。

4. 保温厚度

保温目的是为了减少热损失，节约燃料，但保温也需要消耗一定费用，为达到经济性，必须使保温费用低于节省燃料的费用，最经济的保温厚度应是确保保温后每年的热损失费用、投资费、运行费最小。单变量优化设计，计算精度与节省的燃料费有关计算公式：

平壁(大油罐)保温经济厚度计算公式

$$\zeta=\sqrt{\frac{b}{s_0}}\sqrt{\frac{m\lambda(t-t_5)}{P}}-\frac{\lambda}{a_2}$$

管道的经济厚度计算公式

$$\frac{d}{2}\sqrt{\frac{mb\lambda(t-t_5)}{10^6\left(s_1+\frac{2s_2}{D}\right)}}=\frac{\frac{D}{d}\ln\frac{D}{d}+\frac{2\lambda}{a_2 d}}{\sqrt{1-\frac{2\lambda}{a_2 D}}}$$

式中 ζ——保温层厚度；

m——每年运行小时数，h/a；m 值可按下列原则决定：

全年性负荷 $m=8000$h/a，季节性负荷华北地区 $m=3000$h/a，东北地区 $m=4000$h/a；

b——热能价格，元/10^6kJ；

t——管道或设备表面温度,℃，考虑到金属外表面温度接近其热介质温度，故管道或设备外表面温度可按介质温度计算；

t_5——保温层周围的空气温度,℃。

保温层周围的空气温度 t_5，采用如下；

(1) 室内架空铺设

东北地区 $t_5=10$℃(全年负荷)；华北地区 $t_5=12$℃(全年负荷)；南方地区 $t_5=16$℃(全年负荷)；采暖管道 $t_5=16$℃(东北、华北地区)；以上温度均按地区年平均温度、采暖温度及采暖时间长短比例折算。

(2) 室外架空铺设

东北地区 $t_5=4$℃(全年负荷)，$t_5=-10$℃(采暖负荷)；华北地区 $t_5=12$℃(全年负荷)，$t_5=-2$℃(采暖负荷)；南方地区 $t_5=16$℃(全年负荷)；全年负荷是按各地区年平均温度，采暖负荷是按各地区采暖季节平均温度。

(3) 通行地沟和半通行地沟 $t_5=40$℃。

(4) 不通行地沟 $t_5=50$℃。

λ——保温材料的导热系数，kJ/(m·h·℃)；

p——保温的折旧、运行、维修费用的年折旧率，可取 $p=11\%$；

T_0——保温结构投资的偿还年限，年，一般可取 $T_0=7$ 年；

S_0——保温结构的投资，元/m，按下式计算：$S_0=S_1V+S_2F$ 元/m；

V——保温材料的体积，m^3；
F——保护层的面积，m^2；
S_1——保温层价格，元/m^3；
S_2——保护层价格，元/ m^2；
a_2——保温层外表面向周围空气的散热系数，kJ/(m·h·℃)；
D——保温后的外径，mm；
D——没有保温层的外径，mm；
一般先假设保温厚度ζ，代入计算，左边=右边。

5. 保温结构

- 保温
  - 保温层
  - 保护层（0.5mm镀锌白铁皮）
  - 修饰层（保护或识别）
- 保冷
  - 保冷层
  - 防潮
  - 保护
  - 修饰

第六章　车间布置设计

在基础工程设计工艺流程图与设备选型完成之后，进一步工作就是将各工段与各工艺设备按生产流程在空间上(水平和垂直方向)进行组合、布置，并用管道将它们连接起来，前者称为车间布置，后者称为管道布置或配管设计。车间布置分基础工程设计与详细工程设计两个阶段，配管设计则属于详细工程设计的内容。

从布置设计开始，设计就进入各专业的共同协作阶段。工艺专业进行车间布置时要考虑土建、仪表、电器、交通等专业与机修、安装、操作等各方面的需要；上述各专业也同时提出各自对车间布置的要求。详细工程设计批准后，各专业还要进一步对车间布置进行研究和进行空间布置的配合，最后得出一个满足各专业需要的车间布置，即详细工程设计阶段的车间布置。这个研究、协商的过程称布置研究，车间布置图是工艺提供给其他专业的基本设计条件，有了它，各专业就能平行地和独立地进行各自的详细工程设计，车间布置设计中允许增删、修改。但是在最终车间布置图发出后，设计就不应该再有较大的改动了，因为各专业都在以它为基准，进行平行的详细工程设计，布置一改则各专业的大量施工图都要改动，就会大大影响设计进度与费用。

化工车间一般由控制室、设备间、化验室、机修、电修、仪修间、仓库以及行政——福利间等建筑物，设备露天布置场地、通道和平台、梯、框架管桥、管廊等构筑物所组成。车间布置设计任务包括车间整体设计、厂房轮廓设计和设备布置设计。车间布置设计原则应充分考虑实现工艺生产的有效性、安全性及经济性，车间布置不仅适应工艺流程顺序，还应保证设备之间距离以相互连接的管道和钢结构最小，并便于操作、维修和施工过程中需要的适当余地作为通道及安全生产的需要。下面将分别介绍车间布置设计的内容、方法、步骤及车间布置图的绘制。

第一节　车间平面布置

车间平面布置包括车间各工段、各设施在车间场地范围内的平面布置和设备在车间中的布置两部分，前者称为车间平面布置，后者称为车间设备布置，总称车间布置设计。

车间平面布置与工厂总平面布置有许多相似之处，一个大型车间往往就相当于一个小型工厂，仅是生活行政与辅助设施较少而已。

一、化工车间(装置)的组成内容

一个较大的化工车间通常包括下列四项内容：

(1) 生产设施包括生产工段，原料和产品仓库，控制室、露天堆场或储罐区等。

(2) 生产辅助设施包括除尘通风室、机修间、化验室等。

(3) 生活行政设施包括车间办公室、更衣室、浴室、厕所等。

(4) 其他特殊用室如劳动保护室，保健室等。

车间平面布置就是上述内容在平面上进行组合布置。

二、车间平面布置要求

（1）适合全厂总图布置，与其他车间，公用工程系统，运输系统结合成一有机整体。

（2）经济效果好、占地少、建设费用少、生产成本低。

（3）便于生产管理、物料运输、操作维修要方便。

（4）生产要安全，要妥善解决防火、防毒、防腐问题，要符合国家各项有关规范和法规。

（5）要考虑将来扩建与增建的余地。

三、车间平面布置方法

1. 准备资料

（1）工艺流程图表示了车间组成、工段划分、物料的运输关系、主要设备特征，由此可以估算出各工段的面积。

（2）总图与规划设计资料，表明了场地与道路情况，公用工程管道、污水排放点及有关车间的位置，由此可以从物料输送和各车间相互关联的角度确定车间各工段的位置；由气象资料，如温度、雨量再结合工艺要求与操作情况，就能决定装置能否在露天布置；主导风向影响各工段的相对位置，散发有害气体的工段要布置在下风向、泄漏的可燃气体不能吹向炉子，烟囱的排烟不能吹向压缩机房与控制室，冬季冷却塔水汽不能吹向附近建筑物或道路等。

（3）有关的规范与标准，如炼油化工企业设计防风规定等，按此可决定工段及设备间的安全距离。

2. 确定各工段的布置形式

（1）露天布置

露天布置是优先考虑的第一方案，只要有可能都要采用露天与半露天布置，目前较大型的石油化工厂与合成树脂厂都已这样做了，大部分设备布置在露天或敞开式的多层框架上，部分设备布置在室内或设顶棚，如泵、压缩机，造粒及包装设备等；生活、行政、控制、化验室等集中在一幢建筑物内，布置在生产设施附近。

露天与半露天的优点是建筑投资少、用地省，利于安装和检修，有利于通风、防火、防爆；缺点是受气候影响大，操作条件差，自控要求高。

（2）室内布置

室内布置影响小，劳动条件好，小规模的间歇操作或操作频繁的设备以布置在室内为宜，这类车间中常将大部分设备、辅助设备和生活行政设施布置在一幢或几幢厂房中。

3. 流程式布置

按流程顺序在中心管廊的两侧依次布置各个工段，可以避免管道的重复往返，缩短管总长，已证明是经济的布置方案。

各个工段分别是一块块长方形区域，由此组成整个车间，这样既便于生产管理又容易布置道路。道路布置是车间平面布置的重要内容，它一方面是物料与设备的运输通道，另一方面还解决了管廊、上下水道、电缆等的布置（通常他们都沿道路布置）。所以要避免弯曲的或成尖角的道路布置，总的来说，车间平面愈近方形就愈经济。

四、车间平面布置方案

1. 直通管廊长条布置

适用于小型车间(装置)，是露天布置的基本方案。

外部管道可由管廊的一端或两端进出，储罐区与工艺区用一根中心布置的管廊连接起来，流程通顺。

在管廊两侧布置储罐与设备，较之单侧布置占地面积小，管廊长度短，这就意味着管道总长度小、流体输送的动力省[图 6-1(a)(b)]。

控制室与配电室相邻布置既方便又节约建筑费用，它们通常布置在装置的中心位置，在设备区外又要靠近经常需要观察的区域并有通道通向各操作点。控制室靠近管廊布置将使管廊长度增加 0.5A，但却缩短了电缆与仪表管线[图 6-1(c)]。管廊分开平行布置是不经济的布置，应该合并[图 6-1(d)]。

预留的扩建用地位置影响车间初始投资，将预留面积分配在管廊两侧比布置在一侧要好，这样第一期工厂管廊长度就减少一半。

初始投资减少[图 6-1(e)]。图 6-1(f)右侧的布置比左侧的要好，不仅省去了横向管廊而且连第二期的管廊都一并解决了。

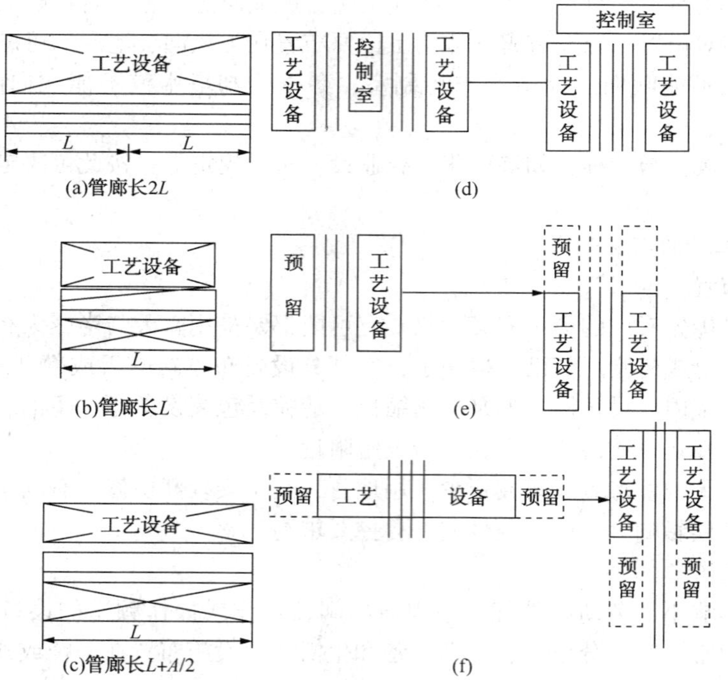

图 6-1　车间平面布置示意图

2. T 型、L 型布置

T 型或 L 型的管廊布置适合于较复杂车间，管道可由两个或三个方向进出车间。

中间储罐布置在设备或厂房附近，原料、成品储罐分类集中在储罐区。易燃物料储罐外设围堤以防止液体泄漏蔓延，为操作安全，泵布置在围堤外，围堤内积水由堤外控制的阀门排除。必要时，在易燃物料罐区设安全喷水装置。一般物料的储罐区外围只需设栏杆即可。

槽车卸料泵靠近道路布置，储罐的出料泵靠近管廊既方便又节约管道。

厂房与各分区的周围都应通行道路，按运输要求分成主、次两类。道路布置成环网状，除方便检修外也有利于安全消防。

管廊与道路重叠，在架空管廊下布置是既节约用地又方便维修。

3. 复杂车间平面布置

车间组成愈复杂，它的平面布置也愈复杂，但布置的基本原理不变，车间平面实际上就是直线型、T 型和 L 型的组合。考虑原则如下：

（1）露天和敞开式布置。回收、聚合、分解、干燥、料仓、无规锅炉等主要装置采用露天式和敞开式布置；有特殊要求的工段如控制、配电、催化剂配制、造粒、包装及成品仓库布置在封闭式厂房中。

（2）流程式布置。各生产工段从储罐、回收到产品包装入库都顺流程排列，通过一条曲折的主管廊相接。控制、配电、分析室与办公室等生活行政设施合并布置在一幢建筑物中，安排在装置工艺区的中心，位置恰当适宜。

（3）平面及道路布置整齐，各工段合并成几个矩形区域，整个车间组成一个近于方形的区域，占地少，道路成网。

（4）物料运输合理。

（5）安全防火。对易燃、易爆、腐蚀性装置、设备设置安全围堤和留出安全区。

第二节　车间设备布置

一、车间设备布置的内容与要求

车间设备布置就是确定各个设备在车间平面与立面上的位置；确定场地与建、构筑物的尺寸；确定管道、电气仪表管线，采暖通风管道的走向和位置。

一个优良的设备布置设计应该做到：经济合理、节约投资、操作维修方便安全，设备排列简洁、紧凑、齐整、美观。要做到上述各点必须充分与正确利用有关的国家标准与设计规范，特别是设计单位已积累经验和经过实践考验的有价值的参考资料。正确地、充分地利用这些资料，可以提高设计的技术水平和可靠性，也可能大大节约设计工时。

目前我国各化工设计单位尚无统一的设计规范，以下介绍一些基本原则。

露天布置时，大多数设备都直接安装在地面的基础上；要抬高的设备用加长裙座或安装在基础上；往复泵与压缩机常设顶棚或布置在室内，它们的基础要与建筑物的基础分开，防止振动传给建筑物。

室内布置的化工车间，原则与露天布置相同，但露天布置的操作，维修要求与室内布置不同，前者多用永久性的局部操作平台，后者常用活动操作平台；移动的起重与维修设备在室外比室内应用更广；室外布置的换热器通常就地抽管束。若室内这样布置就要占去很大的室内空间或大大限制了管道与设备布置，这时宁愿将整台换热器送到机修车间去维修。

1. 通道

车间的设备布置本质上就是车间的空间分配设计。通道的布置与工艺设备的布置同样重要。在布置设计的各个阶段，通道的布置设计都是重要的内容之一。

车间中设备应该成排成列布置，主管架一般布置在通道上空，供工艺、公用工程、仪表管线、电缆、通风管道等共同使用；下水道、地下管道与电缆等也常沿通道布置，所以希望通道要直而简单地形成方格，在操作通道上要能看到各操作点与观测点，而且还要很方便地到达这些地方，设备零件、接管、仪表均不应突出到通道上来。

通常除供安装、操作与维修外尚有紧急疏散的作用，故不允许有一端封闭的长通道。

通道的净空要求可参见表 6-1。

表 6-1　车间布置的有关尺寸

序号	项　　目	尺　　寸/m
1	人行道、狭通道、楼梯、人孔周围的操作台宽	0.75
2	走道、楼梯、操作台下的工作场所、管架的净空高度	2.2~2.5
3	主要检修道路、车间厂房之间的道路	宽 6~7，净空高 4.2~4.3
4	次要道路	宽 2.4，净空 3.3
5	室内主要通道	宽 4.8，净空 2.7
6	泵列间通道宽(室外) 室内一排泵与墙/二排泵间	3 1.2/1.8
7	铁道上的净空高(通行道) (死端) 铁道中心距障碍物水平距离	6.6 3.6 2.6
8	平台到水平人孔	0.6~1.5
9	换热器法兰到垂直过滤器法兰 换热器管箱与封盖端前，室外/室内	0.45 1.2/0.6
10	管束抽出距离(室外)	管束长+0.6~0.9

2. 安装与维修

正常的日常维修(如更换机械密封等)所需的空间，并不比操作时大，但计划检修则需要更大的空间。

(1) 室外设备

安装在地面上的设备检修空间易于满足，塔的人孔、换热器的管箱对着道路，在检修时很方便地利用汽车吊和换热器的抽管机械，当然必须提供汽车吊的进出道路。小型机泵的检修可利用三脚架起重。空冷器布置在管架上往往是最经济的(支承管道用地都省)，但布置在地面上就能更方便的拆修电机、减速机、风扇等。

布置在敞开式框架中的设备可利用设在框架上的重梁，吊钩起吊，这时要留有空间使上层设备能够移动和降到地面上来，有了固定的起重设备设施就可取消供汽车吊开进的道路。

(2) 室内设备

室内布置的设备要特别注意它的搬运通路和出口。这类问题若在设计时遗漏，检修时就会造成经济损失。从建筑物内搬出一个大型设备(如反应器)是代价很大的，不仅在它的上方要留有起吊空间，在底层还要留有供它通行的道路，所以最好靠近门口。通过墙洞搬运大型设备也是常用的办法之一，但不要经常拆装才行。

设备不同的吊装方式对建筑结构会产生很大的影响，在厂房中央设吊车梁和吊车供设备起吊，供设备起吊，就要增加厂房宽度，结构载荷和建筑造价都要增加。

在框架和厂房上，在需要起吊的设备上空设置吊车梁、吊钩、吊柱，建筑造价增加多但维修却大为不便，可减少拆卸时间，节省维修费用，若能在正常生产时兼用于吊运物料则更为经济合理。

吊车梁与吊钩等要有足够的高度，使吊着的零件在其他的设备上空能通过或使用内件能越过设备的法兰口。此外，在楼板或地面上要留有空地，以供停放，见图 6-2。

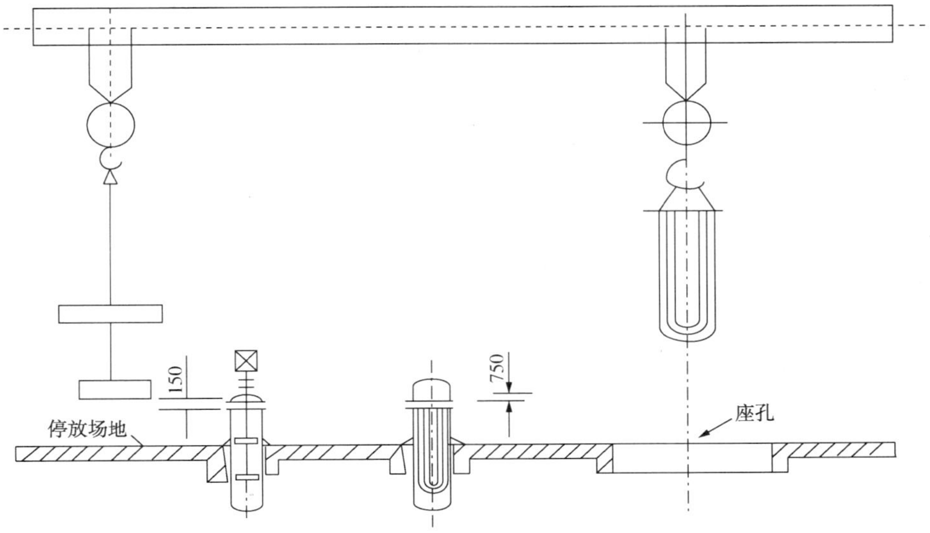

图 6-2　设备内件的吊装与停放

3. 设备

设备布置是本章重点内容，几种典型设备将分类讨论，本处简单讨论一些共同的问题。

(1) 某些辅助和公用工程系统的设备，在流程图及设计说明中往往不予表达，但在设备布置时不能遗漏，如凝水收集罐、冷冻盐水换热器、泵、仪表、空气干燥器等。

(2) 流程式布置与成组式布置结合，以前者为主，尽量保持工艺流程在水平和垂直方向上的连续性，同时对一些结构上、操作上相似的设备，如几套相同的设备，同类设备或性质相似及操作有关的设备采用集中布置，如塔、反应器、泵、压缩机等。

(3) 处理酸、碱等腐蚀介质的设备，如泵、池、罐等分别集中布置在底层有耐蚀铺砌的围堤中，不宜放在地下室或楼上。

(4) 有毒的、有粉尘的和气体腐蚀的设备要集中布置并作通风排毒或防腐处理。

(5) 有爆炸危险的设备最好露天布置，室内布置时要加强通风和防止爆炸性气体聚集。危险等级相同的设备或厂房要尽量集中到一个区域，这样可减少防爆电气的数量和减少防火、防爆建筑物的面积，既经济合理又比较安全，将爆炸危险设备布置在单层厂房、多层厂房的顶层以及厂房(或场地)的边沿都有利于防爆泄压和消防。

4. 管道、电气及仪表管线、通风管道

管道布置本是布置设计的主要内容之一，它与设备布置有极其密切的关系，在小型项目中有时合并进行，一般情况下多由布置组与配管组分别进行。在布置设备时要同时安排好管道走向，留好管道布置的空间。决定主管架与主要操作阀的位置。比较合理的做法是在设备布置时同时进行关键管道、大口径管道的初步布置与水力计算，这样可减少设备布置的修改返工和提高管道布置的质量。

电气及仪表管线，通风管道与配管设计的关系更为密切，可在考虑配管空间时一同解决，具体做法将在以后布置举例中加以说明。

二、设备距离

设备距离过大会增大建筑面积，拉长管道，从而增加建筑和管道的投资，设备间距过小就会导致操作、安装与维修的困难，甚至发生安全事故。设备间距的确定主要取决于设备和管道的安装、检修和安全生产以及节约投资等几个因素。对于中小型化工项目设计可参照表6-2的数据来确定设备的安全距离。

表 6-2 设备的安全距离

序号	项　　目	净安全距离/m
1	泵与泵的间距	不小于 0.7
2	泵离墙的距离	至少 1.2
3	泵列与泵列间的距离（双排泵间）	不小于 2.0
4	计量罐与计量罐间的距离	0.4~0.6
5	储槽与储槽间的距离（指车间中一般小容器）	0.4~0.6
6	换热器与换热器间距离	至少 1.0
7	塔与塔的间距	1.0~2.0
8	离心机周围通道	不小于 1.5
9	过滤机周围通道	1.0~1.8
10	反应罐盖上传动装置离天花板距离（如搅拌轴拆装有困难时，距离还须加大）	不小于 0.8
11	反应罐底部与人行通道距离	不小于 1.8~2.0
12	反应罐卸料口至离心机的距离	不小于 1.0~1.5
13	起吊物品与设备最高点距离	不小于 0.4
14	往复运动机械的运动部件离墙距离	不小于 1.5
15	回转机械离墙距离	不小于 0.8~1.0
16	回转机械相互间距离	不小于 0.8~1.2
17	通廊、操作台通行部分的最小净空高度	不小于 2.0~2.5
18	不常通行的地方	1.9
19	操作台梯子的斜度　一般情况 特殊情况	不大于 45° 60°
20	控制室、开关室与炉子之间的距离	15
21	产生可燃性气体的设备和炉子间距离	不小于 8.0
22	工艺设备和道路间距离	不小于 1.0

三、典型设备的布置

1. 反应器

（1）釜式反应器

① 釜式反应器通常是间歇操作。布置时要考虑便于加料和出料。液体物料通常是经高位槽计量后依靠位差加入釜中。固体物料大多是用吊车从人孔加入釜内，因此人离地或操作平台的高度以800mm为宜。

② 釜式反应器一般用耳架去承载在建(构)筑物上或操作台的梁上。对大型、重量大或振动大的设备，要用支脚直接承载在地面或楼板上。

③ 两台以上相同的反应器应尽可能排成一直线。反应器之间的距离，根据设备大小，附属设备和管道具体情况而定。管道阀门应尽可能集中布置在反应器一侧，以便于操作。

④ 带有搅拌器的反应器，其上部应设置安装及检修用的起吊设备。小型反应器如不设起吊设备，则必须设置吊钩，以便临时设置起吊设备。设备顶端与建筑物间必须留出足够的高度，以便抽出搅拌器。

⑤ 跨楼板布置的反应器，要设置出料阀门操作台；反应物黏度大，或含有固体物料的反应器要考虑疏通堵塞和管道清洗的问题。

⑥ 反应器底部出口离地面高度：物料从底部出料口自流进入离心机要有 1~1.5m 距离；底部不设出料口，有人通过时，底部离基准面最小距离为 2.2m，搅拌器安装在设备底部时设备底部应留出抽取搅拌器的空间，净空高度不小于搅拌轴的长度。

⑦ 易燃易爆反应器，特别是反应激烈、易出事故的反应器，布置时要考虑足够的安全措施。

常见釜式反应器布置如图 6-3 所示。

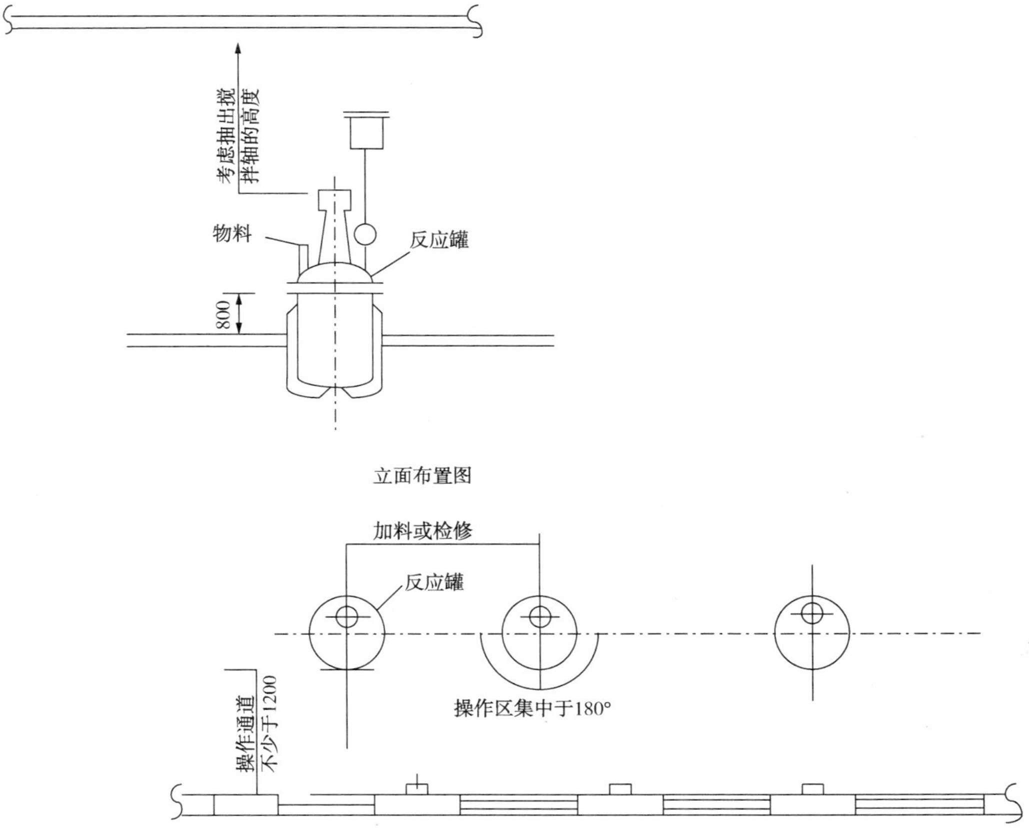

图 6-3　釜式反应器布置示意图

(2) 连续反应器

① 连续反应器有单台式和多台串联式，见图 6-4。其布置注意事项除釜式反应器所列

要求外，由于进料出料都是连续的，因此，在多台串联时必须特别注意物料进出口间的压差和流体流动的阻力损失，即

$$H\gamma > (p_1 - p_2) + \sum R$$

式中 H——设备之间液位差，m；

γ——反应物重度，kg/m^3；

p_1、p_2——反应器 1、2 的操作压力，Pa；

$\sum R$——反应物料流动阻力损失总和($\sum R = R_{流动速度损失} + R_{摩擦损失} + R_{局部阻力损失}$)，Pa。

② 如果出料用加压泵循环时，除反应器口加压操作外，反应器必须有足够的位差，以满足加压泵净正吸入压头的需要。

③ 多台串联反应器可并排排列或排列一圈。

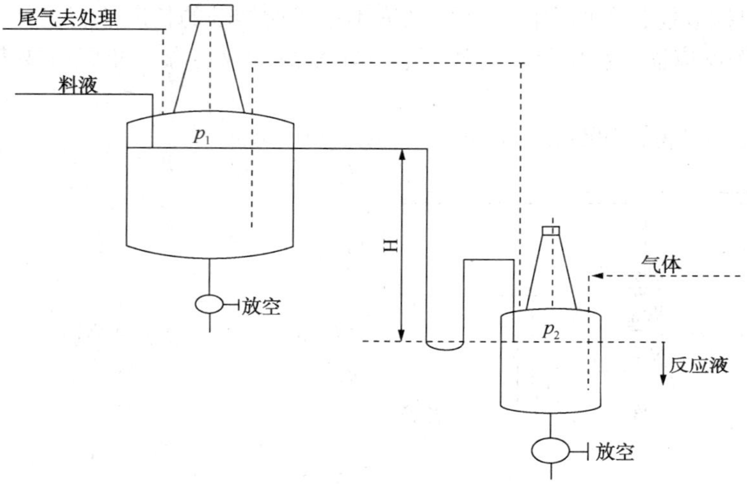

图 6-4 连续式反应器布置示意图

(3) 固定床反应器

① 催化剂可以由反应器的顶部加入或用真空抽入，装料口离操作台 800mm 左右，超过 800mm 时要设置工作平台。

② 反应器上部要留出足够净空，供检修或吊装催化剂内框用。

③ 催化剂如从反应器底部(或侧面出料口)卸料时，应根据催化剂接受设备的高度，留有足够的净空。当底部离地面大于 1.5m 时，应设置操作平台，底部离地面最小距离不得小于 500mm。

④ 多台反应器应布置在一条中心线上，周围留有旋转催化剂容器与必要检修场地。

⑤ 操作阀门与取样口应尽量集中在一侧，并与加料口不在同一侧，以免相互干扰。见图 6-5。

(4) 流化床反应器

① 布置要求基本与固定床反应器相同，此外，应同时考虑与其相配的流体输送设备、附属设备的布置位置。设备间的距离在满足管线连接安装要求下，应尽可能缩短。

② 催化剂进出反应器的角度，应能使固体物料流动通畅，有时还应保持足够的料封。

③ 对于体积大、反应压力较高的反应器，应该采用坚固的结构支承。

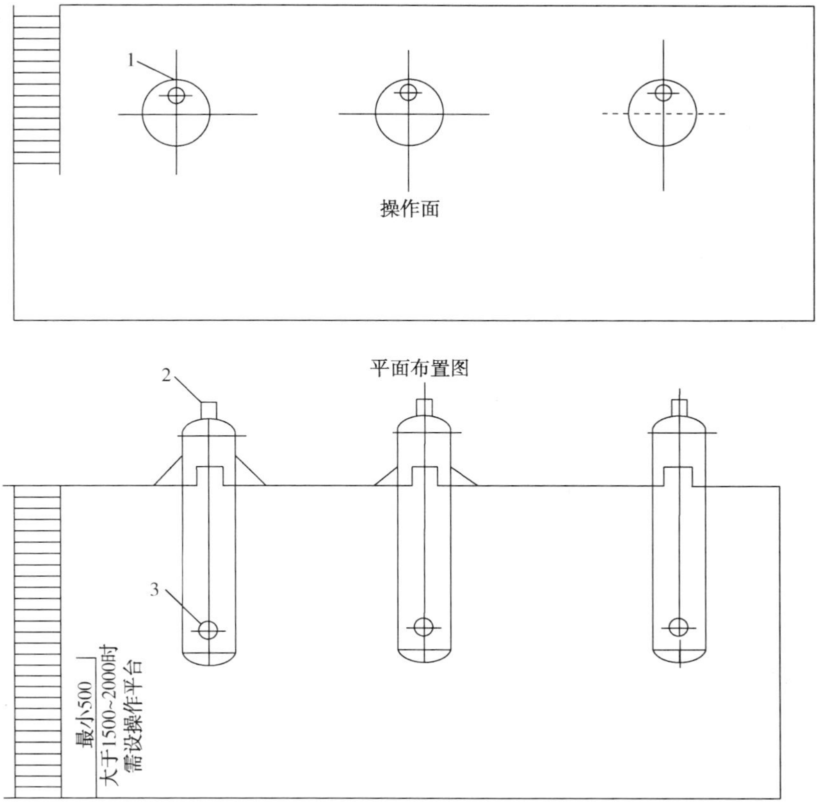

图 6-5　单台催化反应器布置图

④ 反应器支座(或裙座)应有足够的散热长度，使支座与建筑物或地面的接触面温度不致过高。要求钢筋混凝土不高于 100℃，钢结构不高于 150℃。

2. 混合器

混合器可处理固体、浆液或液体物料的混合。把固体混合到液体中去，属于液体混合器的范畴，把液体混入固体则属于固体混合器的范畴。

（1）液体混合器

① 液体混合器通常是内部装有立式或倾斜式或卧式搅拌器的设备，上部有液体或固体加料口及相应的固体输送设备，所以布置时必须考虑搅拌器的平衡及由于固体物料和两种不同物料加入时而引起的振动，还要处理好固体物料的进出问题。

② 多台串联连接混合器应该使混合器液面有足够的位差，保持物流畅通。

③ 重力式流动的混合器——沉降器，在布置时要考虑沉降器与沉降器之间固体管道的坡度，并尽可能使连接管道最短。用泵输送物料时最好在泵进口处加一混合器，防止泵阻塞。如果多组混合器利用位差连续操作时，则必须有足够的位差，以利于物料的流动。

(2)固体混合器

固体混合器有螺旋式混合器、单转子或双转子混合器，以及行星式混合器等。这类混合器，物料是从混合器顶部或一端加入，产品从中部或底部排出。进、出料输送机可以布置成任何水平角度，输送机与混合器之间用溜槽衔接；溜槽要保持一定角度，以保证物流的畅通。

用气流输送物料时，在混合器上需装旋风分离器。

回转式混合器及带碾轮的混合器。回转式混合器为转动设备，布置时应考虑安装检修所需要的空间。

出料口与地面之间应该留有设置物料容器的足够净空。出料方式采用输送机传送时，其布置要求同上节。

带碾轮的混合器，一般比较沉重，通常布置在厂房底层。

（3）浆料混合器

此类混合器一般是带有慢速搅拌器的槽，搅拌形式有浆式或耙式，还有搓板揉式混合器及密闭式混炼器等处理更黏性的物料。这类混合器都必须有坚固的基础，最好布置在底层。

3. 蒸发器

（1）蒸发器及其附属设备(包括加热器、气液分离器、冷凝器、盐析器、真空泵及料液输送泵等)应成组布置。

（2）多台蒸发器可成一直线布置也可成组布置，见图6-6。

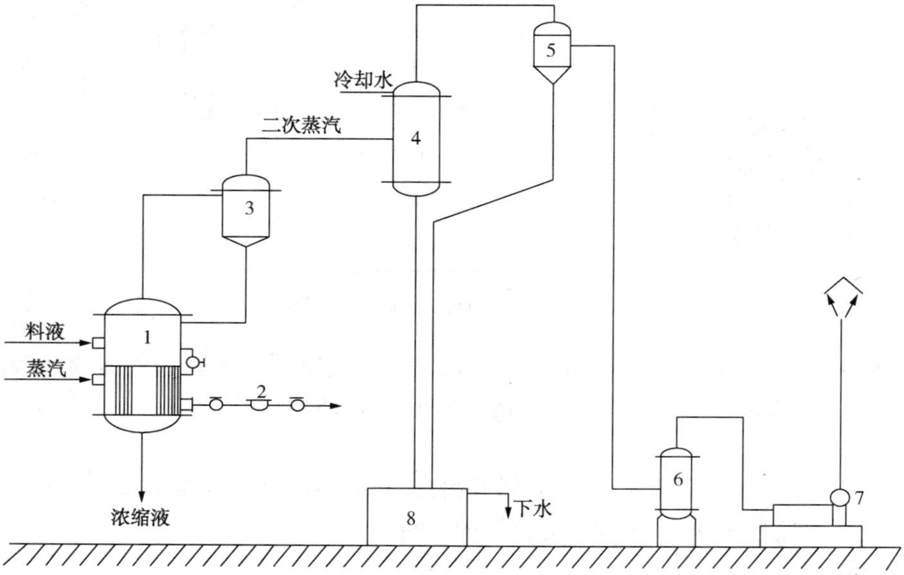

图6-6　蒸发器成组布置示意图

1—蒸发器；2—蒸汽包；3，5—分离器；4—混合冷凝液；6—缓冲罐；7—真空泵；8—水箱

（3）蒸发器视镜、仪表和取样点应相对集中。

（4）考虑蒸发器(外)加热器的检修清洗或更换加热管，需设置起吊设施。

（5）通常蒸发器之间蒸汽管线的管径较大，在满足管道安装、检修工作要求下，应缩小蒸发器之间的距离。

（6）蒸发器的最小安装高度决定于料液输送泵的净正吸入高度。

（7）冷凝器的布置高度应保持气压柱大于10m(水柱)高度(冷凝器底至热水、井水平面的高度)，气压柱应垂直，若需倾斜，其角度不得大于45°。

（8）容易溅漏的蒸发器，在设备周围地面上要砌设围堰，便于料液集中处理，地面需铺砌瓷砖或作适当处理。

（9）蒸发器布置在室内时，散热量较大，在建筑上应采取措施，加强自然风通风或设置通风设施。

（10）有固体结晶析出的蒸发器还需考虑固体出料及输送。

4. 结晶器

（1）结晶通常是在搅拌下进行，因此布置结晶器时要考虑搅拌器的安装、检修及操作所需要的空间和场地。

（2）结晶器进料是浆状液，出料是固体状，布置时要很好地考虑设备间的位差及距离。所有管道必须有足够的坡度。

（3）所有设备及管道需有排净的可能。

（4）结晶器通常都布置在室内，人孔高度最好不超过 1～1.2m，如果超过必需设置操作台。

5. 储罐

（1）立式储罐布置时，按罐外壁取齐，卧式储罐按封头切线取齐。

（2）在室外布置易挥发液体储罐的，应设置喷淋冷却设施。

（3）液位计、进出料接管、仪表集中于储罐的一侧，另一侧供管道与检修用。

（4）罐与罐之间的距离，除应遵守 GB 50016《建筑设计防火规范（2018 年版）》中的有关规定外，在没有阀门或仪表时，容器之间的通道应不小于 750mm，有阀门或仪表时，应保证操作通道净宽不小于 1m。在有限长度内均匀布置多个储罐时，如保证前述间距有困难，则可把两个储罐作为一组紧靠在一起布置，缩小其间间距而加大与另一组或另一个储罐的间距，以便于操作、安装与检修。

（5）储罐周围应按规定设置防护围堤，储存腐蚀性物料罐区的地坪应作防腐蚀处理。

（6）立式储罐安装高度应根据接管需要及输送泵的净正吸入压头的要求决定。卧式储罐安装高度除按上述条件确定外，对多台不同大小的储罐，其底部宜布置在同一标高上。

（7）立式储罐的人孔若设置在罐侧，其离地高度应不大于 800mm。若设置在罐顶，应设检修平台，多个储罐设联合检修平台，单只储罐设直爬梯上下。

（8）有搅拌器的储罐，必要时需设置修理搅拌器的起吊设施。

6. 工业炉和各种明火设备

常见工业炉布置见图 6-7。

（1）在生产装置内，工业炉与各种明火设备应集中布置在一端，并位于主导风向的上风侧。

（2）工业炉与工业炉间要留出足够的间距，并应尽可能布置在一条直线上。

（3）炉前要有足够的操作面积，渣场、燃料堆场都要合理布置。

（4）明火设备离开产生可燃气体设备的距离至少为 15m，并尽可能置于设备的上风向，以确保安全。

（5）明火设备附近 12m 内所有地下水沟、水井、管沟都必须密封，以防可燃气体在沟内聚积而引起火灾。

（6）要有足够的通道面积，以保证火灾时人员的疏散和消防车的进入。

（7）要设置可靠的消防设施。

（8）工业炉要有适当的防爆措施。

（9）工业炉的烟囱设置除了要满足工业炉的要求外还要符合国家环保的要求。

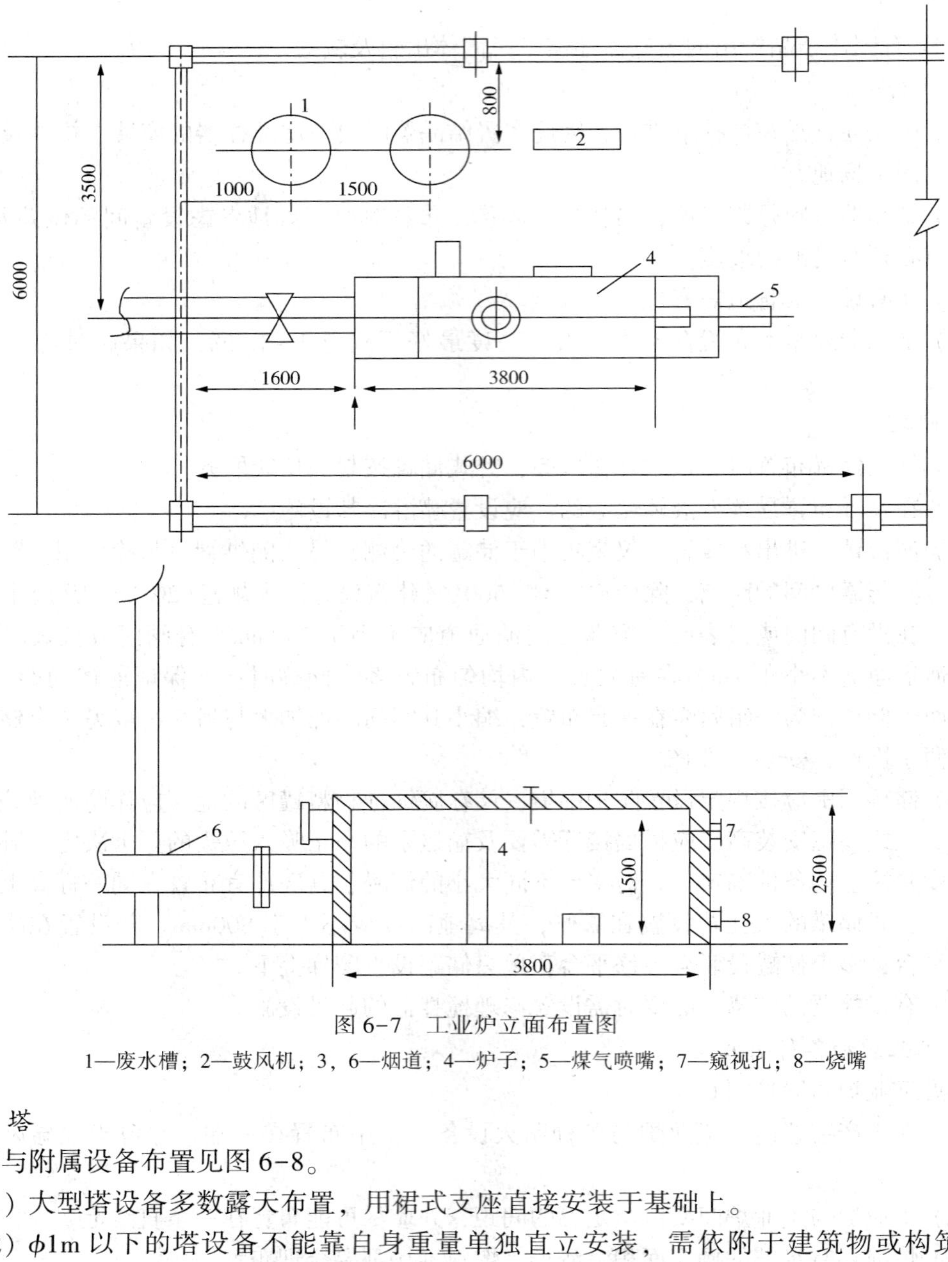

图 6-7　工业炉立面布置图

1—废水槽；2—鼓风机；3，6—烟道；4—炉子；5—煤气喷嘴；7—窥视孔；8—烧嘴

7. 塔

塔与附属设备布置见图 6-8。

（1）大型塔设备多数露天布置，用裙式支座直接安装于基础上。

（2）ϕ1m 以下的塔设备不能靠自身重量单独直立安装，需依附于建筑物或构筑物上，可布置在室内，靠楼板支承或用杠架支承。

（3）多个塔可按流程成排布置，也可根据具体条件布置，并尽可能处于一条中心线上。其附属设备的框架及接管安排于一侧，另一侧供安装塔的空间用。

（4）塔与塔的净距一般为 2m 左右。塔群与管廊或塔群与框架的净距离约为 1.5m 左右，如果希望布置紧凑，则以塔的基础与管廊或框架的地下基础不碰为原则。

（5）塔上设置公用平台，互相联结既便于操作又起到结构上互相加强的好处。平台应与框架相通，平台宽度原则上不小于 1.2m，最小层平台高度应高出地面 2.1m 以上，以确保通行。最上层平台最好围绕整个塔设置，这样较安全。上下层平台距离最大为 8m，超过 8m

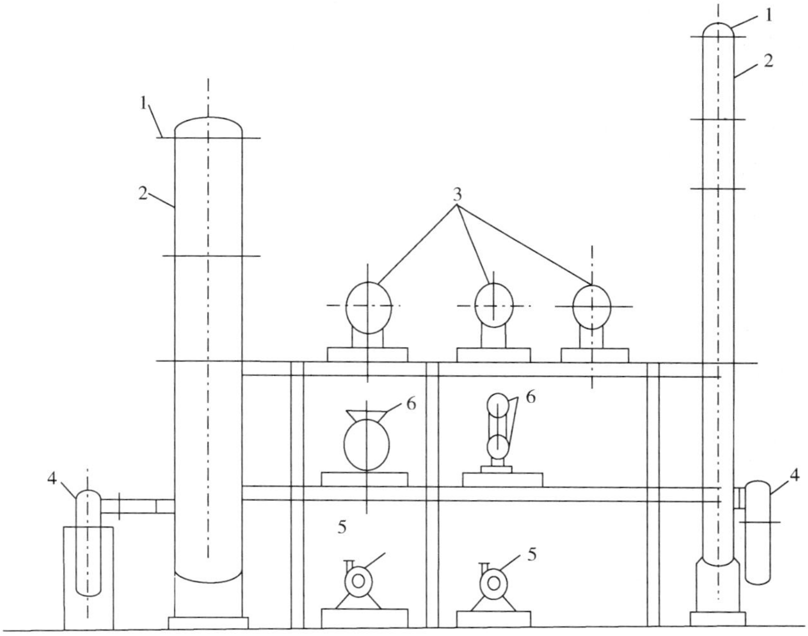

图 6-8　塔及辅助设备布置示意图

1—平台；2—塔；3—换热器；4—再沸器；5—泵；6—储罐

应设中间平台；二层平台间设直爬梯，直爬梯距地面 2.5m 以上的梯子应设保护围栏。

（6）塔身上每个人孔处需设置操作平台，以便检修塔板用。塔的四周要有巡回通道。

（7）塔的四周应分几个区进行布置。配管区也称操作区，专门布置各种管道、阀门、仪表。通道区布置走廊、楼梯、人孔等，也可布置安全阀或吊装设备。

（8）塔的安装高度必须考虑塔釜泵的净正吸入压头，热虹吸式再沸器的吸入压头，自然流出的压头及管然阀门、控制仪表等的压头损失。

（9）塔底再沸器连接的气相管中心与再沸器管板的距离不应太大，以免造成热虹吸不好而影响再沸器效率。再沸器应尽量靠近塔，使管道最短，减少管道阻力降。

（10）塔的人孔应尽可能朝同一方向，人孔的中心高度一般距平台面不高于 1.5m。

（11）塔顶冷凝器回流罐，中小型生产都置于塔顶靠重力回流，这样蒸汽上升管管线较短。对于大型塔如安装在塔顶，会增加结构设计的困难，宜布置于低处用泵打回流。

有强烈腐蚀性的物料及特别贵重的物料，为了解决泵的腐蚀问题和泄漏，不得已采用将冷凝器架高的办法而省去回流泵，这是特例。

（12）大塔塔顶需设置吊柱，以吊起或悬挂人孔盖。

（13）确定塔的管口方位时，要首先确定人孔的方位及位置，然后根据塔盘位置，明确奇数板和偶数板的降液管位置，再从上到下依次确定各管口的位置和方位。回流管口应设在距离降液板最远的位置。

（14）塔采用塔压或重力出料，应由塔内压力和被连接设备的压力来定。同时应结合容器的高度、液体的重度和管道的阻力进行必要的水力计算。用泵出料时，塔底标高由泵的净正吸入压头和吸入管道压力降来决定，应考虑泵的吸入压头和釜液在输送条件下的蒸汽压以免发生汽蚀。从塔底抽出接近沸点的液体管道上设置孔板等流量计时，为了防止流量计前液体的闪蒸，塔必须安装得高一些，以保持管道中有一定的静压头。

(15) 立式热虹吸再沸器除直径过大或重量太重须设立独立支架安装外，一般从塔上直接接出托架支承。釜式再沸器一般支架安装。

(16) 一个塔有两台再沸器时，应对称安装，使其处于同一中心线上，并留出切换操作的余地。一个塔需要两台或三台以上的立式再沸器时，其位置应考虑便于操作和配管，可将再沸器入口管和蒸汽出口管的支管汇总后再与塔连接。

8. 换热器

(1) 多台换热器，通常按流程成组安装，多组换热器应排列成行，并使管箱管口处于同一垂直面上，既便于配管和节约清管检修用地，又保持整齐美观。

(2) 换热器可重叠布置相互支承，但最多不宜超过三层。

(3) 换热器与换热器，换热器与其他设备之间至少要留出 1m 水平距离，位置受限制时，最少也不得小于 0.6m。

(4) 固定管板换热器周围要留有清除管内污垢的空地，浮头换热器要考虑抽出管束的位置。

(5) 换热器布置高度要满足工艺配管的要求，并适当留有余地。

9. 流体输送设备

(1) 泵

① 小型车间生产用泵多数安装在抽吸设备附近。大中型车间用泵数量较多，有可能集中布置的，应该尽量集中布置。

② 集中布置的泵应排列成一直线，泵的头部集中于一侧，也可背靠背地排成两排，驱动设备面向通道。

③ 泵与泵的间距视泵的大小而定，一般不宜小于 0.7m，双排泵之间的间距不宜少于 2m，泵与墙间的间距至少为 1.2m，以利通行。

④ 成排布置的泵，其配管与阀门应排成一条直线管道避免跨越泵和电动机。

⑤ 泵应布置在高出地面 150mm 的基础上。多台泵置于同一基础上时，基础必须有坡度以便泄漏物流出。基础四周要考虑排液沟及冲洗用的排水沟。

⑥ 不经常操作的泵可露天布置，但电动机要设防雨罩，所有配电仪表设施均应采用户外式的，寒冷地区要考虑防冻措施。

⑦ 重量较大的泵和电机应设检修用的起吊设备，建筑物高度要留出必要的净空。

⑧ 泵的吸入口管线应尽可能短，以保证净正吸入压头的需要。

(2) 风机

① 大型装置的鼓风机可以露天布置在框架旁、管廊下或其他构筑物下面。风机布置在封闭式厂房内时，应配置必要的消音设施。如不能有效地控制噪声，通常将其安装在隔离的鼓风机房内，以减少周围的影响。

② 风机的安装位置要考虑操作和维修的方便，并使进出口接管简捷，要避免风管弯曲和交叉，在转变处应留有较大的回转半径。

③ 风机的基础要考虑隔振，并与建筑物的基础完全脱开，还要防止风管将振动传递到建筑物上。

④ 鼓风机组的监控仪表宜设在单独或集中的控制室内，控制室要有隔音设施和必要的通风设备。

⑤ 为了便于安装检修，鼓风机房需设置适当的吊装设备。

（3）压缩机

① 压缩机常是装置中功率消耗最大的关键设备，所以在平面布置时应尽可能使压缩机靠近与它相连的主要工艺设备。压缩面的进出口管线应尽可能地短和直。

② 为了有利于压缩机的维护和检修，方便操作人员的巡回检测，压缩机通常布置在专用的压缩机厂房中，厂房内设有吊车装置。

③ 压缩机的基础应考虑隔振，并与厂房的基础脱开。

④ 中小型压缩机厂房一般采用单层厂房，压缩机基础直接放在地面上，稳定性较好。大型压缩机多采用双层厂房，分上、下两层布置，压缩机基础为框架高基础，主机操作面、指示仪表、阀门组布置在上层、辅机设备和管线布置在下层。

⑤ 多台压缩机布置一般是横向平列机头都不能在同侧，便于接管和操作。布置的间距要满足主机电动机的拆卸检修和其他要求，如主机卸除机壳取出叶轮或活塞抽芯等工作。压缩机和电动机的上部不允许布置管道。主要通道的宽度应根据最大部件的尺寸决定，宽度不小于 2.5m 的压缩机，其通道宽度不小于 2.0m。

⑥ 压缩机组散热量大，应有良好的自然通风条件，压缩机厂房的正面最好迎向夏季的主导风向。空气压缩机厂房为使空气压缩机吸入较清洁的空气，必须布置在散发有害气体的设备或散发灰尘场所的主导风向上方位置，并与其保持一定的距离。处理易燃易爆气体压缩机的厂房，应有防爆安全措施，如事故通风、事故照明、安全出入口等等。

⑦ 大型压缩机厂房由于供电负荷大，通常都附设专用的变配电室，布置时必须统一考虑。

10. 过滤机

（1）间歇式过滤机

间歇式过滤机通常在压力下或真空下操作，有板框压滤机、叶滤机、床层式过滤器及真空吸滤器等几种形式。

① 间歇式过滤机通常布置在室内，多台过滤机采用并列布置，以便于过滤、清洗、出料等操作能交替进行。

② 设备布置所占用的面积，因出料方式而异。必须将过滤机拆开后才能取出过滤饼的，以考虑操作方便为主；用压缩空气或其他方法可把滤饼取出的，则以考虑维修方便决定占用面积，一般在过滤机周围至少要留出一个过滤机宽度的地方。用小车运送滤布、滤饼或滤板时，至少在其一侧留出 1.8m 净空位置。

③ 过滤机安装高度。一般是将过滤机安装在楼面上或操作平台上，而将滤饼卸在下一层楼面上或容器里，也有直接卸在小推车中，装满后即运走。下料用的溜槽尺寸要大些，并且尽可能近于垂直以便下料通畅。

④ 滤液如果是有毒的或易燃的，要设专门的通风装置（如排气罩、抽风机等），通风装置不应妨碍卸出滤饼的操作。

⑤ 大型压滤机（有较重的内件）要设置吊车梁。

⑥ 在布置过滤机的同时应考虑其他辅助设施，如真空泵、空气压缩机、水泵等的布置。

⑦ 地面设计应考虑冲洗排净，使用腐蚀介质的地方，地面应考虑防腐蚀措施。

⑧ 要设置滤面的清洗槽，并考虑清洗液的排放和处理。

(2) 连续式过滤机

回转真空过滤机、带式过滤机、链板式过滤机都属于连续式过滤机。

① 连续式过滤机可露天、半露天布置。如天气对浆液或滤饼有不利影响，也可布置在室内。

② 由于固体物料输送比液体输送困难，一般将过滤机布置在靠近固体物料的最终卸出处。

③ 过滤机布置在进料槽的上部为宜，这样便于过滤机的排净，溢流物可以靠重力回流到进料槽。溢流管的管径要大，管道要考虑能够进行清洗。

④ 过滤机尽量安装在高处，如在二楼或操作平台上，便于固体物料的卸出。卸料溜槽也应宽而直，避免堵塞。

⑤ 过滤机四周要留出操作、清洗、检修的位置，其通道宽度不得小于1m。

⑥ 过滤机的真空管路要采用大管径短管线，以减少阻力。

⑦ 为了便于安装检修，厂房中要设置起吊设备。

(3) 离心机

① 离心机为转动设备。由于转鼓载荷不均匀会引起很大振动，所以一般均布置在厂房的底层，并且安装在坚固的基础上，基础与建筑物应完全脱开。小型离心机布置在楼板上时，需布置在梁上或在建筑设计上采取必要的措施。大型离心机需考虑减振措施。

② 离心机周围要有足够的操作和检修场地，通道宽度不得小于1.5m。

③ 离心机的安装高度根据出料方式确定。底部卸料的离心机，要按照固体物料的输送方式确定所需要的空间。

④ 要设置供检修用的起吊梁。多台离心机可排列成一行，以减少梁的数量，离心机周围的配管。应不妨碍取出电动机和转鼓。

⑤ 离心机不应布置在有腐蚀的区域或管道下面。离心机的泄漏物应收集在有围堤的区域内，且有一定的坡度，使漏出物料流向地沟，排入废液处理装置。

⑥ 离心机操作时，排出大量空气，当其含有有害气体或易燃易爆的蒸汽时，在离心机上方要加装排气罩，必要时对排出的有害气体进行处理。

11. 干燥器

(1) 喷雾干燥器、流化床干燥器

这类设备通常是用鼓风机将加热空气送入器内，与湿物料接触后，水分被蒸发并随热空气带走，所以布置好鼓风机和加料器是非常重要的。

① 鼓风机与加热器通常布置在一单独房间内，以免鼓风机噪声与加热器的高温影响车间环境。

② 喷雾干燥器与其附属设备(包括料液进料设备、成品出料包装设备、旋风分离器、面袋除尘器、加热器、风机等)成组布置，所有进出口风管，由于管径大，布置时要统一考虑。

③ 喷雾干燥器一般可半露天布置，若布置在室内需考虑防尘和防高温等措施。

④ 必须安排好物料进出便利，减少固体物料堵塞。

(2) 回转干燥器

回转干燥器包括内回转式、转鼓式和回转窑炉等，它们的附属设备有加热器、进出料装置、旋风分离器。

① 回转干燥器应单独布置，以减少对其他生产装置的影响。

② 要合理安排进出固体物料输送设备，以便防尘、防热和操作维护检修。

③ 回转干燥器通常布置在建筑物底层，设备基础应与建筑物基础完全脱开。

（3）箱式干燥器

① 设备前要留有足够的空地，用以堆放湿料、干料、进行倒盘、洗盘等操作，以及推送物料的通道。

② 要考虑通风排风及降温措施。

12. 气体净化设备

（1）要考虑回收的固体物料能够靠重力自流，避免再次搬运。

（2）湿式除尘设备要考虑排出含尘废水的处理。

13. 运输设备

（1）皮带运输机

① 皮带拉紧装置通常装在皮带输送机的尾部，常采用拉紧螺丝或重锤式拉紧装置来完成。

② 物料输送距离较长时，可采用两根或两根以上的皮带相接输送。

③ 每台皮带输送机应至少有 0.6m 宽的通道。两台皮带输送机平行排列时，中间至少要有 0.75m 的通道。

（2）气流输送设备

气流输送的配套设备有鼓风机、进出料装置、气流输送管、旋风分离器、袋式过滤器等，布置时要统一考虑。

气流输送管要根据物料特性选取合适的流化速度。速度太高，浪费能源，增加设备磨损；速度太低，物料输送不畅。气流输送管最好为垂直上升，垂直下降，倾斜布置时要很好的考虑物料的下沉问题，下沉管最好不要小于 45°。

14. 罐区

罐区布置主要考虑的是安全问题。

（1）液体罐区

① 液体罐区尽量布置在工艺装置区的一侧，既有利于安全又为将来工艺装置或罐区发展提供方便。

② 罐区四侧都要有可以联通的通道。罐区通道的宽度要考虑消防车能方便进出。

③ 储罐应成排成组排列。

④ 易燃易爆液体储罐四周要设围堤或围堰。围堤容积大小要根据一旦发生事故易燃液体的溢出体积大小考虑。一般单个储罐的围堤容积与储罐容积相等，多台储罐在采取足够措施后，容积可酌减，但不得少于储罐总容积的一半。易燃易爆储罐需有冷却措施，也可采用地下或半地下式安装，以避免太阳直晒，有利于安全。易燃易爆罐区宜布置在居民区下风向，减少对居民区的影响。

⑤ 危险品储罐布置的间距符合规定，根据 GB 50160—2008《石油化工企业设计防火标准[2018 年版]》

⑥ 性质不同或灭火方法不同的介质和产品要编组分别储存，不得布置在一个围堤内。

⑦ 所有进出物料用的输送泵不应布置在围堤内。

⑧ 装罐栈台可布置在罐区一侧，但必须远离工艺装置，且需有足够有效的安全消防措施。

⑨ 罐区内要有安全出入口及事故出口，一旦发生火灾时便于人员撤离及处理事故。

（2）气体罐区

气体储罐有常压及加压两种。常压储罐有各种干式、湿式气柜，气柜压力略高出大气压几十毫米水柱。加压储罐有压力储罐、钢瓶等。无论哪种储罐都必须遵守有关规范及要求布置和使用，特别是易燃易爆气体更应严格执行。某些专门罐区如液化石油气站、氮氧站、液氯站等更应执行其专用基金的各项标准和规范。

15. 控制室

（1）控制室的布置应该有很好的视野，应设置在能从各个角度都能看到装置的地方。

（2）控制室应布置在装置的上风向，且距离生产装置各个部分都不太远的适宜地方。大型石油化工装置的控制室与装置内生产设备管廊、各种台架之间最好保持15m距离。

（3）仪表盘和控制箱都是成排布置，盘后要有安装及维修用的通道，通道宽度不小于1m。仪表盘前应有2~3m的空间。

（4）所有进出口管道及电缆最好暗铺，使室内布置整齐美观。

（5）仪表盘上的仪表一般可分成三个区段装置。上区段距地面1650mm以上，这一部分可放置比较醒目的供扫视的仪表（如指示仪表、信号灯、闪光报警器等）；中区段距地面1000~1650mm，可放置需要经常监视的仪表（如控制仪表、记录仪表等）；下区段距离地面800~1000mm，可放置操纵器类（如操纵板、切换器、开关、按钮等）。

控制室内仪表盘应避免阳光直射，以免反射光影响操作。

（6）大型控制室因为装有大量仪表，为减少灰尘，最好采用机械排风，以保持空气的清洁。墙面及地面也要便于清洗，以防止灰尘聚集。室内采光通常都采用天然采光与人工照明相结合。室内有时还设有辅助用室及生活用室。见图6-9。

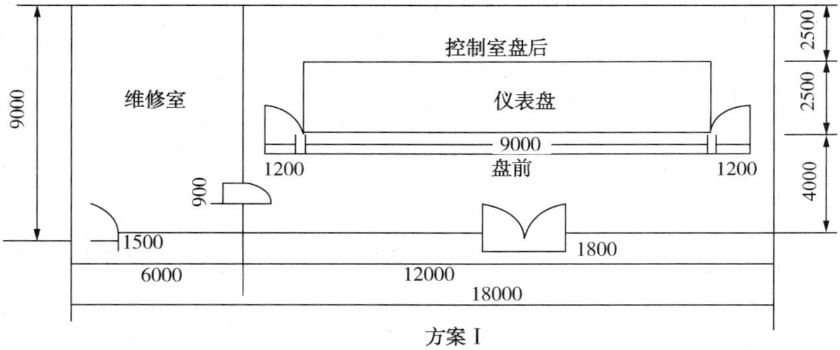

方案Ⅰ

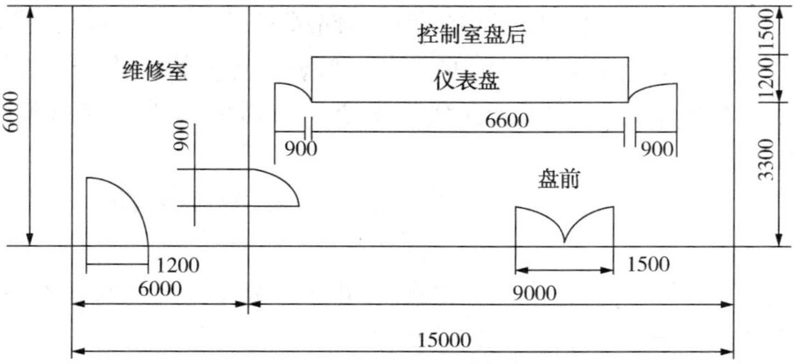

方案Ⅱ

图6-9 控制室布置示意图

16. 主管廊

大型装置的管道往返较多，为了便于安装及装置的整洁美观，通常都设集中管廊。

（1）管廊的布置首先考虑工艺流程，来去管道要做到最短最省，尽量减少交叉重复。

（2）管廊宽度根据管道数量、管径大小、弱电仪表配管线的数量确定。管道断面要精心布置，尽可能避免交叉换位，管廊上要预留一定余量，一般可留20%的余量。

（3）管廊上的管道可布置为一层、二层或多层。多层管廊要考虑管道安装和维修人员通道。

（4）多层管廊最好按管道类别安排。一般输送有腐蚀性介质的管道布置在下层，小口径气液管布置在中层，大口径气液管布置在上层。

（5）管廊上必须考虑热膨胀，凝液排出和放空等设施。如果有阀门需要操作，还要设置操作平台。

（6）管廊一般均架空敷设，其高度(离地面净土高度)一般要求为：

横穿铁路时，6.7m；横穿厂内主干道时，6.0m；横穿厂内次要道路时，4.5m；装置内管廊时3.5m；厂房内主管廊时2.5m。

（7）管廊柱视具体情况而定，一般在4~15m之间。

第三节　车间布置设计方法

化工车间布置设计是依据工艺流程，按其操作和物料流动顺序进行布置设计。布置的初期阶段是利用流程图、工艺略图和各种作业图表进行布置，在化工、轻工中用得较多的是根据固定岗位和工艺作用及功能进行布置设计。

大多数车间布置设计在开始时使用模拟法布置，如方块模型(Block model)或称概略模型法，剪纸(Cut outs)等。对于一些复杂的情况，这些方法实际上有局限性，应当使用关键检查法或使用与别的方法结合的方法，这些方法试图对问题提出尽早地评价。此法首先确定一个目标，并记载一些限制和约束，然后去检查他们的正确性和审查他们的一致性。例如对工艺的全面检查要用完整方法按表6-3中提出的问题来回答，最后选出最佳方案。例如：

（1）塔顶冷凝器放在哪里？在塔的上面。

（2）为什么要放在那里？便于回流液的自流。

（3）还可以放在哪里？靠近地面用一个泵打回流。

表6-3　关键检查表

目前的事实	方案	发展的选择
1. 完成了什么？为什么这样？	还能完成什么？	应当完成什么？
2. 它是怎样完成的？为什么那样？	还能怎样完成它？	应当怎样完成它？
3. 它是什么时候完成的？为什么在那时候？	为什么在那时候？	另外什么时候能完成它？
4. 它是在什么地方完成的？为什么要在那里？	为什么要在那里？	另外什么地方可以完成它？
5. 谁来完成它？为什么是那个人？	另外什么人能完成它？	应有什么人来完成它？

下面将车间布置设计常用方法简介如下：

一、布置设计的模拟法

1. 剪纸法

剪纸法是按比例(如1：50)用赛璐珞或纸板制成不同形状、不同尺寸的纸板，以代表设备或建筑物所占面积的大小。纸板所代表的面积不仅包括设备本身所占有的空间，同时应考虑到操作、维修、通道、安全等所需面积。例如一台管长4.8m的热交换器在管箱一端需要抽出管束的空隙为6.4m，另外在壳体端部的盖子前面要留出2.4m，在壳体两侧要留出0.9m空隙，因此对于一个0.8m直径的壳体热交换器，所需要的平面大小为$(13.6\times2.6)m^2$。需要布置的每台设备用剪纸把它们做出来，每台设备要按照流程图加以编号，即标注设备位号、名称及主要尺寸。将设备剪纸放在一块平面上进行移动布置。布置时，当设备某侧不需要兼顾维修和通道时，多台设备的维修面积可以重叠，以便使设备布置紧凑一些。这种布置使设计具体化，经过反复移动设备，进行比较后，确定出较优布置方案，并绘制出车间平面布置图。

2. 概略模型法

模型是用木块、纸板或聚苯乙烯块按确定的比例(如1：50)制成。将制成的模型放在坐标纸贴面的底板上面，进行移动布置。此模型用于平面布置、楼面布置和立面布置时，不但使设计具体化，而且以非常简单的形式将设备与设备、设备与建筑物等彼此相对关系表示出来，并具有立体感。布置时，不仅将设备建筑物表示出来，还将比较昂贵的管道如公称直径300mm以上的碳钢管、道路、岔道等一并表示出来。它可使所有的约束条件都得到保证。完成布置后，可以绘制车间布置图。

二、关联和相容法

关联和相容法可以正式用来消去那些不可能或不允许成立的方案。当实际上不可能用思维或记忆的方法来进行这项工作时，可以用列出图表的办法来评价布置，保证目标和约束条件的一致性。

1. 关联图表

关联图表是一种决定约束条件的影响和显示它所允许的位置的一种图解法。在某些情况下，一些目标或优先项目也可以用来作为约束条件，使范围更为缩小。

方格网的横线表示一个项目的可能位置，例如建筑物的楼层，或一个区域内存编号的位置；竖线表示另一个项目的可能位置。用X，Y，Z……标志的约束条件。当任一个约束条件禁止一个项目占有一个特定的位置时，那么与它对应的那个方格就被取消而在分格中填上约束条件的标志号。空的方格表示允许的组合。

方格网的线可以延长并可以和代表别的项目的横线和竖线相交，再把禁区和优先区用上，当所有的约束条件已经用上后，那些留下的空格代表这两个项目可能的排列和组合。只要把空格连接起来就可以沿着方格网的行列找到从第一个项目到最后一个项目的路线。如果任一这样的路线连接所有项目而并不妨碍任何约束条件，那么这就代表一个问题可能的答案。

这个方法的优点是它的表示方法形象化，可以很容易学会和使用。缺点是要作一些图表，要在图表上关联并不相邻的一些项目比较困难。

下面举例说明此法的应用。工艺概略图见图6-10。这是一个垂直布置的问题，要在已有的一座五层楼的建筑物内安排这些工艺设备。

设计条件如下：

约束条件（限制）

（1）反应器和压滤机要从底部排料，不能置于一层。

（2）压滤机不能放到五层，因为为了维修而需要把轴抽出来时，没有足够的地方。

（3）储槽（S）必须在位于二层的计量槽的上方。

目标（要求）：

（4）希望把反应器和酸处理槽保留在目前所在的二层和三层的位置上。

（5）为了传热和自流的原因，熔融釜应和反应器接近，并且要位于它的上方。

（6）应便于从压滤机中取出滤饼，滤饼应直接落入干燥器中。

（7）在服从所有制约条件下，提升物料的费用要最少。

除了某些楼层可能变得太拥挤外，在这一问题中并没有什么约束条件要使一些项目共同占有一个位置。

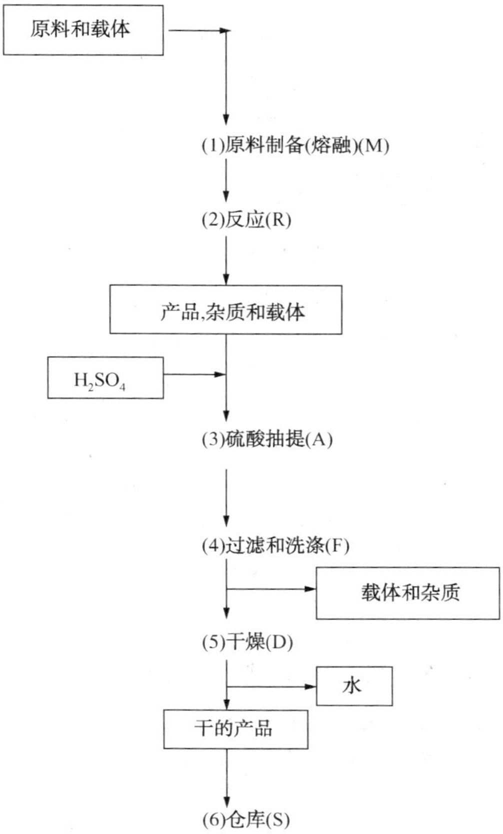

图 6-10　工艺概略图

约束条件(1)说明既不是反应器(R)也不是压滤机(F)必须要在一层，这些方格应填入1而被取消。

约束条件(2)不准(F)在五层，方格填上2而被取消。

约束条件(3)意味着储槽S一定要在三楼或五楼，把制约的方格填上数字3而被取消。

方格网的结果如图6-11所示，它们是绝对排斥的例子，其他条件就是目标条件，如确有需要可以让步。采用以下的目标条件，方格网进一步发展到如图6-12所示：

目标(4)限制反应器R在三楼，酸抽提器A在二楼；

目标(5)要防止原料熔融釜(M)位于一层、二层和三层楼，最好在M_4，而不在M_5，用括号中的数字(5)表示消去M_5和R_3；

目标(6)消去干燥器D所有不在过滤器F下面的楼层；

目标(7)当沿着途径通过方格网时最好用目标(7)，这一途径必须从$M_4R_3A_2$开始。

然后F_2D_1或F_3D_2[或F_3D_1，它与(7)有矛盾]或F_4D_3[或F_4D_2，F_4D_1，它与(7)有矛盾]，然后到S_3[或S_4，S_5，它与(7)有矛盾]，所以这三种可能性是：

$$M_4R_3A_2F_2D_1S_3:$$

$$M_4R_3A_2F_3D_2S_3:$$

$$M_4R_3A_2F_4D_3S_3:$$

图6-12表示和描绘出他们中的第一种可能性。

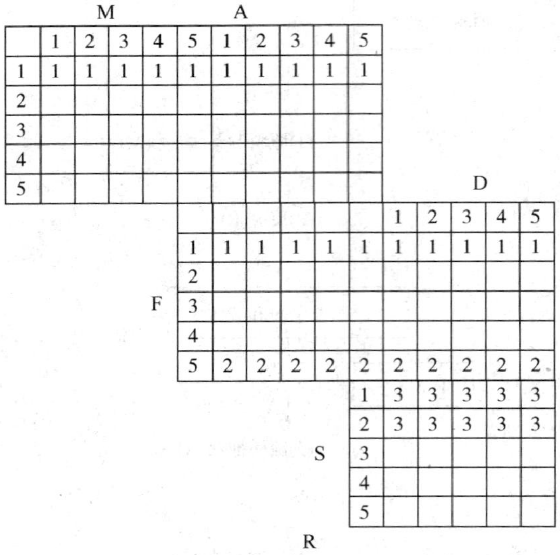

图 6-11　表示绝对排斥的方格

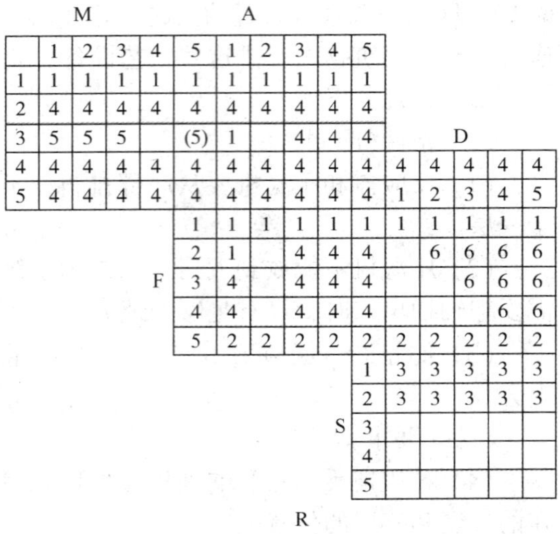

图 6-12　表示允许布置的方格

2. 代数法

在代数法中不同项目的可能位置用代数上的符号来表示，因此 A_2表示项目 A 在 2 的位置，可以应用具有特殊意义的一般代数定律，这就是：

加法　代数方案

乘法　代数共同相处

因而 $A_2(B_3+B_4)$意思是项目 A 在 2 的位置，而项目 B 可在 3 或 4 的位置。

如果某一种排列是不允许的，就把它置于零，即它被取消，当用上约束条件时，并不需要括号乘出来有可能在同一时间内用上更多的约束条件。在任何阶段把括号乘出来时，这些项仍旧代表所有允许的排列。

这个方法不像关联表那么简单，但是更富有能力来处理多种排列。它并不是形象化但易于阅读。

使用同样的工艺图表(图 6-10)和约束条件及目标来考虑上述问题：

约束条件(1)意思消去 R_1和 F_1；

约束条件(2)意思消去 F_5；

约束条件(3)意思消去 S_1和 S_2。

因此所有可能性的布置表示如下：

$$(M_1,\ 2-5)(R_{2-5})(A_1,\ 2-5)(F_{2},_{2},_{4})(D_1,\ 2-5)(S_{3},_{4},_{5})$$

目标(4)意味着如有可能将选择 R_2和 A_1；

目标(5)意味着应当选择 M_4或 M_5，其中 M_4更接近 K，所以是最好的；

目标(6)意味着 $F_2D_1+F_3(D_1+D_2)+F_4(D_1+D_2+D_3)$；

要用目标(7)，首先考虑的是需要提升什么东西，这是从 A 到 F 的料浆，和/或从 D 到 S 的粉料。

目标(7)然后划掉 S_4和 S_5，因为它们不是最小的。同样也划掉 F_3D_1，F_4D_1，F_4D_2。他们都较 F 与 D 之间其他三种关系需要有更多的提升距离。

据输送料浆和粉料的费用来做计算的项目减少到：

$M_4R_3A_2F_2D_1S_3$：料浆在二楼上水平运输，粉料从 G 提升到三楼。

$M_4R_3A_2F_3D_2S_3$：料浆和粉料每样提升一层楼，从二楼到三楼。

$M_4R_3A_2F_4D_3S_3$：料浆从二楼提升到四楼，粉料在二楼上水平运输。

如果发现在任一层楼层上有过于拥挤的情况，那么可以采取增加提升费用，像 M_5或 S_4等项就可以重新加以考虑。

三、接近法和顺序法

1. 旅程表法

旅程表原来是用于机修车间来确定机器的位置，这个方法的名称是和记录不同的工作在机器之间的旅程多少有关。

要绘制一张方格网，每一个设备项目的名称在方格网的横向和竖向上标上。每一个方格是一行和一列的汇合点，代表一个设备项目，在这两设备之间所有连接的单位距离中插入费用。如果是相邻的设备项目，这个费用就位于与主对角线临近的方格中，对一些不是相邻的设备项目，这个费用就位于离开主对角线的方格中，连接所有设备的总费用，是把每一个方格中的费用乘以该方格离开主对角线的距离，并加在一起。用眼观察各列，然后显示那些设备在互相交换位置后(设备的排列)可以减少总费用(使某些费用更接近主对角线)。重复进行这个方法直到获得最佳的布置为止。

这个方法的主要缺点是它只能引导出一个最佳的线性排列，而通常这样的排列是不够的。另一方面对于彼此邻近的不同的成对设备项目，衡量他们的相对重要性，这对二维或三维接近法是很有用的第一步。

2. 二维和三维接近法

已经设计出一些计算程序可用于二维或三维接近法。例如 Armoul Buffa 和 Vollmon 的用计算机确定设备相对位置法(CRAFT)；Evan 氏的布置自动设计程序 ALDEP 是用探索程序法来产生概略布置；Lee 和 Moore 氏的用电子计算机处理布置规划关系法(CORLAP)等。此法不使用电子计算机，是难以应用的。最简单的手算方法一般采用试差法，其中设备项目彼此接近如像主要费用所提出的那样并参考旅程表再对布置加以修改。

3. 顺序法

顺序法主要是用来找出工业操作中可行的操作顺序，但对布置设计有时也是有用的。它是根据与旅程表类似的方格网法，但常常要更简单一些。例如把费用归属于垂直运输，或可以不计费用，用符号来表示“不允许”与“优先”。代替排列这些设备的是要绘制一张类似工艺概略图的键式图。它是根据“优先环”而编制。从装置的某些关键设备或关键位置开始(例如地平面)，直到所有的设备或合并邻近位置的设备，编制一张概略图，在图上表示出来别的一些环节如通道等。最后对有希望的环节做出初步的结算，或做出比较，选出最佳方案，再作更详尽的研究。

第四节　车间布置图的绘制

车间布置设计的图样包括设备布置图、首页图、设备安装详图和管口方位图。设备布置图是车间布置设计中的主要图样，在基础工程设计阶段和详细工程设计阶段中都要绘制。本节介绍详细工程设计中的设备布置图。

设备布置图是按正投影原理绘制的，图样一般包括一组视图、尺寸及标注、安装方位标、说明与附注、设备一览表及标题栏。一组视图中表示厂房建筑的基本结构和设备在厂房内外的布置情况。设备布置图与建筑图之间存在着相互依赖的关系：设备布置图是建筑图的前提，建筑图又是设备布置图定稿的依据。工艺人员首先绘制设备布置图的初稿，对厂房建筑大小、内部分隔、跨度、层数、门窗位置、与设备安装有关的操作平台以及预留孔洞等方面，向土建设计部门提出了工艺要求，作为厂房建筑设计的依据。待厂房建筑设计完成后，工艺人员再根据厂房建筑图对设备布置图进行修改和补充，使其更趋合理，而后定稿的设备布置图，就作为设备安装和管道布置的依据。

厂房建筑图也按正投影原理绘制，图样表达了厂房建筑内部和外部的机构形状，按《建筑制图标准(GB/T 50104—2010)》规定，视图包括平面图、立面图、剖面图和详图等几种图样。

设备布置图是采用若干平面图(实际上也是水平剖视图)和必要的立面剖视图，画出厂房建筑基本结构以及与设备安装定位有关的建筑物(如墙、柱、楼板、设备安装孔洞、地沟、地坑及操作平台等)，再添加设备在厂房内外布置情况图样。也就是说，设备布置图是简化了的建筑图加上设备布置的内容。

一、设备布置图的视图

(一) 分区、比例与图幅

1. 分区原则

范围不大的车间或具体情况的需要，设备布置常以车间为主项设计，各工段(工序)的设备可联合布置，统一出图，即设备布置图以车间为单位进行绘制。如图 6-13(a)所示。当车间(装置)范围较大，以车间(装置)为单位绘制图样不能表达详细和清晰时，则应绘制该车间(装置)的首页图。然后按首页图上所划分的区域再分绘其设备布置图。

2. 比例与图幅

绘图比例通常用 1∶50 和 1∶100，在个别情况下，若有大型储罐或仓库等，可考虑采用 1∶200 和 1∶500。必要时，允许在一张图纸上的各视图采用不同的比例，此时可将主要采用的比例注明在标题栏中，个别视图的不同比例则在视图名称的下方或右方予以注明。

图幅一般采用 1 号幅面，设备布置图如需分绘在几张图纸上，则各张图纸的幅面规格力求统一，避免大小幅面参差不齐。图幅需要加长时，可按国家标准“机械制图”规定加以确定。

(二) 视图的配置

1. 平面图

设备布置图中的平面图，一般是每层厂房绘制一个。多层厂房按楼层或大的操作平台分层绘制若干个。某车间平面图见图 6-13(a)。

在平面图上，要表示厂房建筑的方位、占地大小、内部分隔情况，以及与设备安装定位有关的建筑物、构筑物的结构形状和相对位置。

一张图纸内绘制几层平面图时，应以 0.000 平面开始画起，由下而上，从左到右顺序排列。在平面图下方各注明其相应的标高，并在图名下画一粗线。如有四个平面，则各视图下方相应注明平面图名称为“0.000 平面”“5.000 平面”“10.000 平面”及“15.000 平面”等。

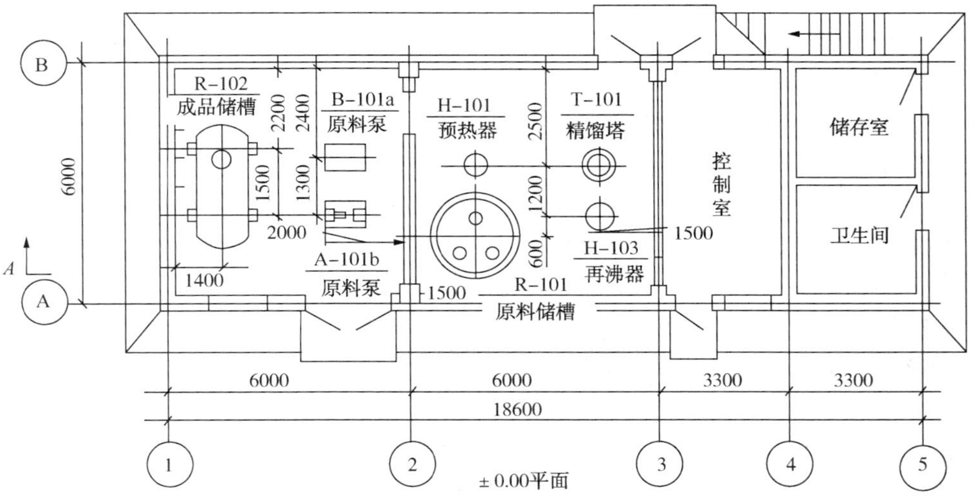

(a)某车间平面图

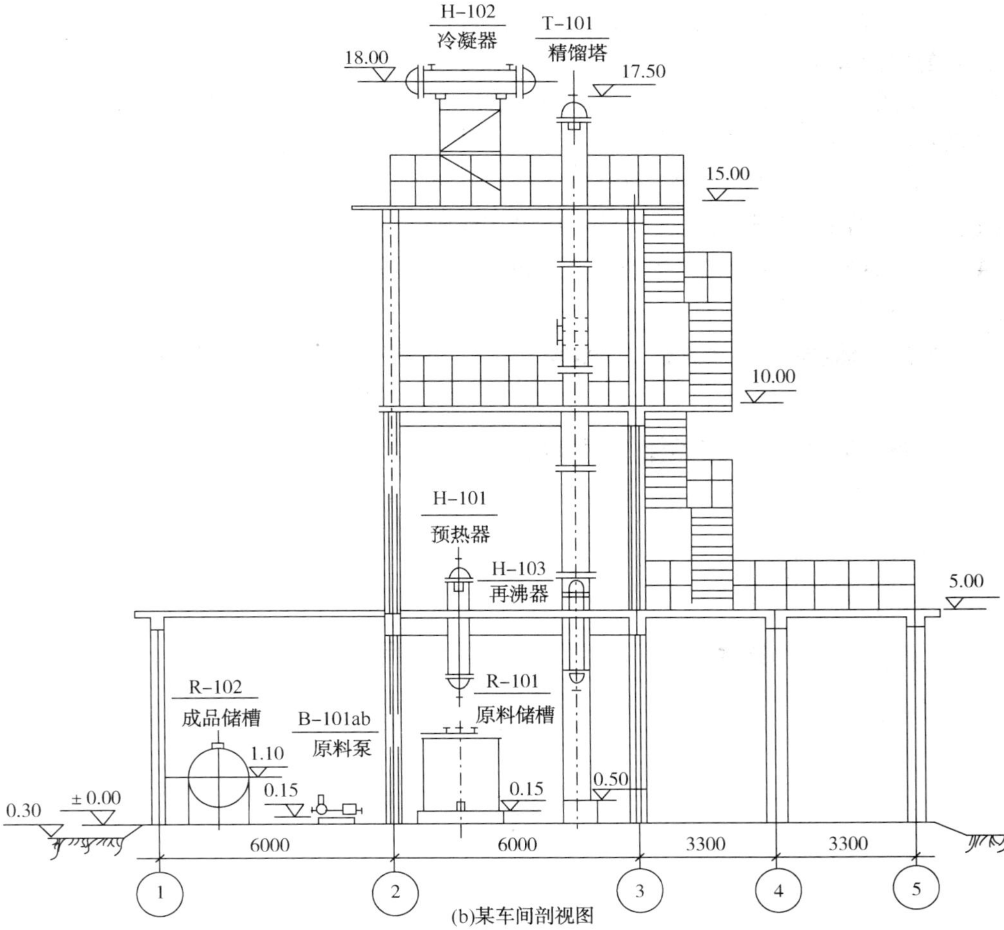

(b)某车间剖视图

图 6-13　某车间平面图和剖视图

2. 剖视图

剖视图是在厂房建筑的适当位置上，垂直剖切后绘出的立面剖视图，以表达在高度方向设备安装布置的情况。在保证充分表达的前提下，剖视图的数量应尽可能地少。

在剖视图中要根据剖切位置和剖切方向，表达出厂房建筑的墙、柱、地面、屋面、平台、栏杆、楼梯以及设备基础、操作平台支架等高度方向的结构与相对位置。

剖视图的剖切位置需在平面图上加以标记，标记方法一般应与“机械制图”国家标准规定一致，如图 6-13(a)所示，就是采用了这种方法。有些部门则采用接近“建筑制图标准”的方法，如图 6-13(b)所示。

在剖视图的下方应注明相应的剖视名称，如“*A-A* 剖视”“*B-B* 剖视”……或“Ⅰ-Ⅰ剖视”“Ⅱ-Ⅱ剖视”……剖视名称在同一套图内不得重复。剖切位置需要转折时，一般以一次为限。

剖视图与平面图可以画在同一张图纸上，按剖视顺序，从左至右，由下而上顺序排列。如图中画有一个 A-A 剖视图，因与各平面图均有联系，故其剖切位置在各层平面图上切有标记。当剖视图与平面图分别画在不同图纸上时，有时就在平面图上剖切符号下方，用括号注明该剖视图所在图纸的图号，如图 6-13 所示。

（三）剖视图表示方法

设备布置图中视图的表达内容主要是两部分，一是建筑物及其构件，二是设备。下面分别讨论他们的表示方法。

1. 建筑物及其构件

在设备布置图中，建筑物及其构件均用中实线画出。常用的建筑结构构件的图例画法如图 6-14 所示。这些图例是根据“建筑制图标准”的有关规定，结合化工特点，简化而成。绘图的一些具体要求如下：

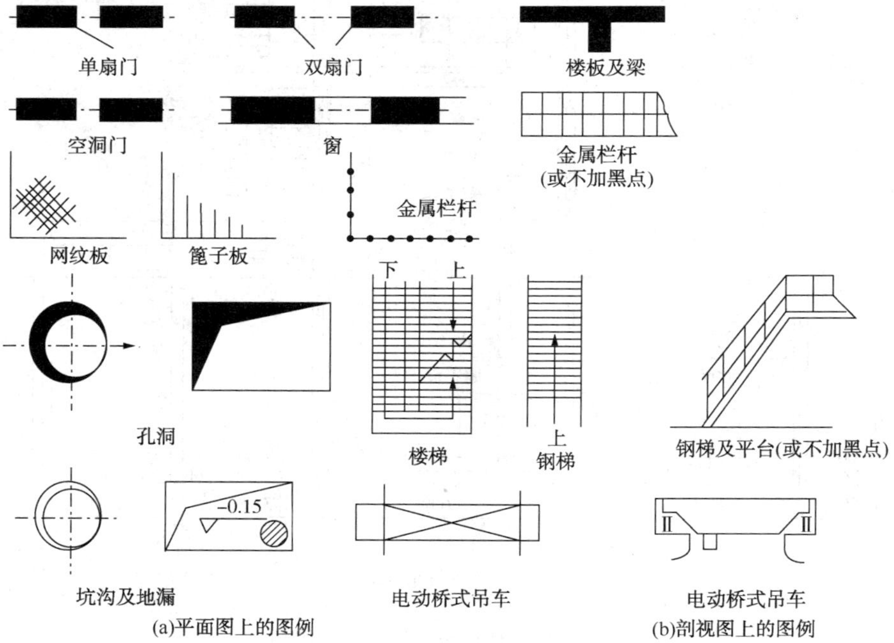

图 6-14　车间布置图常用图例

（1）厂房建筑的空间大小，内部分隔，以及设备安装定位有关的基本结构，如墙、柱、地面、楼板、平台、栏杆、楼梯、安装孔洞、地沟、地坑、吊车梁及设备基础等，在平面图和剖视图上，均应按比例采用规定的图例。

（2）与设备安装定位关系不大的门窗等构件，一般只在平面图上画出他们的位置，门的开启方向等，在剖视图上则一概不予考虑。

（3）在设备布置图中，对于承重墙、柱子等结构，要按建筑图要求用细点划线画出其建筑定位轴线。

2. 设备

设备布置是图样主要表达内容，因此图上设备、设备的金属支架、电机及其传动装置等都应用粗实线或粗虚线（有些图样采用 b/2 的虚线）画出。

图样绘有两个以上剖视图时，设备在各剖视图上一般只应出现一次，无特殊必要不予重复画出。位于室外而又与厂房不连接的设备及其支架等，一般只在底层平面图上给以表示。剖视图中设备的钢筋混凝土基础与设备外形轮廓组合在一起时，往往将其与设备一起画成粗线。

下面再按设备定型与否分别介绍其规定画法：

（1）非定型设备

用粗实线按比例画出能表示设备外形特征的轮廓。被遮盖的设备轮廓一般不予画出，如必须表示则用粗虚线（或虚线）表示。非定型设备若无另绘的管口方位图，则应在图上画出用以表示设备安装方位特征的管口。管口一般以中实线绘制，但在设备图形的主体轮廓线之外的管口（除人孔外），允许以单线表示，此时接管及法兰均以粗实线绘制，另绘管口方位图的设备，其安装方位可按该图确定，管口在这里就可省略不画。

（2）定型设备

一般用粗实线按比例画出其外形轮廓。对于小型通用设备，如泵、压缩机、鼓风机等，若有多台，而其位号、管口方位与支撑方位完全相同时，可只画出一台，其余则用粗实线简化画出其基础的矩形轮廓。为了表达电机安装位置，也可在矩形中的相应部位上，用交叉粗实线示意地给予表示。车间中的起重运输设备，如吊车等，也需按规定图例示意画出。

二、设备布置图的标注

设备布置图中要标注与设备布置定位有关的建筑物、构筑物尺寸，建筑物、构筑物与设备之间、设备与设备之间的定位尺寸。还要标注设备位号、名称、定位轴线的编号，以及注写必要的说明等。下面分别进行讨论。

（一）厂房建筑及其构件

1. 尺寸的内容

厂房建筑及其构件应标注如下尺寸：

（1）厂房建筑的长度、宽度总尺寸。

（2）柱、墙定位轴线的间距尺寸。

（3）为设备安装预留的孔、洞以及沟、坑等定位尺寸。

（4）地面、楼板、平台、屋面的主要高度尺寸及其他与设备安装定位有关的建筑结构构件的高度尺寸。

2. 尺寸的注法

设备布置图与建筑图之间有很多联系，因此图样的尺寸标注除基本应遵照“机械制图”外，有些尺寸往往还要按“建筑制图标准”规定的方法进行标注。

(1) 平面尺寸的标注方法

① 厂房建筑的平面尺寸应以建筑定位轴线为基准，其单位用 mm，图中不必注明。

② 因总体尺寸数值较大，精度要求高，因此尺寸不允许注成封闭链状，如图 6-15(a)。

③ 尺寸线起止点可不用箭头而采用 45°的细斜短线表示，此时最外侧尺寸线需延长至尺寸界限外一段距离，如图 6-15(b)所示。

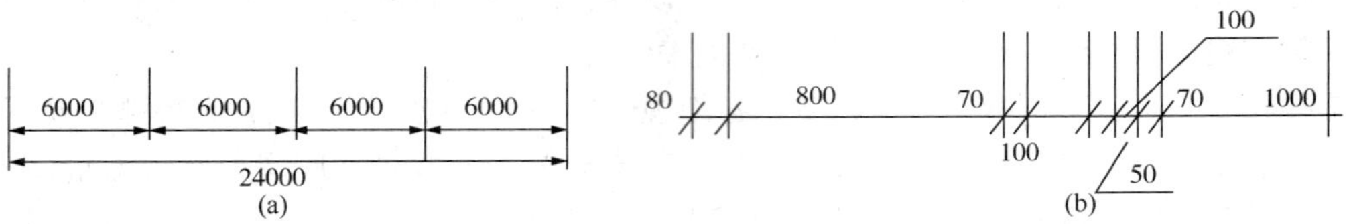

图 6-15　平面尺寸标注

④ 尺寸线一般是建筑定位轴线和设备中心线的延长部分。

⑤ 尺寸数字应尽量标注在尺寸线上方的中间，当尺寸界限距离较窄没有位置注写数字时，可按图 6-15 的形式进行标注，最外面的尺寸数字可以标注在尺寸界限的外侧，中间部分的尺寸数字可分别在尺寸线上下两边错开标注，必要时也可用引出线引出后再标注。

(2) 标高

高度尺寸以标高形式标注，标注方法如下：

① 一般以主厂房室内地面为基准，作为零点进行标注，单位用 m，数值一般取至小数点后两位，单位在图中亦不注明。

② 标高符号一般采用如图 6-16(a)所示的形式，符号以细实线绘制。特殊情况下(如标注部位较狭窄)则可采用如图 6-16(b)所示的形式，高度 h 根据实际要求决定，水平线长度 L 应以注写数字所占地位的长度为准。有时也可采用图 6-16(c)的形式。

③ 零点标高标成“±0.00”。高于零点的标高，其数字前一般不加注“+”号；低于零点的标高，其数字前必须加注“-”号，如图 6-17 所示。

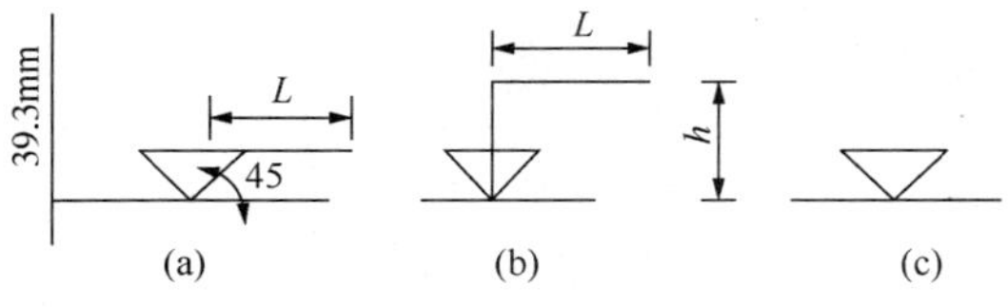

图 6-16　标高标注

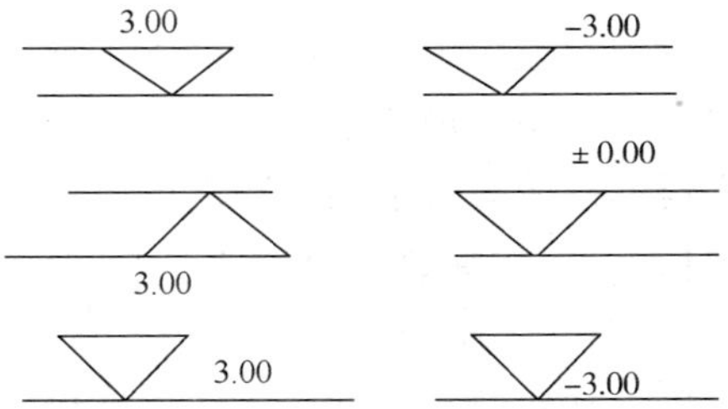

图 6-17　标高标注

④ 平面图上出现不同于图形下方所注标高的平面时，如地沟、地坑、操作平台等，应在相应的部位上分别注明其标高。

3. 建筑定位轴线的标注

图中画出的建筑定位轴线，应与建筑图一样进行编号，并与其相应的轴线编号一致。

标注方法：在图形与尺寸之外的显著地位，于各轴线的端部画出直径为 8~10mm 的细圆线，使其呈水平或垂直方向排列。在水平方向则自左向右顺序注以 1、2、3…相应编号，在垂直方向则自下而上顺序注以 A、B、C…相应编号(I、O、Z 三个字母不用，字母不够用时，可增加 A_A、A_B、…，B_A、B_B…)。两轴线间需附加轴线时，编号可用分数表示。分母表示前一轴线的编号，分子表示附加轴线，用阿拉伯数字顺序编号。如“1/5”表示 5 号轴线以后附加的第一根轴线，“1/J”表示 J 号轴线以后附加的第一根轴线。

(二) 设备

1. 尺寸标注

图上一般不注出设备定型尺寸而只标注其安装定位尺寸。

(1) 平面定位尺寸

平面图上应标注：设备与建筑物及其构件、设备与设备之间的定位尺寸。设备在平面图上定位尺寸一般应以建筑定位轴线为基准，注出其与设备中心线或设备支座中心线的距离。悬挂于墙上或柱子上的设备，应以墙的内壁或外壁，柱子的边为基准，标注定位尺寸。

当某一设备已采用建筑定位轴线为基准标注定位尺寸后，邻近设备可依次用已标出定位尺寸的设备中心线为基准来标注定位尺寸。

(2) 高度方向定位尺寸

设备在高度方向的位置，一般以标注设备的基础面或设备中心线(卧式设备)的标高来确定。必要时也可标注设备的支架、挂架、吊架、法兰面或主要管口中心线、设备最高点(塔器)等的标高。

2. 名称与位号的标注

设备布置图中的所有设备，均需标出名称与位号，名称和位号应与工艺流程图一致。设备名称和位号在平面图和剖视图上都需标注，一般标注在相应图形的上方或下方，不用指引线，名称在下，位号在上，中间画一粗实线(b 或>b)。也有只注位号不标名称的，或者标注在设备图形内不用指引线，标注在图形之外用指引线。

(三) 安装方位标

设备布置图应在图纸的右上方绘制一个表示设备安装方位基准的符号——安装方位标。符号以粗实线画出两个直径分别为 14mm 与 8mm 的圆圈和水平、垂直两直线，并分别注以 0°、90°、180°、270°等字样。安装方位标可由各主项(车间或工段)设计自行规定。该方位基准一经确定，设计项目中所有必须表示方位的图样，如管口方位图、管段图等，均应统一。

(四) 设备一览表

设备布置图可以将设备位号、名称、规格及设备图号(或标准号)等，在图纸上列表注明。也可不在图上列表，而在设计文件中附出设备一览表，此时车间(装置)所属设备应分类编制表格，如非定型设备表、泵类设备表、压缩机、鼓风机类设备表、机电设备表等，已备订货、施工之用。

车间布置设计中，对于车间范围较大时，设备布置图往往需要分区绘制，因此还应绘制首页图。为了便于设备安装，还应提供设备安装详图(包括支架图)和设备管口方位图。以上三种图样的绘制方法请参考有关资料，这里不作叙述。见图 6-18、图 6-19。

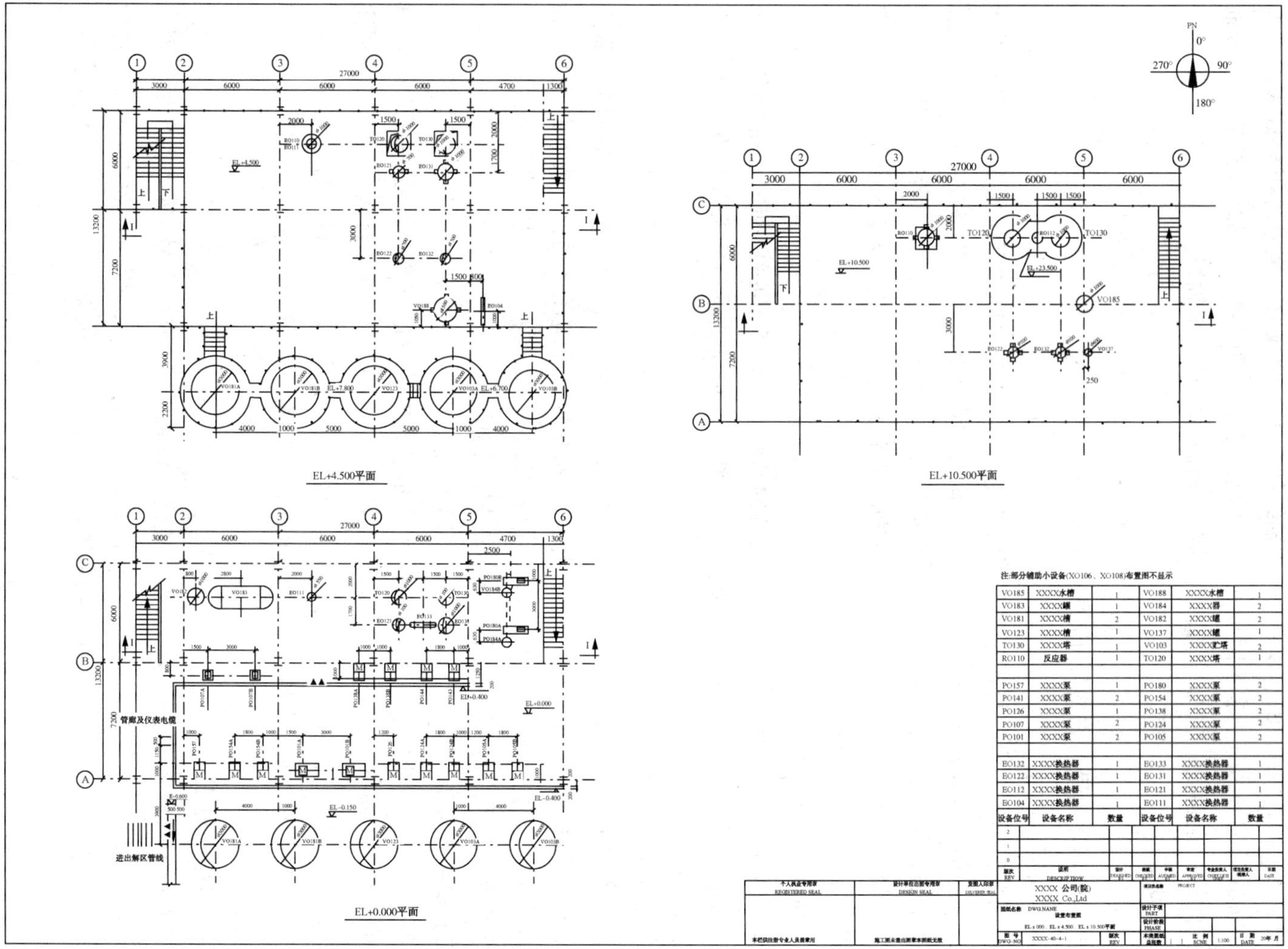

图6-18 某车间平面布置图

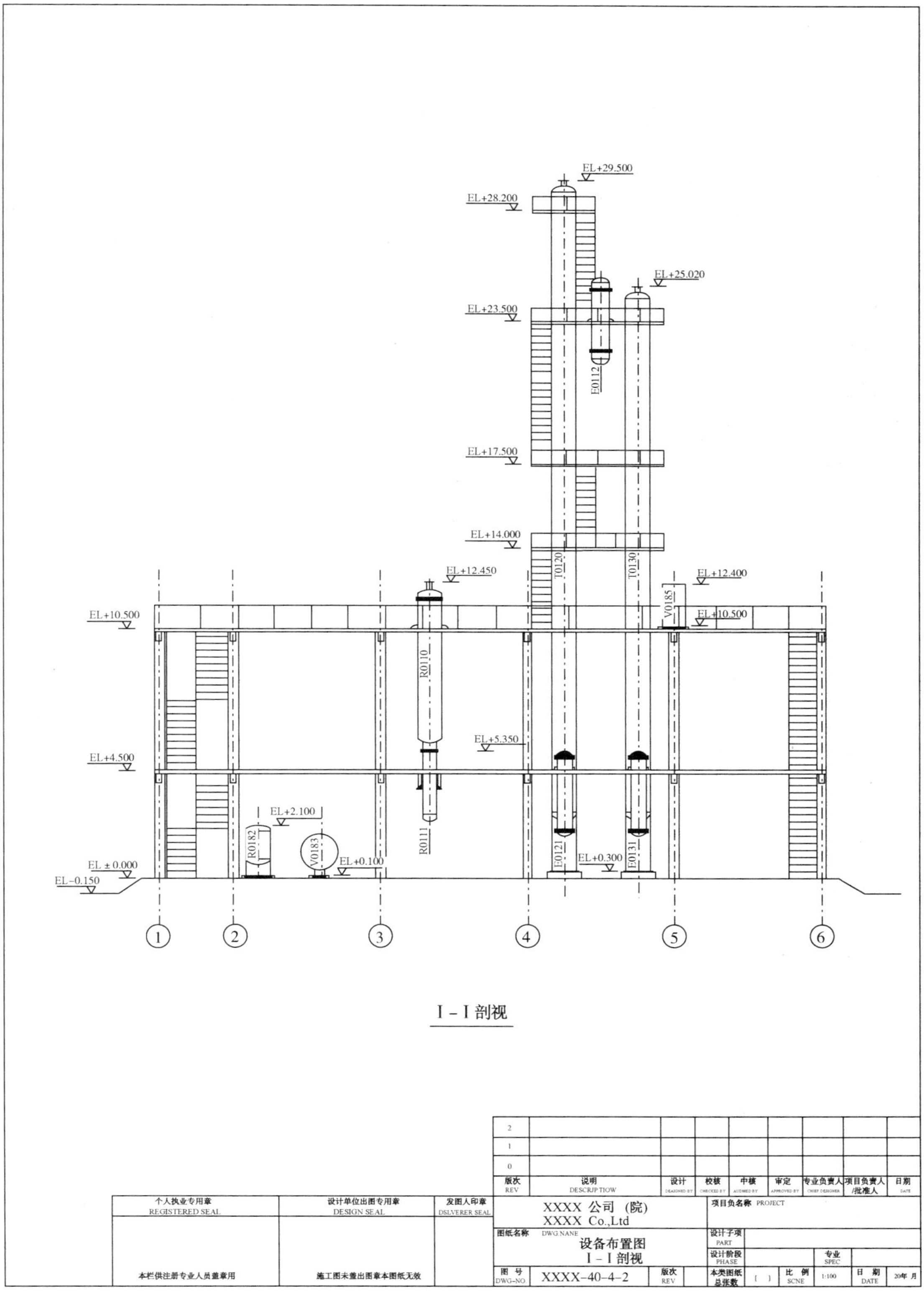

图 6-19　某车间立面布置图

第七章　经济分析与评价

在设计过程中设计师需要作出大量决策，例如是否应该建设生产装置，装置的规模以及某个经济指标，最终的决策还必须考虑安全以及对环境和社会的影响等不能用金钱定量表示的因素，这种决策过程常称经济分析与评价。只有对上一阶段的经济评价作出肯定的结论后，才能继续开展下一步的工作，否则项目就要中止。

进行经济分析与评价时必须确定下列要素：

(1) 投资、生产成本、税金、产品数量和价格；

(2) 在项目寿命期内上述因素的变化情况；

(3) 评价采用的经济指标。

第一节　投资估算

一、投资组成

项目建设总投资，是指建成一座工厂或一套生产装置、投入生产并连续运行所需的全部资金，它主要由固定资产投资、建设期贷款利息以及流动资金构成。对有的项目，还应包括固定资产投资方向调节税。

1. 固定资产投资

固定资产投资，是指按拟定的建设规模、产品方案、建设内容等，建成一座工厂或一套装置所需的费用，包括设备和工器具购置费、工程建设其他费用和总预备费。工程建设其他费用包括项目可行性研究费用、土地征用费、设计费、生产准备和职工培训等项目实施期间发生的费用。总预备费包括基本预备费和涨价预备费。固定资产投资的构成如图 7-1 所示。

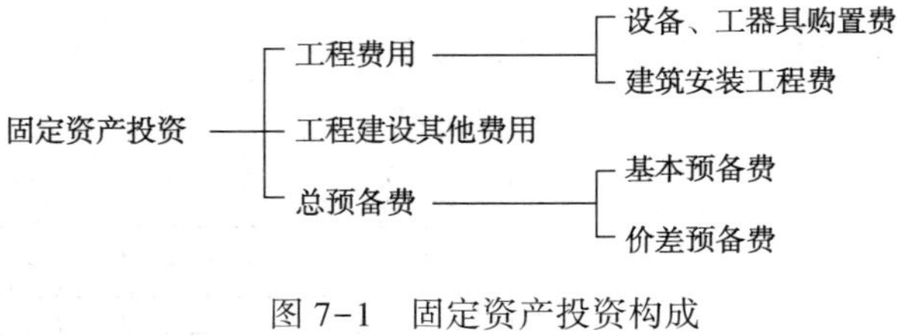

图 7-1　固定资产投资构成

2. 固定资产投资方向调节税

固定资产投资方向调节税，是国家为了引导和控制社会投资方向和规模，使其符合国民经济和社会发展规划和产业政策而采用的税收杠杆。对于限制投资的项目将征收这种调节税。

3. 流动资金

流动资金是指使建设项目生产经营活动正常进行而预先支付并周转使用的资金。流动资金用于购买原材料、燃料动力、备品备件、支付工资和其他费用，以及垫支在制品、半成品和制成品所占用的周转资金。在一个生产周期结束时，流动资金的价值一次全部转移到产品中，并在产品销售后以货币形式返回。从而流动资金在每一个生产周期完成一次周转。在项目寿命期内始终被占用，到项目寿命结束时，全部流动资金才能以货币形式回收。流动资金的构成如图 7-2 所示。

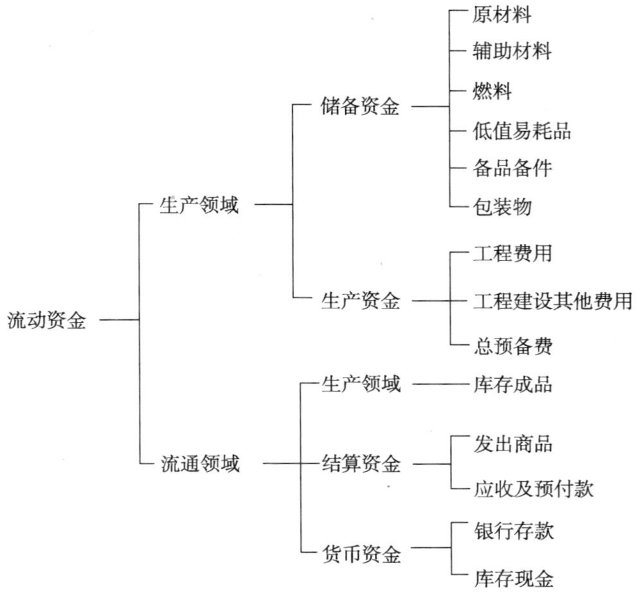

图 7-2　流动资金构成

二、项目资产

建设项目建成后将形成企业的资产，它是企业从事生产经营活动的物质基础，并以各种形态分布或占用在生产经营的全过程。根据资本保全原则，当项目建成投产运营时，固定资产投资、固定资产投资方向调节税和建设期贷款利息将形成企业的固定资产、无形资产以及其他资产三部分。

1. 固定资产

固定资产是指使用期限超过一年，单位价值在规定标准以上，并且在使用过程中保持原有物质形态的资产。固定资产原值包括工程费用(即建筑工程费、设备购置费和安装工程费)、固定资产其他费用、预备费、建设期利息等。

2. 无形资产

无形资产是指企业长期使用但没有实物形态的可辨认非货币性资产，无形资产原值包括技术转让费或技术使用费(含专利权和非专利技术)、商标权、商誉等。

3. 其他资产

其他资产称为延递资产，是指除流动资产、长期投资、固定资产、无形资产以外的其他资产，这些不能全部计入当年损益，应在以后年度内分期摊销。按照有关规定，除购置和建造固定资产以外，所有筹建期间发生的费用，先在长期待摊费用中归集，待企业开始生产经营起计入当期的损益。

4. 固定资产价值

一般将项目建成后按有关规定核定的固定资产价值称为固定资产原值，包括前述固定资产、无形资产和其他资产三个部分的总和。按照我国的现行规定，用基本建设贷款或基本建设拨款构建的固定资产，以建设单位交付使用的财产明细表中确定的固定资产价值作为原值；而以专项拨款、专项基金和专用贷款构建的固定资产，以实际构建成本为原值；无形资产通常以取得该资产的实际成本为原值。

三、固定资产投资的估算

固定资产投资费用的估算，是技术经济分析和评价的基础资料之一，也是投资决策的重要依据。在项目建议书阶段，不允许也不必要花费较多的时间和精力去做详细的投资估算，可依据同类已有工厂的资料进行粗略的估算。在项目可行性研究阶段和初步设计阶段，可作为较为详细的测算。下面将分别介绍几种常用的计算方法。

1. 单位生成能力估算法

如果拟建的工厂与已建成的工厂产品品种和生产工艺相同，可用已知工厂单位生产能力的投资费用为基础，估算拟建工厂的投资额。其估算公式为

$$I_1 = \frac{I_2}{Q_2} Q_1 \tag{7-1}$$

式中 I_1——拟建工厂投资额；

I_2——现有工厂投资额；

Q_1——拟建工厂生产能力；

Q_2——现有工厂生产能力。

若拟建工厂的生产能力是已知同类工厂的 2 倍以上或不到其 1/2，这种方法不宜采用。另外，地区的差别也不能忽略。厂址位于未开发地区，其投资费可能比已开发地区多 25%～40%，而在现有厂址基础上扩建，投资额则可能比全部新建少 20%～30%。此外，由于通货膨胀的影响，不同年份的投资额应按物价变动率作适当的修正。

2. 装置能力指数法

拟建工厂与已知工厂的生产工艺相同，也可用下式估算拟建工厂的投资：

$$I_1 = I_2 \left(\frac{Q_1}{Q_2}\right)^n \tag{7-2}$$

式中 n——规模指数，是一个经验数据。

表 7-1 和表 7-2 给出了一些装置和化工设备的规模指数。在没有参考文献时，一般对于靠增加设备尺寸扩大生产能力的，可取 $n=0.6～0.7$；靠增加装置设备数量扩大生产能力的，可取 $n=0.8～1.0$；石油化工项目，通常取 $n=0.6$。同时，也不能忽略物价变动的影响。

表 7-1　装置的规模指数

装置类别	指　　数	装置类别	指　　数
烧碱	0.40	磷酸铵	0.68
氯气	0.40	乙烯	0.70
盐酸	0.68	丙烯腈	0.60
氢气	0.75	催化裂化	0.55
氰化钠	0.71	催化重整	0.61
过氧化氢	0.75	延迟焦化	0.45
硝酸	0.58	甲醛	0.55
氧气	0.68	甲醇	0.71
磷酸	0.60	低压聚乙烯	0.67
硫酸	0.65	高压聚乙烯	0.90
尿素	0.68	聚丙烯	0.70
合成氨	0.71	氯乙烯	0.80
硝酸铵	0.59	丁二烯	0.59

表 7-2　一些化工设备的规模指数

设　　备	指　　数	设　　备	指　　数
固体混合器	0.55	加热器	0.78
鼓风机(低压头)	0.63	换热器(空冷)	0.80
压缩机(离心式)	0.80	(管壳式，小型)	0.45
(往复式)	0.40	(管壳式，大型)	0.75
离心机	0.55	泵	0.72
传送机	0.65	冷冻装置	0.72
干燥器(鼓型)	0.38	储槽	0.52
(转型)	0.80	容器	0.50
(喷型)	0.22	塔器(直径 5m 以下)	0.55
蒸汽喷射器	0.52	(直径 5m 以上)	0.70
过滤器	0.57		

3. 费用系数法

费用系数法是以方案的设备投资为依据，分别采用不同的系数，估算建筑工程费、安装费、工艺管路费以及其他费用等。其计算式为：

$$K_{固}=[K_{设备}(1+R_1+R_2+R_3+R_4)]\times 1.15 \tag{7-3}$$

式中　$K_{固}$——建设项目固定资产总投资额；

$K_{设备}$——设备投资额；

R_1、R_2、R_3、R_4——建筑工程费用系数、安装工程费用系数、工艺管路费用系数以及其他费用系数，分别表示该项费用额相当于设备投资额的比值；

1.15——综合系数。

上式中投资额 $K_{设备}$ 的估算方法，一般是取各主要设备的现行出厂价之和，然后再乘以与次要设备、备品配件的投资及运杂费相关的附加系数，通常该系数可取为 1.2。

四、流动资金的估算

流动资金是建设项目总投资的重要组成部分，是维持项目正常运营和产品流通的必不可少的周转用资金。流动资金的需要量估算，是指为使项目生产和流通正常进行所必须保证的最低限度的物质储备量和必须维持在制品与产成品量的那部分周转用资金，亦称为定额流动资金。在技术经济分析和评价中，对项目流动资金量的估算，主要是估算定额流动资金额。

估算流动资金的方法有多种，运用时需结合具体项目的情况特点，选用适宜的估算方法。

1. 类比估算法

由于项目的流动资金需要量与项目的产业类别及产业特点有密切的内在联系，所以可以参照同类现有企业的流动资金占销售收入、经营成本、固定资产的比率以及单位产量占用流动资金的数额等，来估算拟建项目的流动资金需要量。属于此类的具体估算方法有多种，运用时需结合具体项目的情况和特点，选用适宜的估算方法。

（1）按经营成本估算

$$流动资金额=经营成本流动资金率\times年经营成本 \tag{7-4}$$

经营成本流动资金率是指企业的流动资金额与年经营成本的比值。例如，对于我国矿产类项目和其他部分项目，其经营成本流动资金率可取为 25%左右。

（2）按建设投资估算

$$流动资金额=固定资产投资流动资金率\times固定资产投资 \tag{7-5}$$

国内外大多数化工项目的固定资产投资流动资金率为 12%～20%。

（3）按销售收入估算

$$流动资金额=销售收入流动资金率\times年销售收入 \tag{7-6}$$

我国化工行业的销售收入流动资金率一般较国外偏高，可取为 15%～25%。

（4）按生产成本估算

国内无可借鉴的新建项目时，可按生产成本估算：

$$流动资金额=生产成本流动资金率\times年生产成本 \tag{7-7}$$

一般生产成本流动资金率可为 1.5～3 个月的生产成本与年生产成本的比率。

2. 分项详细估算法

对建设项目的流动资金额需要进行比较详细的估算时，可按照流动资产和流动负债各细项的周转天数或年周转次数来估算各细项的流动资金需要量。

按有关规定，可采用下述方式进行估算：

$$流动资金额=流动资产-流动负债 \tag{7-8}$$

其中

$$流动资产=应收账款+预付账款+存货+现金$$
$$流动负债=应付账款+预收账款$$

从而

$$流动资金额=应收账款+存货+现金-应付账款$$
$$流动资金年增加额=本年流动资金-上年流动资金$$

（1）流动资产估算

① 应收账款

应收账款是指企业销出商品、提供劳务等应收而未收回的本企业的资金，其计算式为

$$应收账款=\frac{年经营成本}{应收账周转次数} \tag{7-9}$$

其中

$$周转次数=\frac{360}{最低周转天数}$$

② 预付账款

预付账款是指企业为购买各类材料、半成品或服务所预先支付的款项，其计算式为

$$预付账款=\frac{外购商品或服务年费用}{预付账款周转次数} \tag{7-10}$$

③ 存货

存货是指企业在日常生产经营过程中持有以备出售，或者仍然处于生产过程，或者在生产或提供劳务过程中将消耗的材料或物料等，包括各类材料、商品、在制品、半制成品和制成品等。为简化计算，项目评价中仅考虑外购原材料、燃料、其他材料、在制品和制成品，并分项进行计算。各项计算式为

$$存货=外购原材料和燃料+其他材料+在制品+制成品 \tag{7-11}$$

$$外购原材料和燃料动力费=\frac{年外购原材料和燃料动力费}{周转次数} \tag{7-12}$$

$$在制品费=\frac{年外购原材料和燃料动力费+年工资及福利费+年修理费+年其他费用}{在制品周转次数} \tag{7-13}$$

$$制成品费=\frac{年经营成本-年其他营业费用}{制成品周转次数} \tag{7-14}$$

$$备品备件=\frac{年备品备件费}{周转次数} \tag{7-15}$$

④ 现金

现金是指企业库存的现金，包括人民币和外币。其计算式为

$$现金=\frac{年工资及福利费+年其他费用}{现金周转次数} \tag{7-16}$$

其中

$$\begin{aligned}年其他费用=&制造费用+管路费用+财务费用+销售费用\\&-(工资及福利费+折旧费+修理费+摊销费)\end{aligned}$$

（2）流动负债估算

流动负债是指将在1年(含1年)或者超过1年的一个营业周期内偿还的债务，包括短期借款、应付票据、应付账款、预收账款、应付工资、应付福利费、应付股利、应交税金、其他暂收应付款项、预提费用和1年内到期的长期借款等。在项目评价中，流动负债的估算可以只考虑应付账款和预收账款两项。

① 应付账款

应付账款是指因购买原材料、商品或接受劳务等而应支付的款项或债务。其计算式为

$$应付账款=\frac{外购原材料、燃料和动力以及其他材料年费用}{应付账款周转次数} \quad (7-17)$$

② 预收款项

$$预收款项=\frac{预收的营业收入年金额}{预收账款周转次数} \quad (7-18)$$

流动资金通常应在投产前开始筹集。为便于估算，按规定在项目建成投产运营的第一年就开始按达到产量设计的百分比安排同比例的流动资金，流动资金借款部分按全年计算利息。流动资金的利息应计入财务费用。

第二节　总生产成本估算

总生产成本是指建设项目在一定时期(一年)为生产和销售产品而支出的全部成本和费用，包括直接生产成本和期间费用，是决定工厂经济效益最重要的因素，必须正确估算。

一、直接生产成本

直接生产成本是指在生产经营过程中为生产产品或提供劳务等实际消耗的直接材料、直接工资、其他直接支出费用以及制造费用等费用之和，其计算式如下：

生产成本=原材料费+燃料及动力费+工资及福利费+制造费用-副产品收入 (7-19)

1. 直接材料费

(1) 原材料费

原材料包括主要原材料和辅助材料。主要原材料是指经过加工构成产品实体的各种物料，通常在化工产品成本中占有最大的比率；辅助材料是指虽不构成产品实体，但能直接用于生产，有助于产品形成，或使产品具有某些性能的物料，如催化剂、助剂等。原材料费可按如下计算：

$$C_M = \sum_{i}^{n} Q_i P_i \quad (7-20)$$

式中 C_M——原材料总费用；

Q_i——第 i 种原材料消耗定额；

P_i——第 i 种原材料单价；

n——原材料种类数。

外购原材料价格一般为其出厂价另加到厂的运杂费，即

原材料价格=出厂价+运输费+装卸费+运输损耗+库耗

如果所用原材料是直接进口，则

原材料价格=到岸价格+关税+产品税+国内运杂费

(2) 燃料及动力费

燃料是指直接用于产品生产过程的各种固体、液体和气体燃料。动力包括直接用于生产过程的水、电、蒸汽(气)、压缩空气等。化工是耗能大户，因此，燃料及动力的费用在化工产品成本中占比相当大。

该项费用的计算与原材料费类似，即

$$C_P = \sum_{i}^{n} Q_i P_i \tag{7-21}$$

式中　C_P——燃料及动力费；

Q_i——第 i 种燃料及动力的消耗定额；

P_i——第 i 种燃料及动力的单价；

n——燃料及动力的种类数。

需要指出的是，燃料及动力的单价因来源、品质不同而有很大的差异。如蒸汽有自备专用锅炉和废热锅炉之别，也有高、中、低压蒸汽之区别，它们应分别估算和计价。

2. 直接工资

直接工资包括直接从事产品生产人员的工资、奖金、劳保，以及按比例提取的其他补贴，可按下式计算：

$$C_W = \frac{C}{Q} N \tag{7-22}$$

式中　C_W——生产工人工资及附加费；

C——生产工人年平均工资和附加费；

Q——产品年产量；

N——工人定员。

3. 福利费

按有关现行规定，直接从事产品生产人员的福利费可按直接工资总额的 14%计取。

4. 制造费用

制造费用是企业各生产单位如车间、分厂为管理和组织生产活动而开支的各项业务费用和管理费用。制造费用包括车间固定资产折旧费、车间维修费和车间管理费。车间折旧费是指按规定对车间拥有并管理的全部固定资产所提取的基本折旧费；维修费是指中、小修理费；管理费包括车间管理人员工资及附加费、劳动保护费、分析化验费、低值易耗品购置费等。制造费用相当于成本计算中的车间经费，一般为基本折旧费、维修费和其他费用构成。

（1）基本折旧费

基本折旧费的计算方法很多，下面介绍年限平均法：

$$\text{年折旧费} = \frac{\text{资产原值—预计资产残值}}{\text{折旧年限}} \tag{7-23}$$

各种化工设备的具体折旧年限可参阅有关的资料。在缺乏资料的情况下，可以按下述数据估算最短折旧年限：

房屋、建筑物等固定资产：20 年；

火车、轮船、机器、机械和其他生产设备类资产：10 年；

电子设备和火车、轮船以外的运输工具以及与生产经营有关的器具、工具、家具等资产：5 年。

（2）维修费

维修费也可称为修理费，允许在成本中直接列支。如果当期的数额较大，可以实行预提或摊销的办法。维修费可按固定资产原值的一定比率例如 4%提取，或者按基本折旧额的一定比率例如 50%提取。

(3) 其他费用

其他费用也可按基本折旧额的一定比率计取。

除了上述方法外，为简化计算，制造费用也可按直接材料费、直接工资及其他直接支出费用总额的一定比例计取。通常该比例为 15%~20%，即

$$制造费用=(直接材料费+直接工资+其他直接支出费)\times(15\%\sim20\%) \tag{7-24}$$

5. 副产品收入

副产品是指在生产主要产品的同时附带生产的、具有一定经济价值的非主要产品，这是化工生产的一个重要特点。副产品回收的净收入，应从主产品成本中扣除，其净收入可按下式估算：

$$副产品净收入=销售收入-税金-销售费用 \tag{7-25}$$

二、期间费用

期间费用是指建设项目在生产经营活动中除生产成本以外的其他支出，包括管理费用、财务费用和销售费用。

1. 管理费用

管理费用是指企业行政管理部门组织和管理全场生产经营活动中支出的各项费用，包括企业管理人员的工资及附加费、办公费、职工教育经费、劳动保险费、待业保险费、审计费、排污费、土地使用费、无形资产摊销、开办费摊销、业务招待费、坏账损失、存货亏损以及其他的各项管理支出。管理费用的多少，与企业组织管理形式、水平等有关。对于化工企业，管理费用约占制造费用的 6%~9%。

2. 财务费用

财务费用是指企业为筹集生产经营活动所需资金而发生的各项支出，包括贷款的利息支出、汇兑损失、金融机构手续费、调剂外汇手续费，以及为筹集资金而支出的其他财务费用。对于建设项目，财务费用主要是贷款利息，因而财务费用可用贷款利息来估算。

3. 销售费用

销售费用是指企业销售产品和促销产品而发生的费用支出，包括运输费、包装费、广告费、保险费、委托代销费、展览费，以及专设销售部门的经费，例如销售部门职工工资、福利费、办公费、修理费等。

销售费用各行业可能相差较大，对大多数化工企业，其销售费用可按销售收入的 1%~3%估算。

三、总生产成本

分别计算以上费用后，产品的总生产成本可计算如下：

$$总生产成本=直接生产成本+总费用=制造成本+管理费用+财务费用+销售费用 \tag{7-26}$$

在对项目进行技术经济计算和分析时，为简便起见，总生产也可按下式计算：

$$\begin{aligned}总生产成本=&原材料费+燃料及动力费+工资及福利费+修理费用\\&+折旧费用+摊销费用+利息支出+其他费\end{aligned} \tag{7-27}$$

其他费用可按工资及福利费的 2~3 倍估算。如果有副产品净收入，应从上式中扣除。

第三节 税金和利润

一、税金

税金是国家依据税法向企业或个人征收的财政资金，用以增加社会积累和对经济活动进行调节，具有强制性、无偿性和固定性的特点。无论是盈利或亏损，都应照章纳税。税金是企业盈利的重要组成部分。与项目的技术经济评价有关的税种主要有增值税、城市维护建设税、教育费附加、资源税和所得税等。

1. 增值税

增值税是以商品生产流通和劳务服务各个环节的增值因素为征收对象的一种税。增值税的计算公式为

$$增值税额=销项税额-进项税额 \tag{7-28}$$

其中

$$销项税额=\frac{含税销售收入}{1+税率}\times 税率$$

进项税是指企业购买各种物质而预交的税金，应从出售产品所交纳的增值税额中扣除。进项税额的计算公式为

$$进项税额=\frac{购入品的外购含税成本}{1+税率}\times 税率 \tag{7-29}$$

上述式中的税率即增值税税率。目前按国家税制规定，对于增值税一般纳税人可分为三档，即16%、10%和6%。大多数化工类企业适用于16%的税率；低税率10%适用于某些农用化工产品，如饲料、化肥、农药、农用薄膜等的生产和销售；6%的税率适用于服务和金融业。此外，对于增值税小规模纳税人的企业，还专门有一个增值税“征收率”，分别是3%和5%。进项税是指纳税者或企业在购进原材料等时已支付的增值税额，所以，应该从应交纳增值税额中扣除。

2. 城市维护建设税

对于生产企业，其税额为

$$城市维护建设税额=增值税额\times 城建税率 \tag{7-30}$$

城建税率因地而异，纳税者所在地是城市市区的为7%，县城、镇为5%。

3. 教育附加税

$$教育附加税=增值税额\times 3\% \tag{7-31}$$

4. 资源税

资源税是调节资源级差收入，促进企业合理开发国家资源，加强经济核算，通过经济效益而开征的一种税，征收对象是涉及自然资源开发利用的项目。目前，对原油、天然气、煤炭等的开发企业征收。表7-3列出了资源税的税目及税额幅度。

表 7-3 资源税的税目及税额幅度

税　目	单位税额幅度	税　目	单位税额幅度
原油	8~30 元/t	其他非金属矿原矿	0.5~20 元/t
天然气	2~15 元/千立方米	盐：固体盐	10~60 元/t
煤炭	0.3~5 元/t	液体盐	2~10 元/t
有色金属矿原矿	0.4~30 元/t		

5. 所得税

所得税是对有销售利润的企业普遍征收的一种税。依据《中华人民共和国企业所得税法》(2008 年 1 月)，对依法在中国境内成立，或者依照外国(地区)法律成立但实际管理机构在中国境内的企业即居民企业，所得税率为 25%；依照外国(地区)法律成立且实际管理机构不在中国境内，但在中国境内设立机构、场所的，或者在中国境内未设立机构、场所，但有来源于中国境内所得税企业即非居民企业，所得税率为 20%。

对于符合条件的小型微型企业，减按 20%的税率征收企业所得税。国家需要重点扶持的高新技术企业，减按 15%的税率征收企业所得税。

此外，国家对重点扶持和鼓励发展的产业项目，给予企业所得税优惠。企业的某些支出，可以在计算应纳税所得额时加以扣除或按一定比例抵扣应纳税所得额。例如创业投资企业从事国家需要重点扶持和鼓励的创业投资；企业综合利用资源，生产符合国家产业政策规定的产品所取得的收入；企业购置用于环境保护、节能节水、安全生产等专用设备的投资额；开发新技术、新产品、新工艺发生的研究开发费用以及符合条件的技术转让所得等。

二、利润

利润是劳动者为社会劳动所创造价值的一部分，是反映项目经济效益状况的最直接、最重要的一项综合指标。利润以货币单位计量，有多种形式和名称，其中有

$$\text{毛利润(盈利)} = \text{销售收入} - \text{总生产成本} \tag{7-32}$$

$$\text{销售利润(税前利润)} = \text{毛利润} - \text{销售税金} \tag{7-33}$$

$$\text{利润总额(实现利润)} = \text{销售利润} + \text{营业外收支净额} - \text{资源税} - \text{其他税及附加} \tag{7-34}$$

$$\text{税后利润(净利润)} = \text{利润总额} - \text{所得税} \tag{7-35}$$

上述销售税金包括增值税和城市维护建设税；其他税及附加包括调节税、教育附加税等。

第四节　经济评价的基本概念和准则

所有的工程项目都要投入资金，资金的投入必须证明是合算的。在项目确立前，要比较几种方案(包括存银行和买债券)的得益大小；当项目确立以后开展设计工作时，若可供选择的方案多于 1 个，还应对各个方案进行经济效益的比较。以上两种过程都称为经济评价。

项目经济评价按是否考虑金钱的时间价值为静态评价和动态评价两大类，评价的指标有时间指标、金钱指标和利润指标三种。

一、现金流通图(Cumulative-cash-flow Diagram)

在工程项目寿命期内预计现金的流通情况是很有用的，可用现金流通图来表示，该图标

出任一时刻项目预计的现金位值。一个工程项目，例如一个新化工厂的典型累计现金流通图示于图 7-3 曲线图中，把支出看作负现金流通，把收入看作正现金流通。工程项目从时刻 0 开始，其现金位值为 0。工程项目开始时，资金用于勘察设计，并随着设计工作的进展，现金流通的负值逐渐增加，这段时间的累计现金流通用 *OA* 表示。当大量开支用于设备、图鉴等建设工作时，单位时间的资金流出远大于勘察设计阶段，因此曲线在 *A* 点的负斜率急剧增加。建设完成时，投入流动资金并开始投产运转，在 *B* 点开始生产和销售。对于一个正常生产的工厂销售收入总是超过销售成本的，现金收入大于现金支出，曲线开始上升。在 *C* 点，曲线通过累计现金流通值为 0 处，即所得收入至此刚好与以前用于该工程项目的支出相平衡，这一点称为盈亏平衡点。随着项目继续进行，累计正现金流通位值持续增加。当项目终止时（*P* 点），由于回收流通资金和工厂残值（如果有的话），还可以收入一笔最后的现金流通，因此在 *E* 点一段垂直向上的直线 *EP*。

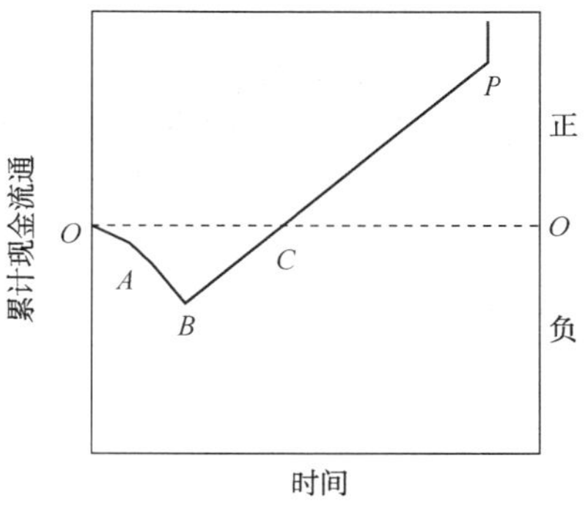

图 7-3　累计现金流通图

最大累计负现金流通可以看成是建厂引起的债务。随着项目的继续，此债务由正现金流通来偿还。就经济分析和评价而言，所有这些现金流通都是在该工程项目整个寿命期间发生的，即在将来发生的。因此有必要给这些现金流通以某种标准的或共同的基准，以便对发生于将来不同时刻的现金流通进行比较。

二、金钱的时间价值（Time value of Money）

1. 利息与贴现因子（Discount Factor）

将金钱存入银行，经过若干时间可以得到利息。原来存入的金钱称为本金，单位时间内利息与本金的比率称为利率。利率通常以年作为时间单位。利息有两种计算方法，即单利和复利。单利仅本金生息，到期后，利息不加入本金中再生息，而复利则是到期后利息作为下一期本金计息。

如令　P=本金，i=利率，s=期末本金和利息，n=计息周期数

对于单利　$$s=P(1+n\times i) \quad (7-36)$$

对于复利　$$s=P(1+i)^n \quad (7-37)$$

P 又称为将来付款额 s 的现值，P 与 s 的差值称为贴现，将 s 折合成现值 P 的系数 $1/(1+i)^n$ 称为贴现因子。

若计算周期不是 1 年，为方便起见，利率仍以年利率表示，这时称为名义利率。每个计息周期的利率为名义利率除以每年计息次数，若名义利率相同，则计息周期越短，按复利计算的利息越多。

由此可见，金钱随着时间的推移是增值的，若年利率为 10%，今年将 1000 元存入银行，一年后可得本息和 1100 元，两年后可得本息和 1210 元，即银行一年后的 1100 或两年后的 1210 元来换取今天的 1000 元；而存款者今天的 1000 元和明年的 1100 元，和后年的 1210 元是等值的，而今年的 1000 元和明年的 1000 元是不等值的。这种金钱的价值随着时间的推移而发生的变化称为金钱的时间价值。

对于企业而言，金钱几乎是连续地从企业流进和流出，因此，采用连续复利的概念更符合实际。连续复利是假设计息周期无限小时的复利，用微积分的概念可以容易地求取连续复利时的贴现因子。贴现因子制成表格，可以方便查阅，见有关资料。

设 m 为每年计息周期数，i 是名义年利率，则本金 P 经过 t 年后的将来付款 s 为：

$$s=P(1+i/m)^{mt} \tag{7-38}$$

对于连续复利，m 趋近无穷大

$$s=P\{\lim(1+i/m)^{mt}\}$$

$m\to\infty$ 即 $i/m\to 0$，

此时，$\lim\limits_{m\to\infty}(1+i/m)^{mt}=\lim\limits_{m\to\infty}\{(1+i/m)^{mt}\}^{it}=e^{it}$

故
$$s=Pe^{it} \tag{7-39}$$

或
$$P=se^{-it} \tag{7-40}$$

式中 e^{-it} 为发生于基准点后某一时刻的连续复利时的贴现因子。

2. 均匀现金流通的现值

对每个工程项目至少在一部分时间内，有些现金流通的速度是均匀的，很容易计算出这种均匀现金流通的现值。假如现金流通速度为 R，在时间增量 dt 期间的流通将为 Rdt，而流通的现值将为 $Re^{-it}dt$。经过积分，可以得出任一时刻 0 到时刻 t 的总均匀现金流通的现值 P，即

$$P=\int_0^t Re^{-it}dt=\frac{R(1-e^{-it})}{i} \tag{7-41}$$

上述现值尚可写成

$$P=\frac{Q(1-e^{-it})}{it} \tag{7-42}$$

式中，Q 是在 t 年时间内，以每年 R 元的均匀速度发生的总现金流通，$(1-e^{-it})/it$ 项是从基准点起在 t 年时间里均匀发生的现金款项的贴现因子。基准点后若干时间发生的均匀现金流通的贴现因子为式(7-40)和式(7-42)的贴现因子的乘积，即

$$\frac{1-e^{-it_1}}{i}\cdot e^{-it} \tag{7-43}$$

式中　t——与基准点相距的时间；

　t_1——现金均匀流通的时间。

若现金均匀流通的时间为一年，则式(7-43)成为

$$\frac{1-e^{-i}}{i}\cdot e^{-it} \tag{7-44}$$

【例 7-1】 若连续复利的名义利率为 10%，在下述三种情况下，目前应付出多少？

(1) 两年后得到 1000 元。

(2) 今后 10 年每年得到 1000 元。

(3) 今后每年永远得到 1000 元。

解：$P=se^{-it}$，$i=0.1$

① $t=2$　　　$P=1000e^{-0.2}=818.7$

② 每年年底得到 1000 元，需把 1，2，…直到 10 年后 1000 元的现值加起来。上述贴现因子相加为

$$P = \sum (e^{-i} + e^{-2i} + \cdots + e^{-10i}) \cdot 1000$$

因
$$(1+x+x^2+\cdots+x^{m-1}) = \frac{1-x^m}{1-x}$$

故
$$e^{-i}+e^{-2i}+\cdots+e^{-(m-1)i} = \frac{1-e^{-mi}}{1-e^{-i}}-1 = \frac{e^{-i}-e^{-mi}}{1-e^{-i}} = \frac{1-e^{-mi}}{1-e^{-i}}-1 \tag{7-45}$$

今
$$m-1=10$$

$$\text{贴现因子} = \frac{1-e^{-1}}{e^{0.1}-1} = \frac{1-0.3697}{1.105-1} = \frac{0.6321}{0.105} = 6.02$$

$$P = 1000 \times 6.02 = 6020$$

③ 若要每年得到 1000 元，必须使现值和将来付款额之差是 1000 元。

第一种方法：$s-P=1000$

对第一年而言 $s=Pe^i$，$Pe^i-P=1000$

$$P=\frac{1000}{e^i-1}=\frac{1000}{e^{0.1}-1}=\frac{1000}{0.105}=9524$$

第二种方法：应用式(7-45)，今后每年得到 1000 元即 m 等于无穷大，

$$\lim_{m\to\infty}\frac{1-e^{-(m-1)i}}{e^i-1}=\frac{1}{e^i-1}$$

与第一种方法求得的贴现因子相同。

三、静态评价方法

1. 投资回收期

投资回收期，也称为投资偿还期或投资返本期，是指技术方案实施后的净收益或净利润抵偿全部投资额所需的时间，一般以年表示。不考虑资金时间价值因素的投资回收期，称为静态投资回收期。其计算公式为：

$$\sum_{t=0}^{P_t} (CI - CO)_t = 0 \tag{7-46}$$

式中 P_t——以年表示的静态投资回收期；

CI——现金流入量；

CO——现金流出量；

t——计算期的年份数。

若投产后每年的净收益$(CI-CO)_t$相等，则静态回收期的计算可简化为：

$$P_t = \frac{I}{Y} \tag{7-47}$$

式中 I——总投资；

Y——年平均净收益。

投资回收期的起点，一般从建设年份算起，也可以从投产年或达产年算起，但应予注明。

求得的投资回收期应与部门或行业的标准投资回收期 P_s 进行比较。当 $P_t \leq P_s$ 时，认为技术方案在经济上是可以考虑接受的；当 $P_t > P_s$ 时，认为技术方案在经济上不可取。

【例 7-2】 对某建设项目的计算结果显示，该项目第一年建成，投资 100 万元。第二年

投产并获净收益 20 万元，第三年的净收益为 30 万元，此后连续五年均为每年 50 万元。试求该项目的静态投资回收期 P_t。

解：将已知条件代入静态投资回收期计算式得

$$\sum_{t=0}^{P_t}(CI-CO)_t=-100+20+30+50=0$$

即该项目的静态投资回收期从建设开始算起为 4 年，从投产开始算起为 3 年。

2. 静态追加投资回收期

评价单一方案时，可以用静态投资回收期判断该方案在经济上是否可取。当多方案比较时，也可以分别计算每一方案的静态投资回收期，判断那些方案在经济上是否可行；然后对经济上可行的方案进行比较和分析。在经济上可行的方案中可以选择一种方案为参比方案，其余的分别与它比较，从而选出最优方案。但当进行两方案比较时，经常会有这样的情况，即投资额大的方案经营费用少，而投资额小的方案经营费用多。这时，可采用追加投资回收期，即用投资额大的方案比投资额小的方案所节约的经营费用，来回收其多追加的投资额所需的时间，叫做追加投资回收期，也称为差额投资回收期。当两方案的生产能力相同时，即 $Q_1=Q_2$，其计算式为

$$P_{2/1}=\frac{I_2-I_1}{C_1-C_2}=\frac{I_2-I_1}{Y_2-Y_1} \tag{7-48}$$

当两方案的生产能力(即年产量)不同时，即 $Q_1\neq Q_2$，可用下式计算：

$$P_{2/1}=\frac{I_2/Q_2-I_1/Q_1}{C_1/Q_1-C_2/Q_2}=\frac{I_2/Q_2-I_1/Q_1}{Y_2/Q_2-Y_1/Q_1} \tag{7-49}$$

式中　$P_{2/1}$——追加投资回收期；

I_1、I_2——方案 1 和方案 2 的投资额，$I_2>I_1$；

C_1、C_2——方案 1 和方案 2 的经营费用，$C_1>C_2$；

Q_1、Q_2——方案 1 和方案 2 的年产量；

Y_1、Y_2——方案 1 和方案 2 的年均净收益。

用追加投资回收期进行方案优选，当 $P_{2/1}\leq P_s$ 时，投资额大的方案 2 较优；反之，则投资额小的方案 1 较优。

3. 投资收益率(Rate of Return On Investment)

投资收益率常简称 *ROI*，它的定义是年平均利率总数与项目投资之比，但对于利率，有不同的理解，可以指净利(税后利润)，也可以指毛利(税前利润)或净利加折旧，因此为了区别起见把不同的利润定义的收益率取名如下：

利润定义	投资收益率名称
净利	投资利润率
净利+折旧	投资利润折旧率
净利+各种税收	投资利税率

$$投资利润率=\frac{年利润总额}{总投资}\times 100\% \tag{7-50}$$

$$投资利润折旧率=\frac{年利润总额+折旧}{总投资}\times 100\% \tag{7-51}$$

$$投资利税率=\frac{年利税总额}{总投资}\times 100\% \tag{7-52}$$

式中，

$$总投资\ I=固定资产投资+建设期利息+流动资金+固定资产投资方向调节税$$

$$年利润总额=年产品销售收入-年总成本费用-年销售税金及附加$$

$$年利税总额=年产品销售收入-年总成本费用$$

$$折旧=\frac{固定资产投资}{折旧率}$$

$$年销售税金及附加=年增值税+年城市建设税加年教育费附加+年资源税$$

当算出 *ROI* 后究竟是否应该投资，要和基准投资收益率相比较，以判别项目的单位投资盈利能力是否达到本行业的平均水平。若项目的投资收益率大于或等于标准投资收益率或行业平均利润率，则认为项目在经济上是可以接受的；否则一般不可取。

表 7-4 列出了化工及相关行业的经济评价参数，其中基准收益率 i_0 和标准投资回收期 P_s 可作为项目财务评价的基准判断；而平均投资利润率和平均投资利税率用来衡量项目的投资利润率和投资利税率是否达到本行业平均水平的依据，不一定作为判别项目是否可行的标准，但可依据行业的平均参数进行估算。

表 7-4　化工及相关行业经济评价参数

序号	行业	财务基准收益率（融资前税前指标）i_0/%	财务基准收益率（项目资本金税后指标）i_0/%	基准投资回收期 P_s/年	平均投资收益率/%	平均投资利税率/%
05	石油化工	12～14	13～16	9～12	4～15	11～20
06	化工	9～13	9～15	9～11	8～15	11～23
12	煤炭	12～13	3～15	8～13	14～18	11～19
15	轻工	10～16	12～18	7～11	13～19	12～36
17	医药	15～18	16～20	6～10	17～22	15～25

【例 7-3】 某拟建项目建设期为 2 年，第一年初投资 150 万元，第二年初投入 225 万元，固定资产投资全部为银行贷款，年利率为 8%。该项目寿命周期为 15 年，生产期第一年达到设计生产能力，正常年份的产品销售收入为 375 万元，总成本费用 225 万元，增值税率为 14%（设已经扣除进项税部分），忽略其他税金及附加，流动资金为 75 万元。若项目的全部注册资金为 950 万元，该项目的投资利润率和投资利税率是多少？

解： 项目总投资＝固定资产＋建设期利息＋流动资金

$$=150\times(1+0.08)^2+225\times(1+0.08)+75=493\ 万元$$

年利润总额＝年产品销售收入－年总成本费用－年销售税金及附加

$$=375-225-375\times 14\%=97.5\ 万元$$

年利税总额＝年产品销售收入－年总成本费用

$$=375-225=150\ 万元$$

则

$$投资利润率=\frac{年利润总额}{总投资}\times 100\%=\frac{97.5}{493}\times 100\%=19.8\%$$

$$投资利税率=\frac{年利税总额}{总投资}\times 100\%=\frac{150}{493}\times 100\%=30.4\%$$

四、动态评价方法

静态评价方法虽然简单，但是没有考虑资金的时间价值，要进行正确的投资分析与决策，必须把不同时间发生的现金流通，按照同一个时间进行换算，然后在相同的基准上进行比较和评价，这种方法称为动态评价方法。

1. 动态投资回收期法

动态投资回收期是指在考虑资金时间价值的条件下，按一定利率复利计算，收回项目总投资所需的时间，通常以年表示。

（1）动态投资回收期

动态投资回收期一般以累计净收益计算，即以现值法计算各时期资金流入与流出的净现值，由此计算出当其累计值正好补偿全部投资额时所经历的时间。其计算式如下：

$$\sum_{t=0}^{P'_t}(CI-CO)_t(1+i)^{-t}=0 \tag{7-53}$$

或

$$\sum_{t=0}^{P'_t}Y_t(1+i)^{-t}=0 \tag{7-54}$$

式中 P'_t——动态投资回收期；

Y_t——每年的净收益或净现金流量；

i——贷款利率或基准收益率。

（2）动态追加投资回收期

对于多个方案的比较和评价可用动态追加投资回收期法进行比较优选。动态追加投资回收期是指在考虑资金时间价值的条件下，用投资额大的方案比投资额小的方案所节约的经营费用或增加的年净收益，来回收其多追加的投资额所需的时间，其计算式如下：

$$P'_{2/1}=\frac{\lg\Delta C-\lg(\Delta C-\Delta Ii)}{\lg(1+i)}=\frac{\lg\Delta Y-\lg(\Delta Y-\Delta Ii)}{\lg(1+i)} \tag{7-55}$$

式中 $P'_{2/1}$——动态投资回收期；

ΔC——相比较方案的经营费用差额，$\Delta C=C_1-C_2$，且 $C_1>C_2$；

ΔI——相比较方案的投资差额，$\Delta I=I_2-I_1$，且 $I_2>I_1$；

ΔY——相比较方案的净收益差额，$\Delta Y=Y_2-Y_1$，且 $Y_2>Y_1$；

i——设定的利率。

将上述求出的动态追加回收期与基准或行业的平均投资回收期 P_s 相比较。$P'_{2/1}\leqslant P_s$ 时，投资额大、经营成本低或净收益高的方案 2 较优；反之，则方案 1 较优。

2. 净现值法和净现值比率法

（1）净现值法

净现值法是将现金流通的每个分量根据其发生的时刻计算其贴现因子和现值，并将项目寿命内每个分量的现值加和，得到该项目的净现值 NPV。$NPV>0$，表示在规定贴现率下，项目有盈利；$NPV<0$，则该方案不可取。若有几个方案的 NPV 都大于 0，则取其中较大者。

净现值法考虑了金钱的时间价值，若采取的贴现率是正确的，则所得利润也是正确的，但其缺点是不能反映所得净现值是由多少投资产生的，为避免这个缺点，可以同时采用净现值比率法加以比较。

若无可靠的贴现率数据时，采取几个不同的贴现率分别计算其 *NPV*，以得到各种贴现率下的项目的投资效益。

(2) 净现值比率法

净现值比率(*NPVR*)是净现值除以投资现值的比值，可以理解为考虑了金钱的时间价值的投资收益率。

【例 7-4】 某拟建项目的固定资本为 6000 万元，建设期为 2 年，在建设开始支出 3000 万元，第二年初支出 3000 万元，于投产时投入流动资金 1000 万元，第三年投产满负荷运转并达到各种经济指标。每吨产品的销售成本为 2000 元，销售价为 2600 元，增值税为每吨产品 135 元，所得税为 33%，贴现率为 15%，折旧率为 10%，装置寿命为 15 年。试按以下评价准则计算其投资效益指标。

① 投资收益率 *ROI*；②静态投资回收期；③累积现金位值；④净现值 *NPV*；⑤净现值比率 *NPVR*。

解：(1) 计算投产后的净利润和现金流通量，见下表。

序号	项目	计算	数值/万元
1	销售收入	2600×50000	13000(13000)
2	销售成本	2000×50000	10000(9700)
3	经营收入	(1)-(2)	3000(3300)
4	折旧	60000000÷10	600(0)
5	增值税	135×50000	675(675)
6	销售利润	(3)-(5)	2325(2625)
7	所得税	(6)×0. 33	767(866)
8	净利	(6)-(7)	1558(1759)
9	净利+折旧	(8)+(4)	1858(1759)

注：括号内为 10 年后折旧完毕的数字。

(2) 列出各年度的现金流通，贴现率为 15%时的贴现现金流量及各自的累计量见下表。

万元

年度	现金流通	贴现因子	贴现现金流通	累计现金流通	累计贴现现金流通
-2	-3000	1. 35	-4050	-3000	-4050
-1	-3000	1. 162	-3486	-6000	-7536
0	-1000	1	-1000	-7000	-8536
0~1	1558	0. 9586	1447	-5442	-7089
1~2	1558	0. 7993	1245	-3884	-5844
2~3	1558	0. 6879	1072	-2326	-4772
3~4	1558	0. 5921	922	-768	-3850
4~5	1558	0. 5096	794	790	-3056
5~6	1558	0. 4386	683	2348	-2373
6~7	1558	0. 3775	588	3906	-1785
7~8	1558	0. 325	506	5464	-1279
8~9	1558	0. 2797	436	7022	-843

续表

年度	现金流通	贴现因子	贴现现金流通	累计现金流通	累计贴现现金流通
9~10	1558	0. 2407	375	8580	-468
10~11	1960	0. 2072	406	10540	62
11~12	1960	0. 1783	349	12500	287
12~13	1960	0. 1535	301	14460	588
13~14	1960	0. 1321	259	16420	847
14~15	1960	0. 1137	223	18380	1070
15	1000	0. 1054	105	19380	1175

若利用在一段时间内均匀现金流通的贴现因子的计算式(7-42)，则每年都用式(7-43)计算逐年的贴现因子要方便得多。

从基准点开始到第 10 年为止的贴现因子

$$\frac{1-e^{-it}}{i}=\frac{1-e^{-0.15\cdot 10}}{0.15}=\frac{1-0.2231}{0.15}=5.179$$

从第 10 年到第 15 年的贴现因子等于从基准点开始到第 5 年为止的贴现因子再乘以 10 年后贴现因子

$$\frac{1-e^{-it_1}}{i}\cdot e^{-it}=\frac{1-e^{0.15\cdot 5}}{0.15}\cdot e^{-0.15\cdot 10}=\frac{1-0.4724}{0.15}\cdot 0.2231=0.7847$$

这两个数字，5. 179 与第 0~1 年至第 9~10 年折现因子之和相等，0. 7847 与第 10~11 年至第 14~15 年折现因子之和相等。

(3) 求各种指标。

① *ROI*

总投资 = 固定资本+流动资本+建设期利息(按 15%计)

= 6000+100000+3000×0. 15

= 8350 万元

投资利润率　　1558/8350 = 18. 7%

投资利润折旧率　　1858/8350 = 22. 3%

投资利税率　　3000/8350 = 35. 9%

②静态投资回收期

为投资利润折旧率的倒数　　1/0. 223 = 4. 48 年

若从投资日开始算起，则静态投资回收期为　4. 48+2 = 6. 48 年

③ 累计现金位值 19380 万元

④ *NPV*　列表上的 *NPV* 等于 1175 万元，但该表的基准时间为投产时间，按我国的规定，应以投资开始时为基准，因此应将 1175 万元除以贴现因子，得到 *NPV* 为

$$\frac{1175}{1.350}=870\text{ 万元}$$

⑤ *NPVR*　*NPVR* 是净现值除以投资现值所占比值，列表上所列的投资现值等于

4050+3486+1000 = 8536

$$NPVR=\frac{1175}{8536}=0.138$$

3. 内部收益率法

对于任何一项技术方案在寿命周期内，其净现值通常是随着折现率的增大而减小。当折现率增大到某一特定的数值 $i_0=IRR$ 时，净现值 $NPV=0$，这种使技术方案净现值为零时的折现率 IRR，我们称之为该技术方案的内部收益率，其表达式如下：

$$\sum_{t=0}^{n} CF\ (1+IRR)^{-t}=0 \tag{7-56}$$

将计算得到的内部收益率 IRR 与项目的基准收益率 i_0 相比较。当 $IRR>i_0$ 时，表示项目方案的收益率已超过或者达到基本的或通常的水平。若 $IRR<i_0$，表明项目为达到设定的收益水平，不应接受。

内部收益率反映技术方案在该收益率的条件下，整个寿命周期内的净收益刚够补偿全部投资的本息。因而，内部收益率表示技术方案可能承受的最高贷款利率。当 IRR 等于或大于基准收益率 i_0 时，说明该方案的净收益达到或超过最低的要求。因此，内部收益率也可以理解为投资项目对占用资金的一种回收能力，其值越高，经济效益越好。

由于内部收益率的计算公式是一个高次方程，难以直接求解，一般通过手算试差法或计算机迭代法进行求解。先假设一个初值 i 代入式(7-56)，当净现值即公式左边为正时，增大 i 值；如果净现值为负，则减少 i 值。直到净现值等于零，这时的折现率即为所求的内部收益率 IRR。

第五节　风险分析

一、不确定因素的存在

前文已述及，无论是设计前期决定项目是否应该成立的技术经济分析，或者设计过程中的方案比较，其判断都是经济指标。在进行计算时假设各种要素，如原材料的价格、公用工程价格、产品的销售价格和销售量、装置的寿命等都是不变的确定值，但实际上，这些要素都可能是变化的。例如，由于市场竞争可能使产品的销售量和销售价格下降；技术进步加速了产品的更新换代，使装置的经济寿命缩短，这些变化都使项目的经济效益变劣。因此，在作出决策时必须充分考虑这些变化因素对经济效益的影响。

处理这些不确定因素的一个简单方法是改变价格指数的边界值，如提高基准投资收益率、贴现现金流通收益率，或降低还本期。这种做法可以增加投资的可靠性，但是过于保守可能失去赢利的机会。因此，应尽可能获得这些因素变化的统计数据，并进行参数灵敏度分析和盈亏平衡分析，得到效益变化的定量数据，然后再作出决策。

二、灵敏度分析

各种经济评价指标 F 是多个变量 V 的函数

$$F=f(V_1,\ V_2,\ \cdots,\ V_n)$$

灵敏度分析是指确定一个基准状态，即确定各个变量的基准值，然后变化这些变量，得到变量发生的变化 ΔV 对函数 F 的影响。将各级参数变化时函数 F 发生的变化除以参数的变化量定义为灵敏度系数 S。

基准状态　　$F_0=f(V_1^0,\ V_2^0,\ \cdots,\ V_n^0)$

灵敏度系数 S

$$S_1=\frac{f(V_1^0+\Delta V_1,\ V_2^0,\ \cdots,\ V_n^0)-F^0}{\Delta V_1}$$

$$S_2=\frac{f(V_1^0,\ V_2^0+\Delta V_2^0,\ \cdots,\ V_n^0)-F^0}{\Delta V_2}$$

…………

$$S_n=\frac{f(V_1^0,\ V_2^0,\ \cdots,\ V_n^0+\Delta V_n^0)-F^0}{\Delta V_n}$$

当 ΔV 趋近于零时，灵敏度系数就成为函数对该变量的偏导数。当参数量变化不大时，用线性关系近似地表示更为方便。

【例 7-5】 采用例 7-4 的数据，选择净现值(*NPV*)作为评价指标，投资、可变成本、销售量和销售价格作为变量，进行这些变量的灵敏度分析。

(1)投资变化设销售成本中可变成本占 70%，即 1400 元/t，每吨产品的折旧费为 60000000×10%÷50000＝120 元，其他固定费用和管理费为 480 元。若投资变化，其净利、现金流通量和净现值也相应变化，变化的数据见表 A、B、C。

表 A 投资变化对净利的影响 万元

1	投资变化	+20%	+10%	+5%	基准	-5%	-10%	-20%
2	销售收入	13000	13000	13000	13000	13000	13000	13000
3	销售成本	10120(9400)	10060	10030	10000(9400)	9970	9400(9400)	9880(9400)
4	毛利	2880(3600)	2940(3600)	2970	3000(3600)	3030	3000(3600)	3120(3600)
5	折旧	720	660	630	600	570	540	510
6	增值税	675	675	675	675	675	675	675
7	销售利润	2205	2265	2295	2325	2355	2385	2445
8	净利	1477(1960)	1518(1960)	1538(1960)	1558(1960)	1578(1960)	1598(1960)	1638(1960)

表 B 投资变化对现金流通的影响 万元

年度	+20%	+10%	+5%	基准	-5%	-10%	-20%
-2	-3600	-3300	-3150	-3000	-2850	-2700	-2400
-1	-3600	-3300	-3150	-3000	-2850	-2700	-2400
0	-1000	-1000	-1000	-1000	-1000	-1000	-1000
0~10	14770	15180	15380	15580	15780	15980	16380
10~15	9800	9800	9800	9800	9800	9800	9800
15	1000	1000	1000	1000	1000	1000	1000
累计现金流动	1737	18380	18880	19380	19380	20380	21380

表 C　投资变化时的累计贴现现金流通

年度	贴现因子	投资变化/万元						
		+20%	+10%	+5%	基准	-5%	-10%	-20%
-2	1. 350	-4860	-4455	-4253	-4050	-3848	-3647	-3240
-1	1. 162	-4183	-3835	-3660	-3486	-3312	-3137	2789
0	1. 0	-1000	-1000	-1000	-1000	-1000	-1000	-1000
0~10	5. 179	7649	7862	7965	8069	8172	8276	8483
10~15	0. 785	1539	1539	1539	1539	1539	1539	1539
15	0. 1054	105	105	105	105	105	105	105
0	净现值	-750	-216	696	1177	1656	2138	3098

（2）可变成本变化生产成本由可变成本和固定成本两部分构成，当原材料、辅助材料和公用工程价格发生变化时，可变成本就发生变化。由此引起的净利和现值的变化见表 D、表 E、表 F。

表 D　可变成本变化对净利的影响　　万元

1	可变成本变化	+20%	+10%	+5%	基准	-5%	-10%	-20%
2	销售收入	13000	13000	13000	13000	13000	13000	13000
3	固定成本	3000（2400）	3000（2400）	3000（2400）	3000（2400）	3000（2400）	3000（2400）	3000（2400）
4	可变成本	8400	7700	7350	7000	6650	6300	5600
5	销售成本	11400（10800）	10700（10100）	10350（9750）	10000（9400）	9650（9050）	9300（8700）	8600（8000）
6	毛利	1600（2200）	2300（2900）	2630（3250）	3000（3600）	3350（3950）	3700（4300）	4400（5000）
7	折旧	600	600	600	600	600	600	600
8	增值税	675	675	675	675	675	675	675
9	销售利润	925（1525）	1625（2225）	1975（2575）	2325（2925）	2675（3275）	3025（3625）	3725（4325）
10	净利	620（1022）	1089（1491）	1323（1725）	1558（1960）	1792（2194）	2027（2429）	2496（2898）

表 E　可变成本变化时现金流通

年度	可变成本变化/万元						
	+20%	+10%	+5%	基准	-5%	-10%	-20%
-2	-3000	-3000	-3000	-3000	-3000	-3000	-3000
-1	-3000	-3000	-3000	-3000	-3000	-3000	-3000
0	-1000	-1000	-1000	-1000	-1000	-1000	-1000
0~10	6200	10890	13230	15580	17920	20270	22960
10~15	5110	7455	8625	9800	10970	12145	14490
15	1000	1000	1000	1000	1000	1000	1000
累计现金流通	5310	12345	15855	19380	22890	26415	33450

表 F　可变成本变化时的贴现现金流通

年度	贴现因子	可变成本变化/万元						
		+20%	+10%	+5%	基准	-5%	-10%	-20%
-2	1. 350	-4050	-4050	-4050	-4050	-4050	-4050	-4050
-1	1. 162	-3486	-3486	-3486	-3486	-3486	-3486	-3486
0	1. 0	-1000	-1000	-1000	-1000	-1000	-1000	-1000
0~10	5. 179	3211	5640	6852	8069	9281	10498	12927
10~15	0. 785	802	1170	1354	1539	1722	1907	2275
15	0. 1054	105	105	105	105	105	105	105
	净现值	-4418	-1621	-225	1177	2572	3974	6771

(3) 产量或销售量变化计算方法同前。

(4) 销售价格变化计算方法同前。

将四个参数灵敏度分析结果列于表 G。

表 G　各因素变化时 NPV 的变化　　万元

因素	+20%	+10%	+5%	预测值	-5%	-10%	-20%
投资变化	-750	-216	696	1177	1656	2138	3098
可变成本变化	-4418	-1621	-225	1177	2572	3974	6771
产量变化	5429	3300	2237	1177	114	-953	-3082
销售价变化	11566	6371	3771	1177	-1424	-4081	—

将上表的数据绘制成图，见图 7-4。

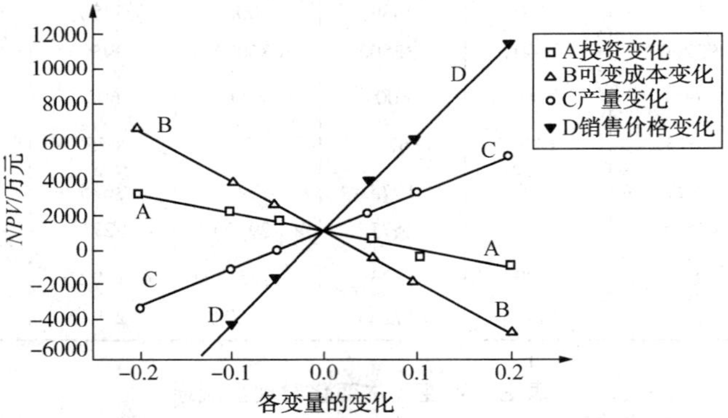

图 7-4　各参数灵敏度分析图

上图所示的曲线表明了各参数的变化量和净现值的关系。在基准点时，各曲线相交于一点，此时 *NPV*=1177 万元。各曲线通过 *NPV*=0 的这一点称为临界点，临界点表示的各参数的最大变化率，即弹性容量。超过这一点即不可行。各参数和 *NPV* 的关系一般不是线性关系，在上图作了近似处理。即将相邻两点的数据用直线连接，作为折线处理。这时可以读出各折线与 *NPV*=0 的交点，即极限变化率如下：

参数	投资	可变成本	销售量	销售价格
极限变化率/%	7. 6	4. 2	5. 5	2. 3

由此可见此项目对销售价格的变化最为敏感，其次为可变成本变化。由于项目的弹性容量如此之低，销售价格稍有变化此项目即不可行。因此，应该慎重研究折线率的值是否过于保守和销售价格可能变化的因素再决定项目的可行性。

通过上述单参数的敏感性分析可以指出经济评价工作进一步精确化的方向。但有时，不仅是一个参数，而是几个参数可能同时发生变化，这时需要同时考虑几个参数变化的影响。几个参数同时变化时的评价指标的计算方法同单参数变化，但是双参数同时变化时其临界点为一条线。

三、风险型决策分析

例 7-5 的灵敏度分析结果说明：当销售价格变化 2. 3%或可变成本变化 4. 2%时企业将从赢利转为亏损，而影响销售价格或可变成本的各种因素是不能预先确切计算的，即这些因素是随机变量。对于随机变量只能预估一定的概率分布情况来计算期望的效果及方差，而这种预估的概率分布不可避免地带有主观的成分，所以又称为主观概率或先验概率。应用主观概率来评价项目的经济效益并据以决策的方法称为风险型决策分析。常用的风险型决策方法有期望值法、利用情报的决策方法、方差分析法和蒙特卡洛法。下面仅介绍其中最简单明了的期望值法。例 7-4 和例 7-5 所述的项目经过参数灵敏度分析工作以后认为该项目弹性容量较差，需对该项目的可行性进行决策。因此对该项目建厂后可能发生变化的因素作了调查研究，得到如下结论。

（1）产品在工厂建成的十年以内始终供不应求，不会出现因产品销售不出去被迫减少产品或销售价格下降的情况。

（2）项目原料价格有可能略有变化而使可变成本变化。可变成本变化的概率分布如下：

可变成本	下降 3%	不变	上升 3%	上升 6%
概率/%	20	40	20	20

此外，从例 7-5 表 G 所列各因素变化时 *NPV* 的变化数据内插，得到可变成本变化时 *NPV* 的值：

可变成本变化	下降 3%	不变	上升 3%	上升 6%
NPV/万元	2014	1177	336	-505

故此项目的期望值为 2014×0. 2+1177×0. 4+336×0. 2-505×0. 2 = 840

此项目的投资为固定资本 6000 万元，流动资金 1000 万元，共计 7000 万元。若不建乙基苯厂，将此资金存入银行，若利息率为 15%，则每年可得利息 1050 万元。贴现率同样按 15%计，则不投资建厂时的 *NPV* 计算如下：

年度	贴现因子	现金流通/万元	贴现现金流通/万元
-2	1. 35	-3000	-4050
-1	1. 162	-3000	-3486
0	1	-1000	-1000
-1	1. 162	1050	1200
0	1	1050	1050

续表

年度	贴现因子	现金流通/万元	贴现现金流通/万元
0~15	5. 529	1050	5805
15	0. 1054	7000	738
累计			277

表中 0~15 年的贴现因子用下式求取：

$$\frac{1-e^{-(m-1)i}}{e^{i-1}}=\frac{1-e^{-15\times 0.15}}{e^{0.15}-1}=\frac{1-0.1054}{0.1618}=5.529$$

上述计算说明投资时的期望值 840 万元，大于不投资时的期望值 277 万元，故应该投资。

第八章　安全与环保

第一节　化工安全生产

化工生产的特点决定了它具有很大的危险性，据统计，在工业企业发生的爆炸事故中，化工企业占了三分之一。随着生产技术的发展和生产规模的大型化，安全生产已成为社会十分关注的问题。因为一旦发生火灾和爆炸事故，不但导致生产停止，造成社会生产链中断，使生产力下降，而且还会造成人身伤亡，产生无法估量的损失和难以挽回的影响。安全技术是生产技术的一个组成部分，安全技术和生产技术密切相关，生产必须在安全的前提下进行。在建设企业时，从设计、施工、安装到竣工验收、试车和投产，各个环节都必须遵守各种有关的安全规范、规程、条例和标准。生产技术的发展，对安全技术提出了更高的要求。不解决相应的安全技术问题，新的生产技术就难以推广和应用。化工生产中的事故主要是中毒、火灾和爆炸。

一、工业毒物的危害和防护

1. 工业毒物的危害

在化工生产中常接触到许多有毒物质，这些毒物种类繁多，来源广泛，在生产过程中，当毒物达到一定浓度时，便可对人体产生毒害作用。因此，在化工生产中预防中毒是极为重要的。

工业毒物主要有：

① 常温常压下呈气态的物质，如 CO 等；

② 由液态蒸发或固体升华而形成的气体，如苯蒸气、汞蒸气、熔磷时的磷蒸气等；

③ 混悬在空气中的液体——雾，多由蒸气冷凝或液体喷射所成。如喷漆时所形成的漆雾、电镀和酸洗时所形成的铬酸雾和硫酸雾等；

④ 悬浮在空气中的固体微粒——烟尘，其直径往往小于 0.1μm。如铅块加热熔化时在空气中形成的氧化铅。烟煤和石油燃烧、塑料加工产生的烟等；

⑤ 能较长时间飘浮在空气中的固体颗粒——粉尘，其直径多为 0.1～10μm。大多数是固体加工时形成的，如石棉粉尘、矿物粉尘和棉麻粉尘等。毒物侵入人体后，通过血液循环分布到全身各组织，会破坏人的正常生理功能，导致中毒。轻者引起各种疾病，如呼吸道炎症、溶血性贫血、肠胃炎和肝炎等，重则引起肿瘤、癌变直至死亡。

2. 防毒、防尘措施

① 以无毒、低毒的物料或工艺代替有毒、高毒的物料或工艺，从根本上改变有关生产工艺路线，使生产过程不产生或少产生对人体有害的物质。

② 生产装置的密闭化、管道化和机械化。采用密闭装置，勿使粉尘、毒物外逸。采用机械投料、真空投料和管道密闭出料。加强转动轴的密封和设备维护，消除“跑、冒、滴、漏”。

③ 做好通风排毒工作。通风可以使车间空气中的毒物浓度不超过国家卫生标准，是一项重要的防毒措施。

④ 做好有毒气体的净化回收，将排出来的有毒气体、粉尘加以净化或回收利用。气体净化的基本方法有：洗涤吸收法、吸附净化法、催化氧化法、热力燃烧法和冷凝法。粉尘净化的基本方法有：重力沉降法、旋风分离法、湿式除尘法、过滤除尘法、电除尘法和超声波除尘法等。

⑤ 采用隔离操作。因为生产条件的限制而无法将有毒气体浓度降到国家卫生标准时，可采用隔离法操作的措施。常用的方法是把生产设备放在室内，用排风使隔离室处于负压状态，杜绝毒物外逸。

二、防火与防爆

在化工生产中，所采用的原料和生产出来的中间体、产品大都是易燃、易爆、具腐蚀性的物质，生产操作多为高温、高压、反应复杂、连续性强的化工过程。生产、储运等过程中若设备设计不合理、操作不当或管理不善，都可能引起火灾甚至爆炸，给人们的生命财产带来损失。因此，化工生产中的防火、防爆是非常重要的。

1. 物质的燃烧性质

（1）物质的燃烧

多数可燃性物质的燃烧是物质受热变为气体或蒸气而进行的。气体最容易燃烧，只要达到其本身氧化分解所需的热量便能迅速燃烧，并在极短的时间内全部烧光。可燃性液体燃烧时，通常本身不燃烧，而是液体受热时首先蒸发，然后蒸发氧化分解进行燃烧，如乙醇、乙醚等挥发性液体的燃烧。很多固体或不挥发性液体，由于热分解产生可燃烧的气体或蒸气而发生燃烧，这种燃烧称为分解燃烧，如木材和煤的燃烧。而硫黄和萘等可燃性固体的燃烧是先受热熔融成液体，液体再蒸发成气体后燃烧，这类燃烧称为蒸发燃烧。

（2）闪燃和闪点

当火源接近易燃或可燃性液体时，液面上的蒸气与空气混合会发生瞬间火苗或闪光，这种现象称为闪燃。引起闪燃的最低温度称为闪点。闪燃是将要起火的前兆。表 8-1 给出了某些可燃性液体的闪点。

表 8-1　某些可燃液体的闪点

液体名称	闪点/℃	液体名称	闪点/℃	液体名称	闪点/℃
戊烷	-42	甲酸	69	乙醚	-45
庚烷	-4	冰醋酸	40	苯	-14
环己烷	6.3	醋酸甲酯	-13	汽油	-43
乙炔	-18	醋酸乙酯	-4	石油醚	30~70
乙醇	14	丙酮	-10	重油	80~130

不同浓度的可燃性液体的闪点不同。例如，乙醇水溶液中的乙醇的质量分数为 80%、40%、20%和 5%时，其闪点分别为 19℃，26.75℃，36.75℃，62℃。当其质量分数为 3%时，没有闪燃现象。

某些固体，如樟脑和萘等，也能在室温下挥发或缓慢蒸发，因此也有闪点。

液体的闪点越低，火灾危险性越大。据此，将可燃物进行分级，以便人们采用相应的措施。表 8-2 给出了常见液体的分级。详细分级见附录 3。

表 8-2 液体根据闪点的分类与分级

种类	级别	闪点/℃	举例
易燃液体	Ⅰ	$t<28$	汽油、甲醇、乙醇、乙醚、苯、甲苯、丙酮、二氧化硫
	Ⅱ	$28 \leqslant t \leqslant 45$	煤油、丁醇
可燃液体	Ⅲ	$45<t \leqslant 120$	戊醇、柴油、重油
	Ⅳ	$t>120$	植物油、矿物油、甘油

（3）自燃和自燃点

可燃性物质在没有外界火源直接作用下，常温下会自行发热，或内部热量积聚起来达到一定的温度发生自燃。可燃性物质发生自燃的最低温度称为自燃点。

自燃可分为受热自燃和自热自燃。可燃性物质在外界热源作用下，温度升高达到自燃点时即着火燃烧，如化工生产中可燃物由于接触高温表面、加热和烘烤过度以及冲击摩擦，会导致受热自燃。而有些物质在没有外来热源的情况下，由于本身的氧化热、分解热等，使物质温度上升到自燃点而燃烧，这种现象称为自热燃烧。

影响可燃性物质自燃点的因素主要有压力、组成、催化剂和物质的结构等。一般有以下规律：

① 压力越高自燃点越低。如苯在常压下自燃点为 680℃，在 1.01MPa 下为 590℃，在 25MPa 下为 490℃。

② 固体粉碎的越细，自燃点越低。

③ 活化催化剂能使自燃点降低，钝化催化剂能使自燃点升高。

④ 当混合物的组成符合该物质氧化反应的化学计算量时，自燃点最低。混合气体中氧的浓度增高，自燃点降低。

⑤ 液体和固体可燃物受热分解后，分解且析出的可燃性气体挥发物越多，其自燃点越低。

一般来说，液体的相对密度越大闪点越高而自燃点越低。表 8-3 给出了某些物质的自燃点。

表 8-3 某些气体和液体的自燃点

物质名称	自燃点/℃		物质名称	自燃点/℃	
	空气中	氧气中		空气中	氧气中
氢	572	560	氢氰酸	528	
一氧化碳	609	588	甲烷	632	556
氨	651		乙烷	472	
二氧化硫	120	107	丙烷	493	468
硫化氢	292	220	丁烷	408	283
庚烷	230	214	环己烷		296
乙烯	490	485	甲醇	470	461
丙烯	458		乙醇	392	

续表

物质名称	自燃点/℃		物质名称	自燃点/℃	
	空气中	氧气中		空气中	氧气中
丁烯	443		乙醛	275	159
戊烯	273		乙醚	193	182
乙炔	305	296	丙酮	561	485
苯	580	566	醋酸	550	490
环丙烷	498	454	二甲醚	350	352

(4)爆炸

当物质在瞬间从一种状态转变为另一种状态时，形成的高温、高压气体或蒸气的骤然膨胀，称为爆炸。与化工生产有关的是物理性爆炸、化学性爆炸和粉尘爆炸。

物理性爆炸如容器内液体过热汽化而引起的爆炸。

化学爆炸是物质发生极为迅速的化学反应，产生高温高压而引起的爆炸。

粉尘爆炸是空气中粉尘达到一定浓度时，在外界引爆源作用下发生爆炸或自发爆炸。

2. 火灾爆炸危害物质的分类

从火灾爆炸的角度，将化工生产中的原料和产品等物质分为七大类。

(1) 爆炸性物质

凡是受到高热、摩擦、撞击能瞬间起化学分解，并以机械功的形式在极短的时间内放出能量的物质，称为爆炸性物质。

(2) 氧化剂

凡具有较强的氧化性能，分解温度在500℃以下，遇酸、碱、强热、摩擦、冲击或与易燃物、可燃物、还原剂等接触后能分解并引起燃烧或爆炸的物质，称为氧化剂。

(3) 可燃性物质

凡遇火、受热和遇氧化剂接触后，能着火爆炸的气体，称为可燃性气体。按爆炸浓度极限下限的高低又分为一级和二级。一级可燃性气体是指爆炸浓度下限小于等于10%的可燃性气体。如氢气、甲烷等。二级可燃性气体是指爆炸浓度下限大于10%的可燃性气体，如氨、一氧化碳等。

(4) 自燃性物质

凡是不需要明火作用而由于本身受空气氧化或外界温度影响发热升温到自燃点而发生自行燃烧的物质，称为自燃性物质。根据自燃的难易程度又分为一级和二级。一级自燃性物质是指该类物质能在空气中剧烈氧化，自燃点低于常温，如黄磷、三乙基铝等。二级自燃性物质是指该类物质在空气中氧化比较缓慢，自燃点高于常温，在积热不散的条件下，能够自燃，如油纸、油布等含有油脂的物质。

(5) 遇水燃烧物质

凡遇水或受潮能分解产生可燃性气体，并放出热量，进而引起燃烧或爆炸的物质，称为遇水燃烧物质，如锂、钾、钠、石灰氮、保险粉等。

(6) 易燃和可燃性液体

凡遇火、受热或与氧化剂接触后能着火的液体称为易燃性液体。根据闪点的高低分为易燃和可燃两大类。闪点小于等于45℃的可燃性液体称为易燃液体；闪点大于45℃的可燃性称为可燃液体。根据安全性，可燃烧液体又分为甲、乙、丙三类。闪点小于等于28℃的液体为甲类；闪点在28~60℃之间的液体为乙类；闪点大于60℃的液体为丙类。

（7）易燃和可燃性的固体

凡遇火、受热、撞击、摩擦或与氧化剂接触能着火的固体物质统称为可燃性固体。燃点为300℃以下的可燃性固体统称为易燃固体；燃点为300℃以上的称为可燃固体。易燃固体按危险程度又分为一、二两级。一级易燃固体燃点低，易于燃烧和爆炸，燃烧速度快并能放出剧毒气体，主要包括磷化物、硝基化合物等。二级易燃固体的燃烧性能比一级易燃固体差，主要包括各种金属粉末、碱金属氨基氧化剂、氨基芳烃、硝化棉和萘及其衍生物等。

3. 防火防爆的基本措施

（1）划分易燃可燃物质的火灾危险性类型

将易燃可燃物质按照引发火灾的可能性的难易程度分成五类，以便对每一类的物质采取相应的措施。附录3给出了物质的火灾危险性的分类原则。

（2）点火源控制

在化工生产中，除了生产过程用到如加热炉、反应热等以外，还有维修、机械摩擦等点火源经常引起火灾和爆炸的原因，因此要对明火进行控制。

对于加热易燃液体，应尽量避免采用明火，可采用蒸气或其他热载体加热。装置中的明火加热设备的布置，应远离有易燃易爆物料的地方。在有火灾爆炸危险的厂房里，不能进行焊接作业，要严格执行动火制度。

对输送、储运易燃易爆物料的设备、管线进行检修时，应对设备、管线系统进行彻底处理，用惰性气体吹扫置换，并经爆炸气分析后才能动火。

应根据车间的防火等级，对有火灾爆炸危险场所的电器设备配备相应的防爆型装置。

（3）密闭设备

为防止易燃气体、蒸气和可燃性粉尘与空气构成爆炸性混合物，应设法使设备密闭，对于在负压下生产的设备，应防止空气吸入。

（4）净化风机前的空气

加强生产厂房的通风排风是防止易燃易爆气体积聚的有效措施。对含有爆炸粉尘的空气，应在进入风机前进行净化，防止粉尘进入排风机。

（5）惰性介质保护

对易燃固体的粉碎、筛选处理和粉末输送，采用惰性气体进行覆盖保护。易燃液体利用惰性气体充压输送。

（6）限制火灾爆炸的扩散与蔓延

在设计化工厂生产装置时，既要考虑工艺装置的布局和建筑结构，又要考虑防火区域的划分和消防实施。一旦发生火灾，由于有相应的防火措施，可以将火灾消灭在萌芽状态或相对隔离的范围内，将损失降低到最小，既要有利于生产，又要有利于安全。在工艺设备的设计时，可采用以下措施。

① 采用火焰隔断装置

火焰隔断装置包括安全液封、水封井、阻火器和单向阀等。

安全液封一般要装在压力低于19.2kPa的气体管线与生产设备之间，常用的安全液封有开敞式和封闭式两种，如图8-1所示。

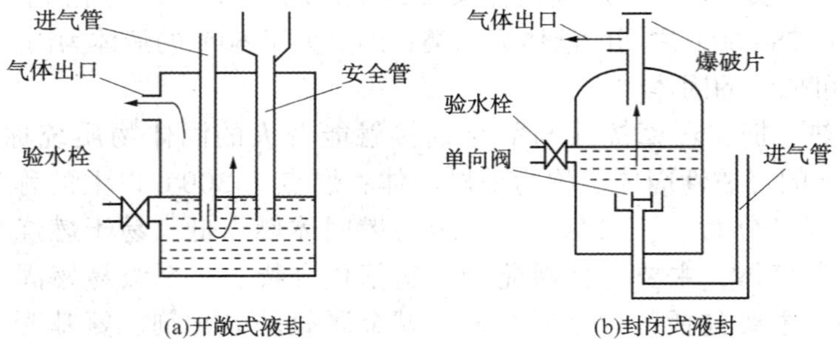

图 8-1　安全液封示意图

液封阻火的基本原理是：由于液体封在进出气管之间，故在液体两侧的任何一侧着火，火焰至液封即被熄灭，从而阻止火势蔓延。

水封井是安全液封的一种，设置在有可燃气体、易燃液体蒸气或油污的污水管网上，以防止燃烧或爆炸沿污水管网蔓延，水封井的水封高度不宜小于 0. 25m，如图 8-2 所示。

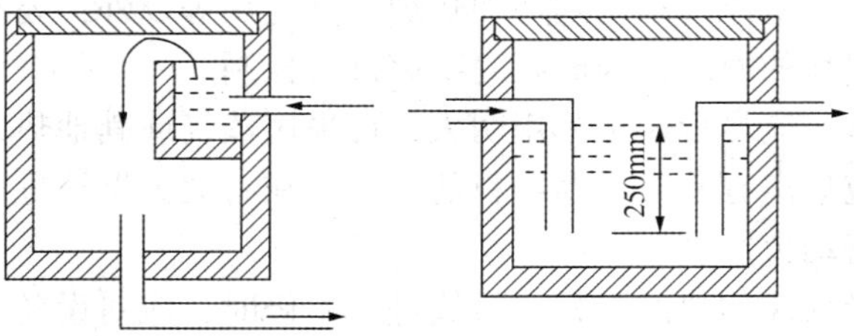

图 8-2　水封井

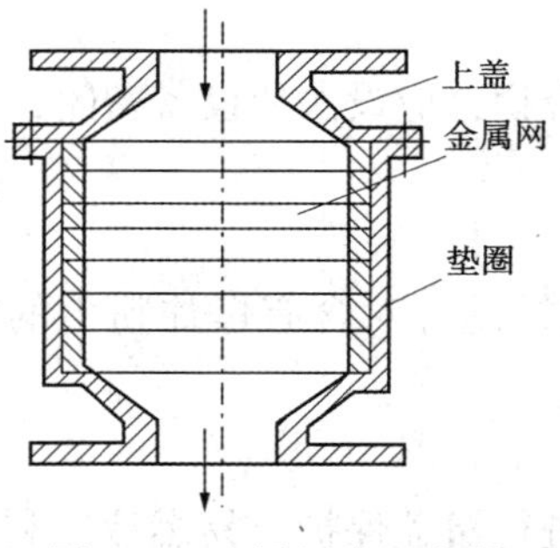

图 8-3　金属网式阻火器

在容易引起燃烧、爆炸的高热设备、燃烧室、高温氧化炉、高温反应器与输送可燃气体和易燃液体蒸气的管道之间，以及易燃液体、可燃气体的容器、管道和设备的排气管末端，多用阻火器进行阻火。其灭火原理是火焰通过狭小空隙时，由于热损失突然增大，使燃烧不能继续。阻火器有金属网式、波纹金属式和砾石式等。图 8-3 为金属网式阻火器。

② 防爆泄压装置。防爆泄压装置包括安全阀、爆破片、防爆门和放空管道等。

安全阀主要用于物理性爆炸。当受压设备内部压力超过正常压力时，安全阀自动开启，把容器内的介质迅速排放出去，以降低压力，防止设备超压爆炸。本部分内容和以下的爆破片部分，将在第二节作详细的介绍。

爆破片(也称防爆片)主要用于防止化学爆炸。爆破片通常设置在密闭的压力容器或管道系统上，当设备内物料发生异常，反应超过规定压力时，爆破片便自动破裂，从而自动放空泄压，防止事故的发生。

③ 配置消防设施。为了及时扑灭化工厂的火灾，厂区和车间内要有一定数量的机动消防设施，设置固定和半固定的灭火设施。此外，还应配备手提灭火器。表 8-4 列出了手提灭火器的配备数量。

表 8-4　手提式灭火器的设置数量

场所	设置数量/(个/m^2)	说明
甲、乙类露天生产装置	1/50~1/100	①装置占地面积大于 1000m^2时，选用小值；小于 1000m^2时选用大值。 ②不足一个灭火器的按一个计算
丙类露天生产装置	1/50~1/200	
甲、乙类生产建筑物	1/50	
甲、乙类仓库，丙类生产区	1/80	
丙类仓库	1/100	
易燃、可燃性液体装卸栈台	按栈台长度，10~15m 设一个	设置干粉灭火器
液化石油气、可燃性气体罐区	按储罐数，每罐设 2 个	设置干粉灭火器

第二节　压力容器的安全装置及其计算

一、安全泄压装置

安全泄压装置是压力容器安全装置中主要的一种。按其结构可分成安全阀、爆破膜、易熔塞以及安全阀与爆破膜构成的组合形式。

1. 安全阀

安全阀属于一种阀型安全泄压装置，仅用于排放容器或系统内高出设定压力的部分介质，在压力降至正常值后自动复位，容器或系统仍可继续运行。因此其突出优点是能自动开闭，可以调节、不致中断生产，但存在密封性较差，会有微量泄漏，有滞后现象，不能适应要求快速泄压的场合。此外，对黏性或含固体颗粒的介质，可能造成堵塞或黏连而影响使用。

2. 爆破片装置

爆破片装置主要由爆破片与夹持器组成，爆破片是爆破元件，又称防爆膜；夹持器起固定爆破片的作用。爆破片装置属于一种断裂型安全泄压装置。该装置在容器超压后，爆破片首先破裂，迅速排出器内介质而达到泄压的目的。爆破片装置与安全阀不同，是不可逆的，不能回复到原来状态，会造成操作中断，但是它具有密封性好、反应迅速，灵敏度高，泄放量大，能适应黏性大、毒性大、腐蚀性强的介质，特别是因异常化学反应导致压力瞬间急剧升高或达到燃爆的场合。

3. 安全阀与爆破片装置的组合形式

安全阀具有动作后恢复的优点，但不能完全密封，不适合黏性物料；爆破片则具有排放量大，密封性好的特点，但破裂后不能恢复。因此，在一些特殊的场合，将两者组合起来使用，可以充分发挥它们各自的优点。这种组合有串联和并联两种形式，如图 8-4 所示。串联[图 8-4(b)(c)]系在弹簧式安全阀入口或出口处装设爆破片，并联[图 8-4(a)]则是在容器上同时安装弹簧式安全阀和爆破片。后者是将安全阀视作一级泄放装置，当超压时，由安全阀排放；而爆破片为二级泄放装置，当因化学反应原因急剧超压时，由爆破片与安全阀共同排放。串联中的安全阀前置爆破片[图 8-4(b)]适用于密封和耐腐蚀要求高以及黏污介质，爆破片对安全阀起保护作用，安全阀也可使容器暂时继续运行；安全阀后置爆破片［图8-4(c)］则用于容器内压力有脉动的场合，安全阀对爆破片起稳定和防止其泄漏的作用。但串联使用要注意两者之间应有压力指示和泄压放空措施，此外两者的动作压力和排放能力要适配。

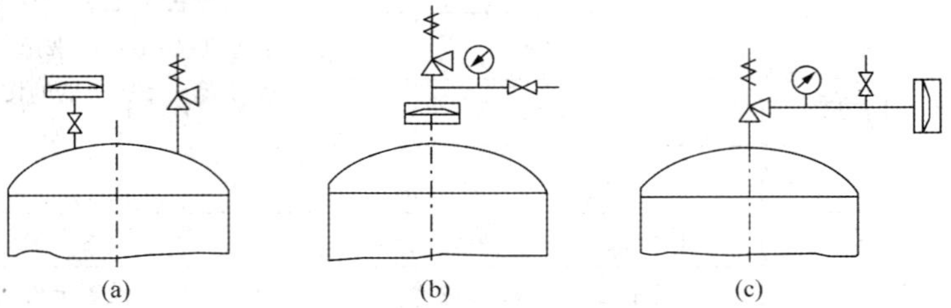

图 8-4　安全阀与爆破片装置的组合

二、安全泄放量的计算

1. 压力容器安全泄放量的定义

压力容器安全泄放量指为保证容器出现超压时，器内压力不再继续升高，安全泄放装置在单位时间内所必需的最低泄放(介质)量。因压力容器超压的原因不同，有物理的也有化学的，还有人为的操作失误，加上容器内介质状态也不一样，所以计算安全泄放量的方法各不相同。这里仅介绍较简单的压缩气体储罐的安全泄放量的计算。

2. 安全泄放量的计算方法

以中间压缩气体储罐为例，其气体可能来自多处，也可能同时输向多处，因此它的安全泄放量按其进口管截面和最大流速进行计算，即

$$W_S = 0.785(d/1000)^2\rho(w\times3600) = 2.83\times10^{-3}d^2\rho w \tag{8-1}$$

式中　W_S——压力容器的安全泄放量，kg/h；

d——容器进口管的内直径，mm；

ρ——泄放状态下的介质密度，kg/m^3；

w——进口管内的气体流速，通常可取气体：10~15m/s；饱和蒸气：20~30m/s；过热蒸气：30~60m/s。

因

$$\rho = T_0\rho_0 p/p_0ZT \tag{8-2}$$

式中　ρ_0——标准状态(p_0、T_0)下的气体密度，kg/m^3；

p——排气压力(绝对)，MPa；

T——排气温度，K；

Z——气体压缩因子，如空气 $Z=1$。

于是上式可改写为

$$W_S = 7.55d^2\rho_0wp/T \tag{8-3}$$

【例 8-1】　一空气储罐 $p=0.8$MPa，$T=40$℃，$d=100$mm，$w=10$m/s。计算该储罐的安全泄放量。

解：因 $\rho_0 = 1.293kg/m^3$

故　$W_S = 7.55d^2\rho_0wp/T = 7.55\times1.293\times10\times100^2\times0.98/313 = 3057kg/h$

式中，$p = 0.8\times1.1+0.1 = 0.98$MPa。

三、安全阀

1. 安全阀的类型与适用范围

安全阀按作用原理有杠杆式和弹簧式两种类型，杠杆式和弹簧式安全阀的结构如图 8-5 所示，表 8-5 是它们的比较。若按阀瓣开启程度，分微启式和全启式。所谓微启式与全启式的区别在于前者开启度较小，开启高度一般都小于 $d/20$（d 为阀孔直径）；后者开启高度不小于 $d/4$。全启式适用于气体泄放或排量较大，微启式则用在压力不高、排量不大的场合；此外，按气体排放方式分全封闭、半封闭和敞开式等，它们系指排放气体外泄的方式，全封闭式将排放气体全部经泄放管排放，主要用于有毒、易燃介质容器。

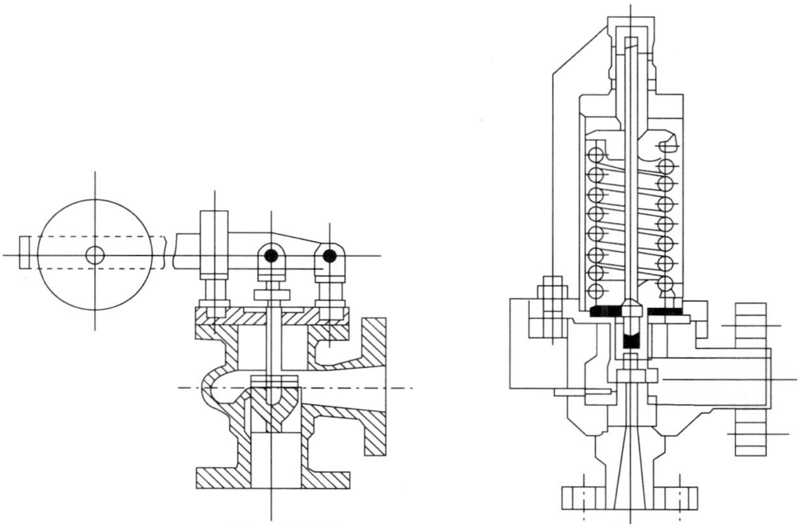

(a)杠杆式安全阀　　(b)弹簧式安全阀

图 8-5　安全阀的结构

表 8-5　安全阀的类型与适用范围

形式	作用原理	结构特点	适用范围
杠杆式	利用重锤和杠杆对阀瓣施加压力，以平衡介质作用在阀瓣上的正常工作压力	结构简单，调整容易、正确，比较笨重，对振动敏感，回座压力较低	压力不高而温度较高的场合
弹簧式	利用压缩弹簧的弹力施加于阀瓣，以平衡介质作用在阀瓣上的正常工作压力	结构紧凑，灵敏度高，对振动的敏感性差，开启滞后，弹力受高温影响	温度不高而压力较高的场合

2. 安全阀排放能力的计算

所谓安全阀的排放能力指在排放压力下，阀全部开启时，单位时间内安全阀的理论气体排量。安全阀的排放能力应不小于压力容器的安全泄放量。安全阀的排放能力按下式计算：

$$G=7.6\times10^{-2}CpAK\sqrt{M/ZT} \tag{8-4}$$

式中　G——排放能力，kg/h；

p——排放压力，MPa；

T——气体的温度，K；

M——气体相对分子质量；

A——最小排气截面积，mm^2；

K——排放系数，全启式安全阀 $K=0.6\sim0.7$；带调节圈的微启式安全阀 $K=0.4\sim0.5$；

C——其他特征系数，$C=520\sqrt{k\left[2/(k+1)\right]^{(k+1)/(k-1)}}$；

k——气体绝热指数，如空气 $k=1.4$；

Z——气体压缩系数，如空气 $Z=1$；

【例 8-2】 前述空气储罐安装全启式安全阀，其最小流通直径 $d_0=32mm$，试计算其排放气能力。

解：因 $K=0.7 \quad Z=1 \quad C=356 \quad d_0=32mm$

$p=0.98MPa \quad T=313K \quad M=29$

$A=0.785d_0^{\ 2}=803.84mm^2$

故 $G=7.6\times10^{-2}\times356\times0.98\times803.84\times0.7\sqrt{29/313}=4541kg\cdot h^{-1}$

$G\geqslant W_s=3057kg\cdot h^{-1}$

由此可见，该安全阀满足使用要求。

3. 安全阀的选用

（1）类型选择

安全阀形式的选择根据容器的工作压力、工作温度、介质特征、泄放要求以及容器有否振动等因素综合考虑。例如，压力较高、温度较低且无振动的容器可采用杠杆式安全阀；有毒、易燃介质应采用全封闭式安全阀；而压缩空气、蒸气介质可选用敞开式或半封闭式安全阀；泄放量小、压力要求平稳和安全裕度大的容器可采用微启式安全阀；而工作压力高、泄放量大的容器则宜选用全启式安全阀等。

（2）规格选择

根据标准要求，选用安全阀应按照标准压力和尺寸系列，即公称压力 PN 和公称直径 DN 的选用。安全阀的公称压力指安全阀在常温下的最大允许压力，因此对高温容器选用安全阀时，要考虑阀体材料因高温强度受到削弱应降低阀的最大允许压力；而公称直径是由容器安全泄放量计算确定的安全阀标准系列口径，例如：

PN/MPa：1.6　2.5　4　6.4　10　16　32

DN/mm：　15　20　25　32　40　50　80　100　150　200

（3）安全阀阀体、阀瓣、弹簧等材料的选择

安全阀阀体、阀瓣等材料按照介质的压力、温度和腐蚀性等特征性选定。

（4）选择步骤

① 根据容器工作压力、温度、介质特征和产品样本等，选择安全阀形式、规格和材料等；

② 按照选定的公称压力和公称直径，确定安全阀的阀座通径，并据此计算其额定排量 G；

③ 计算容器的安全泄放量 W_s，要求满足 $G\geqslant W_s$。

【例 8-3】 选择例 8-2 中空气储罐的安全阀。

解：现选用全启式弹簧安全阀，型号为 A42H—16CDN50，该代号表示：

A	4	2	H	16	C	*DN*50
弹簧式	法兰连接	全启式	合金钢密封面	公称压力 1.6MPa	铸铁阀体	公称直径 50mm

查此安全阀的最小流通口径为 32mm，如上计算其额定排量 $G=4541\text{kg/h}$，大于容器的安全泄放量 $W_s=3057\text{kg/h}$，因此选择正确。

4. 安全阀的调试

安全阀在安装前或使用过程中的定期校验(一般每年至少校验一次)中，需要校正调试它的动作压力或开启压力。例如对弹簧安全阀，在加压条件下通过调节弹簧对阀座的压紧力，调定到所需要的开启压力，开启压力根据容器的工作压力确定。如固定式压力容器上只装一个安全阀时，开启压力不应大于容器的设计压力，且安全阀的密封试验压力应大于容器的最高工作压力；对移动式压力容器安全阀的开启压力取(1.05～1.10)倍容器的设计压力等。经调定后的安全阀应铅封，以防随意改变开启压力。

四、爆破片的选用

1. 爆破片的主要形式与特点

爆破片按其爆破片的断裂特征和形状分为拉伸拱形、失稳反拱形、剪切平板形和弯曲平板形等四种主要类型，它们的特点见表 8-6。

表 8-6　爆破片的主要类型和比较

类型	拉伸正拱形 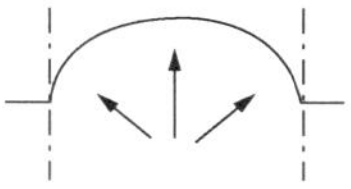	失稳反拱形 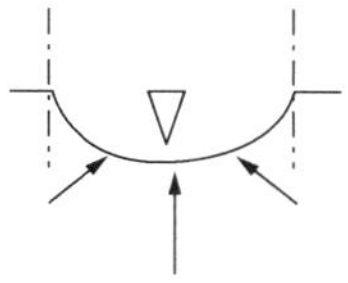	剪切平板形 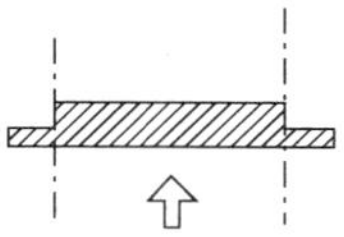	弯曲平板形 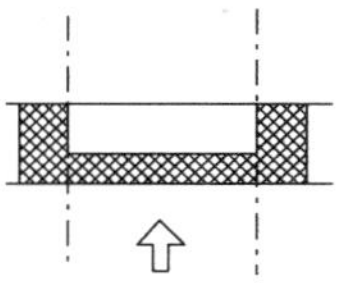
结构特点	膜片呈拱形凸起，凹面侧受压后，膜片仅受拉伸应力。介质达到爆破压力时，拱形中央首先破裂	膜片呈拱形，凸面侧受压后，膜片仅受压缩应力。介质达到临界压力时，膜片拱顶失稳翻转，被背置刀刃割裂或自行破裂	膜片为平板形，受载后，沿夹持周边被剪切破坏	膜片为平板形，由脆性材料(铸铁、石墨等)制成，受载后膜片因弯曲破
有无碎片	无	无	有	有
压力范围	中、高、超高压	低、中	低	低
温度范围	由膜片材料决定			
相态要求	气、液	气	气、液	气、液
耐疲劳性	良	好	差	差
爆破精度	高	高	中	低
阻力大小	中	大	小	小
加工难易	难	难	易	易
应用范围	广泛	低压或大直径操作波动性大	低压	有腐蚀性低压场合

2. 爆破片爆破压力的确定

爆破片的动作压力也称爆破压力，爆破压力又区分设计爆破压力、标定爆破压力和最低标定爆破压力。设计爆破压力(p_b)指爆破片在额定温度下的爆破压力；标定爆破压力(p_s)系爆破片产品牌上注明的爆破压力，而最低标定爆破压力(p_{smin})则是制造爆破片时，当设计爆破压力的允许变化范围为零的设计爆破压力。因此确定爆破片的设计爆破压力时要考虑以下因素：

(1) 设计爆破压力 p_b 不得大于容器的设计压力 p，且其最小设计爆破压力不应小于容器最高工作压力 p_w 的 1.05 倍；

(2) 考虑到爆破片的本身特性，即其抗蠕变性和耐疲劳性能等，设计爆破压力 p_b 要高出容器最高工作压力 p_w，如可按表 8-7 推荐的根据膜片类型和载荷性质选择最低标定爆破压力为容器工作压力的一定倍数。

表 8-7　最低标定爆破压力

类型	载荷性质	p_{smin}/MPa
正拱形(普通)	静载荷	$\geqslant 1.43p_w$
正拱形	脉动载荷	$\geqslant 1.7p_w$
反拱形	静、脉动载荷	$\geqslant 1.1p_w$

(3)爆破片在制造中允许存在制造偏差，即由各爆破片制造厂规定的制造范围，如表 8-8 所示。表中仅列出正拱形爆破片的部分制造范围数值，其余详见文献。

图 8-6 示出容器工作压力、设计压力和正拱形爆破片设计压力、最低标定压力之间的关系。

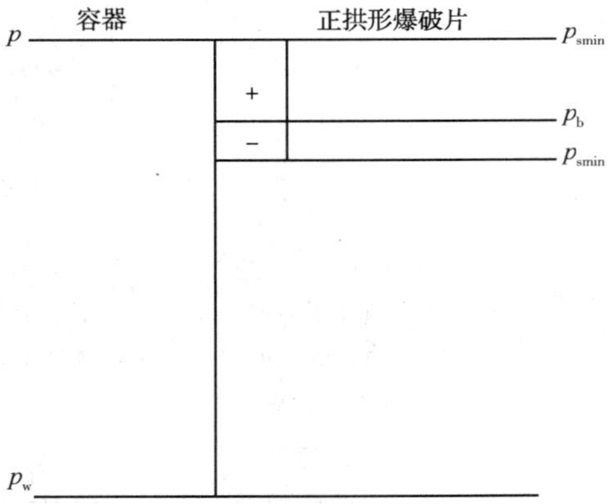

图 8-6　容器工作压力、设计压力和爆破片设计压力、标定压力的关系

【例 8-4】 为某压力容器选择一普通正拱形爆破片。假设该容器载荷无脉动，工作压力为 $p_w=10$MPa。

解：首先按表 8-6，由容器的工作压力和载荷性质，确定爆破片的最低标定爆破压力 p_{smin}，即

$$p_{smin}=1.43p_w=14.3\text{MPa}$$

其次，按照表 8-8 考虑爆破设计的制造范围，确定爆破片的设计爆破压力，即

$$p_b=p_{smin}(1+3\%)=14.39\text{MPa}$$

然后，容器的设计压力确定为

$$p=p_b(1+6\%)=15.25\text{MPa}$$

表 8-8　爆破片的制造范围　　MPa

	设计爆破压力	1.0级	
		上限	下限
正拱形爆破片	1.10~1.40	+0.110	-1.065
	2.60~3.50	+0.210	-0.105
	3.60以上	+6%	-3%
反拱形爆破片	0.10以上	0	-10%

若圆整为标准化的公称压力系列，取 $p=16\text{MPa}$。若制造厂按照上述的制造范围，将抽检的一批产品的爆破压力，取其平均值为标定爆破压力 $p_s=14.5\text{MPa}$，因此，考虑实际爆破压力的偏差，爆破片的实际爆破压力必须在此标定爆破压力的±5%内，即 $p_a=15.23\sim13.78\text{MPa}$。

3. 爆破片排放面积的计算

容器内介质的性质不同，爆破片的排放面积(A)的计算也不同，例如对气体而言，可按下式计算：

$$A \geqslant W_s/7.6\times10^{-2}Cp_bK'\sqrt{M/ZT} \tag{8-5}$$

式中　K'——额定排放系数，$K'=0.62$；

其余符号见式(8-4)说明。

排放孔面积的计算：

在计算必需的排放孔面积时，设备内发生爆炸时压力升高速度的快慢在一定条件下可以认为是由于气体排放速度(即事故气流)的快慢造成的。假定设备内任一瞬间的气体以状态方程描述为

$$pV=NRT$$

式中　p——设备内气体压力的变力；

V——设备容积；

N——所观察的瞬间设备内的气体的摩尔数；

R——气体常数；

T——气体的绝对温度。

那么，从时间上对该方程微分后可得

$$\nu(\mathrm{d}p/\mathrm{d}t)=RT(\mathrm{d}N/\mathrm{d}t) \tag{8-6}$$

显然，在我们欲求解的课题中，$\mathrm{d}p/\mathrm{d}t$ 乃是爆炸时压力升高的速度，而 $\mathrm{d}N/\mathrm{d}t$ 则是以摩尔为单位表示的事故气量。如果以质量单位 G_a 表示事故气量，则可以写为：

$$G_a=M(\mathrm{d}N/\mathrm{d}t)$$

式中　M——气体的相对分子质量。

根据式(8-6)，则

$$G_a=(M\nu/RT)(\mathrm{d}p/\mathrm{d}t) \tag{8-7}$$

根据气体动力学可知，通过排放孔排放的气体流量如果不过限的话，可表示为

$$\mathrm{G}=\mathrm{aS}p\sqrt{(2grM)/(RT)[r/(r-1)](v^{2/r}-v^{(r+1)/r})}$$

如果超限，当 $v\leqslant[2/(r+1)]^{r(r-1)}$ 时，则可表示为

$$\mathrm{G}=\mathrm{aS}p\sqrt{grM/RT}\sqrt{[2/(r+1)]^{(r+1)(r-1)}}$$

式中　a——排放孔的排放系数；

S——排放孔的通流截面面积；

g——重力加速度；

r——气体的绝热压缩线指数；

v——等于 p'/p，为排放孔处的相对压差；其中 p' 为接受排放气体的空间内的压力（若气体排入大气，则 $p'=0.1\text{MPa}$）。

如果用通过排放孔排放的气量来抵消爆炸时的压力增高，其条件可以用下列关系式表示：

$$G_a=G \tag{8-8}$$

但必须指出的是，在密闭的容器里和在排放孔敞开的容器里，爆炸进一步发展的动力学是有着极为重要的差异的。首先，这种差异在于，在排放孔是敞开的情况下，容器内的压力不会超过预先给定的值；其次，气体泄放时会使容器里火焰锋面的形状改变。第一个因素会使燃烧速度降低，而第二个因素又会使燃烧速度增高，因而最后的结果也就可能不同。如果排放孔距离着火源越远，那么由于火焰锋面改变形状的关系就会使燃烧的速度更加显著地加快。正是由于这个原因，所以有些研究人员建议，与其采用急速破裂的爆破膜，不如采用平缓开启的防爆阀更为合适，但又有些人认为防爆阀的惯性大，效果差。

如果不考虑火焰锋面的变形，那么只要根据容器的尺寸和形状，以及可能发生的爆炸诱发点中最危险的一点在何处，就会很容易地用纯几何方法求出火焰锋面的最大面积 F_m。显而易见，最危险的爆炸诱发点是在容器的中心。至于对火焰锋面变形的计算，则必须引入各种经验系数。

4. 爆破片的选用

爆破片的选用原则如下：

（1）对存在爆轰或异常反应使压力瞬间急剧上升或不允许有任何泄漏或安全阀不能适用的如黏性、沉淀物料等场合；

（2）爆破片的排放能力或排放面积要满足容器的安全泄放量要求；

（3）无特殊要求，超高、高、中、低压场合一般选用正拱形膜片（超高、高压也选用爆破帽）；

（4）低压、大直径或真空、压力有脉动的场合优先选用反拱形膜片；

（5）膜片的材料按介质腐蚀和运动温度的情况选用不同的材料或采用在金属膜片面对腐蚀介质侧覆盖或喷涂耐腐蚀膜；对压力不大的场合，应优先选用石墨爆破膜。

此外，因为实际爆破压力要受到载荷、温度、介质、材料、时间等因素的综合影响，与安全阀需要每年定期校验一样，按照“容规”的规定，爆破片需要进行定期更换。一般爆破片应在 2~3 年内更换，而在苛刻条件下使用的爆破片应每年更换。

第三节　危险与可操作性分析

危险与可操作性分析是以系统工程为基础的一种可用于定性分析或定量评价的危险性评价方法，用于探明生产装置和工艺过程中的危险及其原因，寻求必要对策。

HAZOP 作为一个工艺危害分析工具，已经广泛应用于识别装置在设计和操作阶段的工艺危害。HAZOP 分析由一组多专业背景的人员以会议的形式，按照 HAZOP 执行流程对工艺过程中可能产生的危害和可操作性的问题进行分析研究。首先将装置划分为若干小的节点，然后使用一系列的参数和引导词，采取头脑风暴的方式进行审查，评估装置潜在的风险场景，评估其对安全、环境、健康和经济的影响。

涉及工艺生产设施的新建、改建项目应进行 HAZOP 分析。同时，对在役设施，应自投产之日起每隔 3~5 年汇总装置变更，梳理曾经发生的工艺危害事件，应用 HAZOP 分析方法对其进行安全分析。

对涉及已有工艺生产设施变更的改建项目，应于设计阶段完成 HAZOP 分析；对与工艺生产相关的新建项目，原则上应于初步设计阶段完成第一次 HAZOP 分析。

一、HAZOP 分析内容

HAZOP 分析主要针对被分析对象涉及的管道及仪表流程图（P&ID）和相关文件进行安全审查。HAZOP 分析是对已有工艺方案的审查，是一种风险辨识的方法，不能希望通过 HAZOP 分析直接改进设计。

分析内容包括：

（1）审查设计文件，对故障或误操作引起的任何偏差可能导致的危险进行分析，考虑该危险对工作场所人员和公众、场地、设备或环境的各种可能影响；

（2）根据风险矩阵，综合分析小组意见，对偏差进行风险分级；

（3）审查已有的预防措施是否足以防止危险的发生，并将其风险降至可接受的水平；

（4）审查已有的防护措施是否足以使其风险降至可接受的水平；

（5）核查与其他装置之间连接界面的安全性；

（6）确保可以安全地开/停车、安全生产、安全维修。

二、人员组成及职责分工

HAZOP 分析小组成员具有足够的知识和经验，能够在会上回答、解决大部分问题。成员来自设计方、业主方、承包商，应包括设计人员、各专业工程师和经验丰富的操作人员。

工作组人员经仔细挑选确定，并赋予向设计方、承包商提出问题和建议的权力。小组人员至少包括：HAZOP 组长、HAZOP 秘书、工艺工程师、仪表工程师、安全工程师、操作/开车专家以及其他相关专业工程师/专家。

HAZOP 组长应由工艺危害分析专家担任，在 HAZOP 分析中起主导作用。HAZOP 组长在分析中应客观公正；应积极鼓励、引导分析小组每位成员参与讨论；应引导工作组按照必要的步骤完成分析，而不偏离主题；应确保工艺或装置的每个部分、每个方面都得到了考虑；应确保所分析的各项内容，根据重要程度得到了应用的关注。

HAZOP 秘书负责记录 HAZOP 会议内容，并协助 HAZOP 组长编制 HAZOP 分析报告。秘书要经过 HAZOP 培训，熟悉 HAZOP 工作程序、工作方法、工程术语，能够准确理解、记录会议讨论内容。

其他成员应具有一定的能力和经验，能够充分了解设计意图及运行方式。成员应跟随 HAZOP 组长的引导，积极参与分析和讨论，利用自己的知识和经验响应每个步骤的分析内容和要求。

三、HAZOP 分析步骤

HAZOP 分析将不同工艺过程划分为适当的节点，采用引导词引导的方法，尽量找出偏离设计意图的所有可能的偏差。下述关键分析过程应给予特别关注。

1. 划分节点

HAZOP 分析将根据 HAZOP 审查的 P&ID 图纸进行。

每张 P&ID 上节点的划分应保证 HAZOP 审查详细、全面、有效。节点可以是流程中的一段管线或一个设备或其组合。在分析每张 P&ID 时，为保证分析效果，分析小组每次应仅重点讨论一个关注点。节点应在 P&ID 上采用不同颜色明确标识，说明每个节点的编号、起止点和中间部分，若一个节点涉及多张 P&ID，节点标识还应包括 P&ID 的链接编号。

在 HAZOP 分析前，HAZOP 组长应预先对 P&ID 进行节点划分，并在 HAZOP 分析会议前，就其预先划分的节点向 HAZOP 分析小组成员进行介绍，必要时，可以根据小组成员的建议进行节点调整。HAZOP 分析的节点应取得小组成员的一致认同。

2. 解释设计意图

工艺工程师有责任在 HAZOP 分析之前向分析小组成员解释所分析节点的流程和设计意图。只有分析小组成员对设计意图和参数有了清晰准确的理解和把握，才能保证之后 HAZOP 分析的讨论富有成效。建议工艺工程师对节点中每条管线的设计意图均予以介绍，以方便小组成员理解流量、温度和压力等工艺参数。

3. 偏差

分析每个节点时，都应将引导词与适当的工艺参数组合，以生成偏离了设计意图的偏差。例如“无”这个引导词通常和“流量”组合在一起，表示“无流量”。其他引导词“过大”“反向”“过小”等和“流量”组合在一起，则表示“流量过高”“逆流”“流量过低”等偏差。

HAZOP 分析常用的引导词见表 8-9，需要特别说明的是，HAZOP 组长可以在分析时决定是否选用其他引导词和工艺参数。

表 8-9　常用引导词及其含义

引导词	含义
无	设计或操作意图的完全否定
过多、过大	同设计值相比，相关参数的量化增加
过少、过小	同设计值相比，相关参数的量化减少
伴随、以及	相关参数的定性增加。在完成既定功能的同时，伴随多余事件发生，如物料在输送过程中发生相变、产生杂质、产生静电等
部分	相关性能的定性减少。只完成既定功能的一部分，如组分的比例发生变化、无某些组分等
逆向/反向	出现和设计意图完全相反的事或物，如液体反向流动、加热而不是冷却、反应向相反的方向进行等
除此以外	出现和设计意图不相同的事或物，完全替代；如发生异常事件或状态、开停车、维修、改变操作模式等

4. 分析偏差产生的根本原因

引导词和工艺参数的组合可以得到很大偏差，但 HAZOP 分析只关注并记录那些有意义的偏差，不论这些偏差的分析最后是否会得出相关建议。

所谓有意义的偏差是指偏差产生的根本原因是实际可能发生的，其可能造成的后果会产生危险或带来操作问题。表 8-10 对典型的偏差及其生成的可能原因进行了介绍。

表 8-10　典型偏差及导致其发生的可能原因

偏差		可能原因
引导词	参数	
无	流量	阀门关闭、错误路径、堵塞、盲板法兰遗留、错误的隔离（阀/隔板）、爆管、气锁、流量变送器/控制阀操作失误、泵或容器失效/故障、泄漏等
	流量	泵能力增加（泵运转台数错误增加）、需要的输送压力降低、入口压力增高、控制阀持续开、流量控制器（限流孔板）误操作等
	压力	压力控制失效、安全阀等故障、高压连接处泄露（管线和法兰）、压力管道过热、环境辐射热、叶封失效导致高压气体冲入、气体放空不足等
	温度	高环境温度、火灾、加热器控制失效、加热介质泄漏入工艺侧等
	液位	进入容器物料超出溢流能力、高静压头、液位控制失效、液位测量失效、控制阀持续关闭、下游受阻、出口隔断或堵塞等
	黏度	材料、规格、温度变化
过少	流量	部分堵塞、容器/阀门/流量控制器故障或污染、泄漏、泵效率低、密度/黏度变化等
	压力	压力控制失效、释放阀开启等没回座、容器抽出泵造成真空、气体溶于液体、泵或压缩机入口管线堵塞、放空时容器排放受阻、泄漏、排放等
	温度	结冰、压力降低、热交换不足、换热器故障、低环境温度等
	液位	相界面破坏、气体串漏、泵气蚀、液位控制失效、液位测量失效、控制阀持续开、排放阀持续开、入口受阻、出料大于进料等
	黏度	材料、规格、温度变化、溶剂冲洗等
逆向	流量	参照无流量，以及：下游压力高、上游压力低、虹吸、错误路径、阀门故障、事故排放（紧急放空）、泵或容器失效、双向流管道、误操作、在线备用设备等
部分	组分	换热器内漏、进料不当、相位改变、原料规格改变等
伴随	流量	突然压力释放导致两相混合、过热导致气液混合、换热器破裂导致被换热介质污染、分离效果差、空气/水进入、残留水压试验液体、物料隔离失效等
	污染物（杂质）	空气进入、隔离阀泄漏、过滤失效、夹带等
除此以外	维修	隔离、排放、清洗、吹扫、干燥等
	开、停车	

5. 评估后果和安全措施

每个有意义的偏差，分析小组都应对其所有直接和间接的后果进行分析。另外，对那些在设计中已有的可以防止危险发生或减轻其后果的安全措施，也应进行讨论、记录。

在分析后果时如果还需要其他额外信息，则应将该情况作为对下一步工作的要求，记录在分析报告中，然后继续 HAZOP 分析。建议由 HAZOP 组长指派负责人进行收集信息。分析小组应尽量在 HAZOP 分析会议上解决尽可能多的关键问题、难题。

6. 确定风险等级

HAZOP 分析中对每个偏差所导致的风险进行风险定级的目的是帮助定性评估风险程度，由此确定分析结论中每项建议措施的优先级别，并明确需进行定量风险分析的场景。

HAZOP 组长和小组成员应在 HAZOP 分析会议前就风险矩阵对项目 HAZOP 分析的适用性进行确认，必要时可以更新。确定了风险矩阵后，对每一个有意义的偏差，分析小组应一起判断后果的严重度和偏差发生的可能性等级，根据风险矩阵确定风险程度。

7. 结论记录和建议措施

偏差、原因、后果、安全措施和建议措施都应进行记录，以便后续的变更管理和跟踪建议措施的落实情况。

HAZOP 分析记录表应记录所有有意义的偏差。在讨论这些偏差时，HAZOP 秘书应记录与会者达成共识、取得一致意见的所有信息。每个偏差讨论时至少应该记录引导词、偏差、原因、后果、安全措施(若有)、建议措施(若有)、责任方，见表 8-11。

表 8-11　HAZOP 分析记录表

项目名称							日期				
节点编号				节点描述			节点对应 PID				
序号	参数	偏差	偏差描述	原因	后果	现有措施	建议措施	建议类别	建议号	责任方	备注

8. 明确建议措施的责任方

HAZOP 分析提出的建议措施，其表达应清晰明确，具有可操作性。HAZOP 分析小组应在分析会议上就提出的建议措施明确具体的责任方(个人或部门)，由责任方对建议措施进行响应。

四、HAZOPkit 软件简介

HAZOP 分析过程很耗费时间，传统的 HAZOP 分析过程一般通过 excel 表格记录。随着计算机应用的发展，可以使用 HAZOP 分析软件辅助分析。选择好的 HAZOP 软件，可以显著提升分析的工作效率，另外软件还可以使分析过程更规范，也有助于提高分析工作的质量。通过数据库技术实际自动索引，帮助普通经验的使用者进行危害与可操作性分析的软件。软件内置了丰富工具库，如 2000 多种化学品特性查询、初始事件频率、保护层失效概率、最低引火能、沸点压力计算工具等十几种在 HAZOP 分析中实用的数据，确保 HAZOP 分析报告的科学性。软件还整合了一系列专家检查表，如加氢反应、氧化反应、槽车卸料等常见工艺的危险点。HAZOPkit 软件操作界面自然融合 HAZOP 分析的业务过程，如图 8-7 所示。

软件建立了如图 8-8 所示的风险矩阵管理，以将分析过程中定性的危险定量化，系统支持通用风险矩阵(字母、数字)和自定义风险矩阵。

软件的 HAZOP 分析界面如图 8-9 所示。在分析过程中，可以实现参数、引导词、偏离、原因等的自动枚举，用户在分析某个具体引导词时，系统根据专家知识库信息自动索引相关的专家经验，引导用户选择该引导词可能的原因、后果、建议。专家经验库如图 8-10 所示。

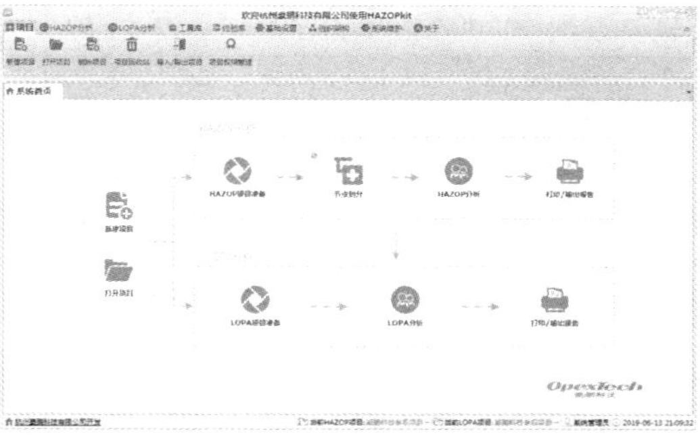

图 8-7　HAZOPkit 首页

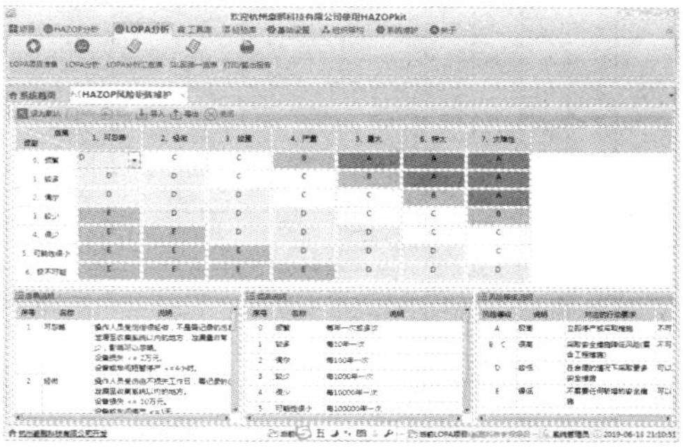

图 8-8　HAZOPkit 风险矩阵

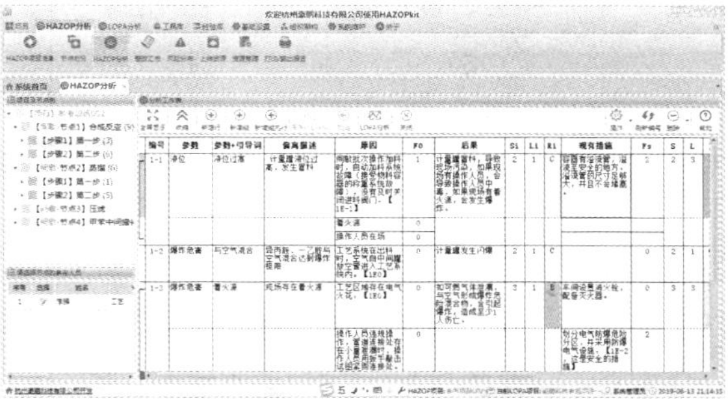

图 8-9　HAZOP 分析界面

图 8-10　专家经验库

针对图 8-11 中某分离罐自控流程图，分析当分离罐 V-2040A 上下游进气和出气管道没有流量时可能的原因、后果以及整改建议等，最终可以将所有节点分析汇总成完整的分析表，见表 8-12。表 8-13 列出了 HAZOP 分析工作表的栏目说明。

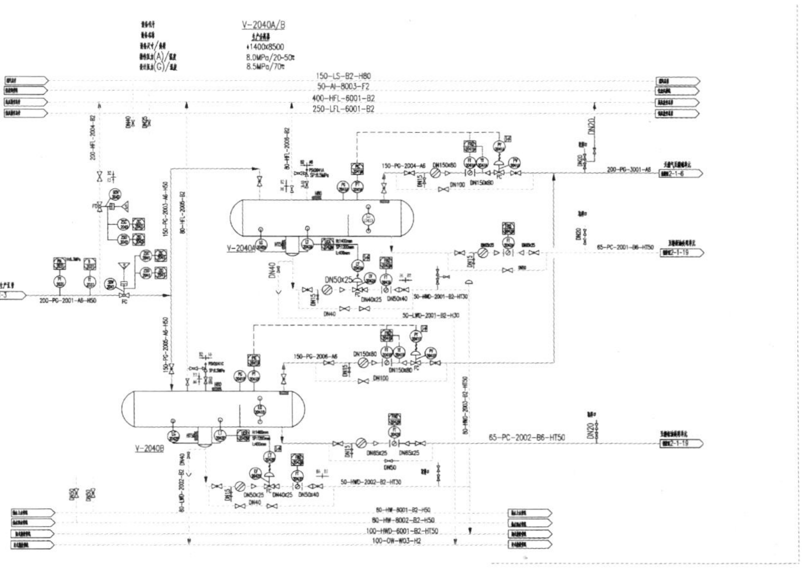

图 8-11　某分离罐自控流程图

表 8-12　HAZOP 分析工作表

项目名称			×××××																				
评估日期			××××																				
节点编号			1																				
节点名称			分离罐 A																				
图纸编号			××××																				
编号	参数	参数+引导词	偏离描述	原因	F_0	后果	S_i	L_i	R_i	现有措施	F_s	S	L	R	建议编号	建议项	通用	建议类别	F_r	S_r	L_r	R_r	责任方
1-1	流量	没有流量	V-2040A 分离罐上游进气管道没有流量	V-2040A 分离罐进气管道上的调节阀故障并关闭	1	经过会议讨论，此情景没有明显的安全后果，可能会影响生产	1	1	D			1								1			业主方
1-2	流量	没有流量	V-2040A 分离罐下游出气管道没有流量	V-2040A 分离罐出口管道上的调节阀故障并关闭	1	V-2040A 分离罐内压力升高，甚至超压，设备或管道破裂，易燃化学品泄漏进入大气，与空气混合，形成爆炸性混合气体，发生着火或爆炸，造成 1~2 人甚至多人伤亡	4	1	B	V-2040A 分离罐口一侧有压力变送器，当压力达到设定值时，自动关闭调节出口侧调节开关阀	0	4	3	C	G-01	将调节阀所在的控制回路纳入工厂预防性维修计划，定期维护测试	是	安全	0	4	5	E	设计院
				存在着火源	0					V-2040A 分离罐上有泄爆或泄压装置，并释放至安全地点	2				1-01	在 V-2040A 分离罐入口侧，增加压力或液位变送器和开关阀（XV 阀门），当 V-2040A 分离罐内压力或液位达到设定值时，自动关闭上述开关阀		安全	1				
				现场有工作人员	0					V-2040A 分离罐设计有压力表，当压表超高时，操作人员可以观察到并处理。也可打开旁路	0				1-02	在 V-2040A 分离罐上增加一个冗余的安全阀，并释放在安心的地点		安全	1				

表 8-13 HAZOP 分析工作表栏目说明

栏目标题	说明
编号	各种假想事故情形的编号
操作步骤	间歇工艺系统的生产过程中的某个阶段或步骤
主要设备	本节点中出现的主要设备的名称
参数	引导 HAZOP 分析的一系列表示工艺状况的名词，如流量、温度、压力等
参数+引导词	引导词是某些词汇，HAZOP 小组用这些词汇和参数搭配，得出异常工况的情形，如参数“流量”和引导词“没有”搭配，得到“没有流量”这一种异常的工况
偏离描述	背离正常生产操作的设计意图的假想情形称为“偏离”，此栏是 HAZOP 小组依据“参数+引导词”所识别的偏离正常工况的情形的详细描述
原因	导致偏离的直接原因或事件
F_0	导致偏离的直接原因或事件出现的可能性
后果	当假想的偏离情形发生时，以及所有的现有保护层都失效时，可能导致的负面影响的描述，如安全影响(人员伤亡)或环境影响(对环境造成的破坏程度)
S_i	在初始没有任何保护层情况下，可能导致的后果
L_i	在初始没有任何保护层情况下，导致后果 S_i 的可能性
R_i	在初始没有任何保护层情况下，本事故情形的风险程度
现有措施	当前设计、安装的设施或管理实践中已经存在的消除或控制本事故情形的危害的措施
F_s	各项现有安全措施失效的可能性
S	在现有安全措施有效的情况下，假想事故情形发生时可能导致的后果
L	在现有安全措施有效的情况下，导致后果 S 的可能性
R	在现有安全措施有效的情况下，本事故情形的风险程度。根据 S 和 L 在风险矩阵中查得的风险等级，据此可以判断当前的风险在矩阵表中所处的区域，以及是否可以接受
建议项编号	建议措施的编号，如“2-3”，前一个数字代表节点的标号，后一个数字是该节点中建议项的序号
建议项	为了进一步降低风险，由分析小组提出的消除或控制本事故情形的危害的措施
建议类别	建议项的类别，通常分成“安全”“生产”“环境”等。如果此建议项提出的目的是为了改进安全，则其类别是“安全”，以此类推
F_r	各建议项失效的可能性
S_r	在现有安全措施及建议项有效的情况下，假想事故情形发生时可能导致的后果，即所谓的“残余后果”
L_r	在现有安全措施及建议项有效的情况下，假想事故情形发生的可能性，即所谓的“残余可能性”
R_r	在现有安全措施及建议项有效的情况下，假想事故情形发生的风险程度。根据 Sr 和 Lr 在风险矩阵中查得的风险等级，据此可以判断当前的风险在矩阵表中所处的区域，以及是否可以接受

第四节 环境保护

随着新的环境问题的不断显现，人们对环境问题的认识也在不断深入和完善，尤其自 2010 年雾霾大面积出现以来，人们对环境保护更加关注，我国政府在政策、资金方面给予了污染治理大力支持，近五六年新出台了很多环境新政策、新法规、新标准，落实“绿水青山就是金山银山，建设生态文明，走可持续发展之路，建设资源节约型、环境友好型社会”。

化工生产大多是物质形态的转化，同时也伴随产生一定量的废水、废气、废渣。三废对环境会产生不利的影响，因此，在化工生产过程中必须加强环境的管理。

工业企业环境管理是运用技术、经济、法律、教育、行政等手段，对损害环境质量的生产活动施加影响，协调发展生产与环境的关系，使生产目的和环境目的统一起来，以求经济效益、社会效益与环境效益的统一。工业企业环境管理，是工业企业管理的一个重要组成部分，是专业环境管理的重要组成部分。

一、环境影响评价

环境污染的实质是资源的浪费。企业降低原料消耗，提高资源的利用率，降低成本和投入，既是提高企业经济效益的重要措施又是控制和减少对环境污染的重要措施。

污染物排放标准是企业依据国家或地方对环境的要求，对本企业污染源排入环境的污染物浓度或数量作出的限量规定，目的是控制污染源的排放量。

企业制定污染物排放标准的基本原则是：尽量满足区域环境质量的要求；必须在企业控制技术的可行性和经济条件的可能性，以及管理的有效性基础上，最大限度地控制和减少污染物的排放；同时还必须综合考虑所在地区的环境条件、环境质量和排污许可量的要求。企业污染物的排放标准不同于国家和地方的标准，不得低于国家或地方的标准。

1. 建立环境保护的技术管理

要组织制定环境保护技术操作规程，提出产品标准和工艺标准的环境保护要求，发展无污染和少污染的工艺技术，开展综合利用，改革现有工艺的产品结构，减少污染物的排放等。

要正确选择技术先进、经济上合理的防治污染的设备，建立健全环境保护设备管理制度和管理设施，使设备经常处于良好的技术状态，以符合设计规定的技术经济指标。

防治污染设备是对需排放污染物进行必要达标净化的专用设施。因此，在设备的选择上，既要考虑企业的经济、技术条件，又要服从于污染物净化工艺和标准的需求。

2. 建立环境影响评价制度

（1）环境影响评价的任务、原则和类型

环境影响评价的任务。环境影响评价的任务是从发展经济和保护环境的目的出发，分析和预测开发建设活动对环境的影响，比较并评价不同开发建设方案的环境经济效益，为开发建设项目的合理布局和环境保护措施的选择与实施提供依据。

开发建设项目的环境影响分析和预测既是决策时不可少的条件，也是环境影响评价工作的基础。对不同开发建设方案的环境经济效益比较和评价是决策时考虑环境保护因素的基本依据，也是环境影响评价工作的核心。在开发建设活动决策中，对环境保护因素的考虑最终归结到对开发建设项目布局的考虑和环境保护措施的选择。因此环境影响评价工作的出发点和归宿都应是为项目的合理布局和环境保护措施的选择与实施提供依据。

（2）环境影响评价的原则

作为开发建设活动决策的一部分，环境影响评价必须坚持可靠实用、通盘考虑的工作原则，要客观地、实事求是地分析、评价开发建设活动对环境影响的有利和不利方面，分析、评价环境保护措施的环境效益与经济效益，坚持长远利益与眼前利益相结合的原则。为了避免决策时出现大的失误，一定要把开发建设活动对环境的不利影响讲清、说透。在具体评价工作的每个环节时，都要严格按照有关规范、条例进行，不能在凭据不足的情况下匆忙得出结论。应收集、分析和利用已有的资料，如气象、水文地质、土壤生物、社会经济和卫生等方面的资料，根据环境评价的要求，分析、使用这些资料，这样才能得出比较准确的结论。

（3）环境影响评价的类型

根据开发建设活动的不同，可以将环境评价分为三种类型：单个开发建设项目的环境影响评价，区域开发建设项目的环境影响评价，发展规划和政策的环境影响评价，并组成完整的环境影响评价体系。

① 单个建设项目的环境影响评价

单个建设项目的环境影响是为单个建设项目的布局、选址和确定该项目的性质、规模、环境保护措施服务的。这一评价根据项目建议书与可行性研究同时进行，主要是预测与分析项目的环境影响，并在此基础上提出对该项目环境保护对策的建议和要求。对一个项目进行评价，工作内容和工作结论针对性强，是这一类型环境评价的基本特点。

② 多个建设项目环境影响联合评价

在同一地区或同一评价区域内进行两个以上建设项目的整体评价称为多个建设项目环境影响联合评价。这种评价在任务和方法上与单个建设项目的影响评价相同，其所得预测结果能比较确切地反映出各单个建设项目对环境的叠加影响，提出的防治政策也更具有实用价值。

③ 区域开发的环境影响评价

开发建设活动往往是以区域的开发建设形式出现的，根据国家(或地方)的规划，在一定的时期内，在某个区域中将进行一系列开发建设活动，兴建一批建设项目。这样区域内的布局、性质、规模和结构以及发展的时序，就成为区域开发决策的重要内容。这就产生了区域开发的环境影响评价问题。

④ 战略及宏观活动的环境影响评价

指对于国家的宏观政策、计划、立法等高层次活动对环境产生的影响进行的预测。其评价对象是一项政策或一个规划所造成的影响，其范围是全国而不是某个项目或地区。因此宏观活动环境影响评价的方法也与前面几种评价不同，它更多地采用各种定性和半定量的预测方法及各种综合判断方法。对宏观活动进行环境影响评价，可以为高层次的开发建设规划决策服务，因此它对全国的环境保护工作具有重要的战略意义。

二、环境影响报告书

环境影响报告书是环境影响评价工作的基本成果，既是供开发建设活动决策用的技术文件，又是履行环境保护法规定的法律程序的法律文件。因此要求内容准确，即报告书所列数据、情况必须准确；结论明确，即指报告书应对评价的开发建设活动的环境影响得出明确的结论，不能含糊其词。报告书的编写单位应根据评价工作，客观地、公正地做出结论。文字应扼要，只写上与结论有关的数据、情况，尽量减少各种不必要的论述。

1. 环境影响报告书的技术要求

（1）报告书的篇幅

报告书的篇幅不宜过长，一般应控制在两万字以下。

（2）报告书的计算公式

报告书列出与结论有关的主要计算公式，不必列出计算过程，但须说明公式的使用条件和计算结果。对于非通用计算公式必须列出验证的情况和结论。

(3) 报告书中的数据

报告书中应列出与结论有关的主要数据，所列数据均应符合有关规范的要求。

(4) 报告书的图件

报告书应附有必要的图件，包括开发项目的地理位置、主要环境条件图和主要预测图等。制图法、所用图例、符号均应符合有关规范要求。

(5) 报告书的署名

报告书编写单位应向委托单位提出报告书。报告书由编写单位的行政、技术负责人和评价工作负责人署名。建设单位向环境保护部门报送报告时，只由建设单位的行政、技术负责人署名。

2. 环境影响报告书的内容

环境影响报告书的具体内容直接取决于评价工作的内容，对于不同的开发建设活动，其报告书内容可以大不相同。但环境报告书的内容组成应符合国家的有关规定。初评和详评的报告书内容的组成是相同的。根据国家《环境影响评价技术导则》的规定，环境影响报告书应按下列内容进行编制：

(1) 总则

① 结合评价项目的特点，阐述编制目的。

② 编制依据包括项目建议书、评价大纲及其审查意见、评价委托书、建设项目可行性研究报告等。

③ 采用标准。

④ 控制污染与保护环境的目标。

(2) 建设项目概况

① 建设项目的名称、地点及建设性质。

② 建设规模、占地面积及厂区平面布置。

③ 土地利用情况和发展规划。

④ 产品方案和主要工艺方法。

⑤ 职工人数和生活区布局。

(3) 工程分析

① 主要原料、燃料及其来源、储运和物料平衡、水的用量与平衡，水的回用情况。

② 工艺过程。

③ 排放的废水、废气、废渣、颗粒物、放射性废物等的种类、排放量和排放方式；污染物的种类、性质及排放浓度；噪声、振动的特性等。

④ 废弃物的回收利用、综合利用和处理、处置方案。

(4) 建设项目周围地区环境现状

① 地理位置。

② 自然环境包括气象、气候及水文情况(河流、湖泊、水库及海湾)；地质、地貌状况；土壤、植被(自然及人工)及珍稀野生动植物状况；大气、地面水、地下水及土壤环境质量状况。

③ 社会环境包括：建设项目周围现有工矿企业和生活居住区的分布情况、农业概况及交通运输状况；人口密度、人群健康及地方病情况。

（5）环境影响预测

① 预测范围。

② 预测时段。

③ 预测内容及预测方法。

④ 预测结果及其分析说明。

（6）评价建设项目的环境影响

① 建设项目环境影响的特征。

② 建设项目环境影响的范围、程度和性质。

（7）环境保护措施的评价及环境经济论证提出各项措施的投资估算

（8）建设项目对环境影响的经济损益性分析

（9）环境监测制度及环境管理、环境规划的建议

（10）环境影响评价结论

三、污染物排放量计算方法

目前我国的环境评价统计工作中，污染物排放量通常采用三种方法，即实测法、物料衡算法和经济估算法。现分别介绍如下：

1. 实测法

实测法是通过实地测定某单位或车间外排废水、废气中污染物的浓度及废水、废气的流量，然后计算其中污染物的绝对排放量，其计算公式为：

$$Q_i=\beta Q\rho_i \tag{8-9}$$

式中 Q_i——废气（废水）中某污染物绝对排放量，t；

Q——废气（废水）排放量，m^3；

β——量纲转换系数，若为 mg/L 与 m^3 相乘，β 取 10^{-6}；若为 mg/L 与 L 相乘，β 取 10^{-9}；若为 g/m^3 与 Nm^3 相乘，β 取 10^{-6}；

ρ_i——某污染物的加数平均质量浓度，mg/L 或 mg/Nm^3。

$$\rho_i=\frac{Q_1\rho_1+Q_2\rho_2+\cdots+Q_n\rho_n}{Q_1+Q_2+\cdots+Q_n}=\frac{\sum_{m=1}^{n}\rho_m Q_m}{\sum_{m=1}^{n}Q_m} \tag{8-10}$$

式中 Q_n、ρ_n——第 n 次测定的流量值和质量浓度值；

n——测定次数。

当 Q_1，Q_2，…，Q_n 相等或相差较小时，ρ_i 值可简化为算术平均值，即

$$\rho_i=\frac{\rho_1+\rho_2+\cdots+\rho_n}{n} \tag{8-11}$$

2. 物料衡算法

根据物质不灭定律，在生产过程中，投入的物料量等于产品质量和物料流失量的总和。物料衡算示意图如下：

$$\text{投料}\rightarrow\boxed{\text{生产工艺流程}}\rightarrow\begin{cases}\sum G\ \text{产品}\\ \sum G\ \text{流失}\end{cases}$$

物料衡算公式

$$\sum G = \sum G_1 + \sum G_2$$

式中 $\sum G$——投入物料量总和；

$\sum G_1$——所得产品的总和；

$\sum G_2$——物料或产品流失量总和。

3. 经验计算法(估算法)

根据生产过程中单位产品的经验排放系数进行计算，求得污染物排放量的计算方法叫作经验计算法。其计算公式为：

$$Q_i = \frac{K_i M_i}{1000} \tag{8-12}$$

式中 Q_i——某污染物的排放量，t；

K_i——某单位产品的经验排放系数，kg/t；

M_i——某产品的年产量，t。

在《工业企业环境保护考核制度实施办法(试行)》中，规定了“主要污染物排放量”和“污染物排放达标率”作为企业环境保护考核的指标。

列为国家考核的主要污染物有以下 18 种：

废气 5 种，包括 SO_2、烟尘、NO_x、氟化物和工业粉尘等；

废水 9 种，包括氰化物、酚、油、汞、镉(Cd)、六价铬(Cr^{6+})、砷(As)和铅(Pb)等 9 种；

废渣 4 种，包括粉煤灰、煤矸石、冶炼废渣和化工废渣。

4. 主要污染物排放量计算

其表达式为

$$K = \frac{1}{n}\sum_{i=1}^{n}\frac{Q_i}{Q_{0i}} \tag{8-13}$$

式中 n——主要污染物的项目数；

Q_i——污染物实际排放量；

Q_{0i}——污染物的基准排放量；

K——主要污染物排放量的综合指数。

第九章　大学生化工设计竞赛与实例

第一节　大学生化工设计竞赛简介

《教育部关于实施卓越工程师教育培养计划的若干意见》中提出“高等工程教育要面向工业界、面向世界、面向未来，培养造就一大批创新能力强、适应经济社会发展需要的高质量各类工程技术人才，为建设创新型国家、实现工业化和现代化奠定坚实的人力资源优势，增强我国的核心竞争力和综合国力。”根据该《意见》的指导思想，中国化工学会、中国化工教育协会和教育部高等学校化工类专业教学指导委员会共同主办全国大学生化工设计竞赛，旨在多方面培养大学生的创新思维和工程技能，培养团队协作精神，增强大学生的工程设计与实践能力，实践“卓越工程师教育培养计划”，以应对化工行业对工程技术人才越来越高的要求。

全国大学生化工设计竞赛面向全国高等院校化工专业的学生，是国内化工类级别最高、参赛队伍最多、影响最大的专业性顶级赛事。参赛院校和参赛队伍逐年增加，2019 年参赛院校已达 352 所，参赛队伍达 2219 个。通过比赛，可全方位考查学生的化工知识综合运用能力、化工设计软件的应用能力和创新意识，激发学生科技创新创业的热情，提高学生在工程实践活动中创造新技术成果的能力，包括新产品和新技术的研发，新流程和新装置的设计，新的工厂生产过程操作运行方案等等。

本教材增设了全国大学生化工设计竞赛的内容和实例，方便大家更详细全面地了解竞赛的相关内容。

一、参赛对象和形式

全国大学生化工设计竞赛的参赛者面向全日制在校本科生，以化工专业本科生为主，同时鼓励其他学科专业学生参赛。学生以团队形式参赛，每队 5 人，设队长 1 人。每位学生只允许参加一支代表队。

竞赛分初赛（区赛）和决赛（国赛）两个阶段。初赛分华东、华南、华北、华中、东北、西北和西南七个赛区进行，然后在初赛基础上举行全国总决赛。在初赛阶段，参赛队伍根据竞赛命题和要求，独立完成方案设计，不允许外人代工或抄袭外队作品，并提交设计作品的电子文档，每支参赛队伍只能提交一份作品。初赛作品经初赛评审委员会评审，评选出各赛区的获奖作品，并甄选进入全国总决赛的 48 支参赛队。某些省份，如江苏、浙江等举办省赛以选拔参加初赛的团队。

全国总决赛时先进行分组决赛，各参赛队伍必须在规定时间内提交参赛作品，并在指定的时间和地点进行口头报告和现场答辩，由评审委员会委员和学生代表评选获奖队伍，缺席者作自动放弃处理。第二轮决赛时，由团队成员对参赛作品进行陈述和展示，接受决赛评委和参赛学生的提问并即时答辩，最终由评审委员和参赛学生代表共同评选出获奖队伍和获奖等级。

二、竞赛日程

1. 公布竞赛题目

竞赛题目及参赛作品要求公布在《全国大学生化工设计竞赛设计任务书》中，参赛队伍可在全国大学生化工设计竞赛网站(http：//iche. zju. edu. cn)“通知公告”栏目中下载。

2. 报名组队

报名参赛的团队需登录全国大学生化工竞赛网站在线注册并填写报名表。获准参赛的团队名单将陆续在竞赛网站上公布，并通过 E-mail 通知参赛团队。团队有队员因故退出时，最多允许替换或缺席一名队员参赛，否则作弃权处理。

3. 实施设计

自获准参赛日至指定时间(2019 年为 7 月 20 日)为参赛队伍实施设计、完成初赛作品的工作时间。参加决赛的作品在得到获奖通知后有一定的修改时间。

4. 提交初赛作品

将初赛作品相关文件在指定日期前按照《提交作品指南》(届时在竞赛网站上公布)的指示上传到指定的云存储上。按照设计任务书要求提供完整材料的作品，方视为合格参赛作品。

5. 初赛评审

各赛区应于规定时间内对提交的参赛作品进行评阅，遴选出赛区决赛的团队，并在竞赛网站通知栏目中公布，通过 E-mail 通知相关参赛队伍。

6. 全国总决赛名额

各赛区竞赛委员会在规定时间内将赛区初赛评审的详细材料及成功参赛学校和作品清单提交全国竞赛委员会，全国竞赛委员会将根据各赛区的成功参赛学校数量按比例分配参加全国总决赛的名额，并在竞赛网站的通知栏目中公布。

7. 赛区决赛

赛区决赛的具体时间由各赛区竞赛委员会确定后另行通知。赛区决赛原则上采用答辩会的形式，各参赛队伍依次报告本队的作品，接受赛区决赛评审专家的质询，即时答辩。赛区决赛评审专家根据参赛队伍的口头报告质量和答辩表现进行评议，评定各参赛队伍的获奖级别，并甄选出代表本赛区参加全国总决赛的团队。

8. 全国总决赛

参加全国总决赛的通知和参赛队名单在竞赛网站的通知栏目中公布，并通过 E-mail 通知相关参赛队伍。全国总决赛的比赛时间和具体赛程安排另行通知。总决赛内容包括作品专项评审和总决赛答辩会。

总决赛团队在规定时间内将定稿作品上传到竞赛网站的决赛作品提交目录中。总决赛团队需准备 20min 的口头报告资料和相应的 PowerPoint 文档，在报告会上介绍本队的设计作品并进行答辩。各队在总决赛答辩会上的分组和出场顺序均通过抽签决定，各参赛队伍依次报告本队的作品，接受总决赛评审委员会的质询，即时答辩。

总决赛评审委员会根据各队提交的作品质量、口头报告和答辩表现进行综合评价，于总决赛结束后公布评奖结果并举行颁奖仪式。获奖名单将在全国大学生化工设计竞赛网站上公示，公示期(15 天)后进行异议审查，异议审查结束后将公布正式获奖名单，颁发获奖证书。

三、竞赛设计任务书

（一）设计题目

参赛队伍可登录全国大学生化工设计竞赛网站，在通知公告中下载设计任务书，并获取设计题目。

（二）设计基础条件

1. 原料

原料类型及原料规格或组成要求由设计任务书给定或参赛队伍根据资源调研结果自行确定。

2. 产品

产品结构及其技术规格由设计任务书给定或参赛队伍根据本队的市场规划自行拟订。

3. 生产规模

生产规模由参赛队伍根据本队的资源规划和市场规划以及国家的有关政策自行确定。

4. 安全要求

在设计中坚决贯彻安全第一的指导思想，从提高装置的本质安全性出发，尽量采用新的安全技术和安全设计方法。

5. 环境要求

尽量采取可行的清洁生产技术，从本质上减少对环境的不利影响，并对可能造成环境污染的副产物提出合理的处理方案。

6. 公用工程

一般与园区或总厂公用工程系统集成。

（三）工作内容及要求

1. 项目可行性论证

① 建设意义；
② 建设规模；
③ 技术方案；
④ 与总厂或园区的系统集成方案；
⑤ 厂址选择；
⑥ 与社会及环境的和谐发展（包括安全、环保和资源利用）；
⑦ 技术经济分析（包括落实《中国制造 2025》中提出的绿色发展 2020 年指标的情况）。

2. 工艺流程设计

① 工艺方案选择及论证；
② 安全生产的保障措施；
③ 先进单元过程技术的应用；
④ 集成与节能技术的应用；
⑤ 工艺流程计算机仿真设计；
⑥ 绘制物料流程图和带控制点工艺流程图；
⑦ 编制物料及热量平衡计算书。

3. 设备选型及典型设备设计

① 典型非标设备——反应器和塔器的工艺设计，编制计算说明书；

② 典型标准设备——换热器的工艺选型设计，编制计算说明书；

③ 其他重要设备的工艺设计及选型说明；

④ 编制设备一览表。

4. 车间设备布置设计

选择至少一个主要工艺车间，进行车间布置设计。

① 车间布置设计；

② 车间主要工艺管道配管设计；

③ 绘制车间平面布置图；

④ 绘制车间立面布置图；

⑤ 运用三维工厂设计工具软件进行车间布置和主要工艺管道的配管设计。

5. 工厂总体布置设计

① 对主要工艺车间、辅助车间、原料及产品储存区、中心控制室、分析化验室、行政管理及生活等辅助用房、设备检修区、三废处理区、安全生产设施、厂区内部道路等进行合理的布置，并对方案进行必要的说明；

② 装置布置设计；

③ 绘制装置平面布置总图；

④ 运用三维工厂设计工具软件进行工厂布置设计。

总图设计应符合下列标准规范：

《建筑设计防火规范》(GB 50016—2014)

《化工企业总图运输设计规范》(GB 50489—2009)

《石油化工企业设计防火规范》(GB 50160—2008)

《工业企业总平面设计规范》(GB 50187—2012)

《工业企业设计卫生标准》(GBZ 1—2010)

《石油化工企业厂区总平面布置设计规范》(SH/T 3053—2017)

《石油化工储运系统罐区设计规范》(SH/T 3007—2014)

《石油化工厂内道路设计规范》(SH/T 3023—2017)

《石油化工总体布置设计规范》(SH/T 3032—2018)

《石油化工厂区竖向布置设计规范》(SH/T 3013—2000)

《石油化工厂区绿化设计规范》(SH/T 3008—2017)

《压缩机厂房建筑设计规定》(HG/T 20673—2005)

《化工装置设备布置设计规定》(HG/T 20546—2009)

《石油化工企业总图制图标准》(GB/T 51027—2014)

6. 经济分析与评价

根据调研获得的经济数据(可以参考以下价格数据)对设计方案进行经济分析与评价：

① 304 不锈钢设备：18000 元/t；

② 中低压(≤4MPa)碳钢设备：6000 元/t；

③ 高压碳钢设备价格：9000 元/t；

④ 其他特殊不锈钢按市场调研数据定价；

⑤ 低压蒸汽(0.8MPa)：200 元/t；

⑥ 中压蒸汽(4MPa)：240 元/t；

⑦ 电：0.75 元/(kW·h)。

鼓励采用专业软件进行过程成本的估算和经济分析评价。

项目经济评价应遵循效益与费用计算口径对应一致的原则，同时应遵循产业政策导向原则、目标最优化原则、指标统一原则和价格合理原则。项目经济评价一般分为财务评价和国民经济评价两个层次。财务评价是从企业微观经济角度来判断投资行为在企业财务上的可行性；国民经济评价是从国民经济宏观角度来考察对生态、环境的影响以及对产业和国家安定等方面的贡献。项目经济评价应满足财务评价可行和国民经济评价合理两个条件，方可进入后续设计。特殊情况如果项目财务评价认为不可行，而国民经济认为合理，国家应采取政策性补贴或减免税收等必要的保护措施，使项目的财务评价成为可行。

7. 参赛作品应提交的材料

（1）必须提交的基本材料

① 项目可行性报告；

② 初步设计说明书(包括设备一览表、物料平衡表等各种相关表格)；

③ 典型设备(标准设备和非标设备)工艺设计计算说明书(若采用相关专业软件进行设备计算和分析，则必须同时提供计算结果和计算模型的源程序)；

④ 设计图集，包括 PFD 和 P&ID 图(可以分多张图绘制)，车间设备平面和立面布置图，装置平面布置总图，主要设备工艺条件图；

⑤ 工艺流程的模拟及流程优化计算结果和模拟源程序；

（2）计入作品评分的材料

① 若进行危险与可操作性分析(HAZOP)，请提供相关的文档(若采用专业软件实施，请提供能在该软件平台上打开的设计源文件)；

② 若进行能量集成与节能技术运用，则提供相关的结果(若采用专业软件计算，请提供能在该软件平台上打开的设计源文件)；

③ 若采用专业软件进行过程成本的估算和经济分析评价，请提供能在该软件平台上打开的设计源文件；

④ 若采用专业软件进行容器类设备的结构设计，请提供能在该软件平台上打开的设计源文件。

⑤ 能在所采用的三维工厂设计工具软件平台上打开的车间布置和装置总体设计源文件。

四、化工设计竞赛作品评分细则

根据全国大学生化工设计竞赛规则，各级评委将对所有提交作品进行初评，初评从技术创新性，现代设计方法及工具应用，设计内容的正确、完整和规范程度以及设计文档的编制质量四个方面对作品进行评定，参赛团队也可参考此评分细则进行自评。在初评基础上遴选出优秀作品进行初赛和决赛，初赛和决赛再分别从现代设计方法、设计文档质量、工程图纸质量和现场答辩质量四个方面进行评分，最后评出获奖团队和获奖等级。

（一）初评评分细则

1. 技术创新性(15 分)

① 资源利用(原料)方案创新(1.5 分)；

② 产品结构方案创新（1.5 分)；

③ 反应技术创新(3 分)；

④ 分离技术创新(3 分);

⑤ 过程节能降耗技术创新(2 分);

⑥ 环境保护技术创新(2 分);

⑦ 新型过程设备的应用(2 分)。

2. 现代设计方法及工具应用(25 分)

① 应用计算机过程模拟方法进行工艺流程设计(10 分);

② 应用 Pinch 分析方法进行过程能量集成(2 分);

③ 应用计算机辅助设计软件进行过程设备的计算设计(4 分);

④ 应用计算机辅助设计软件绘制设计图纸(5 分);

⑤ 应用三维建模方法进行设备布置或工厂外观的设计(2 分);

⑥ 应用三维工厂设计软件进行工厂整体模型(含设备布置和配管)设计(2 分)。

3. 设计内容的正确、完整和规范程度(30 分)

① 工艺流程的完整性与正确性(10 分);

② 设计标准及规范的正确应用(5 分);

③ 过程设备选型的合理性及计算正确性(5 分);

④ 控制策略与方案的合理性及正确性(3 分);

⑤ 车间设备布置及工厂总体布局的合理性及规范性(7 分)。

4. 设计文档的编制质量(30 分)

① 设计说明书格式规范、内容完整性(10 分);

② 设计说明书表述清楚、语言文字正确性(5 分);

③ 设计图纸内容完整、绘图表达的正确性(10 分);

④ 设计图纸格式规范、布局合理性(5 分)。

(二)初赛和决赛评分细则

1. 现代设计方法(15 分)

① 计算机辅助过程设计(7 分)

过程仿真设计模型(4 分),反应器设计模型(1 分),分离过程设计(1 分),过程热集成(1 分)。

② 计算机辅助设备设计(4 分)

对换热器进行详细设计(1 分),对塔设备进行详细设计(3 分)。

③ 计算机辅助工厂设计(4 分)

车间设备布置三维设计(2 分),三维配管设计(1 分),工厂三维模型设计(1 分)。

2. 设计文档质量(20 分)

① 可行性研究报告(6 分)

建设规模及产品方案(1 分),原材料需求清单及来源(1 分),公用工程需求表(1 分),三废排放量表(1 分),投资估算表(1 分),经济效益分析表(1 分)。

② 初步设计说明书(10 分)

内容符合标准 HG/T 20688—2000《化工工厂初步设计文件内容深度规定》(1 分),工艺技术方案论证(5 分),过程节能及能耗计算(1 分),环境保护(1 分),总图布置遵循正确的标准及安全距离(1 分),重大危险源清单及其相应安全措施(1 分)。

③ 设备设计文档(4 分)

塔设备计算说明书(1 分)，换热器设计结果表(1 分)，反应器设计说明书(1 分)，工艺设备一览表(1 分)。

3. 工程图纸质量(15 分)

① 物料工艺流程图(PFD)(5 分)

图框、标题栏、图标、图线和文字的规范性(1 分)，流程结构、物料平衡表和设备位号的正确与完整性(4 分)。

② 工艺管道及仪表流程图(P&ID)(4 分)

图框、标题栏、图幅、图标、图线和文字的规范性(1 分)，单元控制逻辑和管道组合号的正确与完整性(3 分)。

③ 车间设备布置图(3 分)

图框、标题栏、图幅、比例、图线和文字的规范性(1 分)，空间布置合理无冲突(1 分)、平面图与立面图一致(0.5 分)和尺寸标注(0.5 分)。

④ 分厂平面布置图(3 分)

图框、标题栏、图幅、比例、图线和文字的规范性(1 分)，风玫瑰、技术指标、说明文字的正确与完整性(1 分)，布局合理、安全间距、消防措施的正确与完整性(1 分)。

4. 答辩质量(以 100 分计算，占比 50%)

① 技术创新性(20 分)

清洁生产技术创新(6 分)，反应技术及分离技术创新(6 分)，过程节能技术创新(4 分)，新型过程设备应用技术创新(4 分)。

② 口头报告质量(40 分)

包括口头表达(20 分)、PPT 制作品质(12 分)、报告用时(3 分)，团队合作精神(5 分)。

③ 答辩质量(25 分)

回答问题的正确性(8 分)，回答问题的客观性(8 分)，简明流畅(4 分)，体现团队合作精神(5 分)。

④ 作品质量(15 分)

工艺流程的正确性(7 分)，设计说明书(5 分)，工程图纸(3 分)。

第二节　大学生化工设计竞赛实例

一、竞赛作品提交内容介绍

各团队提交的作品主要包括设计文档、设计图册、设计源文件、三维厂区漫游等文件夹。其中设计文档主要包括项目摘要、可行性研究报告、初步设计说明书、设备选型与设计、环境影响报告、安全评估报告、创新性说明、设备一览表和附录。设计图册主要包括工艺物料流程图(PFD)、工艺管道及仪表流程图(P&ID)、车间设备布置图、装配图、主要设备工艺条件图、轴测图、厂区平面布置图和 3D 效果图。设计源文件主要包括 Aspen 源文件、CAD 源文件、ALOHA 储罐泄漏扩散模拟源文件、EIAN 噪声预测源文件、HAZOP 风险评价源文件、PDMS 车间配管源文件、Risk System 环境风险评估源文件、Sketch Up 工厂三维模型设计源文件、SW6 强度校核设计源文件或采用其他计算机辅助软件 SP3D、PDMAX 等得到的源文件。三维厂区漫游一般为 MP4 视频文件。

二、4 万吨/年异壬醇联产 1 万吨/年对叔辛基酚项目概述

下面以 2018 年全国大学生化工设计竞赛特等奖获得者某某大学某某团队的作品为例，说明化工设计竞赛作品要求和内容。

包括中国在内的许多国家提出了大力发展清洁能源汽车，减少车用燃料油和燃料添加剂，在此背景下，如何有效利用石油和石油加工产物中的相关馏分资源成为一项具有挑战性的科学问题。本项目利用异丁烯生产具有使用价值和市场需求的下游产品，设计年产 4 万吨异壬醇联产 1 万吨对叔辛基酚项目，并副产 0.2 万吨/年邻叔辛基酚和 0.24 万吨/年 2，4-二叔辛基酚。厂址选在基础设施完善、原料充足、交通便利的湖南某石化有限公司，为该公司年产 13.5 万吨 MTBE 项目为依托的下游配套子项目。

（一）工艺介绍

1. 工艺简述

本项目综合利用某石化总厂的高纯异丁烯、苯酚及来自长炼工业园内的合成气、氢气等原料，采用高纯异丁烯齐聚工艺制二异丁烯，二异丁烯氢甲酰化及加氢制异壬醇，二异丁烯烷基化制对叔辛基酚，同时副产邻叔辛基酚、2，4-二叔辛基酚。该项目采用 Bayer 异丁烯齐聚工艺生产二异丁烯、Oxeno 工艺生产异壬醇及树脂催化法生产对叔辛基酚。生产工艺成熟，投资成本低，实现了产物比例的灵活调节，未反应物料可循环使用，经济效益高。

2. 工艺流程说明

本项目分为四个工段：异丁烯二聚工段、辛基酚合成工段、氢甲酰化工段以及异壬醇合成工段。总工艺流程图见图 9-1。

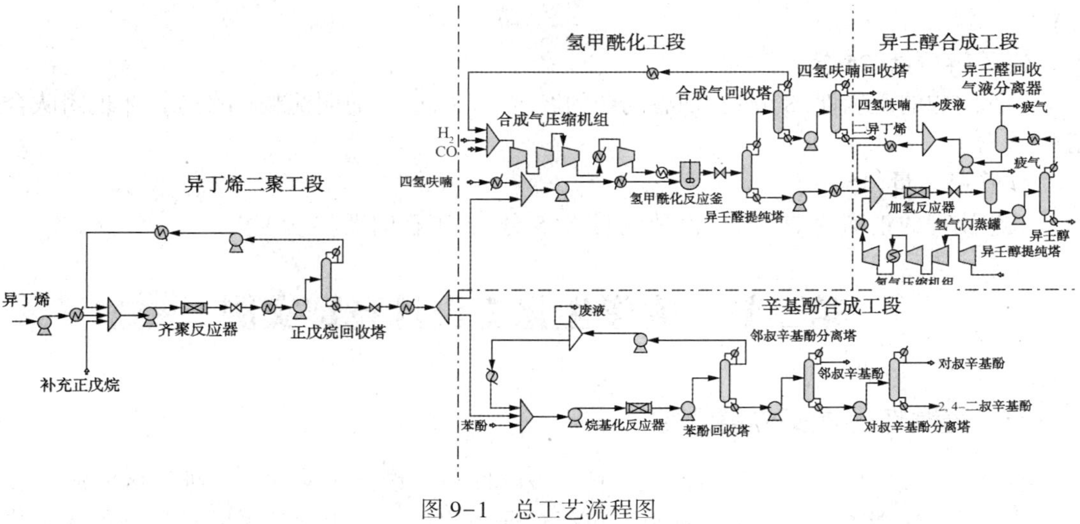

图 9-1　总工艺流程图

① 异丁烯二聚工段

异丁烯二聚工段流程示意图见图 9-2。经总厂 MTBE 裂解制得的高纯异丁烯经泵、加热器加热至合适温度，与溶剂正戊烷及循环物流在搅拌罐内混合，再由泵输送至齐聚反应器，反应器采用列管式固定床反应器，在 90℃和 2.0MPa 的反应条件下，经大孔磺酸性阳离子树脂催化剂作用发生齐聚反应生成二异丁烯混合产物，经正戊烷回收塔回收溶剂正戊烷，得到

纯度为 99.98%的二异丁烯，换热后分别送往辛基酚合成工段和氢甲酰化工段，溶剂和抑制剂循环回用。

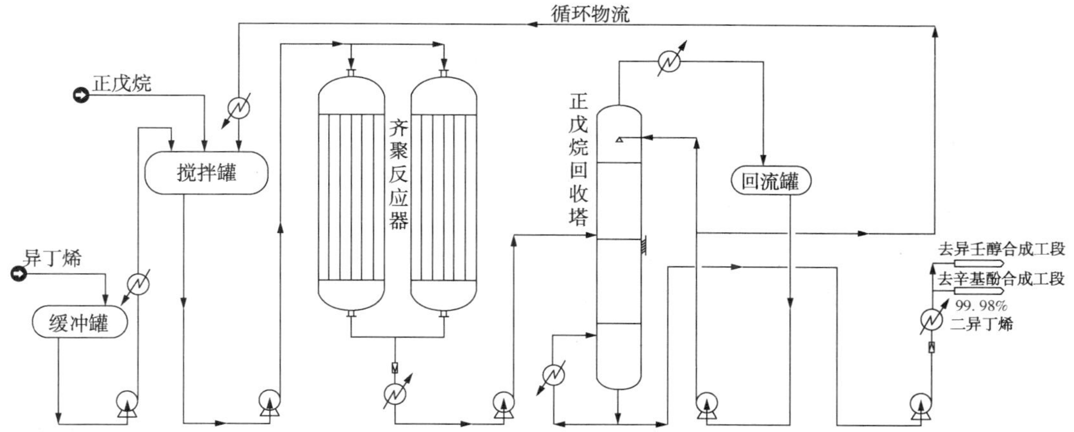

图 9-2　异丁烯二聚工段流程示意图

② 辛基酚合成工段

辛基酚合成工段流程示意图见图 9-3。来自上一工段制得的高纯二异丁烯与来自原料区的苯酚经搅拌罐混合送入烷基化反应器，反应条件为 70℃、0.1MPa，反应后混合物进入后续三塔分离，第一个塔为苯酚回收塔，塔顶产物主要为未反应的苯酚用于循环利用，由泵送往反应进料罐，塔底产物主要为多烷基酚，送入邻叔辛基酚分离塔进行分离提纯，塔顶获得质量分数为 99.5%的邻叔辛基酚，塔底主要含对叔辛基酚和 2，4-二叔辛基酚，由泵送往对叔辛基酚分离塔进行分离，塔顶获得纯度为 99.5%的对叔辛基酚，达到企业标准优等品等级，塔底获得质量分数为 99.5%的 2，4-二叔辛基酚。

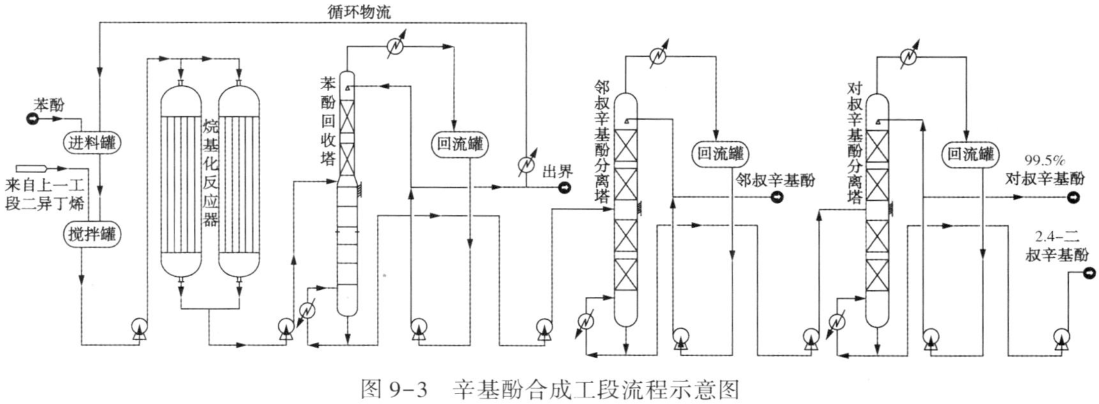

图 9-3　辛基酚合成工段流程示意图

③ 氢甲酰化工段

氢甲酰化工段流程示意图见图 9-4。来自长炼工业园的氢气、一氧化碳和来自合成气回收塔塔顶回流罐的循环物流经缓冲罐混合后再经三级压缩，与来自正戊烷回收塔塔底的高纯二异丁烯和溶剂四氢呋喃经进料罐混合后，与压缩气体换热后，进入鼓泡式搅拌釜发生氢甲酰化反应，反应温度 106℃，反应压力 3.0MPa。反应后混合物去异壬醛分离塔进行分离，塔底获得纯度为 97%的异壬醛，塔顶采用气相采出，气相混合物进入合成气回收塔，顶部采出物去循环进料物流，底部采出物去四氢呋喃回收塔，塔顶物流去四氢呋喃储罐，塔底物去二异丁烯储罐。该塔采用热泵精馏技术，有效节省了公用工程能耗。

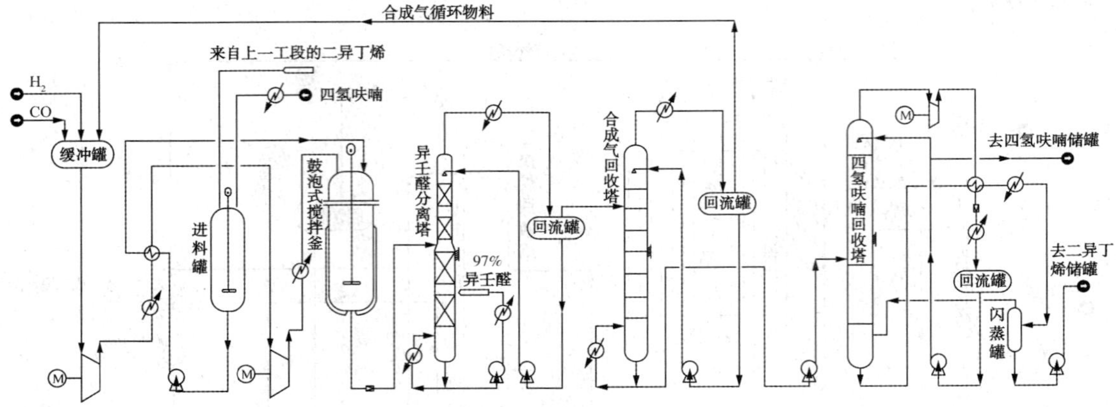

图 9-4　氢甲酰化工段流程示意图

④ 异壬醇合成工段

异壬醇合成工段流程示意图见图 9-5。来自异壬醛提纯塔的塔底物流与来自气液分离器的底部循环物流在搅拌罐中混合后，与来自总厂的氢气经四级压缩后形成的压缩气体一起通入加氢反应器，本加氢工段采用列管式固定床反应器，反应温度 135℃，反应压力 2.5MPa。反应完成后去氢气闪蒸罐进行初步分离，塔顶产品作为废气出界去三废处理中心站，塔底产品送入异壬醇提纯塔，在此采用母子导向浮阀塔进行分离，提高了分离效果，得到了纯度为 99.6%的异壬醇。塔顶气相采出送入气液分离器进行分离，塔顶物流作为废气出界，送去三废处理中心站，塔底部分作为废液去三废处理中心站，部分去反应进料搅拌罐作为循环物流。

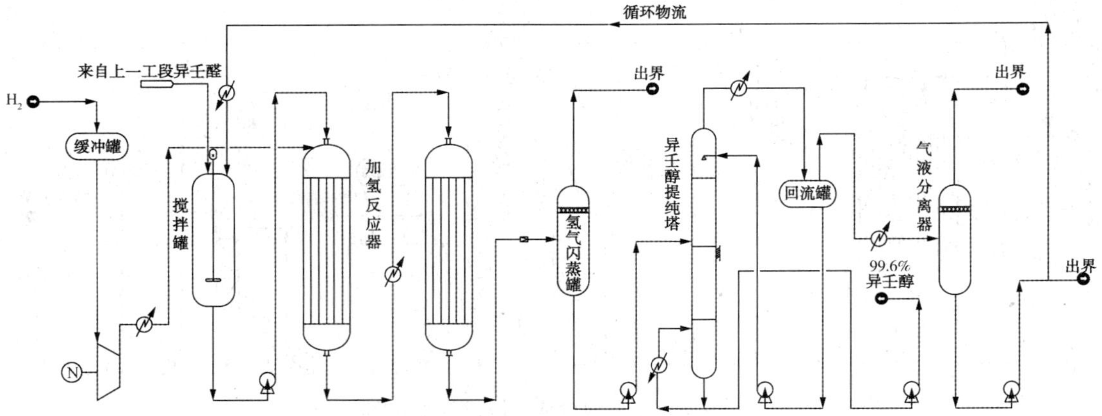

图 9-5　异壬醇合成工段流程示意图

（二）工艺创新

1. 工艺方案新颖

采用 MTBE 裂解制得的高纯异丁烯为原料直接合成二异丁烯，与常规 C_4 馏分为原料相比，避免了杂质过多给后续生产造成的影响。部分二异丁烯进行氢甲酰化及加氢反应合成异壬醇，部分二异丁烯进行烷基化合成对叔辛基酚，提高了项目的抗风险能力，增加了生产过程的灵活性。

2. 齐聚反应高效环保

齐聚反应采用新型大孔阳离子树脂催化剂，催化效率高，使用过程完全隔绝水分，从根本上解决了含酚废水的问题，生产过程符合环保要求，且该工段中采用叔丁醇做抑制剂，正戊烷做溶剂，大大提高了反应的选择性与转化率。

3. 分离工艺高效

苯酚回收塔采用减压蒸馏和规整填料金属丝网波纹填料来进行分离，该填料的波纹与塔轴倾角为30°，人为“规定”塔中填料层内的气液流动路径，大大改善填料的流体力学性能和传质性能，具有压降低、板效率高、通量大和气液分布均匀的优势，可有效提高分离过程。

4. 采用新型吸附材料回收尾气中的有机成分

以活性碳纤维为吸附材料，高品质地从有机尾气中回收烷烃、烯烃、芳香烃、酮、醇、醛、卤代烃等有机溶剂和气体，使含醛尾气和含醇尾气中有机物的回收率达98%以上。吸附后的活性碳纤维可用水蒸气进行脱附再生，具有活性碳纤维用量少，装置占地少，全自动运行，吸附解吸速度快，运转能耗低，投资回收期短，环境效益显著等一系列优点。

（三）热集成

1. 组合曲线

利用 Aspen Energy Analyzer V9.0 进行系统能量消耗分析，得出的组合曲线、总组合曲线和平衡组合曲线如图9-6、图9-7、图9-8所示。

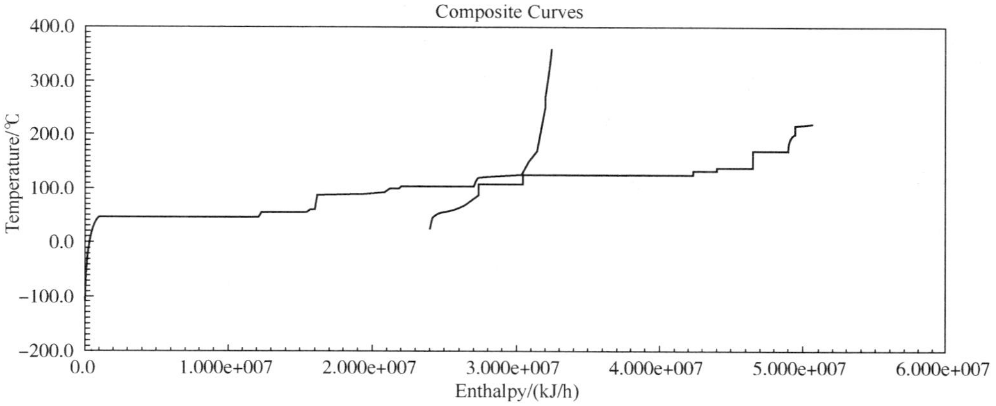

图9-6 组合曲线

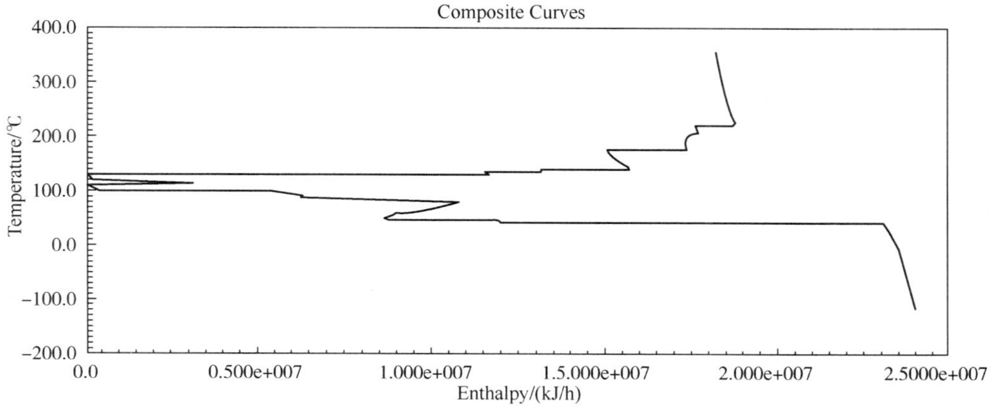

图9-7 总组合曲线

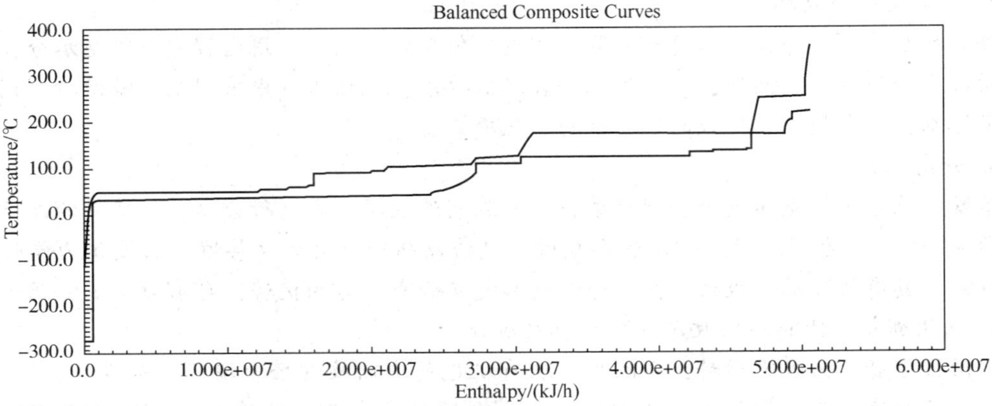

图 9-8 平衡组合曲线

2. 最优化的换热网络

利用 Aspen Energy Analyzer V9.0 软件，采用内嵌的美国化工界公用工程消耗费用经验公式以及换热器购置费用与换热面积的经验公式(其中换热器为 10%的回报率，设备寿命 5 年)，得到系统推荐的数个换热网络优化方案，选用总费用最小的换热网络方案，删除其中的 loop 回路，不经济的小换热器和距离太远的换热关系，得到最终优化的换热网络图，见图 9-9。

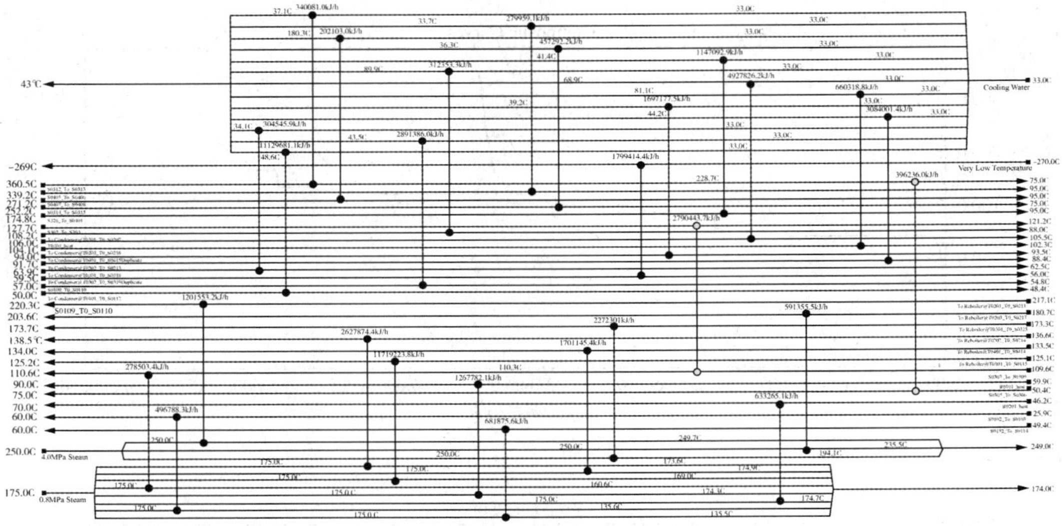

图 9-9 最终优化的换热网络图

(四) 主要设备设计

根据本项目的工艺特点，设计列管式固定床反应器，用于齐聚反应、烷基化反应和加氢反应，设计鼓泡式搅拌釜用于氢甲酰化反应，分离过程设计精馏塔和气液分离器，对换热器、泵和压缩机进行选型，计算了各主要设备工艺参数。

(五) 工厂及车间布置设计

本厂拟建项目位于湖南某工业园内的某石化有限公司的预留发展用地。厂区布置为长方形，东西方向长 360m，南北方向长 231m，总面积 83160m^2，绿化率 18.9%。厂内划分为行政生活区、辅助生产区、生产区和储运区。生产区分为反应分离车间和罐区。根据建筑物的朝向和主导风向的影响(全年主导风向以偏北方向为主，偏南方向次之)，设置行政区位于分厂厂区的东南角，生产区位于西南面，生产辅助区位于东南面，储罐区位于西北面，装卸区位于东北角。根据相应的国家标准，考虑安全、运输等因素，采用 AutoCAD 进行了厂区及车间平立面图的绘制，再用 Sketch Up 和 PDMAX 软件分别对厂区和车间进行三维制作，见图 9-10～图 9-12。

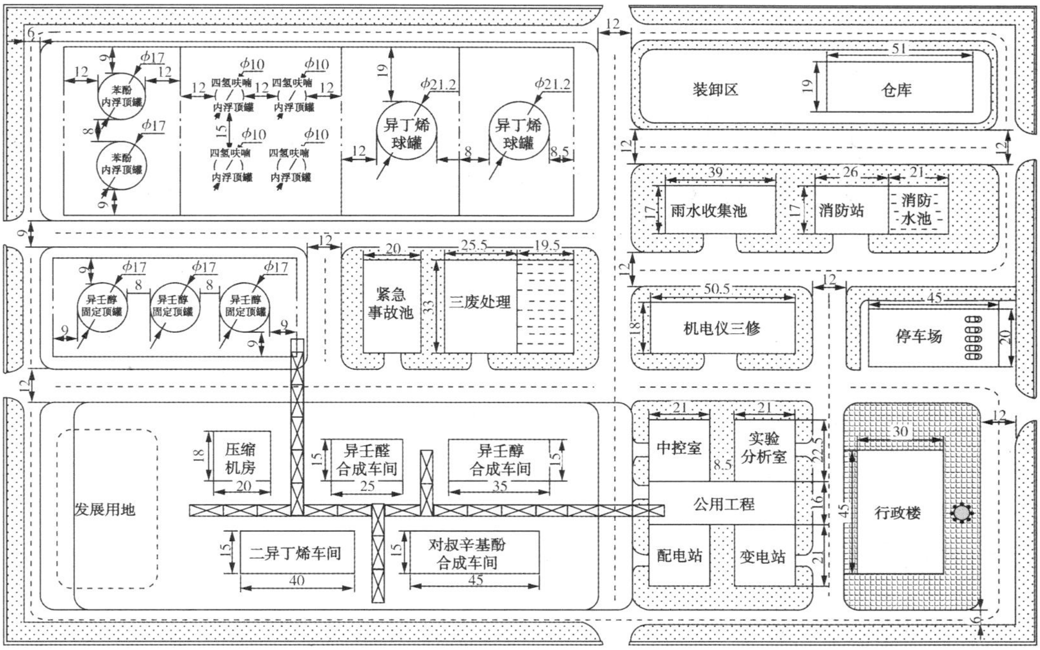

图 9-10　厂区平面布置图

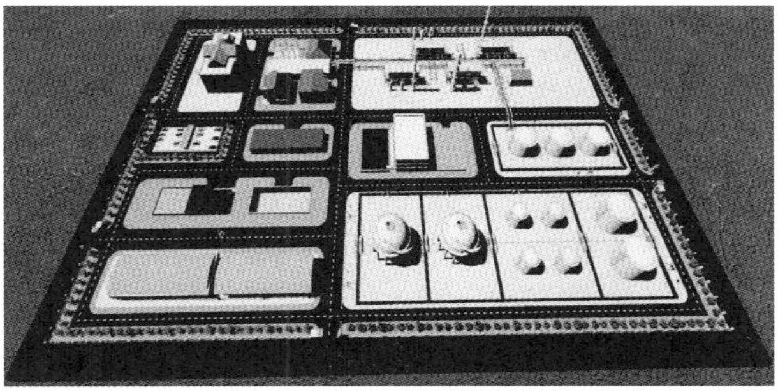

图 9-11　全厂三维效果图

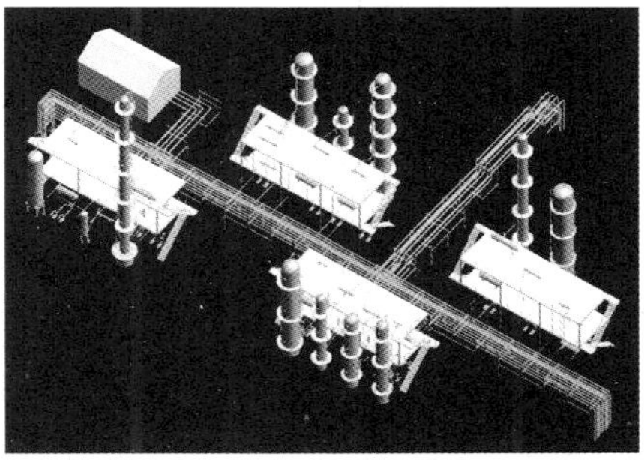

图 9-12　生产区三维效果图

（六）总结

本项目利用 Aspen Plus 软件完成了全流程的详细计算、工艺过程模拟、设备选型与设计、自动控制方案设计、热集成网络计算和经济评价，进行了塔校核，使用 SW6-2011 计算了主要设备的强度，使用 AutoCAD 绘制了工艺物料流程图(PFD)、管道及仪表流程图(P&ID)、关键设备装配图、厂区总平面布置图和车间设备平立面布置图，使用 Sketch Up 和 PDMS 等软件进行了工厂三维设计、车间管道布置及车间三维配管设计等工作，并结合 3D 模型制作了厂区 3D 漫游视频，同时还完成了职业安全及卫生、营销、投资及经济分析、环境影响和安全评估报告。另外，还完成了储运、土建、供电、公用工程、消防、给排水、电信等内容。

附　　录

附录1　化工投资项目可行性研究报告编制办法（2012年修订版），中国石油和化学工业联合会

1　总论

1.1　概述

1.2　研究结论

2　市场预测分析

2.1　产品市场分析

2.2　产品的竞争力分析

2.3　营销策略

2.4　价格预测

2.5　市场风险分析

3　生产规模和产品方案

3.1　生产规模和产品方案

3.2　技术改造项目特点

4　工艺技术方案

4.1　工艺技术方案的选择

4.2　工艺流程和消耗定额

4.3　主要设备选择

4.4　自动控制

4.5　装置界区内公用工程设施

4.6　工艺装置“三废”排放与预处理

4.7　装置占地与建、构筑物面积及定员

4.8　工艺技术及设备风险分析

5　原材料、辅助材料、燃料和动力供应

5.1　主要原材料、辅助材料、燃料的种类、规格、年需用量

5.2　主要原辅材料市场分析

5.3　矿产资源的品位、成分、储量等初步情况

5.4　水、电、汽和其他动力供应

5.5　供应方案选择

5.6　资源利用合理性分析

6　建厂条件和厂址选择

6.1　建厂条件

6.2　厂(场)址选择

6.3　所在区域的土地利用规划情况和土地主管部门的意见

7　总图运输、储运、土建、界区内外管网

7.1　总图运输

7.2　储运

7.3　厂区外官网

7.4　土建

8　公用工程方案和辅助生产设施

8.1　公用工程方案

8.2　辅助生产设施

9　服务型工程与生活福利设施以及厂外工程

9.1　服务性工程

9.2　生活福利工程

9.3　厂外工程

10　节能

10.1　编制依据

10.2　项目用能概况

10.3　能源供应情况

10.4　项目节能分析与措施

10.5　项目能耗指标

10.6　能耗分析

10.7　能源计量和管理

11　节水

11.1　编制依据

11.2　项目用水概况

11.3　水资源供应状况

11.4　项目节水技术应用与措施

11.5　水耗指标及分析

11.6　用水计量和管理

12　消防

12.1　编制依据

12.2　消防环境现状和依托条件

12.3　工程的火灾危险性类别

12.4　采用的防火措施及配置的消防系统

12.5　消防设施费用及比例

13　环境保护

13.1　项目所在地区环境质量现状

13.2　执行的有关环境保护法律、法规和标准

13.3　主要污染源及主要污染物
13.4　环境保护治理措施及方案
13.5　环境管理及监测
13.6　环境保护投资
13.7　环境影响分析
13.8　存在的问题及建议

14　职业卫生

14.1　设计中执行的法律法规、部门规章及标准规范
14.2　职业病危害因素和职业病分析
14.3　设计中采取的职业卫生防护措施
14.4　职业卫生管理机构
14.5　专项投资估算
14.6　预期效果及建议

15　安全

15.1　设计中采取的法律法规、部门规章和标准规范
15.2　生产过程中可能产生的危险有害因素分析
15.3　环境危害因素分析
15.4　设计中采取的安全措施
15.5　安全管理机构及人员配置
15.6　安全专项投资估算
15.7　预期效果及建议

16　抗震

16.1　编制依据
16.2　工程地质地震灾害的概况
16.3　抗震设计主要参数
16.4　抗震设计原则及措施

17　组织机构与人力资源配置

17.1　企业管理体制及组织机构设置
17.2　生产班制与人力资源配置
17.3　人员培训与安置

18　项目实施计划

18.1　项目组织与管理
18.2　实施进度计划
18.3　项目招标内容
18.4　主要问题及建议

19　投资估算

19.1　投资估算编制说明
19.2　投资估算编制依据和说明
19.3　建设投资估算
19.4　建设期利息估算

19.5　流动资金估算
19.6　总投资估算
19.7　利用原有固定资产价值
20　资金筹措
20.1　资金来源
20.2　中外合资经营项目资金筹措
20.3　资金使用计划
20.4　融资成本分析
20.5　融资风险分析
20.6　融资渠道分析
21　财务分析
21.1　产品成本和费用估算
21.2　销售收入和税金估算
21.3　财务分析
21.4　改、扩建和技术改造项目财务分析特点
21.5　外商投资项目财务分析特点
21.6　境外投资项目财务分析特点
21.7　非工业类项目评价特点
21.8　其他特殊项目
22　资本运作项目的特点
22.1　资本运作项目的特点
22.2　资本运作项目的财务分析
23　经济费用效益或经济费用效果分析
24　社会效益分析
25　风险分析
25.1　风险因素的识别
25.2　风险程度的估计
25.3　研究提出风险对策
25.4　风险分析结果的反馈
25.5　编制风险与策汇总表
26　研究结论
26.1　综合评价
26.2　研究报告的结论
26.3　存在的问题
26.4　建议及实施条件
附件目录

附录 2　设计说明书的编制

初步设计的设计文件根据设计的范围(整个工厂、一个车间或一套装置)、规模大小和主管部门的要求而有所不同，对化工工厂的初步设计的内容和编写，参照《化工工厂初步设计文件内容深度规定》(HG/T 20688-2000)，内容介绍如下：

1　总论

1.1　说明书

1.1.1　工厂筹建概况简述

1.1.2　设计依据

(1) 文件，如计划任务书以及其他批文等；

(2) 技术资料，如中型实验报告、调查报告等。

1.1.3　设计指导思想

1.1.4　设计范围与设计分工

1.1.5　设计规模及产品方案

(1) 工厂或装置的设计生产能力、生产潜力、发展余地；

(2) 产品品种、规格、数量。

1.1.6　主要原材料、燃料的规格，及其消耗量和来源

1.1.7　生产方法及全场总流程

论述技术先进性和经济合理性，着重说明工艺特点、安全措施以及节能措施等。

1.1.8　厂址概况

厂区的地理位置，现有交通运输状况，占地面积，需拆迁的建、构筑物等。

1.1.9　公用工程及辅助工程

水、电、汽、气等动力的消耗量及来源，原材料及产品储存、装卸方式、储存期、仓库或储存场地的确定。

1.1.10　环境保护及综合利用

厂区环境状况、建厂后环境质量的预评价，贯彻国家环保法规的措施，“三废”治理及综合利用设计方案的可靠性、可行性和实施后的效益。

1.1.11　工厂的机械化、自动化水平

全厂集中控制程度、自控技术和仪表的先进性、可靠性、最佳操作水平，原材料、燃料和产品的装卸、运输、包装的机械化程度及其可靠性和节省劳动力的程度。

1.1.12　劳动安全卫生

生产过程存在的主要危险因素和防范措施。

1.1.13　消防

工厂或装置的主要危险品、危险区域和主要消防措施。

1.1.14　工程、水文地质条件和气象资料

1.1.15　管理体制及定员

1.1.16　全厂综合技术经济指标

1.1.17　存在的问题及解决的意见

1.2　图纸，包括全厂工艺总流程图、全厂物料平衡图和全厂鸟瞰图(必要时)

2　技术经济

（1）简要说明财务评价的依据及其资金筹措情况；

（2）主要经济数据，包括生产规模及产品方案、固定资产投资、流动资金、年均总成本费用、年均经营成本、年均销售收入、内部收益率等。

3　总图运输

3.1　说明书

3.1.1　设计依据

3.1.2　设计范围与分工

3.1.3　厂址概况

3.1.4　总平面布置

3.1.5　竖向布置

3.1.6　工厂运输

3.1.7　工厂防护设施及其他

3.1.8　排渣场

3.1.9　总图运输主要工程表

3.1.10　存在的问题及解决的意见

3.2　表格，包括设备一览表和材料估算表

3.3　图纸，包括厂区位置图、总平面布置图和土方估算图

4　化工工艺及系统

4.1　说明书

4.1.1　概述

（1）装置设计规模、装置组成与各工序名称；

（2）生产方法、流程特点；

（3）本装置的“三废”治理及环境保护的措施与实际效果；

（4）生产制度，包括年操作日、生产班数等。

4.1.2　原材料、产品（包括中间产品）及催化剂、吸附剂、化学品的主要技术规格

4.1.3　装置危险性物料主要物性

4.1.4　生产流程简述

（1）按生产工序叙述物料所流经工艺设备的顺序和去向，写出主反应和副反应的反应方程式，主要操作控制指标，如温度、压力、流量、配比等。如间歇操作，需说明操作周期，一次加料量及各阶段的控制指标；

（2）说明产品及原料的储存、运输方式及有关安全措施及注意事项。

4.1.5　主要设备的选定说明

说明对装置有决定性影响的设备的形式、能力、备用情况，论述其技术可靠性和经济合理性、对专用设备推荐制造厂等。

4.1.6　原材料、产品（包括中间产品）及催化剂、吸附剂、化学品消耗定额及消耗量

4.1.7　定员表

4.1.8　“三废”排放量

4.1.9　主要节能措施，论述能源选择和利用的合理性；采用节能新工艺、新技术、新材料、新设备的情况及其节能效益。

4.1.10　技术风险备忘录

4.1.11　存在的问题及解决的意见

4.2　表格，包括设备一览表、管道命名表和装置界区条件表

4.3　图纸，包括流程图图例符号、缩写字母和说明(或首页)、工艺流程图和物料平衡表、工艺管道仪表流程图和公用物料分配图

5　布置与配管

5.1　说明书

5.1.1　设计依据、设计范围和设计分工

5.1.2　采用的法规、标准和规范

5.1.3　装置、设备布置原则

5.1.4　说明管道输送的介质及其分类

5.1.5　分期建设的装置，其管道和管架的设计能力和预留措施

5.1.6　阐述管道的敷设原则，如地上、地下管的分类原则，地下管的管沟和直埋的确定原则等

5.1.7　管道等级索引

5.1.8　管道等级表

5.1.9　绝热方式确定的原则

5.1.10　保温和保冷的材料和规格

5.1.11　涂漆的材料和规格

5.1.12　存在的问题及解决的意见

5.2　表格，包括大宗管道材料和特殊元件(材料)估算表

5.3　图纸，包括装置平面布置图和设备布置图

6　空压站、氮氧站、冷冻站

7　厂区外管

8　分析化验

9　设备(含机泵、工业炉)

10　自动控制及仪表

对控制方案进行说明，应具体表示在工艺流程图上。

11　供配电

12　电信

13　土建

13.1　设计说明

13.2　表格，包括建筑物和构筑物一览表、材料估算表

13.2　图纸，包括构、建筑物平面图、立面图和剖面图

14　给水排水

厂区给水、循环冷却水、化学水处理、厂区排水、污水处理厂等。

15　供热系统

16　采暖通风及空气调节

17　维修

18　液体原料、产品储运

附录3 安全和环保有关规定

一、车间空气中有气体、蒸气、粉尘的最高允许浓度

（一）气体及蒸气

物质名称	最高允许浓度/（mg/m^3）	物质名称	最高允许浓度/（mg/m^3）	物质名称	最高允许浓度/（mg/m^3）
一氧化碳	30	环氧氯丙烷	1	氯	2
乙醚	600	苯	50	氯化氢	15
二甲苯	100	苯及一硝基化合物	5	二氯乙烷	50
二氧化硫	20	苯及二、三硝基化合物	1	三氯乙烯	50
二硫化碳	10	苯胺	5	四氯化碳	50
二氯丙醇	5	金属汞	0.01	氯乙烯	30
丁二烯	100	氟化氢	1	氯戊烯	2
五氧化二磷	1	氨	30	氯苯	50
四乙铅	0.005	氧化氮	5	氯联苯	1
甲苯	100	砷化氢	0.3	溶剂石脑油	100
甲醛	5	丙烯醇	2	甲醇	50
甲酮	400	氢氟盐酸②	1	乙醇	1500
丙烯醛	0.7	酚	5	丙醇	200
白节油，煤油	300	四氢化萘	100	丁醇	200
光气汽油	0.5	黄磷	0.3	戊醇	100
溶剂汽油(C)①	300	氰化氢等	0.03	醋酸甲酯	100
页岩汽油(C)①	100	硫化氢	10	醋酸乙酯	200
松节油	300	硫酸	2	醋酸戊酯	100

①溶剂汽油、页岩汽油，均换算成碳量计算。

②氢氟酸盐换算成RF计。

（二）矿物粉尘及有机粉尘

物料名称	最高允许浓度/（mg/m^3）	物料名称	最高允许浓度/（mg/m^3）
含有10%以上游离二氧化磷的粉尘	2	丙体六六六	0.05
石棉粉尘及10%以上石棉粉尘	2	烟草及茶叶	3
含10%以下游离的滑石粉	4	氯化乙基汞	0.005
含10%以下游离水泥粉尘	6	磷酸乙基汞	0.005
含10%以下游离煤尘	10	其他各种粉尘	10
六六六	0.1		

（三）金属、非金属及其他化合物的气溶胶

物质名称	最高允许浓度/（mg/m^3）	物质名称	最高允许浓度/（mg/m^3）
二氧化硒	0.1	碱性气溶胶（以NaOH计）	0.5
二氧化砷及三氧化二砷	0.3	铅及无机化合物	0.01
铬酸（以Cr_2O_3计）	0.1	铍及其化合物	0.001
升汞	0.1	铀（可溶性化合物）	0.015
氧化锌	7	铀（不溶性化合物）	0.075
氧化镉	0.1	钼（可溶性化合物）	4
钍	0.05	钼（不溶性化合物）	6
五氧化二钒烟	0.1	铝及铝合金	2
五氧化二钒粉尘	0.5	锰及化合物	0.3
钒铁合金	1	钨及碳化钨	6
硫酸铅	0.5		

二、居住大气中有害物质最高允许浓度

物质名称	容许最高浓度/（mg/m^3）		物质名称	容许最高浓度/（mg/m^3）	
	一次	日平均		一次	日平均
一氧化碳	3.00	1.00	氧化氮（换算成NO_2）	0.15	
二氧化硫	0.5	0.05	硫化氢	0.03	
二硫化碳	0.04		硫酸	0.30	1.05
五氧化二磷	0.15	0.15	甲醇	3.00	1.00
丙烯腈		0.05	汞		0.0003
氟化物（换算成F）	0.02	0.007	烟煤	0.15	0.05
氨	0.20		粉尘	0.50	0.15

三、地面水中有害物质的最高容许浓度

工业废水，应经必要的处理方可排入地面水中，排入后，下游最近用水点(指排出口下游最近的：甲．城镇、工业企业集中式给水取点上游1000m断面处，或农村生活饮用水取水点；乙．经济鱼产卵区和养鱼场)的地面水中主要有害物质应符合下表要求。

物质名称	最高容许浓度/(mg/m^3)	物质名称	最高容许浓度/(mg/m^3)
乙腈	5.00	(无机化合物)	1.0＊
乙醛	0.05	挥发性酚	0.01＊
二硫化碳	2.00	砷化物(按As计)	0.04＊
二硝基苯	0.5	硫化物	无
石油(包括煤油、汽油)	0.3	氰化物(按游离氰根计)	0.05＊
丙烯腈	2.0(1.0)		

①括弧内数值为渔业用水要求。

② 有“＊”的数值亦用于渔业用水体。

四、工厂防火的若干规定

(一) 生产的火灾危险性分类

1. 生产的火灾危险性分类

生产类别	特　　性
甲	生产中使用或产生下列物质： 1. 闪点<28℃的易燃气体； 2. 爆炸下限<10%的可燃气体； 3. 常温下能自行分解或空气中氧化即能导致迅速自燃或爆炸的物质； 4. 常温下能受到水或空气中水蒸气的作用，能产生可燃气体并引起燃烧或爆炸的物质； 5. 强酸、受热、撞击、摩擦以及遇有机物或硫黄等易燃无机物，极易引起燃烧或爆炸的强氧化剂； 6. 受撞击、摩擦或与氧化剂、有机物接触时能引起燃烧或爆炸的物质； 7. 在压力容器内物质本身温度超过自燃点的生产
乙	生产中使用或产生下列物质： 1. 闪点>28℃至<60℃的易燃、可燃液体； 2. 爆炸下限>10%的可燃气体； 3. 助燃气体和不属于甲类化学易燃危险固体； 4. 不属于甲类化学易燃危险固体； 5. 排出浮游状态的可燃纤维和粉尘，并能与空气形成爆炸性混合物
丙	生产中使用或产生下列物质： 1. 闪点>60℃的可燃液体； 2. 可燃固体

续表

生产类别	特　　性
丁	具有下列情况的生产： 1. 对非燃烧物质进行加工，并在高热熔化状态下经常产生辐射热、火花或火焰的生产； 2. 利用气体、液体、固体作为燃料或将气体、液体进行燃烧作其他用的各种生产； 3. 常温下使用或加工难燃烧物质的生产
戊	常温下使用或加工非燃烧物质的生产

①在生产过程中，如使用或产生易燃、可燃物质的量较少，不足以构成爆炸或火灾危险时，可以按实际情况确定其火灾危险性的类别。

②一座厂房内其防火墙间有不同性质的生产时，其类型应按火灾危险性较大的部分确定，但火灾危险性较大的部分占本层面积的比例小于5%，且发生事故时不足以蔓延到其他部分，或采取防火措施能防止火灾蔓延时，其类别可按火灾危险性较小的部分确定。

③露天生产设备区内有不同性质的生产时，其类别应按火灾危险性较大的部分确定；但火灾危险性较大的部分占本区占地面积的比例小于10%，且发生事故时不足以蔓延到其他部分，或采取防火措施能防止火灾蔓延时，其类别可按火灾危险性较小的部分确定。

④生产的火灾危险性分类，适用于露天生产设备区，以及敞开或半敞开式建筑物、构筑物和厂房。

2. 生产的火灾危险性分类举例

生产装置、过程名称	生产类别	生产装置、过程名称	生产类别
管式炉裂解乙烯装置		煤焦造气 水煤气脱硫	甲
裂解，急冷	甲	天然气、轻油和焦炉气脱硫	甲
裂解气压缩、乙烯、丙烯制冷	甲	焦炉气净化	甲
分离	甲	天然气、轻油、焦炉气、炼厂气的蒸汽转化	甲
沙子炉裂解制乙烯装置		天然气、轻油、焦炉气、炼厂气部分氧化和变换	甲
闪蒸、裂解、冷凝	甲	脱 CO_2	甲
裂解气压缩、乙烯、丙烯制冷	甲	铜洗、甲烷化	甲
分离	甲	氢分、氮洗	甲
闪蒸残油及含沙重油转送站	丙	水煤气及氢氮分压	甲
供沙、蒸沙	戊	合成	甲
合成氨、合成甲醇装置		氨冷冻、氨水吸收	乙
粉煤的制备破碎筛分和储存输送	乙	粗甲醇精馏	甲
粉煤造气	甲	天然气、轻油和焦炉气脱硫	甲
煤焦和煤的备料干燥和运输	丙	焦炉气净化	甲

（二）储存物品的火灾危险性分类

1. 储存物品的火灾危险性分类

储存物品类别	特性
甲	1. 常温下能自行分解或在空气中氧化即能导致迅速自燃爆炸的物质； 2. 常温下受到水或在空气中水蒸气的作用，能产生可燃气体并引起燃烧或爆炸的物质； 3. 受撞击、摩擦或与氧化剂、有机物接触时能引起燃烧或爆炸的物质； 4. 闪点<28℃的易燃液体； 5. 爆炸下限<10%的可燃气体，以及受到水或空气水蒸气的作用，能产生爆炸下限<10%的可燃气体的固体物质； 6. 遇酸、受热、撞击、摩擦以及遇有机物或硫酸等易燃的无机物，极易引起燃烧或爆炸的强氧化剂
乙	1. 属于甲类的化学易燃危险固体； 2. 闪点>28℃至30℃的易燃、可燃液体； 3. 不属于甲类的氧化剂； 4. 助燃气体； 5. 爆炸下限>10%的可燃气体； 6. 常温下与空气接触能缓慢氧化，积热不散； 7. 危险物品
丙	1. 闪点>80℃至120℃的可燃液体； 2. 闪点>120℃的可燃气体； 3. 可燃固体
丁	难燃烧物品
戊	不燃烧物品

2. 生产的火灾危险性分类举例

储存物品类别	举例
甲	1. 三乙基铝、三异丁基铝、一氯二乙基铝、二氯二乙基铝、硝化棉、硝化纤维胶片、黄磷、三甲硼、丁硼烷； 2. 钾、钠、钙、锶、锂、氰化钾、氢化钠、氢化钙、磷化钙、活性镍； 3. 过氧化苯甲酰、偶氮二异丁、赤磷、五硫化磷； 4. 乙醚、汽油、石油醚、二硫化氮、乙烷、戊烷、石脑油、乙醛、环已烷、丙酮、二乙胺、甲酸甲酯、苯、甲苯、环氧丙烷、甲醇、异戊二烯、乙醇、二氯乙烷、三氯乙烯、醋酸乙烯、乙苯、甲乙酮、丙烯酯、丁醛、氢氰酸、对二甲苯、醋酸乙酯、羰基镍、醋酸正丁酯、醋酸异戊酯、丙烯酸甲酯、甲基丙烯酸甲酯、原油、硝酸乙酯、呋喃、副醛、乙基苯； 5. 乙炔、氢、乙烯、甲醚、环氧乙烷、甲烷、甲醛、氯乙烯、丁二烯、丁烯、丙烷、丙烯、异丁烯、液化石油气、乙烷、水煤气、半水煤气、丁烷、焦炉煤气、硫化氢、一氯乙烷、甲胺、一氯甲烷、电石； 6. 过氧化氢、过氧化钾、过氧化钠、氯酸钾、氯酸钠、过硫酸钾、亚硝酸钠
乙	1. 五氧化磷、五氧化二磷、硫酸、镁粉铝粉、锌粉、蒽、萘、樟脑、松香、三氯化铝、三聚甲醛； 2. 氯化苯、丁醇、异丙苯、苯乙烯、异戊醇、煤油、邻二甲苯、松节油、乙二胺、冰醋酸、醋酐、环氧氯丙烷、福尔马林、氯乙醇、环丁砜、环已酮、氯丙醇、四乙基铅； 3. 高锰酸钾、铬酸、重铬酸钾、重铬酸钠、硝酸、硝酸铜、硝酸汞、硝酸钴、发烟硫酸、漂白粉、漂白精、溴； 4. 氧、氯、氧化亚氮； 5. 一氧化氮、氨、发生炉煤气

续表

储存物品类别	举例
丙	1. 糠醛、柴油、二甲基甲酰胺、苯甲醛、环己醇、乙二醇丁醚、糠醇、丁酸、苯胺、辛醇、甲基胺、一乙醇胺、乙醇胺、乙二醇、二苯醚、邻甲酚、酚、甲酚、甲酸、乙醇、正桂酸乙酯、二甲基亚砜、二氯甲烷； 2. 二乙醇胺、三乙醇胺、苯二甲酸甲酯、苯二甲酸二辛酯、二甲酸二丁酯、二甲酸、二辛酯、渣油、蜡油、润滑油、机油、甘油、石油、沥青、亚麻仁油、二乙二醇醚、三乙二醇醚、环丁砜； 3. 己二酸、联苯、对二苯酚、苯二甲酸、苯二甲酸酐、有机玻璃、合成和天然橡胶及其制品、聚氯乙烯、聚苯乙烯、尿素、玻璃钢、聚酯、尼龙 6、尼龙 66、聚乙烯醇、聚乙烯醇缩醛、ABS 塑料、氯化铵、硫铵、聚乙烯、聚丙烯
丁	聚甲醛、氨基塑料、碳酸铵、碳酸氢铵、烧碱、纯碱、碳酸氢钠、酚醛塑料、尿醛塑料
戊	氮气、二氧化碳、水蒸气、氦、氩、石棉、硅藻土、玻璃棉、泡沫混凝土、硅酸、灰绿岩、陶瓷、水泥石、膨胀珍珠岩、氟利昂、食盐、过磷酸钙、沉淀磷酸钙

（三）储罐防火间距

易燃、可燃液体储罐之间的防火距离

名称	立式固定顶储罐			卧式储罐
	地上	半地下	地下	地上及半地下
易燃液体	0.75D	0.5D	0.25D	D
可燃液体	0.5D	0.4D	—	0.75D

① D 为两相邻储罐中较大罐的直径，m。

② 不同液体、不同形式储罐之间的防火间距，应采用本表的较大量。

③ 浮顶储罐之间或闪点大于 120℃的可燃液体储罐之间的防火间距，可按本表规定减少 25%，并可不大于 25m。

④ 地上卧式储罐成排布置，排与排之间的防火间距，不应小于其中最长卧罐长度一半。

液化石油储罐之间的防火间距

名称	地上球形罐	地上卧罐	地下及地下卧罐
液化碳三、碳四	0.5D	D	0.5D
液化乙烯	D	D	0.5D

①D 为两相邻储罐中较大罐的直径，m。

②地上卧式储罐成排布置时，排与排之间的防火间距，不应小于其中最长卧罐长度一半，且不小于 6m。

可燃气体储罐之间的防火间距

名称	防火间距
固定容积储罐	0.65D
水槽式储罐	0.5D

①D 为两相邻储罐中较大罐的直径，m。

②不同形式储罐之间的防火间距，应按较大者确定。其他关于厂房的耐火等级，厂房的防火间距，厂房的爆炸等级等，均有规定，此处不一一详列，设计工作中可查阅有关资料。

（四）工艺装置之间安全距离

工艺装置之间的安全距离

最小距离/m	反应器	小型压缩机室或泵房	危险性大的进料中间罐	分馏设备	控制室
反应器	7.5				
小型压缩机室或泵房	12				
危险性小的进料中间罐	30~60	30~60	一个直径		
分馏设备	15	9	30		
控制室	15~30	15~30	30	15~30	

①通常为大型具有危险性装置用控制室和多套装置用的设置计算机的中心控制室需要较大的间距，且需要采用防爆结构。

上表说明：

a. 工艺装置之间的距离从装置边界线算起。

b. 危险性大的工艺装置系指石油化工分类表中 E-4 或 E 类。

c. 危险性大的罐系指上述分类表中 D 类。E 类需特殊考虑。

d. 危险性大的产品仓库储藏有不稳定物料，低闪点易燃液体或可燃性大的固体，这些需特殊考虑。

e. 危险性大的装卸码头系指装卸闪点低于 110℃ 的稳定物料者，装卸不稳定物料的危险性大的码头要特殊考虑。

f. 服务性建筑包括办公室、门卫室、更衣室、化验室、商店、车库、维修仓库、食堂、医院等。工业性实验室按工艺装置考虑。

g. 明火要离油气危险区 30m 外。

h. 不能保持这些距离时，需要设特殊的防护措施，如固定式泡沫系统，喷淋水，自动撒水器，四级以上消防系统防火结构。

i. 在两可的情况下，危险性大的类别要按大的数值考虑。

j. 立式储罐要单独设防火堤。否则，每围堤区容量不能超过 25000 桶（约 4000m^3）。卧式储罐每组最大 400000 gal（约 1500m^3），各组之间距离应保持 80m，或者采取其他合适的布置。

五、产生有害因素的工厂与居民区的防护间距

产生有害因素的工厂与居民区的防护间距。根据产生毒害的程度，卫生防护间距分为五级。

第一级	1000m
第二级	500m
第三级	300m
第四级	100m
第五级	50m

第一级卫生防护距离的工厂有生产硫酸、硝酸氮（固定氮）及氮肥，用电解法制造氢氧化钠、氯气的工厂，煤化学产品（苯、甲苯、二甲苯、酚、甲酚、蒽等）炼油厂，每小时产量超过 5000m^3的发生炉煤气（焦炉煤气、水煤气、半水煤气）厂和合成纤维（聚乙烯醇、己内酰胺、氯乙烯、丙烯腈等）单位及合成塑料（聚苯乙烯、聚乙烯、聚氯乙烯）、合成纤维腈纶单位。

第二级卫生防护距离的工厂有合成洗涤剂、合成橡胶厂，天然气加工每小时产量为 35000~50000m^3的发生炉煤气（焦炉煤气、水煤气、半水煤气）厂。

第三级卫生防护距离的工厂有焦油及木材干馏的产品和挥发性的产品（甲醛、甲醇、醋酸、松节油、丙酮、杂酚油）制造厂、封闭炉制造电石厂、无机颜料、碳素制品（炭刷、炭电极、炭精棒）、橡胶、再生橡胶及其制品厂。

第四级卫生防护距离的工厂有生产漆(油漆、清漆、印刷用漆、橡胶工业用漆、绝缘漆)的工厂、用发酵法制造味精的工厂及铅笔厂。

第五级卫生防护距离的工厂有火柴、塑料制品、肥皂生产厂。

六、噪声

1. 声的声强级

声源	声强级/dB	响度
强超声波 火箭发射,喷气飞机轰声 大炮	180 以上 140 130	耳痛难忍
最响的汽车喇叭声 凿岩机、柳钉机	120 110	震耳
钢铁厂,纺织厂,金属结构厂,卡车闹市区 金工车间	100 90	极响
闹市区(平时),收音机(平时) 办公室(乱时),收音机(轻)	80 70	响
住宅(闹时),办公室(平时) 交谈(平时),收音机(轻)	60 50	正常
住宅(静),办公室(静) 礼堂(平时),交谈(轻)	40 30	轻
树叶微动,细语 隔音房间	20 10	极轻

2. 化学和炼油工业通用设备噪声等级范围(距离 1m)

设备名称	噪声等级(声强级)/dB	备注
加热炉	95~110	热负荷 2.51×10^4kJ/h
大气冷却器	87~94	
压气机	90~120	约 3.73×10^3kW
电马达	90~110	
减压阀	80~108	
管道	90~105	

附录4　设计图纸的图线宽度及文字规定

一、图线

1. 所有图线都要清晰光洁、均匀，宽度应符合要求。

平行线间距至少要大于1.5mm，以保证复制件上的图线不会分不清或重叠。

2. 图线宽度

图线宽度分为三种：粗线0.6~0.9mm；中粗线0.3~0.5mm；细线0.15~0.25mm。

3. 图线用法的一般规定

图线用法的一般规定见附表4-1。

附表4-1　图线用法及宽度

<table>
<tr><th colspan="2" rowspan="2">类　别</th><th colspan="3">图　线　宽　度/mm</th><th rowspan="2">备注</th></tr>
<tr><th>0.6~0.9</th><th>0.3~0.5</th><th>0.15~0.25</th></tr>
<tr><td colspan="2">工艺管道及仪表流程图</td><td>主物料管道</td><td>其他物料管道</td><td>其他</td><td>设备、机械轮廓线0.25mm</td></tr>
<tr><td colspan="2">辅助管道及仪表流程图公用系统管道及仪表流程图</td><td>辅助管道总管、公用系统管道总管</td><td>支管</td><td>其他</td><td></td></tr>
<tr><td colspan="2">设备布置图</td><td>设备轮廓</td><td>设备支架设备基础</td><td>其他</td><td>动设备(机泵等)如只画出设备基础，图线宽度用0.6~0.9mm</td></tr>
<tr><td colspan="2">设备管口方位图</td><td>管口</td><td>设备轮廓设备支架设备基础</td><td>其他</td><td></td></tr>
<tr><td rowspan="2">管道布置图</td><td>单线(实线或虚线)</td><td>管道</td><td></td><td rowspan="2">法兰、阀门及其他</td><td rowspan="2"></td></tr>
<tr><td>双线(实线或虚线)</td><td></td><td>管道</td></tr>
<tr><td colspan="2">管道轴侧图</td><td>管道</td><td>法兰、阀门、承插焊螺纹连接的管件的表示线</td><td>其他</td><td></td></tr>
<tr><td colspan="2">设备支架图管道支架图</td><td>设备支架及管架</td><td>虚线部分</td><td>其他</td><td></td></tr>
<tr><td colspan="2">特殊管件图</td><td>管件</td><td>虚线部分</td><td>其他</td><td></td></tr>
</table>

注：凡界区、区域分界线、图形接续分界线的图线采用双点划线，宽度均用0.5mm。

二、文字

1. 汉字宜采用长仿宋体或者正楷体(签名除外)，并要以国家正式公布的简化字为标准，不得任意简化、杜撰。

2. 字体高度参照附表4-2。

附表 4-2　字体高度

mm

书写内容	推荐高度
图表中的图名及视图符号	5~7
工程名称	5
图纸中的文字说明及轴线号	5
图纸中的数字及字母	2~3
图名	7
表格中的文字	5
表格中的文字(格高小于 6mm 时)	3

附录5　石油化工流程图图例
（SH/T 3101—2017）

一、线形

工艺管道、仪表引线及装置边界连接图例应按附表5-1采用。

附表5-1　工艺管道、仪表引线及装置边界连接图例

序号	名称	图例	说明
1	主要工艺管道及物流方向		线宽为3b，b为绘图基本单位，根据绘图单位及图幅自行确定
2	次要工艺管道及物流方向		线宽为b，b为绘图基本单位，根据绘图单位及图幅自行确定
3	伴热管道		
4	夹套管道	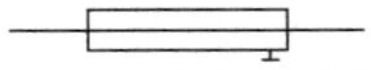	
5	管道交叉	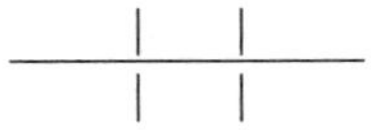	
6	测量引线		
7	气动信号		
8	电信号/功能图二进制信号		
9	液压信号	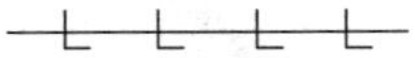	
10	毛细管	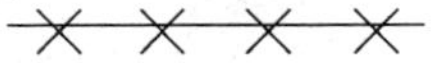	
11	有导向的信号		
12	软连接		
13	进出装置界区介质流向	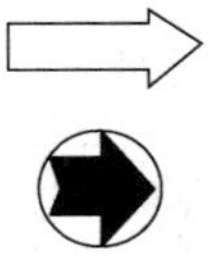	可选
14	装置内图纸连接方向	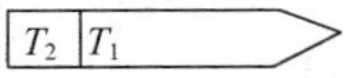	T_1为图纸编号，T_2为图纸坐标或其他可标识连接位置的属性，T_2可选
15	坡度	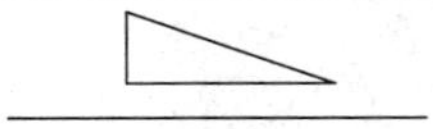	X为坡度值，如坡度为0.25%，则X为0.25%
16	成套供货设备范围		
17	管道等级分界符		不限于管道等级，也可用于表达保温伴热等级、地上地下分界等

二、管道元件及阀门

管道元件及杂项图例应按附表5-2采用，阀门图例应按附表5-3采用，调节阀执行机构图例应按附表5-4采用。

附表 5-2　管道元件及杂项图例

序号	名称		图例	说明
1	软管			
2	异径管	同心	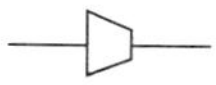 $D_1 \times D_2$	其中 D_1 为大端管径，D_2 为小端管径，单位 mm 或英寸
		偏心	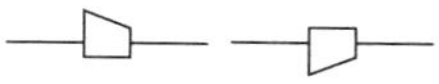 $D_1 \times D_2$　$D_1 \times D_2$	
3	波纹膨胀节			
4	盲板　正常时开			
5	“8”字盲板　正常时关			
6	“8”字盲板　正常时开			
7	“8”字盲板　正常时关			
8	法兰		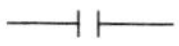	
9	漏斗			
10	过滤器			
11	Y 型过滤器		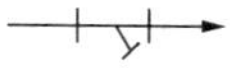	
12	阻火器		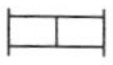	
13	排大气			
14	沟渠		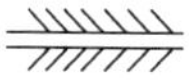	
15	地坪			
16	设备绝热			
17	喷淋管			

附表 5-3　阀门图例

序号	名称	图例	说明
1	闸阀或通用阀门		
2	截止阀		
3	球阀	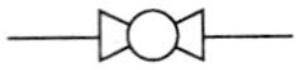	全通径球阀在阀门下方标注“FB”
4	蝶阀		
5	插板阀和刀阀	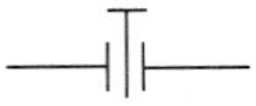	
6	减压阀	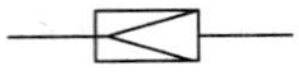	
7	止回阀		
8	带隔断的止回阀		
9	带丝堵阀		
10	角阀	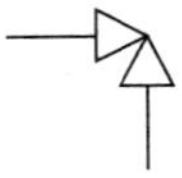	
11	三通阀	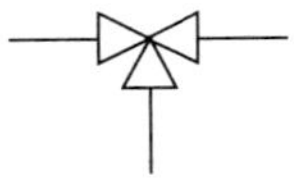	
12	隔膜阀		
13	针形阀		
14	旋塞阀		
15	疏水阀		
16	安全阀		
17	呼吸阀	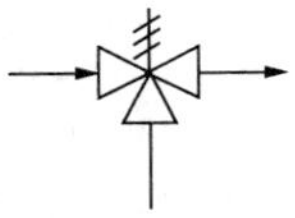	
18	带泄放口阀门	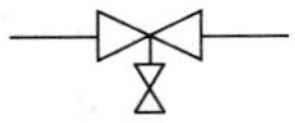	

附表 5-4　调节阀执行机构图例

序号	名称	图例	说明
1	气动薄膜执行机构		
2	活塞式执行机构	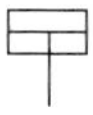	
3	电动执行机构		
4	液压执行机构	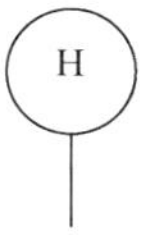	
5	用在过程开关阀上的电磁执行机构	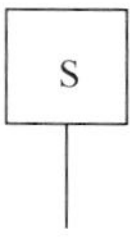	
6	电液直行程或角行程执行机构	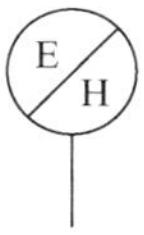	
7	故障开	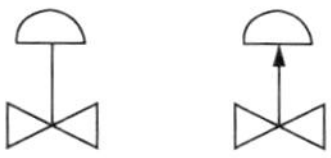 FO 或	
8	故障关	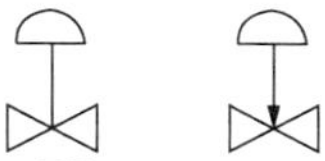 FC 或	
9	故障时锁定在最终位置	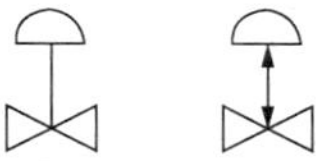 FL 或	
10	故障时锁定在最终位置,能源消耗完时趋向于阀门开位置	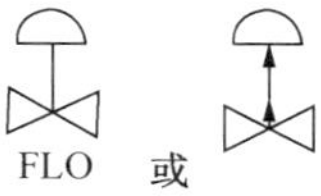 FLO 或	
11	故障时锁定在最终位置,能源消耗完时趋向于阀门关位置	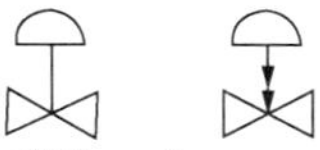 FLC 或	

注：故障指调节阀失能,包括气源故障或液压油故障等。

三、塔

塔的图例应按附表 5-5 采用。

附表 5-5　塔的图例

序号	名　称	图　　例	说　　明
1	板式塔	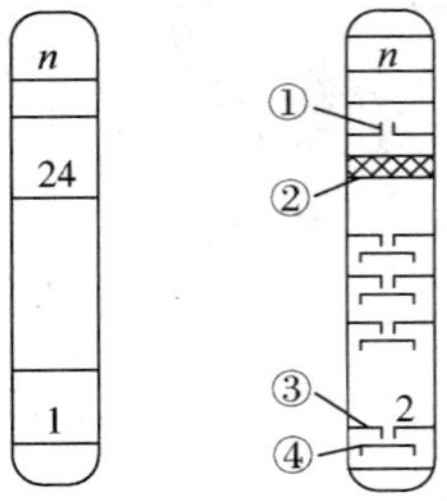	塔板层序号由下向上或由上向下（1，2，3，…，n），塔内件①、②、③和④分别表示： ① 集油箱； ② 除沫网； ③ 双流塔盘中间降液； ④ 双流塔盘两边降液
2	填料塔	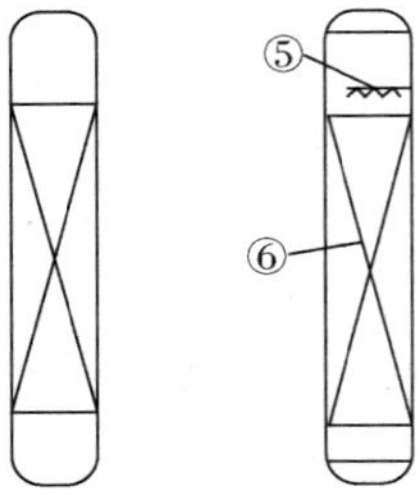	塔内件⑤和⑥分别表示： ⑤ 液体分配器； ⑥ 填料层

四、加热炉

加热炉的图例应按附表 5-6 采用。

附表 5-6　加热炉图例

序　号	名　　称	图　　例	说　　明
1	加热炉	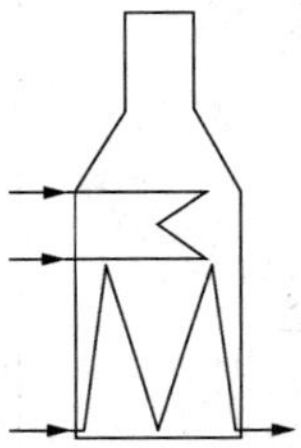	用于工艺流程图（PFD）
2	加热炉		

五、容器和储罐

容器和储罐的图例应按附表 5–7 采用。

附表 5–7　容器和储罐图例

序号	名称	图例	说明
1	立式容器		
2	卧式容器	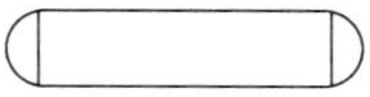	
3	带水包容器	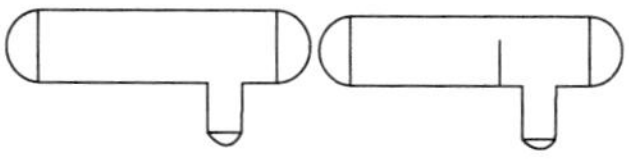	根据有无挡板选择
4	锥顶罐	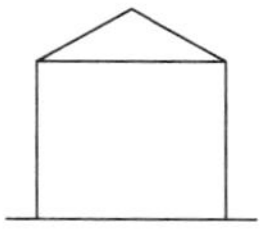	
5	拱顶罐	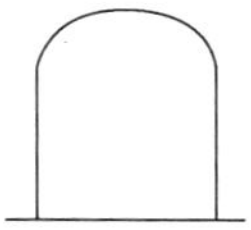	
6	内浮顶罐	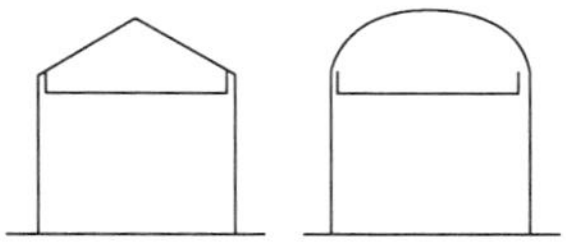	根据型式选择
7	外浮顶罐	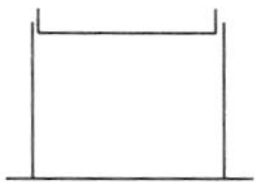	
8	球形储罐	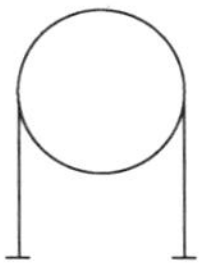	
9	料仓	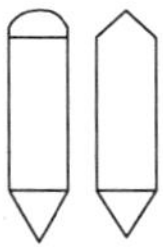	根据型式选择
10	沉降槽		

六、反应器

反应器图例应按附表 5-8 采用。

附表 5-8　反应器图例

序号	名称	图例	说明
1	轴向反应器	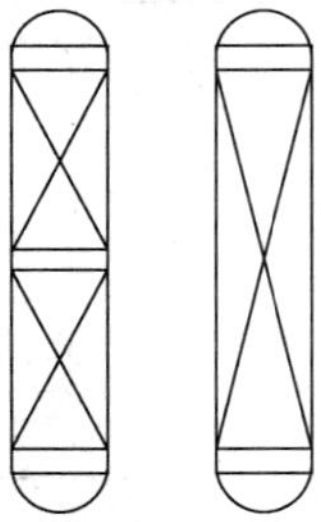	可选
2	径向反应器	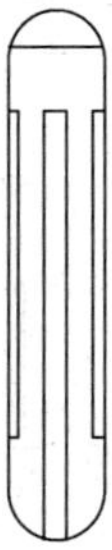	
3	釜式反应器	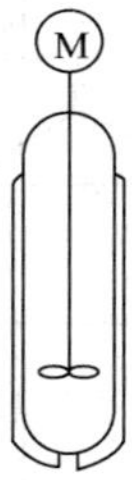	带搅拌器
4	流化床反应器	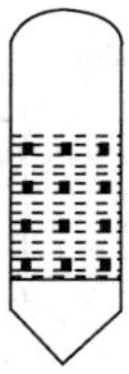	
5	管式反应器	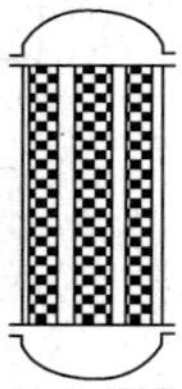	

七、冷换设备

冷换设备图例应按附表5-9采用。

附表5-9　冷换设备图例

序号	名称	图例	说明
1	换热器(一)	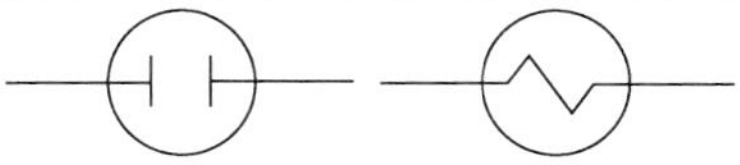	可选,用于工艺流程图(PFD),深入圆内的为管程
2	换热器(二)	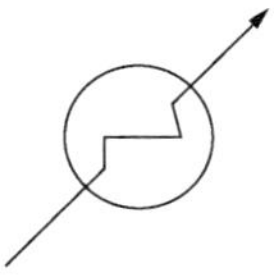	用于工艺流程图(PFD)
4	换热器(三)	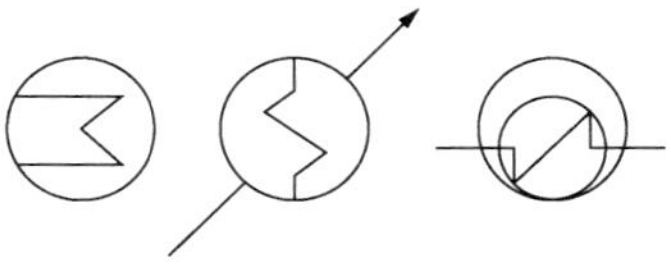	可选,用于工艺流程图(PFD)
5	管壳式换热器	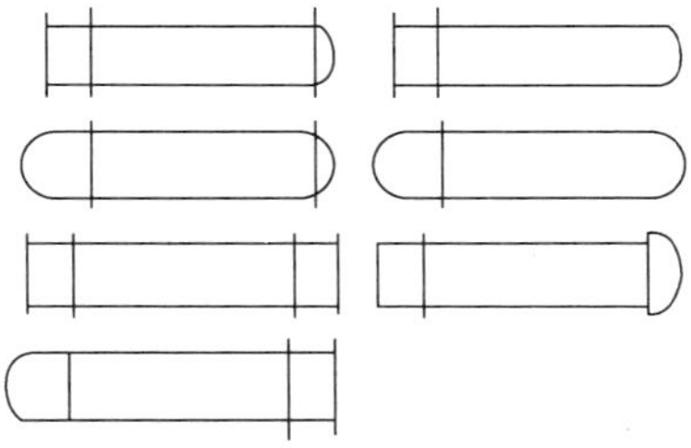	根据实际选型选择,用于管道及仪表流程图(P&ID)
6	釜式重沸器		
7	立式换热器		
8	干式空气冷却器	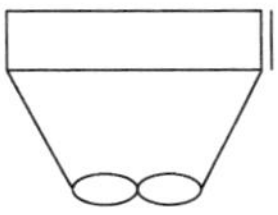	
9	湿式空气冷却器	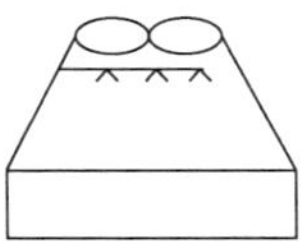	

八、泵、压缩机和风机

泵、压缩机和风机应按附表 5-10 采用。

附表 5-10　泵、压缩机和风机图例

序 号	名　　称	图　　例	说　　明
1	离心泵	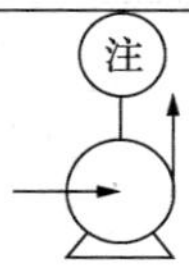	
2	往复泵	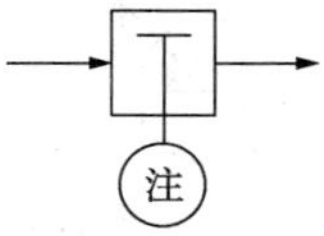	
3	管道泵	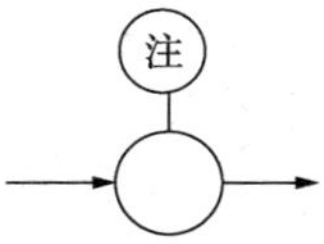	“注”表示电机或透平,位置为示意。 其中, 电机:  透平: 
4	齿轮泵	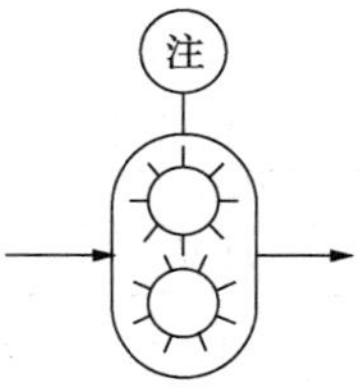	
5	螺杆泵	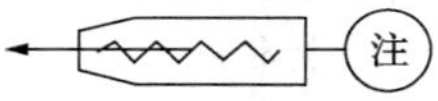	
6	电动离心压缩机	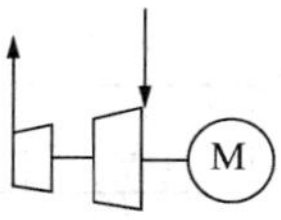	用于工艺流程图(PFD),图中为双级,可根据具体情况增减
7	液动或气动离心压缩机	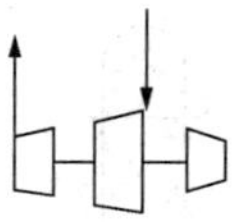	用于工艺流程图(PFD),图中为双级,可根据具体情况增减
8	电动往复压缩机	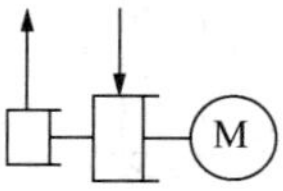	用于工艺流程图(PFD),图中为双级,可根据具体情况增减
9	液动或气动往复压缩机	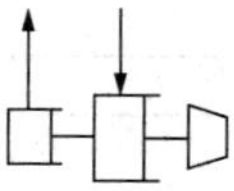	用于工艺流程图(PFD),图中为双级,可根据具体情况增减
10	鼓风机/引风机	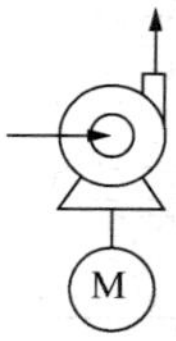	

九、仪表设备或功能

仪表设备或功能图例应按附表 5-11 采用，表示被测变量和仪表功能的字母代号见附表 5-12，常用物料代号规定见附表 5-13。

附表 5-11　仪表设备或功能图例

分散控制系统	安全仪表系统	第三方控制系统	单台常规仪表	安装位置
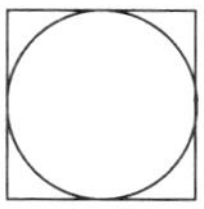	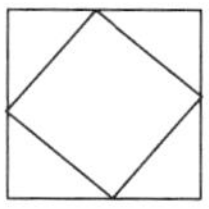	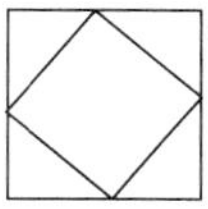 ***	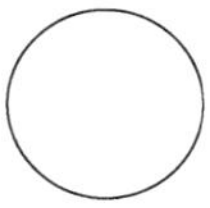	安装在现场，就地显示
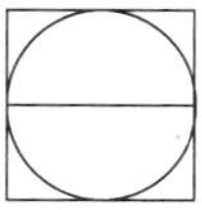	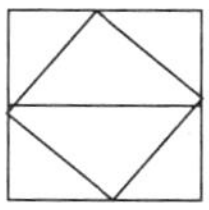	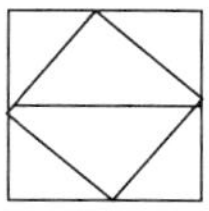 ***	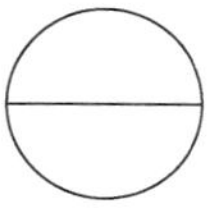	控制室盘面、台面、显示器画面安装及显示
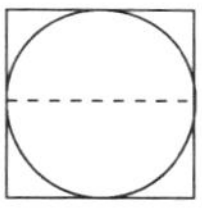	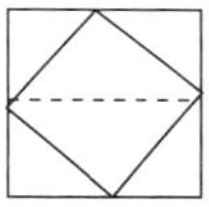	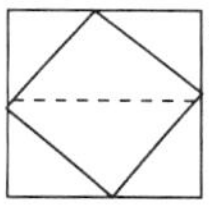 ***	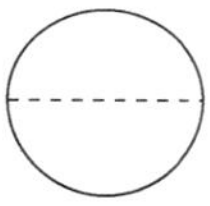	控制室盘后安装，无显示
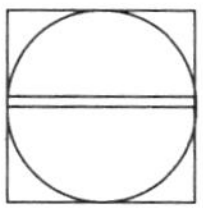	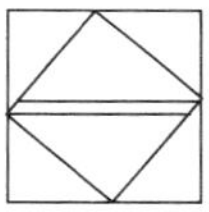	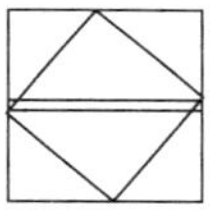 ***	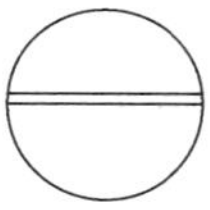	现场控制盘盘面、台面、显示器画面安装及显示
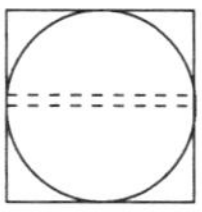	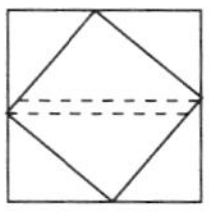	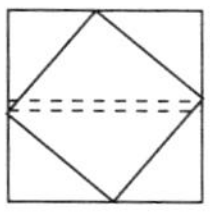 ***	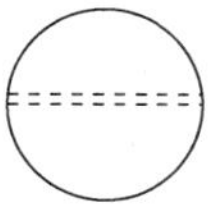	现场机柜或控制盘盘后安装，无显示

注：①仪表圆圈直径为 10~12mm。

②＊＊＊表示第三方控制系统的类型，如 PLC、FGS(GDS)、CCS、MMS、SCADA 等。

③如果仪表位号的字符数较多以至于仪表圆圈无法容纳时，可以打断仪表圆圈的边界或者按需求扩展仪表圆圈的界限，如下：

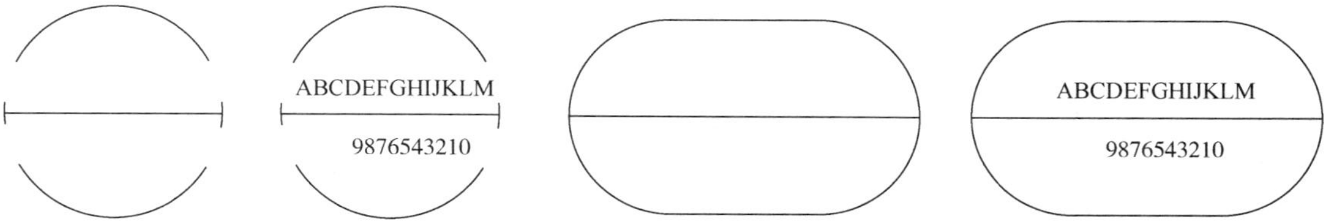

附表 5-12 表示被测变量和仪表功能的字母代号

字母	第一字母		后继字母	字母	第一字母		后继字母
	被测变量或初始变量	修饰词	功能		被测变量或初始变量	修饰词	功能
A	分析		报警	N	供选用		供选用
B	喷嘴火焰		供选用	O	供选用		节流孔
C	电导率		控制	P	压力或真空		试验点(接点)
D	密度	差		Q	数量或件数		积分、积算
E	电压(电动势)		检出元件	R	放射性		记录或打印
F	流量			S	速度或频率		开关或连锁
G	尺度(尺寸)	比(分数)	玻璃	T	温度	积分	传达(多变)
H	手动(人工触发)			U	多变量		多功能
I	电流		指示	V	黏度	安全	阀、挡板、百叶窗
J	功率			W	重量或力		套管
K	时间或时间程序	扫描	自动、手动	X	未分类		未分类
L	物位		操作器	Y	供选用		继动器或计算器
M	水分或湿度		指示灯	Z	位置		驱动、执行

附表 5-13 常用物料代号规定

物料代号	物料名称	物料代号	物料名称
A	空气	LO	润滑油
AM	氨	LS	低压蒸汽
BD	排污	MS	中压蒸汽
BF	锅炉给水	NG	天然气
BR	盐水	N	氮
CS	化学污水	O	氧
CW	循环冷却水上水	PA	工艺空气
DM	脱盐水	PG	工艺气体
DR	排液、排水	PL	工艺液体
DW	饮用水	PW	工艺水
F	火炬排放气	R	冷冻剂
FG	燃料气	RO	原料油
FO	燃料油	RW	原水
FS	熔盐	SC	蒸汽冷凝水
GO	填料油	SL	泥浆
H	氢	SO	密封油
HM	载热体	SW	软水
HS	高压蒸汽	TS	伴热蒸汽
HW	循环冷却水回水	VE	真空排放气
IA	仪表空气	VT	放空气

附录 6　炼油装置工艺管道流程设计规范
（SH/T 3122—2013）

1　范围

本规规定了炼油装置工艺管道流程设计的基本要求。

本规范适用于以石油为原料的炼油装置工艺管道流程的设计，也适用于以煤为原料制取燃料或化工原料的相关装置工艺管道流程的设计。本规范不适用于煤气化等装置工艺管道流程的设计。

2　术语和定义

下列术语和定义适用于本规范。

2.1　炼油装置 refining unit

将石油通过蒸馏、裂化、重整、精制等一次加工和二次加工方法生产汽油、煤油、柴油、燃料油、润滑油等油品和化工原料的装置。

2.2　工艺管道流程 process pipeline diagram

根据工艺过程的内在联系，借助统一规定的图形符号和文字代号，通过工艺管道把相关设备、阀门等按其各自功能以及工艺要求联系起来，描述工艺过程的结构和功能。

2.3　三阀组 three-valve block

在两道切断阀之间加一个检查阀的一种固定组合（见附图 6-1）。

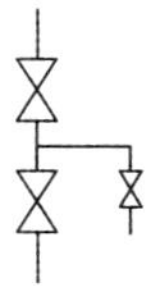

附图 6-1　工艺物流进、出装置边界阀的流程示意

3　一般规定

3.1　炼油装置工艺管道流程设计必须满足正常生产操作、开停工、安全、环境保护、操作灵活和和事故处理的要求。

3.2　管道或设备的高点和低点应根据需要分别设置排气阀和排液阀。连续操作的可燃气体管道的低点应设两道排液阀，排出的液体应排至密闭系统；仅在开停工时使用的排液阀，可设置一道阀门，并加丝堵、管帽或法兰盖。

3.3　工艺管道进装置边界处应按顺序设置切断阀、止回阀、“8”字盲板和切断阀，见附图 6-2（a）。工艺管道出装置边界处应按顺序设置切断阀、止回阀、排凝阀、“8”字盲板和切断阀，见附图 6-2（b）。对既可开工引油又可停工退油的工艺管道，可不设止回阀。

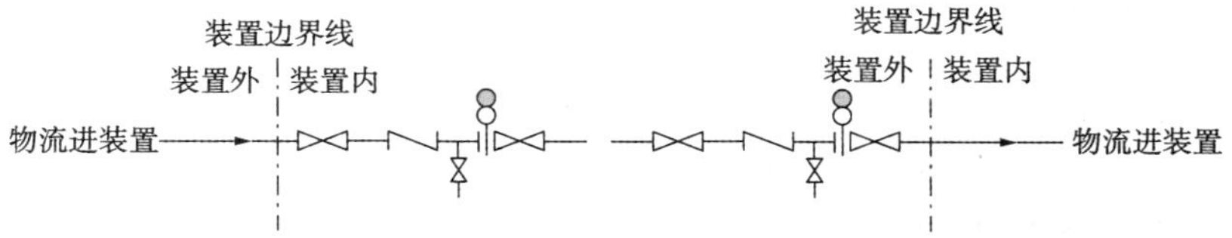

(a)进装置　　(b)出装置

附图 6-2　工艺物流进、出装置边界阀的流程示意

3.4　公用工程管道与可燃气体、液化烃和可燃液体的管道、设备连接时应满足下列要求：

① 对连续使用的公用工程管道，在连接处设切断阀和止回阀；

② 对间歇使用的公用工程管道，在连接处设切断阀、止回阀和“8”字盲板；

③ 对仅在设备停用时使用的公用工程管道，在连接处设切断阀和“8”字盲板。

3.5　间歇使用的公用工程管道与其他介质的管道或设备连接时，公用工程管道上应设置“三阀组”。

3.6　塔、容器类设备、冷换设备等其他工艺设备之间的连接管道，如因维修需要隔断时，应设切断阀，必要时设旁路阀。

3.7　净化压缩空气进装置的管道上宜设分液罐。

3.8　进、出装置的公用工程管道上应设置计量仪表。

3.9　在工艺管道流程图上应注明公用工程对管道安装设计的特殊要求（如重沸器与塔底切线的相对高差、热旁路控制回流罐与塔顶冷凝器的相对高差、防倒流高差、不允许出现袋形、最小距离、重力流管道的流向及坡度等）。

3.10　除有特殊需要外，不宜选用公称直径为 *DN*32、*DN*65、*DN*125、*DN*175 的管道、阀门及管件。

4　塔和容器的管道流程

4.1　塔、容器的开口低于最高液位时，宜在塔的开口处设置切断阀；如在与该开口相连接管道上距开口的水平距离 15m 范围内已有切断阀，开口处可不设该切断阀。

4.2　装有液化烃以及操作温度大于等于自燃点的烃类介质设备与泵相连时，泵入口管道上应在靠近设备根部设置切断阀，容积超过 $38m^3$ 的液化烃设备以及烃类介质容积超过 $10m^3$ 并且介质温度大于等于自燃点的设备与其抽出泵的水平间距应大于 6m；当水平间距小于 15m 时，该切断阀应为带手动功能的遥控阀，遥控阀的就地操作按钮与泵的间距应不小于 15m。

4.3　塔、容器与脆性或其他易损材质的管道连接时，应在塔、容器的开口处设置切断阀。

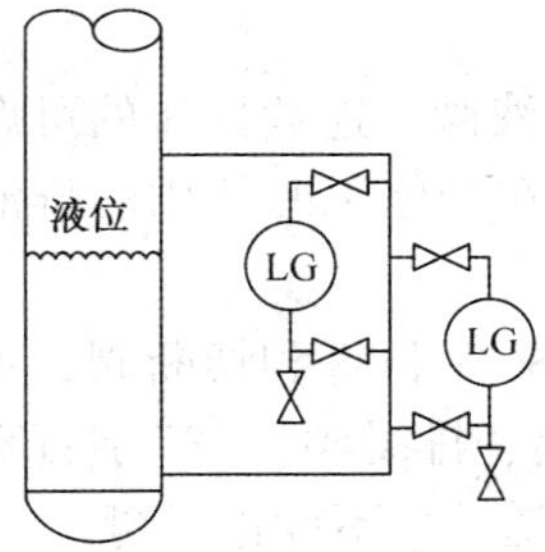

附图 6-3　容器液位接管示意

4.4　塔、容器与连接管道之间的切断阀宜与塔、容器的开口或连接管道同径。

4.5　塔顶回流和中段回流的管道，在塔入口处不宜再设置切断阀。

4.6　侧线汽提塔顶气体返回分馏塔的管道上不应设置阀门。

4.7　一股进料有多个进塔口时，每个进塔口处均应设置切断阀。

4.8　同一产品有多个抽出口时，每个抽出口处均应设置切断阀。

4.9　塔的侧线抽出管道与泵相连或与侧线汽提塔相连时，不宜在抽出口再设置切断阀。当有安全、清扫等特殊需要时应设置阀门。

4.10　塔、容器上的玻璃板液位计、高、低液位报警接管等，宜设在塔或容器与液相连通的立管上，见附图 6-3。

4.11　根据工艺过程要求向塔顶馏出线注入其他介质（如氨、有机胺、缓蚀剂、水等）时，在其他介质的管道上应设置止回阀和切断阀，见附图 6-4。

4.12　塔、容器的顶部应设置供开停工吹扫放空用的排气阀，并靠近塔、容器的开口处安装。

4.13 塔顶安全阀可设置在塔顶气相管道上，但在塔顶设有破沫网并且塔内物料易堵塞破沫网的特殊情况下，安全阀应安装在破沫网下方的塔体上。

5 管壳式换热器、冷却器和冷凝器的管道流程

5.1 换热流程应采用逆流换热，冷流自下而上、热流自上而下地经过冷换设备。

5.2 介质无相变的串联换热器宜采用重叠式布置。

5.3 进入并联换热器、冷却器和冷凝器的两相流流体的管道应采用对称形式设置；进入并联换热器、冷却器和冷凝器的单相流流体的管道宜采用对称形式设置。

5.4 换热器冷热流进出口管道和冷却器、冷凝器热流进出口管道不宜设置切断阀。对操作中需要不停工维修的冷换设备进出口管道上均应设置切断阀、旁路线和旁路切断阀，并在入口切断阀下游侧设置吹扫接管，在出口切断阀上游设置排污接管；当设置切断阀可能导致换热器超压时，应采取泄压措施。

5.5 水冷却器、水冷凝器的冷却水管道流程可按附图 6-5 设计，如无防冻问题可不设置防冻线。对于被冷却介质温度大于 100℃的水冷却器和水冷凝器，宜在冷却水回水管道上采取泄压措施。

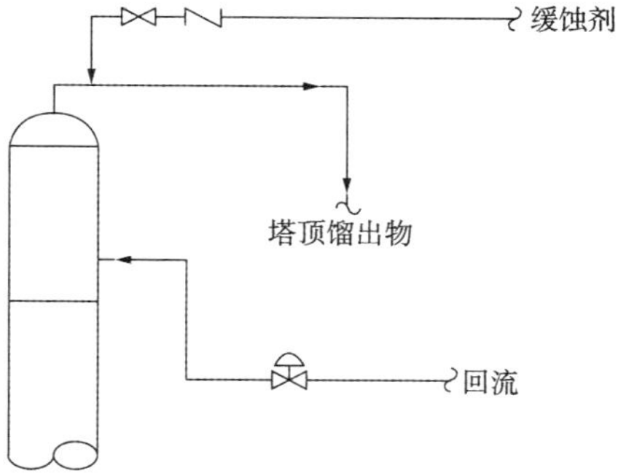

附图 6-4 塔顶馏出线注入其他介质的流程示意

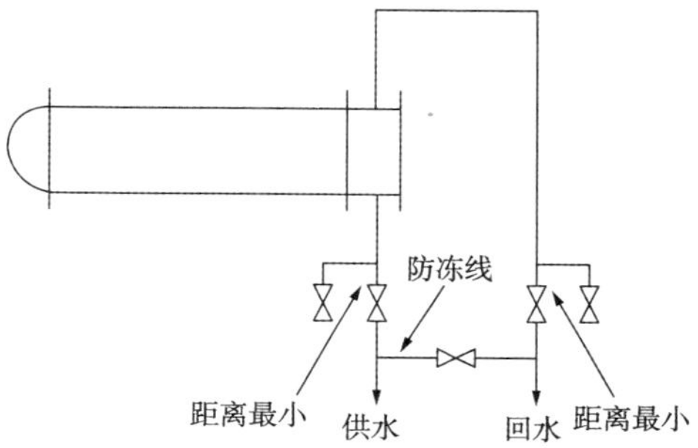

附图 6-5 冷却水管道流程示意图

6 浸没式冷却器的管道流程

6.1 浸没式冷却器水箱应通入搅拌压缩空气；当被冷却介质为重质油品时，还应接蒸汽加热管。

6.2 浸没式冷却器的冷却水出口管道高点处应设一个公称直径为 *DN*20 的虹吸短管。

6.3 重质油品的进出口管道上均应设置切断阀，并应在进口切断阀下游侧设置固定蒸汽吹扫接管，在出口切断阀上游侧设置排污接管。

6.4 浸没式冷却器水箱应设置顶盖，顶盖的高点处应设置放空管。

7 重沸器的管道流程

7.1 重沸器冷流侧的管道上不宜设置阀门。

7.2 罐式重沸器冷流侧的管道流程可按附图 6-6 设计。

7.3 热虹吸式重沸器冷流侧管道流程设计，应符合下列规定：

① 当采用冷流循环式流程时，重沸器冷流侧的管道流程可按附图 6-7-1 设计；

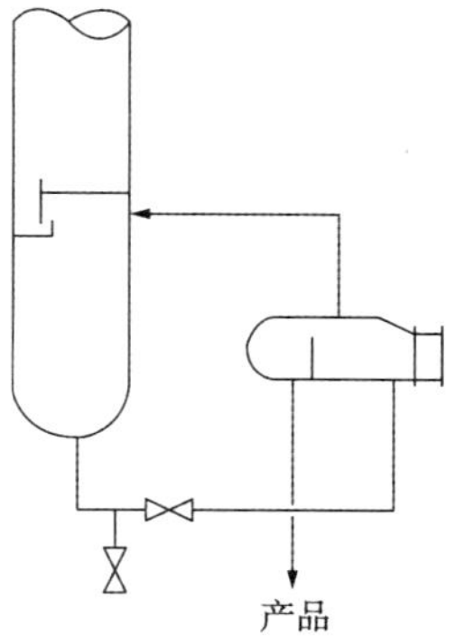

附图 6-6 罐式重沸器冷流侧的管道流程示意

② 当采用冷流一次通过式流程时，在产品抽出线与重沸器入口管道之间应设置开工旁路，见附图 6-7-2；

③ 当采用塔内有挡板的流程时，在产品抽出线与重沸器入口管道之间应设置开工旁路，见附图 6-7-3；

④ 当采用强制循环时，泵的管道流程应符合本规范第 11 章的规定。

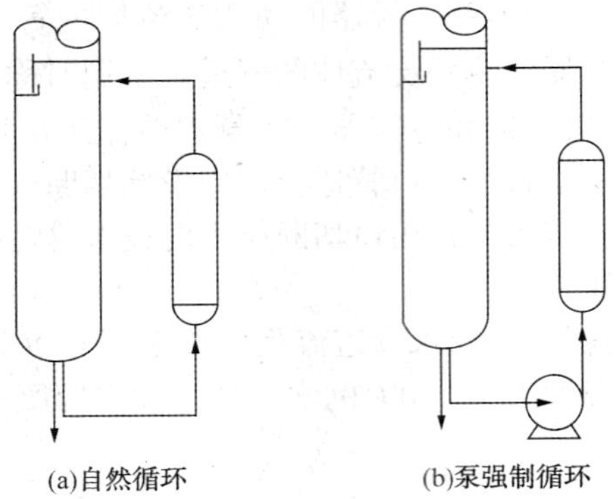

附图 6-7-1　循环式流程重沸器冷流侧管道流程示意

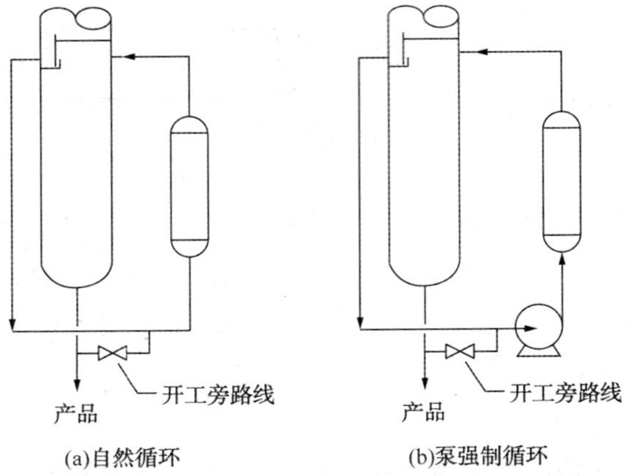

附图 6-7-2　一次通过式流程重沸器冷流侧管道流程示意

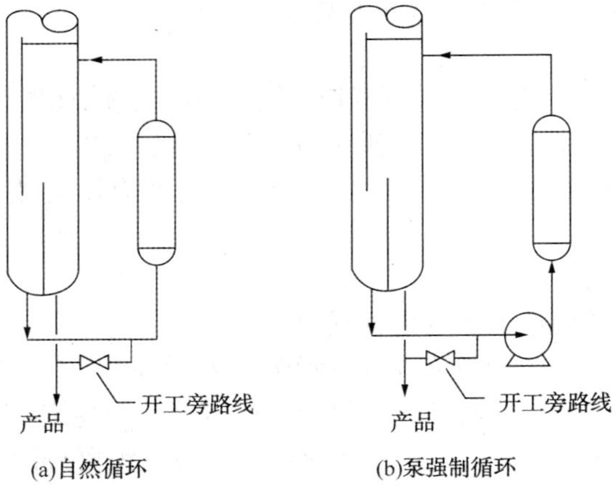

附图 6-7-3　塔内有挡板的流程重沸器冷流侧管道流程示意

8 空冷器的管道流程

8.1 空冷器入口的工艺介质为气液两相流流体时，入口管道宜采用对称式的流程，出口流程可采用附图 6-8-1 或附图 6-8-2 的形式；当出口介质为气液两相流时，出口流程宜采用附图 6-8-3 的形式(见图 7.0.1)。

8.2 空冷器入口的工艺介质为单相流流体时，入口和出口的管道流程应符合附图 6-8-3 的规定。

8.3 对称形式的管道集合总管的截面积不宜小于分支管截面积之和的 1.5 倍。

8.4 空冷器入口、出口管道上不宜设置切断阀。对于操作中需要不停工维修的空冷器，可在空冷器的入口、出口管道上设置切断阀和吹扫、放空接管。

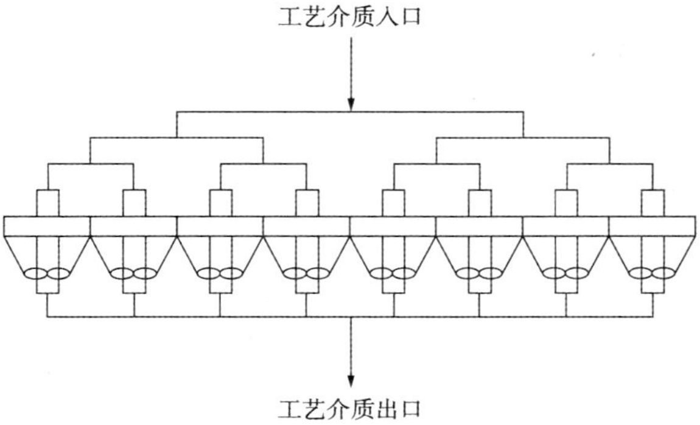

附图 6-8-1 两相流流体进、出空冷器管道流程示意(一)

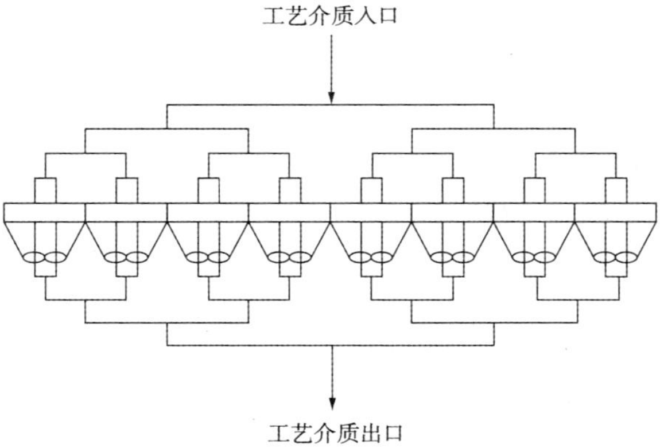

附图 6-8-2 两相流流体进、出空冷器管道流程示意(二)

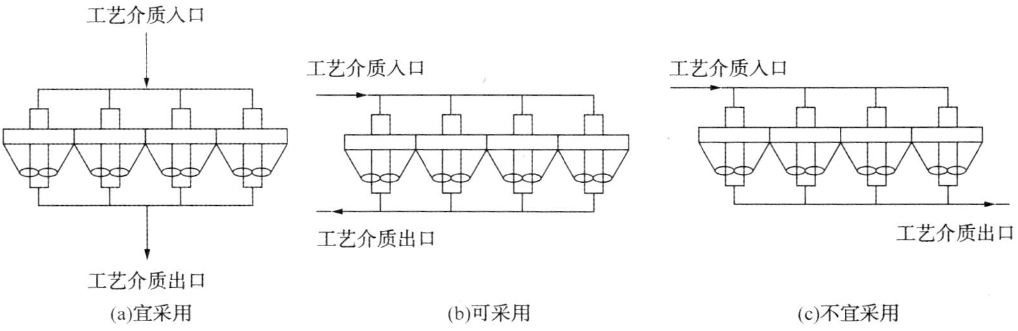

附图 6-8-3 单相流流体进、出空冷器管道流程示意

9 加热炉的管道流程

9.1 多管程加热炉炉管管程数宜为偶数。

9.2 加热炉入口和出口管道流程设计应符合下列要求：

① 对于炉管入口处的工艺介质为气液两相流流体且炉管管程为偶数的多管程加热炉，其出口和入口工艺管道应分别采用对称形式的流程；

② 对于炉管入口处的工艺介质为单相流流体且炉管管程数为偶数的多管程加热炉，其出口和入口工艺管道宜分别采用对称形式的流程；

③ 对于炉管入口处的工艺介质为单相流流体的多管程加热炉，其出口和入口的工艺管道采用非对称形式的流程时，应在各管程的入口管道上设置流量调节和流量指示仪表，且在各出口管道上设置温度指示仪表。

9.3 炉管内需要注水或蒸汽时，应在水或蒸汽管道上顺序设置切断阀、止回阀、排凝阀、“8”字盲板和切断阀，见附图 6-9。

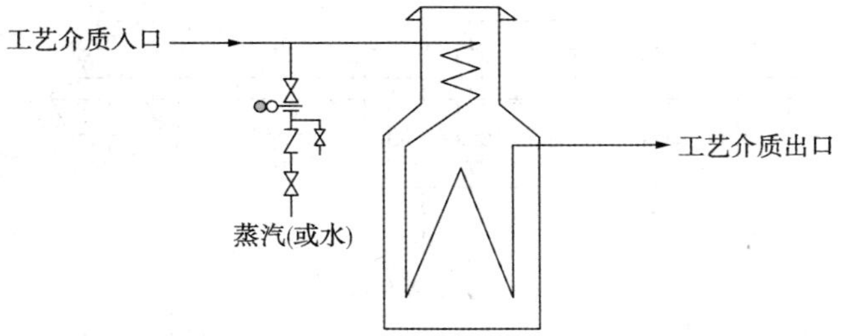

附图 6-9 炉管注汽或注水流程示意

9.4 过热蒸汽放空管上应设置消声器。

9.5 烘炉时炉管内如需要通入防护蒸汽，应在炉出口处设置带有消声器的蒸汽放空管或临时消音器接口。

9.6 对于需要烧焦的加热炉，按附图 6-10 设计。

9.7 减压炉炉管出口应设置“8”字盲板而不应设置切断阀。

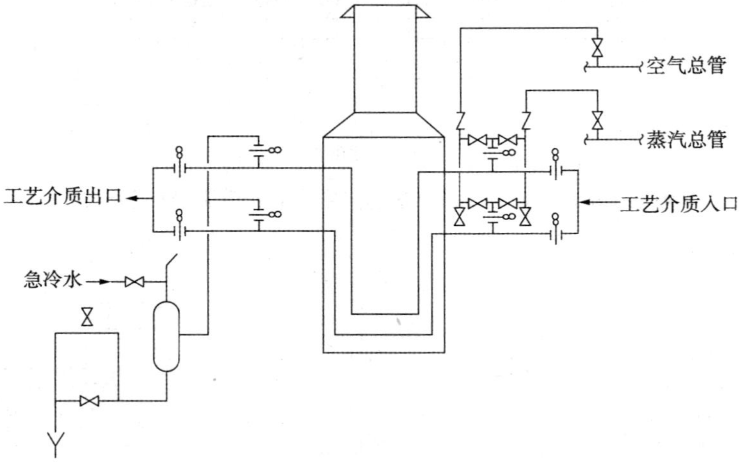

附图 6-10 加热炉带烧焦措施的管道流程示意

10 蒸汽发生器系统的管道流程

10.1 蒸汽发生器系统的管道流程宜按附图 6-11 设计。

10.2　当有多台管壳式换热器供热并产生相同压力等级的蒸汽时，宜共用汽包。

10.3　蒸汽发生器系统应同时设置连续排污管道和定期排污管道。连续排污管道应设在汽包正常水位以下汽包水盐浓度最高的位置；间断排污管道应自该系统下降管的最低点和换热器底部接出，见附图6-11。

10.4　每台管壳式换热器应有单独与汽包相连接的上升管和下降管。

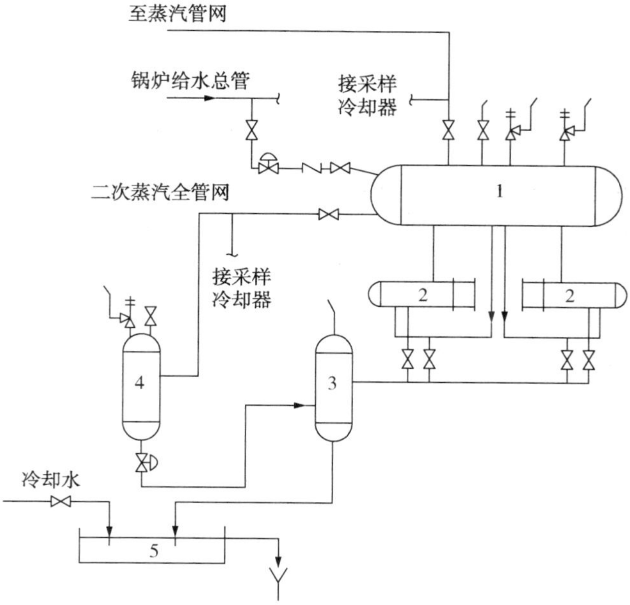

附图6-11　蒸汽发生器系统管道流程示意

1—汽包；2—换热器；3—间断排污扩容器；

4—连续排污扩容器；5—冷却水池(根据需要)

11　泵的管道流程

11.1　泵入口管道的公称直径应大于或等于泵入口管嘴的公称直径。泵出口管道的公称直径宜比入口管道的公称直径小一级。

11.2　泵入口和泵出口管道上均应设置切断阀。

11.3　泵入口管嘴与泵入口切断阀之间宜设置过滤器。

11.4　介质在泵入口处易发生汽化时，可在泵入口管嘴与泵入口切断阀之间设置一根可返回吸入侧上游设备该介质最高液面以上的气相空间的平衡线。平衡线上应设置切断阀，见附图6-12。

11.5　离心泵、漩涡泵出口管道上应设置止回阀，止回阀宜设在泵出口管嘴与泵出口第一道切断阀之间。泵出口管道为多分支时，宜在泵出口总管上设置止回阀，见附图6-13。

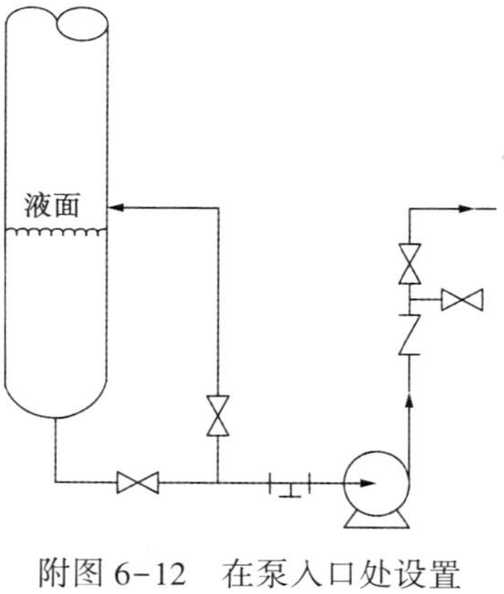

附图6-12　在泵入口处设置平衡线的管道流程示意

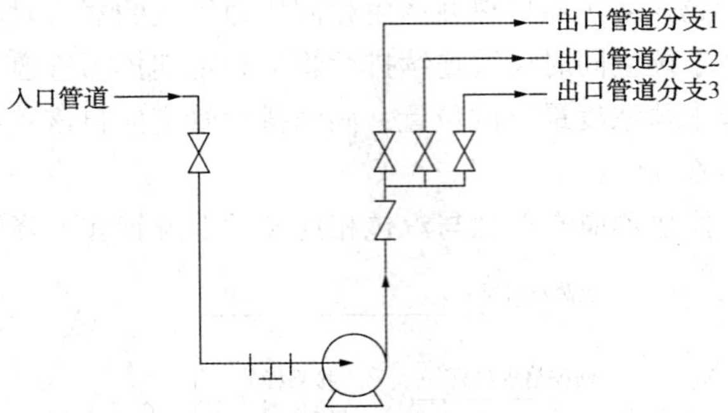

附图 6-13　泵出口管道多分支时止回阀流程示意

11.6　离心泵输送的介质流量如可能低于离心泵的最小流量时，应设置小流量线。在最小流量线上应设置限流孔板、截止阀或调节阀，见附图 6-14。

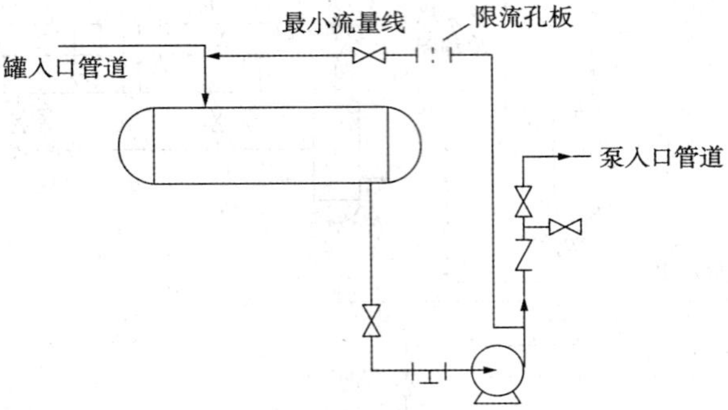

附图 6-14　泵的最小流量线管道流程示意

11.7　对于出口与入口压差大于 4.0MPa 的离心泵，宜在泵出口管道上设置双切断阀和不同形式的双止回阀，见附图 6-15。

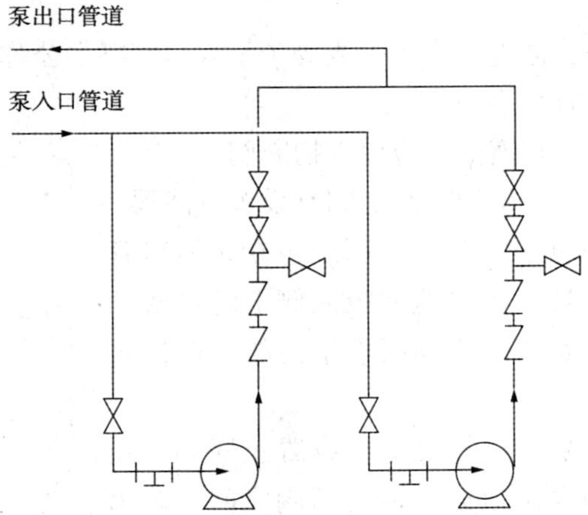

附图 6-15　出口与入口压差大于 4.0MPa 离心泵管道流程示意

11.8　对于出口与入口压差大于 4.0MPa 的离心泵，泵入口切断阀至泵入口管嘴之间的管道等级宜与泵出口管道等级相同；当泵入口切断阀至泵入口管嘴之间的管道等级低于泵出口管道等级时，应在泵入口切断阀至泵入口管嘴之间的管道上设置安全阀。

11.9　有备用泵的离心泵、输送介质的温度高于 200℃且泵出口公称直径大于或等于

*DN*80 时，应设置单独的暖泵线，附图 6-16。

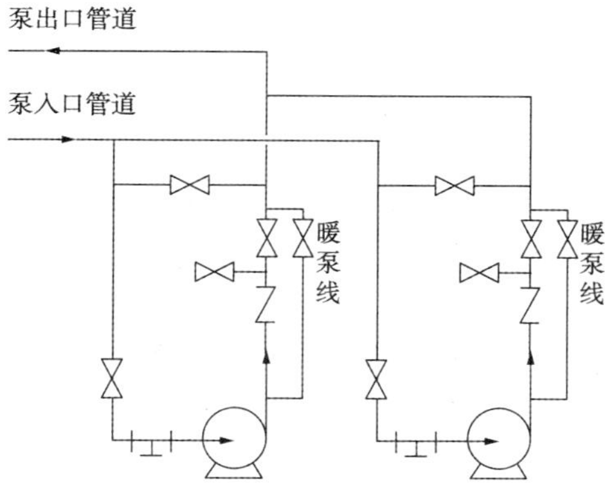

(a)泵的暖泵线

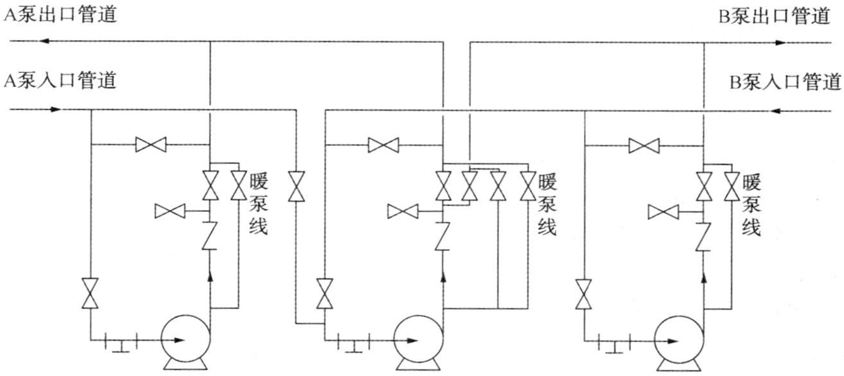

(b)两台泵共用一台泵时的暖泵线

附图 6-16　离心泵暖泵线管道流程示意

11.10　容积式泵或旋涡泵入口切断阀之后、出口切断阀之前的管道上应设置泵出口、入口相连的循环线，循环线上应设置切断阀、截止阀和流量指示仪表。

11.11　容积式泵出口管道上应设置安全阀。若安全阀随泵自带，可不另设。

11.12　对输送易汽化的有毒、有害、易燃、易爆介质的泵，应在泵入口管道上设置排入密闭系统的泄放线。

12　压缩机的管程流程

12.1　压缩机的入口、出口管道上应设置切断阀。自大气抽吸空气的往复式压缩机的吸入管道上不应设置切断阀。

12.2　离心式和固定静叶轴流式主风机入口管道上应设置可调蝶阀，出口管道上应设置遥控切断阀。

12.3　往复式氢气压缩机入口、出口管道上均应设置双切断阀，两阀之间设置带三阀组的排放管线，各级出口管道上均应设置安全阀，安全阀出口排入密闭放空系统。

氢气压缩机进出口管道上应设置双切断阀，出口管道上应设置安全阀。

12.4　离心式压缩机出口管道上应设置止回阀，止回阀应设在切断阀的上游。

12.5　离心式压缩机入口、出口管道上应设置可拆卸短管或“8”字盲板。

12.6 操作压力(绝)大于或等于4.0MPa的离心式氢气压缩机的出口管道宜设置双止回阀或止回阀加火灾安全型紧急切断阀；出口管道设置火灾安全型紧急切断阀时入口管道也应设置火灾安全型紧急切断阀。

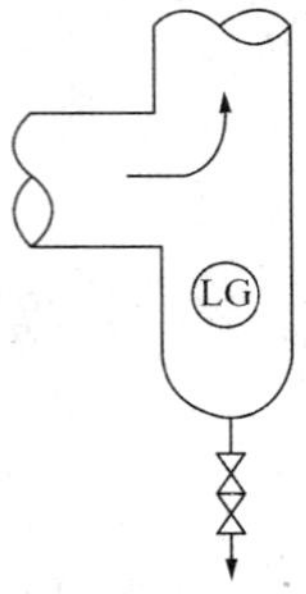

附图 6-17 分液包管道流程示意

12.7 输送易燃、易爆或有毒介质的压缩机应设置惰性气体置换管道。惰性气体置换管道上应设置三阀组，三阀组应接在压缩机入口切断阀后紧靠管道的连接点处。惰性气体置换气应排入火炬系统。

12.8 往复式压缩机各级吸入端均应设置分液罐。当吸入介质为饱和气体或在环境温度下可能产生凝液时，吸入管道应保温或伴热。各级吸入管道可能产生凝液时，吸入管道应坡向分液罐或在低点处设置分液包，见附图6-17。当凝液为易燃、易爆、有毒或有害介质时，应排入密闭系统。

12.9 工艺气体压缩机入口管道上应设置过滤器并安装于水平管道。空气压缩机入口管道上应设置过滤器。

12.10 离心式和轴流式压缩机应设置反飞动线。空气压缩机的反飞动线可接至安全处通过消音器排入大气。有毒、有腐蚀性、可燃性气体压缩机的反飞动线应接至工艺流程中设置的冷却器或反飞动冷却器之前，气体冷却后返回压缩机入口切断阀之前。催化重整装置离心式循环氢压缩机不宜设置反飞动线。

13 汽轮机的管道流程

13.1 汽轮机入口的主蒸汽管道上应设置切断阀并紧靠主汽门安装。

13.2 汽轮机入口的主蒸汽管道上紧靠切断阀前应设置排凝阀和暖机放空线，暖机放空线上应设置消音器，消音器前应设切断阀，当蒸汽压力(绝)大于或等于3.5MPa时，消音器前应设双切断阀或切断阀加8字盲板。

13.3 当蒸汽压力(绝)大于或等于1.3MPa时，对公称直径大于或等于*DN*400的入口切断阀应设置旁通线和旁通阀；当蒸汽压力(绝)大于或等于3.5MPa时，对公称直径大于或等于*DN*200的入口切断阀应设置旁通线和旁通阀。旁通线和旁通阀的公称直径可为*DN*20或*DN*25。如阀门已自带旁通线和旁通阀，可不另设。

13.4 被压式汽轮机乏汽管道上应设置切断阀和止回阀，该止回阀应靠近汽轮机出口管嘴安装。

13.5 被压式汽轮机的供汽管道和乏气管道的低点处应设置排液阀和疏水阀。

13.6 被压式汽轮机出口管嘴与出口止回阀之间应设置安全阀，安全阀放空蒸汽线上应设消音器且放空蒸汽引至安全处排入大气。

13.7 进入表面冷凝器中进行常压或负压下冷凝的所有凝汽式汽轮机的乏汽系统均应设置满足全量泄放的安全阀。

13.8 若在进入表面冷凝器的乏汽管道上安装切断阀，应在切断阀上游侧设置满足全量泄放的安全阀。

14 蒸汽和冷却水系统的管道流程

14.1 蒸汽进入装置边界初应采用分水措施。

14.2 在加热设备的蒸汽入口管道上应设置切断阀(有调节阀组时可不另设)，在凝结水出口管道上设置切断阀和疏水阀。

14.3 抽空器用蒸汽应自蒸汽总干管接出、并在靠近蒸汽总干管的连接处设置切断阀。进入每级或每组抽空器的蒸汽管道上紧靠抽空器处应设置切断阀、过滤器和排凝阀，见附图6-18。

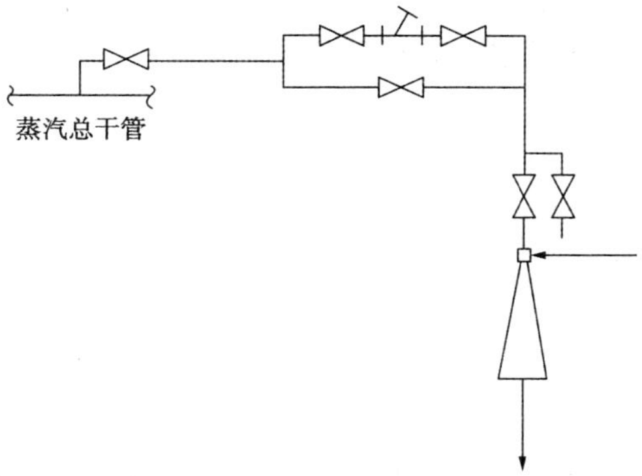

附图 6-18 抽空器蒸汽接管流程示意

14.4 各灭火蒸汽主管应单独自蒸汽总干管接出，并在靠近总干管的连接处设置切断阀。自灭火蒸汽主管接出的每一灭火蒸汽支管，在靠近主管的连接处应设置切断阀。

14.5 不得在灭火蒸汽主管上连接工艺过程用蒸汽管道或其他用途的蒸汽管道。

14.6 供非正常操作时用的蒸汽应单独自蒸汽总干管接出，并在靠近总干管的连接点处设置切断阀。非正常操作时使用蒸汽设备，应在其蒸汽入口管道上按顺序设置切断阀、止回阀、检查阀和切断阀。

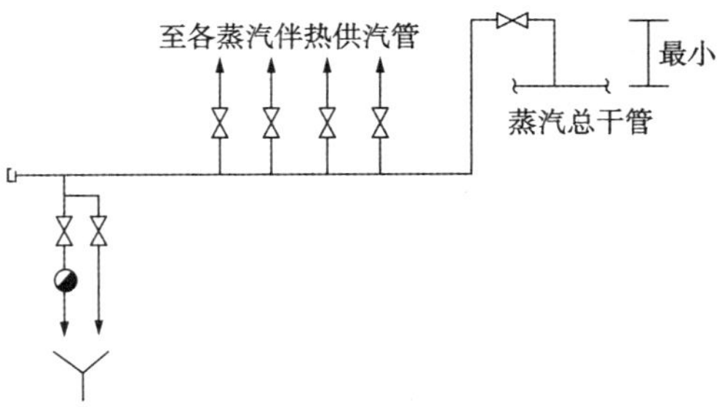

附图 6-19 蒸汽分配管流程示意

14.7 蒸汽的凝结水应回水。高压力等级蒸汽管网的凝结水宜排至凝结水扩容器，扩容后蒸汽可并入低压力等级的蒸汽管网中，并应在低压力蒸汽管网的总管上设置安全阀。

14.8 当需要多根相同用途的供蒸汽管道时，宜集中采用蒸汽分配管，见附图6-19。

14.9 装置的冷却水系统应在进装置和出装置边界处的供水和回水总管上设置切断阀；装置中某部分单开单停时，该部分的主供水和主回水管道上也应设置切断阀；对于寒冷地区，还应设防冻阀。

15 扫线的管道流程

15.1 下列情况应设置固定式扫线接管：

① 被吹扫介质为重柴油、蜡油、油浆、渣油等凝固点较高的介质；

② 需要经常吹扫的设备或管道；

③ 吹扫接管公称直径大于或等于 *DN*40。

15.2 固定式扫线接管宜采用如附图6-20所示的型式：

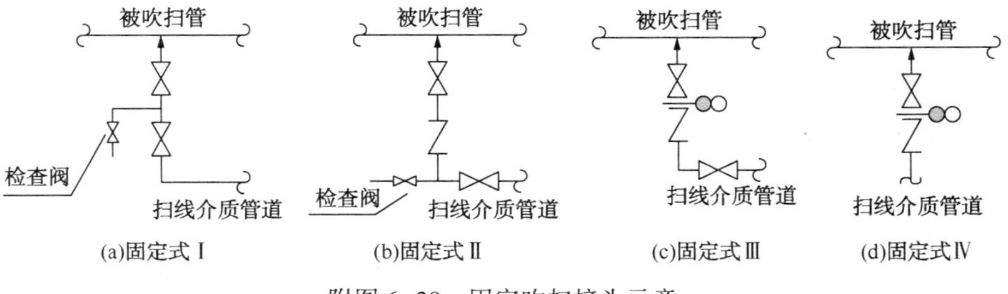

附图 6-20 固定吹扫接头示意

15.3 对被吹扫介质为汽油、煤油、轻柴油等凝固点低的介质，不经常吹扫的管道吹扫点可只设置半固定式扫线接头，半固定式扫线接头可采用双切断阀加快速接头[见附图6-21

(a)]或切断阀加“8”字盲板加快速接头[见附图 6-21(b)]的型式，半固定式扫线接头公称直径宜采用 $DN25$。

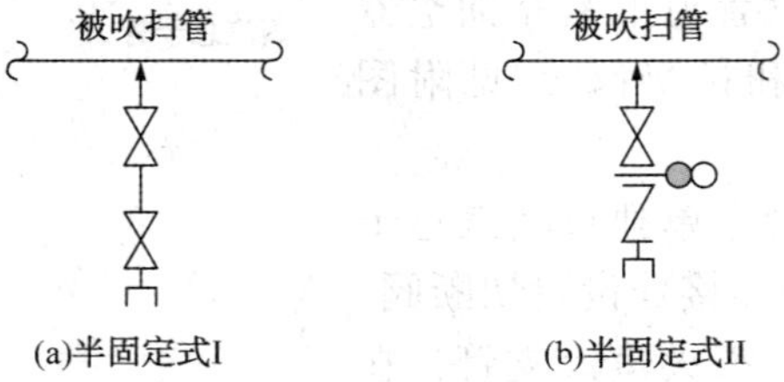

附图 6-21 半固定式吹扫接头示意

15.4 装置内的扫线宜顺流程自管道扫向设备。如被清扫的管道过长，可采用接力方式分段吹扫。

15.5 塔或容器的扫线流程可按附图 6-22 设计。

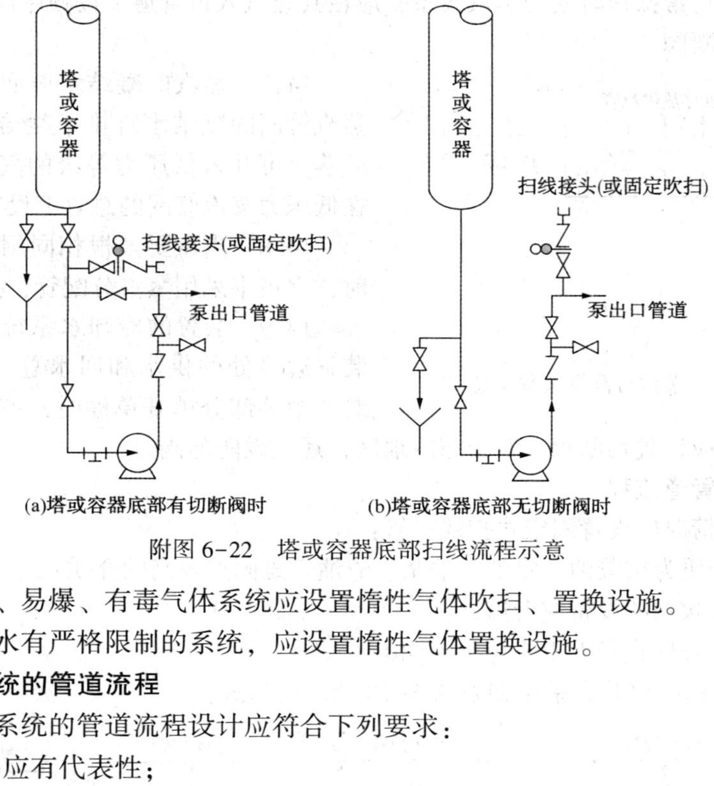

附图 6-22 塔或容器底部扫线流程示意

15.6 易燃、易爆、有毒气体系统应设置惰性气体吹扫、置换设施。

15.7 对含水有严格限制的系统，应设置惰性气体置换设施。

16 采样系统的管道流程

16.1 采样系统的管道流程设计应符合下列要求：

① 所采样品应有代表性；

② 采样系统的设置应满足正常生产操作、开工、停工和标定等的需要；

③ 在满足采样要求的条件下，采样接管宜连接在压力管道上，且应在被采样介质的低温部位；

④ 应避免采样时对周围环境的污染。

16.2 采样系统的管道可根据介质性质及气温条件采取伴热、保温、吹扫、排放等措施。

16.3 可燃性气体排放系统宜在下列各处设置取样点：

① 可燃性气体进入排放总管前；

② 可燃性气体进入火炬系统前；

③ 可燃性气体进入气柜前。

16.4　与工艺介质管道连接的采样接管上，除采样阀外，至少应再设置一个切断阀。需要设置采样冷却器的采样系统宜采用循环式流程，见附图 6-23。

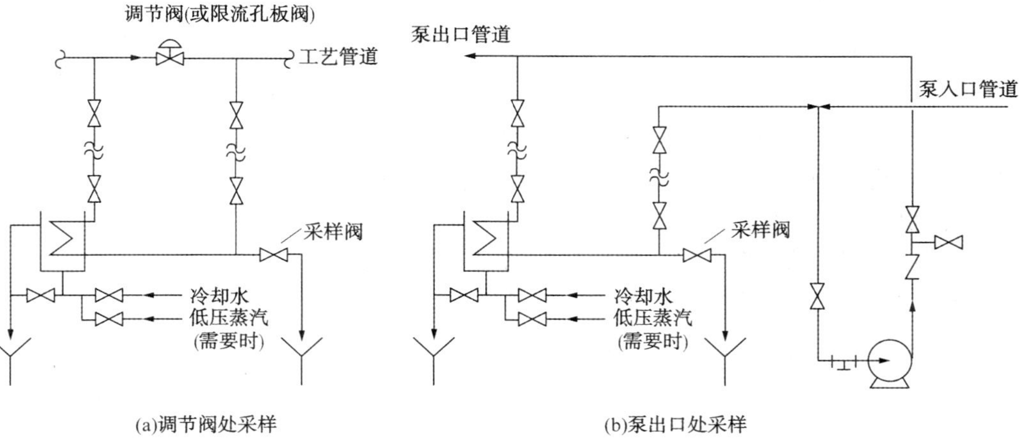

附图 6-23　热油采样接管循环式管道流程示意

16.5　反应器出口高温高压两相流流体的采样系统宜设置冷却器、分离器和过滤器，见附图 6-24。

16.6　需要在反应器出口采集气体样的采样系统可按附图 6-25 设计。

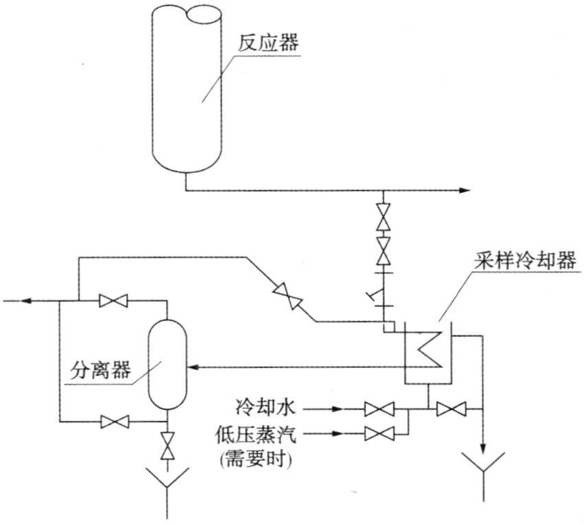

附图 6-24　反应器出口两相流采样接管的管道流程示意

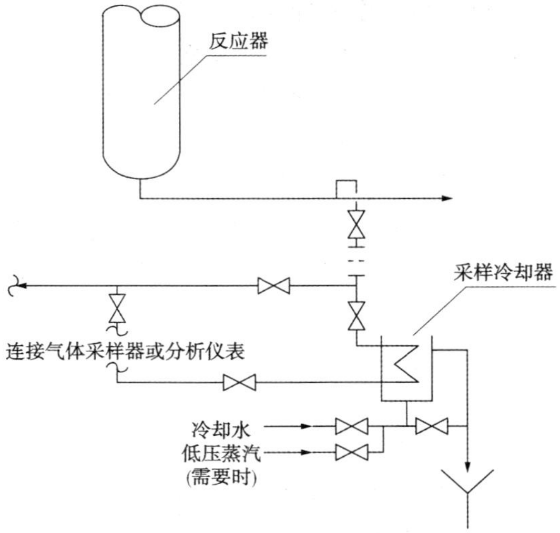

附图 6-25　反应器出口采集气体样的管道流程示意

16.7　经冷却后的气体或液化石油气的采样系统的管道流程可按附图 6-26 设计。

16.8　有毒介质的采样应采取密闭回路及吹扫、置换措施。

17　开、停工的管道流程

17.1　开、停工用的液体管道较长时，管道两端应各设一个切断阀。当管内介质为轻质液体时，应在两个切断阀间管道的低点处设置一个排液阀；当管内介质为重质或易凝液体

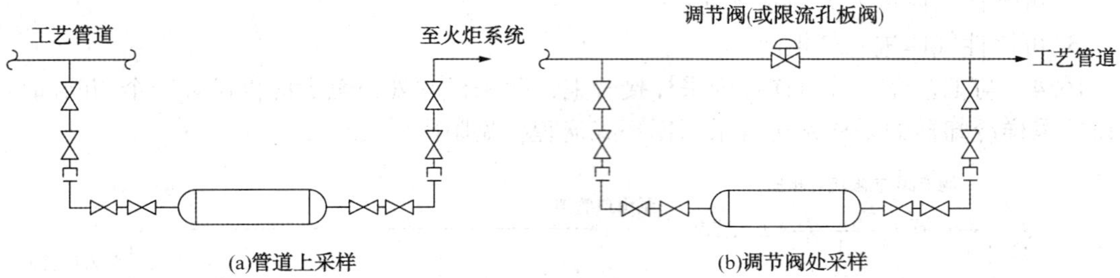

附图 6-26　气体或液化石油气采样的管道流程示意

时，应在两个切断阀间管道的一端设置蒸汽吹扫接管，并在另一端设置排凝阀。

17.2　供开、停工用的液体管道较短时，管道上可设置一个切断阀。如果阀门内漏会影响中间物料或产品的质量时，应设置双切断阀加“8”字盲板。

17.3　用于开、停工充气或置换的气体管道流程可按附图 6-27 设计。

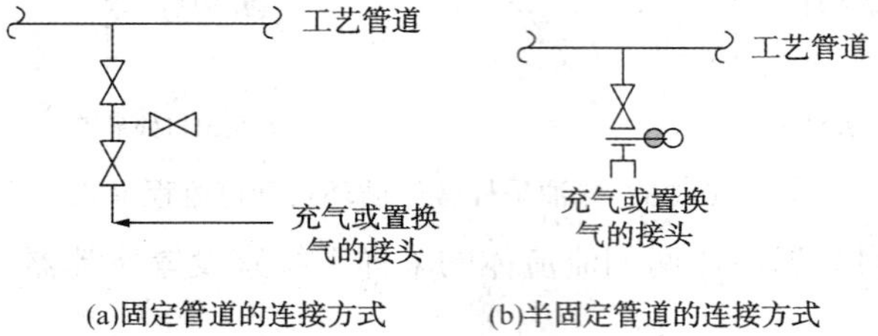

附图 6-27　开、停工充气或置换的气体管道流程示意

18　机、泵的辅助管道流程

18.1　机、泵冷却水系统的管道流程设计应符合下列要求：

① 机、泵冷却水宜设置单一总管。采用两种以上水质的冷却水时，应分别在与总管相连接处设置切断阀和止回阀；

② 泵的冷却水管道不应与其他驱动设备的冷却水管道串联连接，也不应与压缩机的封油和润滑油系统的冷却水管道串联连接；

③ 压缩机的封油和润滑油冷却器一般用循环水冷却，必要时可以新鲜水作为备用并应设置切断阀和止回阀；

④ 机、泵冷却水进、出口管道上均应设置切断阀；

⑤ 机、泵冷却水为压力回水时，应在回水管道上设置切断阀和视镜。

18.2　机、泵的润滑油和封油系统的流程设计应符合下列要求：

① 机、泵的润滑油与封油系统应为两个各自独立的系统，两系统的设备不得共用；

② 供油管道上应设置安全阀，安全阀出口管道应单独接回油箱；

③ 润滑油或封油系统中各回油支管上应设视镜；

④ 润滑油或封油系统中的回油管道上不宜设置切断阀。

19　加热炉燃料系统的管程流程

19.1　加热炉燃料气管道上应设置阻火器。

19.2　烧燃料气或燃料油、燃料气兼烧的加热炉应设置长明灯。长明灯使用的燃料气应从燃料气调节阀上游引出，并应设置阻火器。

19.3　在加热炉燃烧器前的燃料气总管道上应设置分液罐，并在分液罐入口处设置切断阀。分液罐应设置蒸汽加热盘管。分液罐至燃烧器间的管道，应根据当地气候条件采取必要的保温或伴热措施。分液罐的凝液应排入密闭系统。

19.4　用液化石油气作补充燃料气时，必须设置液化石油气汽化器。

19.5　燃料油或燃料气管道流程应设置单炉开工、停工时切断、吹扫、排凝所需的管道和阀门。加热炉的燃料油或燃料气支管应直接与燃料油或燃料气主管道相连，并且在连接处加设切断阀。

19.6　燃料油主管道上应设置过滤。

19.7　燃料油的主管道、回油管道、燃烧器切断阀上游侧的支管道和备用管道均应采取保温和伴热措施。燃料油燃烧器切断阀至燃烧器之间管道也应设置伴热管。

19.8　开工燃料油管道可不设置返回线。

19.9　设有燃料油罐的燃料油系统可按附图 6-28 设计。

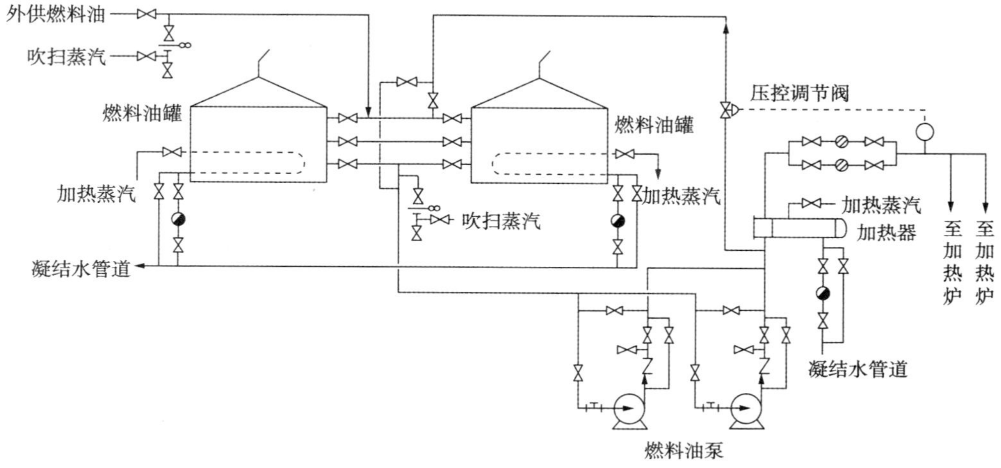

附图 6-28　设燃料油罐系统的燃料油管道流程示意

20　泄放系统的管道流程

20.1　安全阀入口和出口不宜设置切断阀。

20.2　除介质可直接排放到大气中外，安全阀排放应排入密闭系统。

20.3　下列情况之一时，泄放系统应设置备用安全阀，备用数量可按 $n+1$ 考虑（n 为泄放计算需要的安全阀数量）：

① 安全阀存在泄露的历史记录；

② 安全阀存在堵塞时；

③ 介质存在腐蚀时；

④ 介质易结垢时；

⑤ 有在线检修或在线检修的要求时；

⑥ 存在其他影响安全阀性能的故障记录。

20.4　当有备用安全阀时，安全阀入口和出口应设置切断阀。正常使用的安全阀入口和出口切断阀应铅封开或锁开；备用安全阀入口切断阀应铅封关或锁关，出口切断阀应铅封开或锁开。

20.5　下列情况之一时，可不设置备用安全阀，安全阀出口应设置切断阀，入口可不设切断阀：

① 安装在间断生产设备上；

② 安装在可从操作系统中切出的设备上；

③ 安装在可倒空设备内物料的设备上。

20.6　如果介质为黏稠介质、腐蚀性介质、介质会自聚、介质带有固体颗粒时，安全阀前宜设置爆破片；如果泄放总管或干管存在腐蚀性介质，安全阀后宜设置爆破片。爆破片和安全阀之间应设置检测爆破片破裂和泄露的措施。

20.7　当介质为黏稠、易凝介质时，安全阀出口应设置蒸汽吹扫设施和进口、出口切断阀的吹扫跨线。

20.8　当安全阀泄放会使管道结冰时，应在安全泄放系统的管道采取防冻措施。

20.9　可能产生凝液的密闭泄放系统的总管出装置前应设置分液罐。

参考文献

[1] 王红林．化工设计[M]．广州：华南理工大学出版社，2001.
[2] 梁志武，陈声宗．化工设计(第四版)[M]．北京：化学工业出版社，2015.
[3] 蔡凤英，谈宗山，孟赫，等．化工安全工程(第二版)[M]．北京：科技出版社，2009.
[4] 陈炽冲．建筑制图(第四版)[M]．北京：人民教育出版社，2001.
[5] 梁志武，陈声宗．化工设计(第四版)[M]．北京：化学工业出版社，2015.
[6] 包宗宏，武文良．化工计算与软件应用[M]．北京：化学工业出版社，2013.
[7] 孙兰义．化工流程模拟实训——Aspen Plus 教程[M]．北京：化学工业出版社，2012.
[8] 熊杰明，杨索和．Aspen Plus 实例教程[M]．北京：化学工业出版社，2013.
[9] 张在春，王续宝．特殊精馏技术[J]．山东化工，2017，46(7)：81-84.
[10] 何简，刘定华，刘晓勤．Cu-Zn 二元组分催化剂催化甲醇氧化羰基合成碳酸二甲酯[M]．南京工业大学学报(自然科学版)，2010，32(5)：54-58.
[11] 任海伦，安登超，朱桃月，等．精馏技术研究进展与工业应用[J]．化工进展，2016，35(6)：1606-1626.
[12] 宋航．化工技术经济(第四版)[M]．北京：化学工业出版社，2018.
[13] 赵劲松．化工过程安全[M]．北京：化学工业出版社，2015.
[14] 刘芃岩．环境保护概论[M]．北京：化学工业出版社，2018.
[15] 国家石油和化学工业局．炼油厂流程图图例：SH/T 3101—2000.
[16] 国家石油和化学工业局．化工工厂初步设计内容深度的规定：HG/T 20688—2000.
[17] 中华人民共和国建设部．工程勘察资质分级标准和工程设计资质分级标准：2001.
[18] 中华人民共和国工业和信息化部．工艺流程图设计图例：SH/T 3101—2017.
[19] 中华人民共和国工业和信息化部．炼油装置工艺管道流程设计规范：SH/T 3122—2013.
[20] 中华人民共和国住房和城乡建设部，中华人民共和国国家市场监督管理总局．化工企业总图运输设计规范：GB 50489—2009.
[21] 中国石油和化学工业联合会．化工投资项目可行性研究报告编制办法．2012.
[22] 全国大学生化工设计竞赛网站相关文件．http：//iche.zju.edu.cn/.